Inhaltsverzeichnis

Kennzeichnung von Aufgaben für schlaue Füchse

Anregungen für Projekte

Lösungshilfen

Kapitel 1–7:
Bei vielen Aufgaben sind in eckigen Klammern zur Kontrolle die Ergebnisse durch die Quersumme ihrer Beträge angegeben.
Bei Wurzeln wird das Wurzelzeichen vernachlässigt.
Beispiele: Lautet das Ergebnis einer Aufgabe *195*, so steht hinter der Aufgabe [15]; lautet das Ergebnis *–213*, so steht hinter der Aufgabe [6].
Bei Brüchen ist die Quersumme der Summenwerte aus Zähler und Nenner gebildet. Beispiel: Beim Ergebnis $\frac{19}{17}$ ist [18], beim Ergebnis $2\frac{3}{7}$ [12] und beim Ergebnis *3,15* [9] angegeben.

Kapitel 8:
Die Ergebnisse der Aufgaben mit ungeraden Aufgabennummern werden auf den Seiten 191–193 aufgeführt.

Mathematische Zeichen und Abkürzungen

$=$	**gleich**: $8 = 2 \cdot 4$
$\neq$	**ungleich**: $6 \neq 5+3$
$\approx$	**ungefähr gleich**: $7{,}99 \approx 8$
$\triangleq$	**entspricht**: 1 cm (in einer Zeichnung) $\triangleq$ 5 kg
$>$	**größer als**: $6 > 3$
$<$	**kleiner als**: $3 < 6$
$\geqq$	**größer oder auch gleich**
$\leqq$	**kleiner oder auch gleich**
$\frac{a}{b}$	**Bruch** a: Zähler; b: Nenner

$+$	**plus**
$-$	**minus**
$\cdot$	**mal, multipliziert mit**
$:$	**geteilt durch, dividiert durch**
$\sim$	direkt **proportional; ähnlich**
$\cong$	**kongruent**
a^k	**Potenz**schreibweise „a hoch k"
$\%$	**Prozent**: von Hundert
$\lvert a \rvert$	absoluter **Betrag** von a
$\sqrt{a}$	**Quadratwurzel** aus a für $a \geqq 0$; Beispiel: $\sqrt{9} = +3$

$\begin{vmatrix} a & c \\ b & d \end{vmatrix}$	(zweireihige) **Determinante**: $\begin{vmatrix} a & c \\ b & d \end{vmatrix} = a \cdot d - b \cdot c$
tan, cos, sin	**Tangens, Kosinus, Sinus**
$\square$, $\triangle$, x, y, a, b	Platzhalter, **Variable**
$(+1 \mid -3)$	**geordnetes Zahlenpaar** aus den Zahlen +1 und −3
T_1, T_2; $T(x)$	**Terme**; Term mit der Variablen x
$LT(x)$, $RT(x)$	**Linksterm, Rechtsterm**
$T_{\min}$	**Minimum**; kleinster Wert eines Terms
$T_{\max}$	**Maximum**; größter Wert eines Terms
M, M_1, M_2, ...	**Mengen**
$\{a; b; c\}$	**Menge** mit den Elementen a, b und c
$\{x \mid ...\}$	**Menge** aller Elemente x, für die gilt: ...
$\mathbb{N}$	**Menge** der natürlichen Zahlen: $\mathbb{N} = \{1; 2; 3; ...\}$
$\mathbb{N}_0$	**Menge** der natürlichen Zahlen einschließlich 0: $\mathbb{N}_0 = \{0; 1; 2; 3; ...\}$
$\mathbb{Z}$	**Menge** der ganzen Zahlen: $\mathbb{Z} = \{...; -2; -1; 0; +1; +2; ...\}$
$\mathbb{Z}^+$ ($\mathbb{Z}^-$)	**Menge** der positiven (negativen) ganzen Zahlen
$\mathbb{Z}_0^+$	**Menge** der nichtnegativen ganzen Zahlen
$\mathbb{Q}$	**Menge** der rationalen Zahlen
$\mathbb{Q}^+$	**Menge** der positiven rationalen Zahlen
$\mathbb{Q}_0^+$	**Menge** der positiven rationalen Zahlen einschließlich 0
$\mathbb{R}$	**Menge** der reellen Zahlen
$\mathbb{R}_0^+$	**Menge** der positiven reellen Zahlen einschließlich 0
$\mathbb{G}$	**Grundmenge**
$\mathbb{L}$	**Lösungsmenge**: $\mathbb{L} \subseteqq \mathbb{G}$
R	**Relation** (als Paarmenge)
$\mathbb{D}$	**Definitionsmenge** eines Terms, einer Gleichung, einer Ungleichung, einer Relation (Menge der ersten Komponenten)
$\mathbb{W}$	**Wertemenge** einer Relation (Menge der zweiten Komponenten)
f, f_1, f_2, ...	**Funktionen**
$f(x)$	**Funktionsterm** mit der Variablen x
$f(5)$	**Funktionswert** an der Stelle 5
$[z_1; z_2]$	**abgeschlossenes Intervall** als Teilmenge von $\mathbb{G}$: $\{x \mid z_1 \leqq x \leqq z_2\}$
$[y_1; y_2[$, $]y_1; y_2]$	**halboffene Intervalle** $\{x \mid y_1 \leqq x < y_2\}$ bzw. $\{x \mid y_1 < x \leqq y_2\}$
$]z_1; z_2[$	**offenes Intervall** als Teilmenge von $\mathbb{G}$: $\{x \mid z_1 < x < z_2\}$
$\emptyset$	**leere Menge**: Menge ohne Element
$\in$	**ist Element von**: $a \in \{a; b; c\}$
$\notin$	**ist nicht Element von**: $d \notin \{a; b; c\}$
$\subseteqq$	**ist Teilmenge von**: $\{x\} \subseteqq \{x; y; z\}$, $\{4\} \subseteqq \{4\}$

$\subset$	**ist echte Teilmenge von**: $\{2\} \subset \{2; 3; 4\}$
$\not\subseteq$	**ist nicht Teilmenge von**: $\{x; y; z\} \not\subseteq \{u; y; w; x\}$
$M_1 \cap M_2$	**M_1 geschnitten mit M_2** (**Schnittmenge**): $\{2; 3\} \cap \{2; 4; 5\} = \{2\}$
$M_1 \cup M_2$	**M_1 vereinigt mit M_2** (**Vereinigungsmenge**): $\{2; 3\} \cup \{2; 4; 5\} = \{2; 3; 4; 5\}$
$M_3 \setminus M_4$	**M_3 ohne M_4** (**Restmenge**): $\{2; 5; 7; 9\} \setminus \{5; 9\} = \{2; 7\}$
$M_1 \times M_2$	**M_1 Kreuz M_2** (**Produktmenge**): $\{2; 3\} \times \{2; 4; 5\} = \{(2\|2); (2\|4); (2\|5); (3\|2); (3\|4); (3\|5)\}$
(w); (f)	(w): **wahre Aussage**; (f): **falsche Aussage**
$\wedge$	Konjunktionszeichen: ... **und zugleich** ...
$\vee$	Adjunktionszeichen (Disjunktionszeichen): ... **oder auch** ...
$\Rightarrow$	**Wenn ..., dann ...**
$\Leftrightarrow$	**äquivalent**; ... **genau dann, wenn** ...
$A, B, \ldots, P_1, P_2, \ldots$	Namen für **Punkte**
$P(2\|3)$	**Punkt** mit den **Koordinaten** $(2\|3)$
g; AB	g: **Gerade** g; AB: **Gerade** durch die Punkte A und B
$[AB$	**Halbgerade** mit dem Anfangspunkt A durch den Punkt B
$[AB]$	**Strecke** als Punktmenge
$\overline{AB}$	**Länge** der Strecke $[AB]$
$\parallel$; $\perp$	$\parallel$: **parallel zu**; $\perp$: **senkrecht auf (zu)**
$(g\|h)$	**Parallelenpaar**
$d(P; g)$	**Abstand** des Punktes P von der Geraden g
$\sphericalangle ASB$	**Winkel** ASB bzw. Maß des Winkels ASB S: Scheitel; $[SA$: erster Schenkel; $[SB$: zweiter Schenkel
$\alpha, \beta, \ldots, \alpha_1, \alpha_2, \ldots$	Platzhalter, Variablen für **Winkelmaße**
$\triangle ABC$	**Dreieck** ABC
Seite a	**Seite** mit der Länge a
Winkel γ	**Winkel** mit dem Maß γ
w_α	**Winkelhalbierende** im Dreieck (Teilmenge von $w_{\sphericalangle BAC}$) bzw. deren Maß
h	**Höhe** (z. B. eines Dreiecks, eines Parallelogramms, eines Prismas)
$k(M; r)$	**Kreis** um den Mittelpunkt M mit dem Radius r
$\overset{\frown}{AB}$	**Kreisbogen** von A nach B (in positiver Orientierung)
$m_{[AB]}$	**Mittelsenkrechte** der (zur) Strecke $[AB]$
$w_{\sphericalangle ASB}$	**Winkelhalbierende** des Winkels ASB
$\overrightarrow{PQ}$	**Pfeil** oder auch **Vektor** (Pfeil als Repräsentant des Vektors)
$\vec{v}$	**Vektor**
$-\vec{v}$	**Gegenvektor zu** $\vec{v}$
$\|\overrightarrow{PQ}\|$	**Betrag** des Vektors $\overrightarrow{PQ}$, Maßzahl der Länge des Pfeils $\overrightarrow{PQ}$
$\|\vec{v}\|$	Betrag des Vektors $\vec{v}$
$\vec{v} = \begin{pmatrix} v_x \\ v_y \end{pmatrix}$	**Koordinatendarstellung** des Vektors $\vec{v}$ mit den **Vektorkoordinaten** v_x und v_y
$\vec{a} \oplus \vec{b}$	**Vektorsumme:** $\begin{pmatrix} a_x \\ a_y \end{pmatrix} \oplus \begin{pmatrix} b_x \\ b_y \end{pmatrix} = \begin{pmatrix} a_x + b_x \\ a_y + b_y \end{pmatrix}$
A; V	A: **Flächeninhalt;** V: **Rauminhalt, Volumen**
LE, FE, VE	**Längeneinheit**, **Flächeneinheit**, **Volumeneinheit**
$A(x)$, $(V(x))$	**Flächeninhalt bzw. Rauminhalt** in Abhängigkeit von der Variablen x
$I\!E$, $I\!F$; ABC	$I\!E$, $I\!F$: **Ebenen**; ABC: **Ebene** durch die Punkte A, B und C
$P \xmapsto{a} P'$	Abbildung durch **Achsenspiegelung** mit a als Spiegelachse
$P \xmapsto{\vec{v}} P'$	Abbildung durch **Parallelverschiebung** mit $\vec{v}$ als Verschiebungsvektor
$P \xmapsto{Z;\varphi} P'$	Abbildung durch **Drehung** mit Z als Drehzentrum und φ als Drehwinkelmaß
$P \xmapsto{Z} P'$	Abbildung durch **Punktspiegelung** mit Z als Zentrum
$P \xmapsto{Z;k} P'$	Abbildung durch **Zentrische Streckung** mit Z als Streckungszentrum und k als Streckungsfaktor

1 Quadratische Funktionen

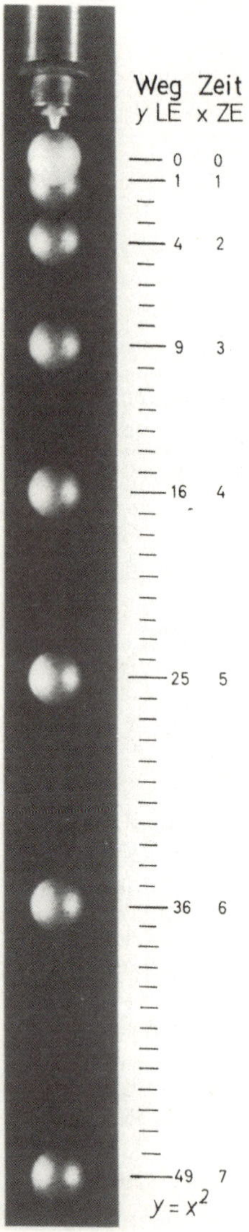

Bild 1:
Stroboskopaufnahmen einer frei fallenden Stahlkugel

1.1 Die Funktion mit der Gleichung $y = x^2$

Das nebenstehende Bild 1 zeigt eine fallende Kugel in acht nacheinander in gleichen Zeitabständen aufgenommenen Bildern. Zum Messen der Fallzeit wählen wir als Zeiteinheit 1 ZE den Zeitabstand der Aufnahmen und zum Messen des Fallweges als Längeneinheit 1 LE den Weg, den die Kugel in der ersten Zeiteinheit zurücklegt. Die Wertetabelle in Bild 1 zeigt folgenden Zusammenhang zwischen den Maßzahlen x und y: $y = x^2$.

Mit $x \in \mathbb{R}_0^+$ und $y \in \mathbb{R}_0^+$ wird durch die Gleichung $y = x^2$ die Funktion f_0 festgelegt:

$$f_0 = \{(x \mid y) \mid y = x^2\}$$
$$\text{mit } (x \mid y) \in \mathbb{R}_0^+ \times \mathbb{R}_0^+$$

Die Funktion f_0 wird wegen des quadratischen Funktionsterms $f(x) = x^2$ als **quadratische Funktion** bezeichnet.
Bild 2 zeigt den Graphen der Funktion f_0 für $0 \leqq x \leqq 3$. Der Graph ist ein **Parabelast**.

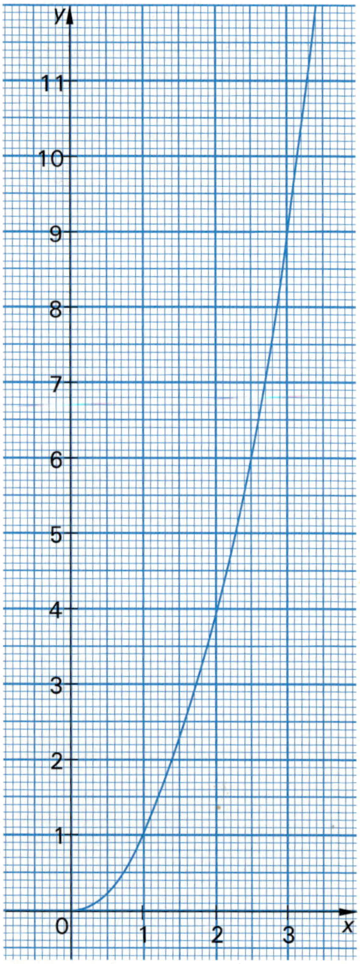

Bild 2

❶ Gib die Definitionsmenge und die Wertemenge der Funktion f_0 an. Nimmt y für $x \in \mathbb{R}_0^+$ alle Zahlen aus $\mathbb{R}_0^+$ an?

❷ Ermittle mithilfe des Graphen zu f_0 folgende Werte: $0{,}7^2$; $1{,}3^2$; $2{,}7^2$; $\sqrt{0{,}5}$; $\sqrt{4{,}2}$; $\sqrt{6{,}4}$.

❸ Gib die Nullstelle der Funktion an. Ist die Funktion umkehrbar, eindeutig?

❹ Tabellarisiere die Funktion f_0 im Intervall $[0; 3]$ in Schritten von $\triangle x = 0{,}2$.

❺ Die Kugel in Bild 1 fällt im ersten Zeitintervall von 0,045 Sekunden 1 cm tief. Wie tief ist ein Schacht, wenn die Kugel nach 6 Sekunden am Boden aufschlägt? Wie lange braucht die Kugel, um aus 100 m Höhe zu Boden zu fallen?

Wir erweitern nun die Definitionsmenge der Funktion f_0 auf $\mathbb{D}(x) = \mathbb{R}$. Wegen $x^2 \geqq 0$ hat die Funktion f mit der Gleichung $y = x^2$ die Wertemenge $\mathbb{W}(y) = \mathbb{R}_0^+$:

$$f = \{(x|y) \mid y = x^2\} \text{ mit } (x|y) \in \mathbb{R} \times \mathbb{R}$$

Der Graph der Funktion f ist eine **Parabel** (vgl. Bild 1). Man nennt sie auch **Normalparabel**.

Wertetabelle:

x	-3	-2	-1	0	$+1$	$+2$	$+3$
$y = x^2$	$+9$	$+4$	$+1$	0	$+1$	$+4$	$+9$

Eigenschaften der quadratischen Funktion f mit der Gleichung $y = x^2$

1. f ist für alle $x \in \mathbb{R}$ definiert: $\mathbb{D}(x) = \mathbb{R}$.
Jede nichtnegative reelle Zahl wird als Funktionswert angenommen: $\mathbb{W}(y) = \mathbb{R}_0^+$.

2. Die Funktion f ist nicht umkehrbar eindeutig. Zu jedem von 0 verschiedenen Funktionswert $y = x^2$ gibt es wegen $x^2 = (\pm x)^2$ jeweils zwei x-Werte.

3. Wegen $f(0) = 0$ ist $x = 0$ die Nullstelle der Funktion f.

4. Graph der Funktion f:
Wegen $(-x)^2 = (+x)^2$ haben die Punkte der Parabel mit gleichem y-Wert denselben Abstand von der y-Achse. Die y-Achse ist **Symmetrieachse**. Man nennt sie auch **Parabelachse**. Der Punkt, in dem eine Parabel ihre Achse schneidet, heißt **Scheitel**.
Die Parabel in Bild 1 ist nach oben geöffnet. Der Scheitel $S(0|0)$ ist ihr **tiefster Kurvenpunkt**.

- In Bild 2 sind die **Normalparabel** mit $y = x^2$ und die **Geraden** g_1 mit $y = x$ und g_2 mit $y = -x$ gezeichnet. Vergleiche den Verlauf der Graphen für $-1 < x < +1$ sowie für $x < -1$ und $x > +1$.

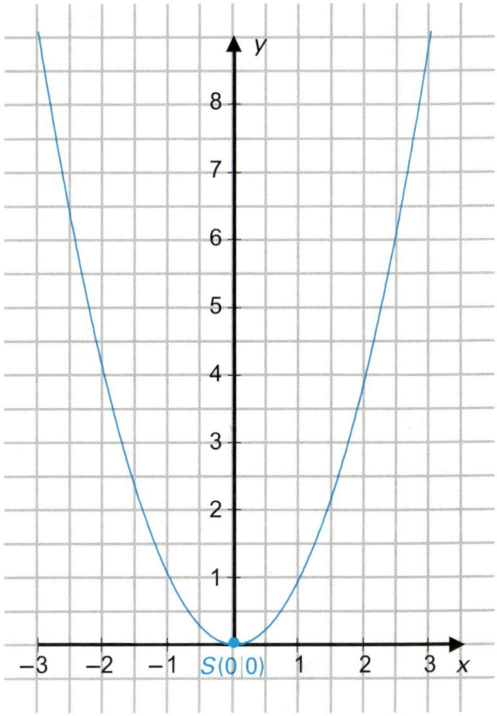

Bild 1

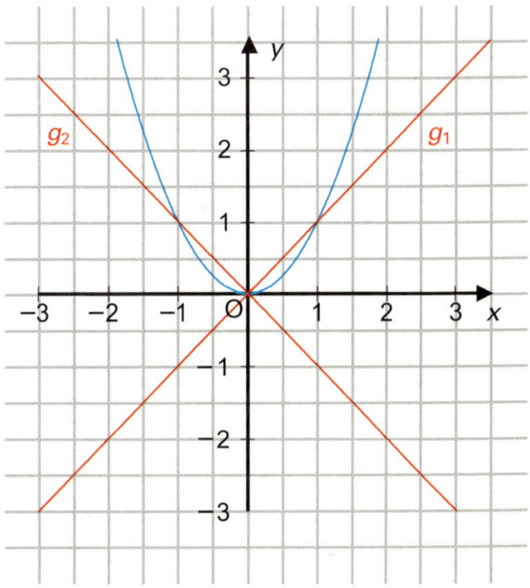

Bild 2

Zeichnen der Normalparabeln mit $y = x^2$ und $y = -x^2$

x	...	−4	−3	−2	−1	0	+1	+2	+3	+4	...
$\triangle x$		−1	−1	−1	−1	−1	+1	+1	+1	+1	+1
$y = x^2$	...	+16	+9	+4	+1	0	+1	+4	+9	+16	...
$\triangle y$		+9	+7	+5	+3	+1	+1	+3	+5	+7	+9

x	...	−4	−3	−2	−1	0	+1	+2	+3	+4	...
$\triangle x$		−1	−1	−1	−1	−1	+1	+1	+1	+1	+1
$y = -x^2$	...	−16	−9	−4	−1	0	−1	−4	−9	−16	...
$\triangle y$		−9	−7	−5	−3	−1	−1	−3	−5	−7	−9

Den Wertetabellen kann man folgende Möglichkeit zum schnellen Zeichnen von Normalparabeln entnehmen:

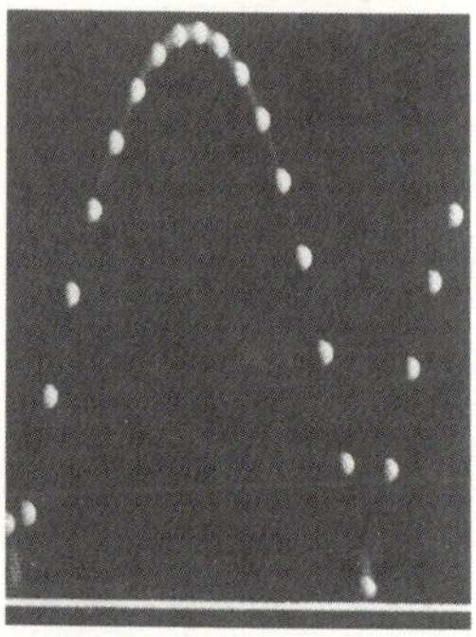

Bild 1: Springende Stahlkugel

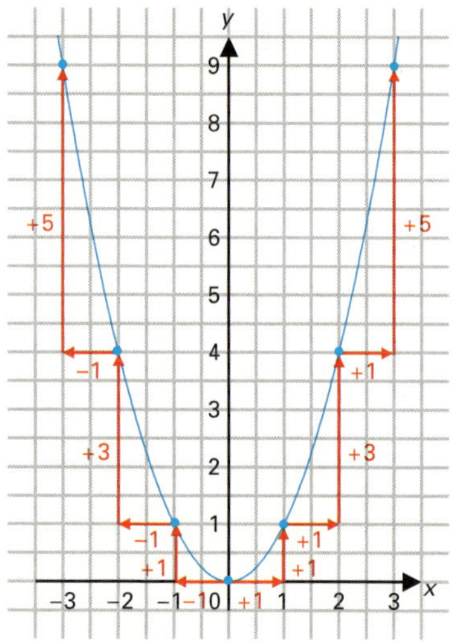

Bild 2: Der Scheitel ist tiefster Kurvenpunkt.

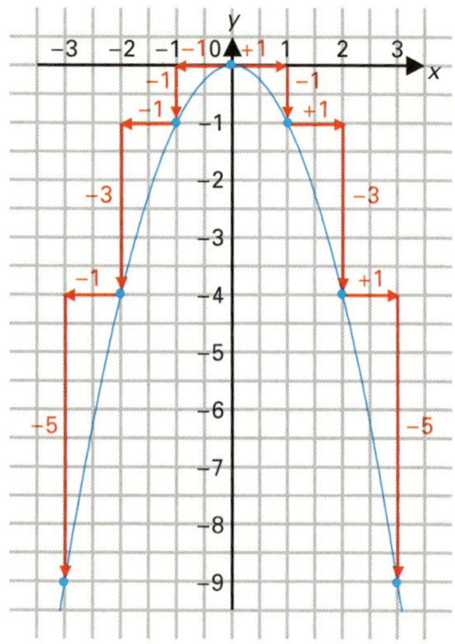

Bild 3: Der Scheitel ist höchster Kurvenpunkt.

Wenn keine Grundmenge angegeben ist, gilt stets $\mathbb{G} = \mathbb{R} \times \mathbb{R}$.

Aufgaben

1 Tabellarisiere die Funktionen f_1 und f_2 im angegebenen Intervall und zeichne ihre Graphen jeweils in ein Koordinatensystem. Durch welche Abbildungen werden die Graphen zu f_1 und f_2 aufeinander abgebildet?

a) f_1: $y = x^2$; f_2: $y = -x^2$ $\quad -2 \leqq x \leqq +2$; $\triangle x = 0{,}2$

b) f_1: $y = x \cdot |x|$; f_2: $y = -x \cdot |x|$ $\quad -2{,}5 \leqq x \leqq +2{,}5$; $\triangle x = 0{,}5$

2 Die Geraden mit $y = m \cdot x$ und $m \in \{0; \pm 0{,}5; \pm 1; \pm 1{,}5\}$ sowie die Parabel mit $y = x^2$ sind gegeben. Zeichne die Geraden und die Parabel für $-3 \leqq x \leqq +3$ in ein Koordinatensystem. Berechne sodann die Koordinaten der Schnittpunkte.

Aufgaben

3 Die Gerade g' mit $y = x + 3$ geht aus der Geraden g mit $y = x$ durch Parallelverschiebung mit dem Vektor $\binom{0}{3}$ hervor. Zeichne die Geraden g und g' zusammen mit der Parabel p mit der Gleichung $y = x^2$ und der aus p durch Parallelverschiebung mit dem Vektor $\binom{0}{3}$ entstehenden Parabel p' in ein Koordinatensystem. Verwende dabei die Parabelschablone. Wie lautet die Gleichung der verschobenen Parabel? Überprüfe die Gleichung mit einer Wertetabelle ($-3 \leqq x \leqq 3$; $\triangle x = 0{,}5$).

4 Ermittle zu folgenden Funktionen die Definitionsmenge, die Wertemenge, den größten oder kleinsten Funktionswert und die Nullstellen. Die Graphen sind Normalparabeln. Gib die Scheitelkoordinaten an und zeichne die Parabeln mit einer Schablone in ein Koordinatensystem.

f_1: $y = x^2 - 3$; f_2: $y = x^2 + \sqrt{2}$; f_3: $y = -x^2 - 2$; f_4: $y = 4 - x^2$

5 Die Eckpunkte $A(3|9)$, $B(-2|4)$ und C_n von Dreiecken ABC_n liegen auf der Parabel p mit der Gleichung $y = x^2$ (vgl. Bild 1). Berechne die Koordinaten des Eckpunktes C_0 und den Flächeninhalt des flächengrößten Dreiecks ABC_0. Runde auf zwei Stellen nach dem Komma.

6.1 Der Eckpunkt C_n von Dreiecken ABC_n mit $A(5|1)$ und $B(3|5)$ wandert auf der Parabel p_1 mit der Gleichung $y = x^2$ und der Eckpunkt D_n von Dreiecken ABD_n auf der Parabel p_2 mit $y = -x^2$. Zeichne beide Parabeln für $-3 \leqq x \leqq +3$ in ein Koordinatensystem.

6.2 Trage die Dreiecke ABC_1 mit $C_1(-2{,}5|?)$ und ABD_1 mit $D_1(2{,}5|?)$ in deine Zeichnung ein und berechne ihre Flächeninhalte.

6.3 Die Dreiecke ABC_0 und ABD_0 besitzen den größten bzw. kleinsten Flächeninhalt unter den Dreiecken der Dreiecksschar, der sie angehören. Berechne die Koordinaten der Eckpunkte C_0 und D_0 und die Flächeninhalte und gib an, welches Dreieck das flächenkleinste bzw. flächengrößte Schardreieck ist. Trage beide Dreiecke in deine Zeichnung ein.

7 Aus einem Quadrat mit 10 cm² Flächeninhalt entstehen Rechtecke, wenn man von zwei aneinanderstoßenden Quadratseiten eine um x cm verkürzt und die andere um x cm verlängert. Stelle die Flächenmaßzahl y der Rechtecke in Abhängigkeit von x dar und begründe anhand des Graphen zu $y = f(x)$, dass keines der Rechtecke einen größeren Flächeninhalt als das Quadrat besitzt.

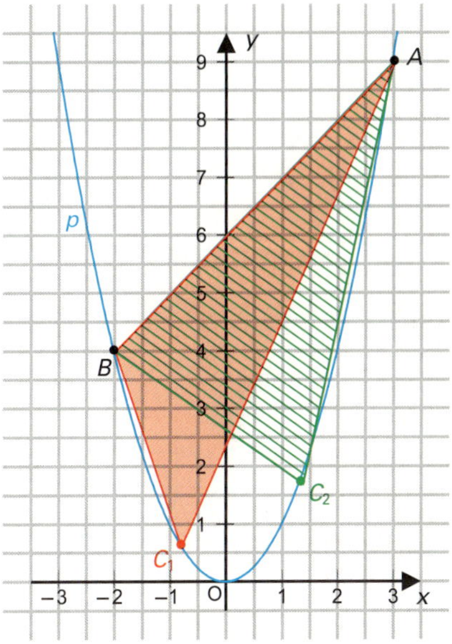

Bild 1

Bild 2

1.2 Funktionen mit der Gleichung $y = x^2 + px + q$

Wir zeichnen mithilfe einer Wertetabelle den Graphen p^* der Funktion f mit der Gleichung $y = x^2 - 4x + 8$ (vgl. Bild 1):

$2 - a$ $\qquad$ $2 + a$

x	0	0,5	1	1,5	2	2,5	3	3,5	4
$x^2 - 4x + 8$	8	6,25	5	4,25	4	4,25	5	6,25	8

1

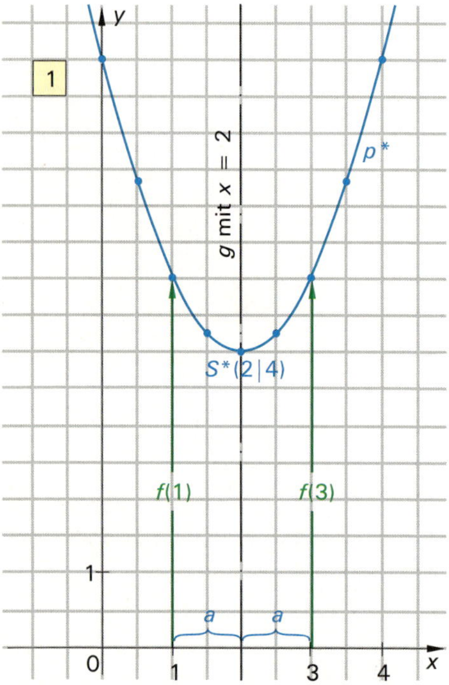

2

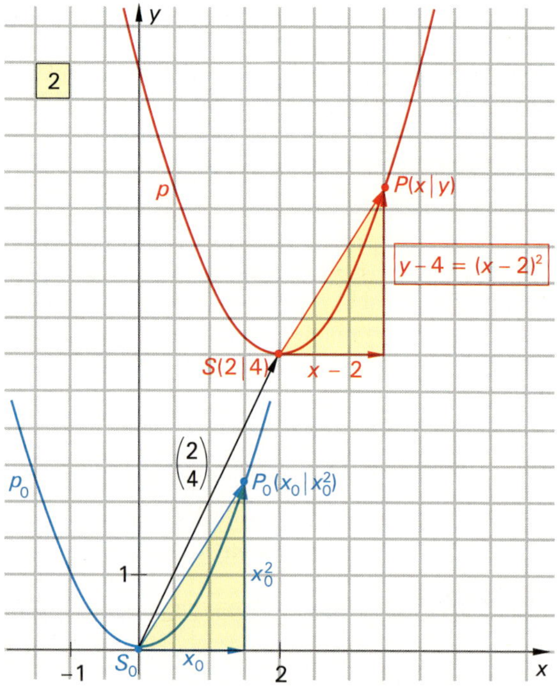

Der Graph p^* in Bild 1 ist offensichtlich eine Normalparabel mit dem Scheitel $S^*(2|4)$ und der Geraden g mit $x = 2$ als Symmetrieachse. Der tiefste Punkt $S^*(2|4)$ muss als y-Koordinate den kleinsten Wert des Funktionsterms $f(x) = x^2 - 4x + 8$ besitzen. Den **Extremwert des Funktionsterms** erhalten wir **durch quadratische Ergänzung**:

$$y = x^2 - 4x + 2^2 - 2^2 + 8 \Leftrightarrow y = (x - 2)^2 + 4$$

❶ Begründe, dass man für $x = 2$ den kleinsten y-Wert erhält.

Die Gerade g mit $x = 2$ ist Symmetrieachse von p^* (vgl. Wertetabelle und Bild 1), wenn wie z. B. $f(1) = f(3) = 5$ für alle $a \in \mathbb{R}$ gilt: $f(2 - a) = f(2 + a)$.

❷ Zeige, dass man für $f(2 - a) = (2 - a)^2 - 4 \cdot (2 - a) + 8$ und
$f(2 + a) = (2 + a)^2 - 4 \cdot (2 + a) + 8$
jeweils $4 + a^2$ erhält.
Berechne damit die Funktionswerte $f(2 + a)$ für $a = \pm 1{,}5$ und $a = \pm 2$.

Parallelverschiebung der Parabel mit $y = x^2$

In Bild 2 auf Seite 12 wird die Normalparabel p_0 mit $y = x^2$ durch Parallelverschiebung mit dem Vektor $\binom{2}{4}$ auf die Normalparabel p abgebildet. Dem Steigungsdreieck des Pfeils $\overrightarrow{SP}$ können wir die Gleichung der Bildparabel p entnehmen:

$$y - 4 = (x - 2)^2 \Leftrightarrow y = (x - 2)^2 + 4 \Leftrightarrow y = x^2 - 4x + 8$$

Der Graph p der Funktion f mit $y = x^2 - 4x + 8$ ist somit eine nach oben geöffnete Normalparabel. Die Gleichung $y = (x - 2)^2 + 4$ enthält die **Koordinaten des Scheitels** $S(2|4)$ und heißt daher **Scheitelgleichung**.

Wenn wir die Normalparabel $y = x^2$ mit dem Vektor $\binom{m}{n}$ verschieben, erhalten wir als Bild wieder eine nach oben geöffnete Normalparabel (vgl. Bild 1):

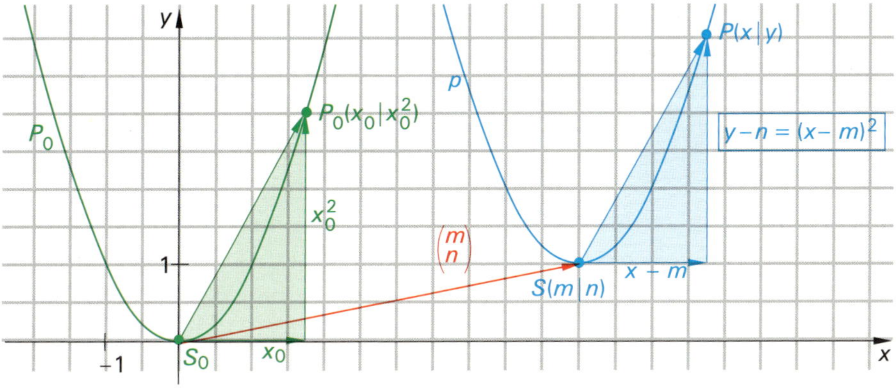

Bild 1

Die Scheitelgleichung der Bildparabel p können wir dem Steigungsdreieck des Pfeils $\overrightarrow{SP}$ entnehmen: $y - n = (x - m)^2 \;\Leftrightarrow\; y = (x - m)^2 + n$.

Scheitelgleichung: $\boxed{y = (x - m)^2 + n}$ Scheitel: $\boxed{S(m|n)}$

Aus $y = (x - m)^2 + n$ erhalten wir $y = x^2 - 2mx + m^2 + n$ und mit $-2m = p$ und $m^2 + n = q$ die Gleichung $y = x^2 + px + q$. Daraus folgt:

> Die Graphen von Funktionen mit der Gleichung $y = x^2 + px + q$ sind nach oben geöffnete Normalparabeln.

Wegen $-2m = p \Leftrightarrow m = -\frac{p}{2}$ und $m^2 + n = q \Leftrightarrow n = -\frac{p^2}{4} + q$ gilt umgekehrt:

Scheitelgleichung: $\boxed{y = (x - \frac{p}{2})^2 - \frac{p^2}{4} + q}$ Scheitel: $\boxed{S(-\frac{p}{2} | -\frac{p^2}{4} + q)}$

Diese Scheitelgleichung erhalten wir auch durch quadratische Ergänzung:
$y = x^2 + px + q \Leftrightarrow y = x^2 + px + (\frac{p}{2})^2 - (\frac{p}{2})^2 + q \Leftrightarrow y = (x + \frac{p}{2})^2 - \frac{p^2}{4} + q$

- Gib die Koordinaten der Scheitel folgender Normalparabeln an:

p_1: $y = x^2 + 6x + 5$; p_2: $y = x^2 - 2x - 4$; p_3: $y = x^2 + 5x - 8$;
p_4: $y = x^2 + 8x$; p_5: $y = x^2 + 7x$; p_6: $y = x^2 + 3$

Zusammenfassend halten wir fest:

<table>
<tr><th colspan="3">Quadratische Funktionen mit der Gleichung $y = x^2 + px + q$</th></tr>
<tr><td colspan="3">Die Graphen sind nach oben geöffnete Normalparabeln.</td></tr>
<tr><td colspan="3">Koordinaten der Scheitel: $S(-\frac{p}{2} | -\frac{p^2}{4} + q)$</td></tr>
<tr><td>$-\frac{p^2}{4} + q < 0$</td><td>$-\frac{p^2}{4} + q = 0$</td><td>$-\frac{p^2}{4} + q > 0$</td></tr>
<tr><td>Der Scheitelpunkt liegt unterhalb der x-Achse:
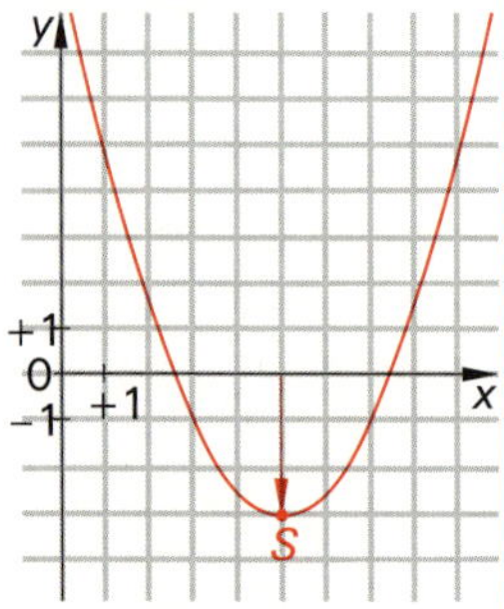</td><td>Der Scheitelpunkt liegt auf der x-Achse:
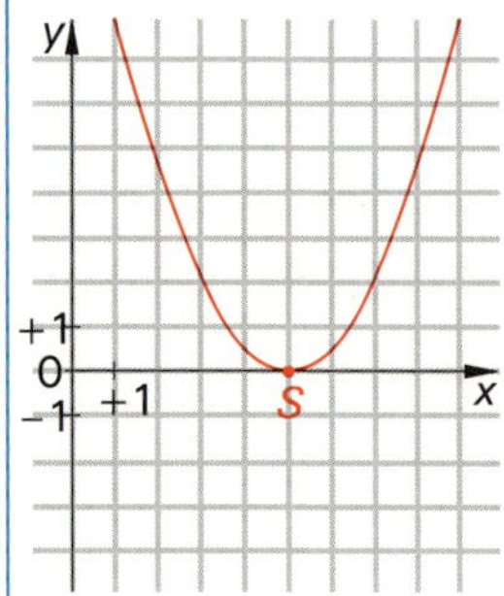</td><td>Der Scheitelpunkt liegt oberhalb der x-Achse:
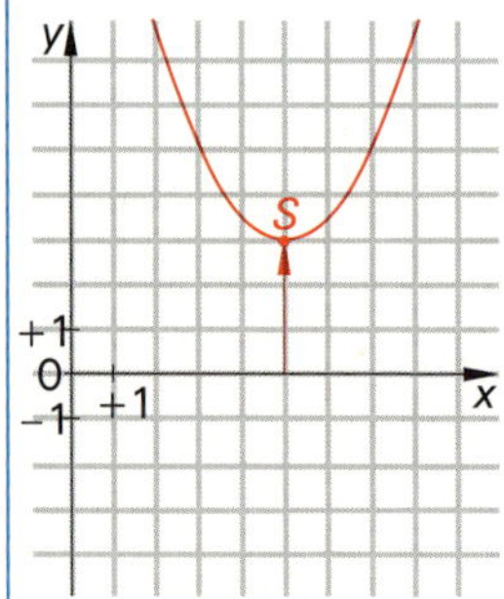</td></tr>
<tr><td>$-\frac{p^2}{4} + q < 0$
Die Parabel schneidet die x-Achse in zwei Punkten.</td><td>$-\frac{p^2}{4} + q = 0$
Die Parabel berührt die x-Achse.</td><td>$-\frac{p^2}{4} + q > 0$
Die Parabel hat keinen Punkt mit der x-Achse gemeinsam.</td></tr>
</table>

Aufgaben

Wenn keine Grundmenge angegeben ist, gilt stets $\mathbb{G} = \mathbb{R} \times \mathbb{R}$.

1 Bringe die folgenden Funktionsgleichungen auf die Scheitelform. Gib die Scheitelkoordinaten und die Gleichung der Parabelachse an und zeichne die Parabeln mithilfe einer Schablone in ein Koordinatensystem.

a) $y = x^2 + 4x - 2$ **b)** $y = x^2 + 2{,}5$ **c)** $y = x^2 - 2x + 3$ **d)** $y = x^2 - 2x - 1$
e) $y = x^2 + 6x + 5$ **f)** $y = x^2 + 8x + 16$ **g)** $y = x^2 - 4x - 2$ **h)** $y = x^2 - 12x + 30$

2 Welche Gleichungen haben die Parabeln, die aus der Parabel mit $y = x^2$ durch Parallelverschiebung mit den angegebenen Vektoren hervorgehen?

a) $\binom{1}{2}$ **b)** $\binom{-2}{3}$ **c)** $\binom{3}{0}$ **d)** $\binom{0}{-2}$
e) $\binom{4}{-3}$ **f)** $\binom{-5}{-6}$ **g)** $\binom{-9}{0}$ **h)** $\binom{3}{2}; \binom{-4}{4}$
i) $\binom{-2}{0}; \binom{0}{-5}$ **j)** $\binom{6}{-7}; \binom{-6}{7}$ **k)** $\binom{-1}{-2}; \binom{-4}{-5}$ **l)** $\binom{-2}{5}; \binom{11}{11}$

3 Welche Gleichung hat die nach oben geöffnete Normalparabel mit folgenden Scheitelpunktskoordinaten?

a) $(-3|4)$ **b)** $(2|-5)$ **c)** $(0|-5)$ **d)** $(7|0)$ **e)** $(-5|-6)$ **f)** $(-\frac{1}{2}|-1)$

Aufgaben

4 Gib die Gleichungen der Normalparabeln an.

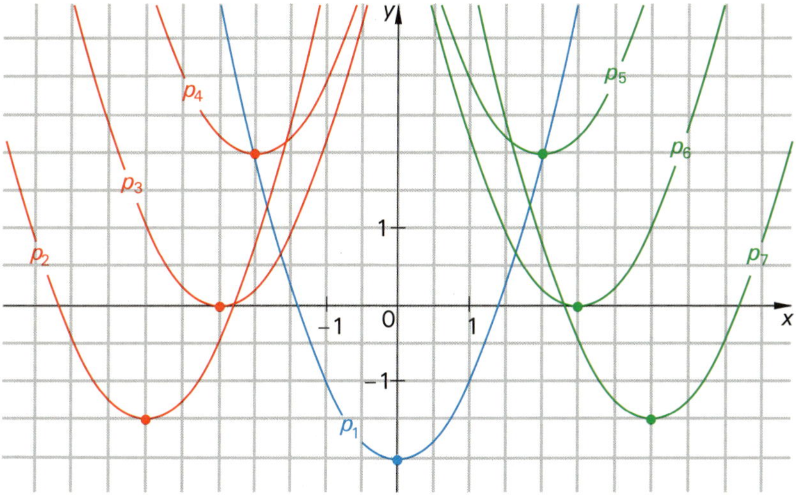

Bild 1

5 Gib die Definitionsmenge und die Wertemenge folgender Funktionen an und zeige, dass die jeweils angegebene Gerade die Symmetrieachse des Graphen der Funktion ist. Zeichne die Graphen in ein Koordinatensystem.

a) f_1: $y = x^2 - 4x$; g_1: $x = 2$ **b)** f_2: $y = x^2 - 3x + 0{,}25$; g_2: $x = 1{,}5$

c) f_3: $y = x^2 + 5x + 3{,}25$; g_3: $x = -2{,}5$ **d)** f_4: $y = x^2 + 6x + 9$; g_4: $x = -3$

Lösungshinweis (vgl. Bild 2)

Wenn die Gerade mit $x = -2$ Symmetrieachse des Funktionsgraphen mit der Gleichung $y = x^2 + 4x + 7$ ist, muss für die Funktionswerte an den zu $x = -2$ symmetrisch liegenden Stellen $(-2 - a)$ und $(-2 + a)$ für alle $a \in \mathbb{R}$ $f(-2 - a) = f(-2 + a)$ gelten.

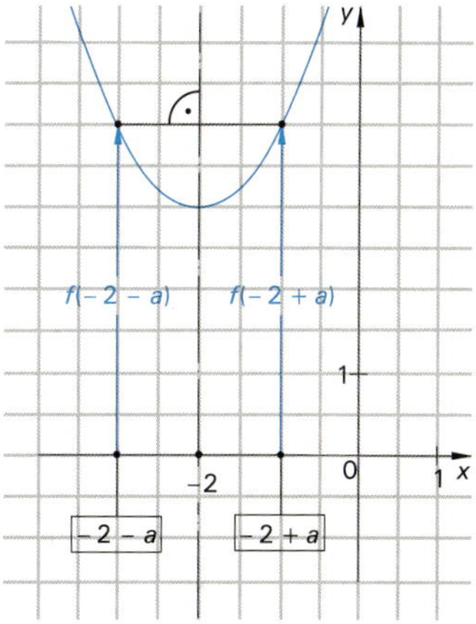

Bild 2

6.1 Verschiebe die Parabel mit der Gleichung $y = x^2$ so längs der y-Achse, dass sie durch den angegebenen Punkt verläuft. Welche Gleichung hat die verschobene Parabel?

a) $P_1(-2|-5)$ **b)** $P_2(1|-2)$ **c)** $P_3(-1|0{,}5)$ **d)** $P_4(-2|6)$ **e)** $P_5(2|4)$

6.2 Die Punkte P und Q liegen auf einer nach oben geöffneten Normalparabel. Ermittle deren Gleichung und die Koordinaten des Scheitels und zeichne sie.

a) $P_1(5|6)$; $Q_1(2|3)$ **b)** $P_2(2|1)$; $Q_2(5|4)$ **c)** $P_3(1|0)$; $Q_3(4|-3)$

Anleitung: Setze die Koordinaten der Punkte P und Q in die Gleichung $y = x^2 + px + q$ ein und ermittle dann p und q.

7.0 Die Punkte $A(0|0)$, $B(a|0)$ und $D(b|c)$ sollen bei Belegung der Variablen a, b und c mit Zahlen aus $\mathbb{R}^+$ Eckpunkte von Parallelogrammen $ABCD$ sein.

7.1 Gib die Koordinaten des Eckpunktes C in Abhängigkeit von a, b und c an.

7.2 Für die Parallelogramme mit $a = 4$ soll $c = b^2$ gelten. Auf welchen Kurven liegen dann die Eckpunkte D und C?

[Teilergebnis: C liegt auf der Parabel mit $y = (x - 4)^2$.]

1.3 Funktionen mit der Gleichung $y = ax^2 + bx + c$

Um einen Überblick zu gewinnen, zeichnen wir zunächst für $a = \pm 1{,}5$ und für $a = \pm \frac{1}{2}$ sowie $b = c = 0$ die Graphen der Funktionen mit der Gleichung $y = ax^2$:

$y = 1{,}5x^2$

x	y
0	0
±0,5	0,4
±1	1,5
±1,5	3,4

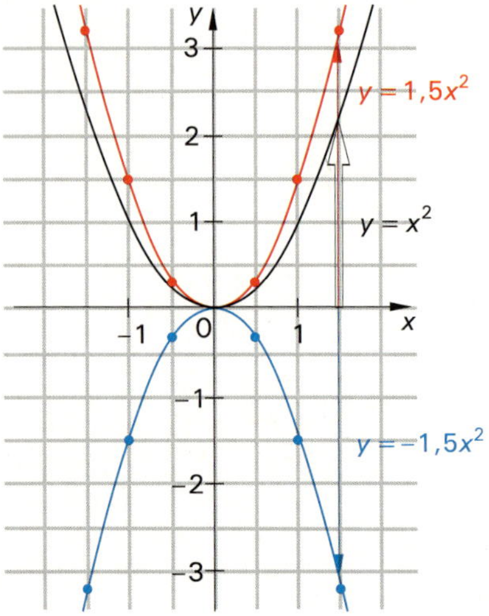

x	y
0	0
±0,5	−0,4
±1	−1,5
±1,5	−3,4

$y = -1{,}5x^2$

$y = \frac{1}{2}x^2$

x	y
0	0
±1	0,5
±1,5	1,1
±2	2

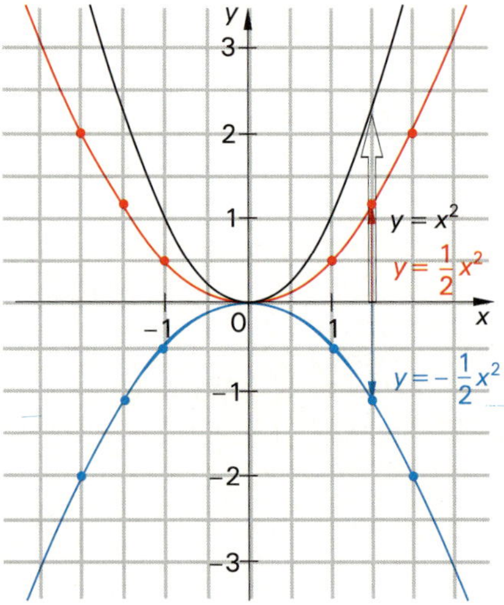

x	y
0	0
±1	−0,5
±1,5	−1,1
±2	−2

$y = -\frac{1}{2}x^2$

Die Graphen von Funktionen mit der Gleichung $y = ax^2$ sind Parabeln mit dem Scheitel $S(0|0)$. Ihre Form wird durch die Formvariable a festgelegt:

$a > 1$

nach oben geöffnete **gestreckte** Normalparabel

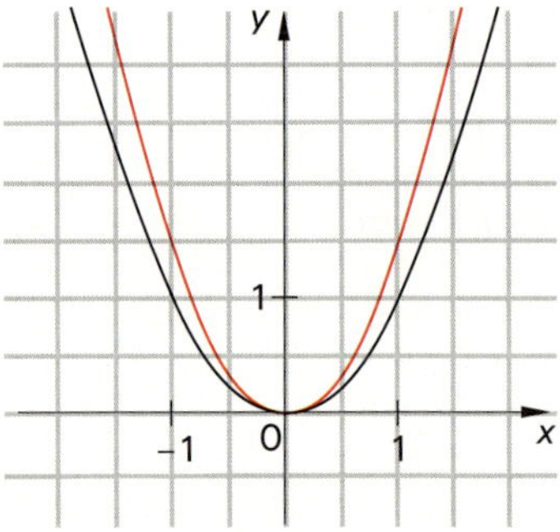

$|a| > 1$

Streckung der Normalparabel

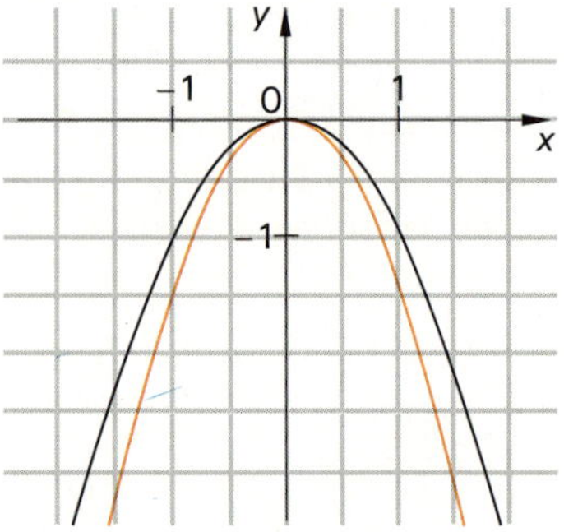

$a < -1$

nach unten geöffnete **gestreckte** Normalparabel

$0 < a < 1$

nach oben geöffnete **gestauchte** Normalparabel

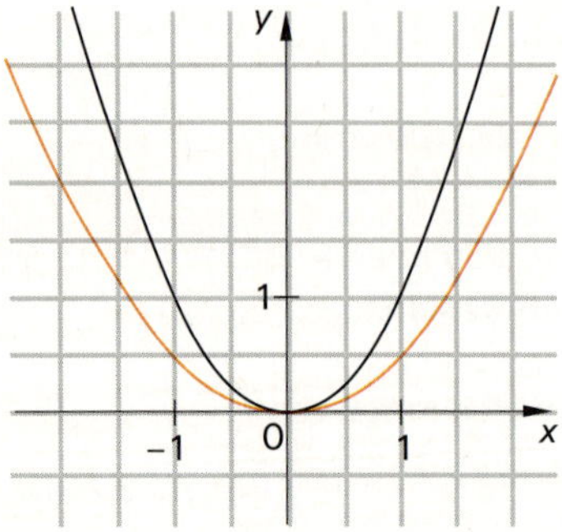

$|a| < 1$

Stauchung der Normalparabel

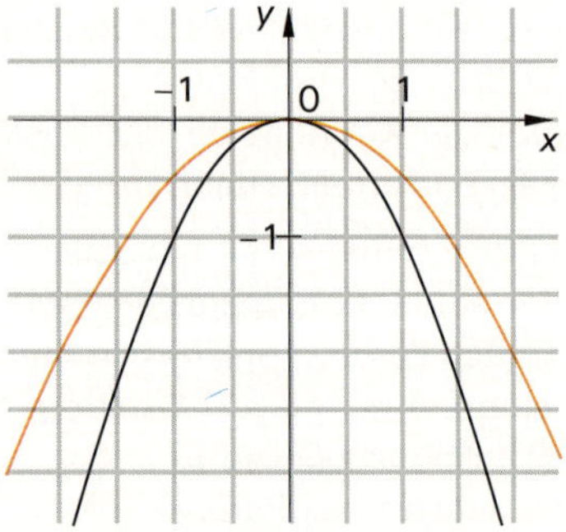

$-1 < a < 0$

nach unten geöffnete **gestauchte** Normalparabel

Aufgaben

1 Gib für $\mathbb{G} = \mathbb{R} \times \mathbb{R}$ die Definitionsmenge $\mathbb{D}(x)$ und die Wertemenge $\mathbb{W}(y)$ von Funktionen mit der Gleichung $y = ax^2$ und $a \in \mathbb{R} \setminus \{0\}$ an.

Wenn keine Grundmenge angegeben ist, gilt stets $\mathbb{G} = \mathbb{R} \times \mathbb{R}$.

2 Zeichne die Graphen zu folgenden Gleichungen in ein Koordinatensystem. ($-3 \leqq x \leqq +3$; $\triangle x = 0{,}5$)

a) $y = -3x^2$; $y = -x^2$; $y = -\frac{1}{3}x^2$; $y = \frac{1}{3}x^2$; $y = x^2$; $y = 3x^2$

b) $y = -2x^2$; $y = -x^2$; $y = -\frac{1}{2}x^2$; $y = \frac{1}{2}x^2$; $y = x^2$; $y = 2x^2$

3 Auf dem Graphen einer quadratischen Funktion mit der Gleichung $y = ax^2$ liegt der Punkt P. Wie lautet die Funktionsgleichung? Zeichne jeweils den Graphen im Intervall $-3 \leqq x \leqq +3$.

a) $P(-3|9)$ **b)** $P(1{,}5|2)$ **c)** $P(-2|1)$ **d)** $P(1|-2)$ **e)** $P(\sqrt{3}|-2)$

4 Die folgenden Zahlenpaare sind Elemente von quadratischen Funktionen mit der Gleichung $y = ax^2$ ($\mathbb{G} = \mathbb{R} \times \mathbb{R}$). Gib den Wert der Formvariablen a an.

a) $(3|-90)$ **b)** $(-\frac{1}{2}|-\frac{1}{8})$ **c)** $(-\frac{1}{5}|\frac{3}{25})$ **d)** $\left(a\middle|\frac{a}{4}\right)$; $a \neq 0$ **e)** $\left(2a\middle|\frac{a}{2}\right)$; $a \neq 0$

5.0 Den Bremsweg s Meter eines Autos kann man näherungsweise mit der Faustformel $s = (0{,}1 \cdot v)^2$ berechnen. Dabei ist $v\,\frac{\text{km}}{\text{h}}$ die Geschwindigkeit des Autos in Kilometern je Stunde.

5.1 Berechne den Bremsweg bzw. die Geschwindigkeit

v	10	20	30	40	50	60	70	80	100	120	140	?	?	?	?
s	?	?	?	?	?	?	?	?	?	?	?	24	45	80	110

Stelle nun s in Abhängigkeit von v graphisch dar. Wähle dazu einen geeigneten Maßstab.

5.2 Unter der „Schrecksekunde" eines Fahrers versteht man die Zeit, die vom Erkennen eines Hindernisses bis zum Betätigen der Bremsen vergeht. Während der „Schrecksekunde" fährt das Auto mit unverminderter Geschwindigkeit weiter. Die „Schrecksekunde" eines Autofahrers beträgt 0,3 Sekunden. Wie weit muss er bei den in 5.1 angegebenen Geschwindigkeiten von einem plötzlich auftauchenden Hindernis entfernt sein, sodass ein Zusammenstoß vermieden werden kann?

6 Zeichne die Graphen der Funktionen mit folgenden Gleichungen in ein Koordinatensystem.

a) $y = 2x^2 + 2$; $y = 2x^2 - 4$; $y = 2x^2 - 2$; $-2 \leqq x \leqq +2$; $\triangle x = 0{,}5$

b) $y = -\frac{1}{2}x^2 + 4$; $y = -\frac{1}{2}x^2 + 3$; $y = -\frac{1}{2}x^2 + 2$; $-3 \leqq x \leqq +3$; $\triangle x = 0{,}5$

Tonhöhe und Saitenspannung

Die Anzahl der Schwingungen je Sekunde (die so genannte Schwingungsfrequenz) einer Geigensaite legt die Tonhöhe eines Geigentons fest. Ohne Aufsetzen der Finger hängt die Höhe des Geigentons von der Spannung ab, die durch Drehen des Wirbels am Ende des Instruments (vgl. das nebenstehende Bild), auf dem die Geigensaite aufgewickelt ist, verändert werden kann.

Bild 1

Die folgende Tabelle ist das Ergebnis eines Versuches, bei dem der Zusammenhang zwischen der Höhe eines Tones einer Geigensaite und ihrer Spannung untersucht wurde.

C-Dur Tonleiter	c^1	d^1	e^1	f^1	g^1	a^1	h^1	c^2
Anzahl der Schwingungen je Sekunde	264	297	330	352	396	440	495	528
Saitenspannung, gemessen in Newton	21,8	27,6	34,0	38,7	49,0	60,5	76,6	87,1

Der durch die Tabelle gegebene Zusammenhang ist im Diagramm in Bild 2 graphisch veranschaulicht. Den acht Wertepaaren der Tabelle entsprechen die acht roten Punkte im Diagramm. Sie liegen auf einer Parabel mit einer Gleichung der Form $y = a \cdot x^2$.

❶ Berechne den Mittelwert für a mithilfe aller acht Messwertepaare der Tabelle. Runde dabei auf die sechste Stelle nach dem Komma. [7]

❷ Übertrage die Tabelle in dein Heft und ergänze sie mithilfe der Gleichung der Parabel durch die Saitenspannungen für folgende Schwingungszahlen:
50 Schwingungen je Sekunde
100 Schwingungen je Sekunde
200 Schwingungen je Sekunde
594 Schwingungen je Sekunde (Ton d^2 der C-Dur Tonleiter)
660 Schwingungen je Sekunde (Ton e^2 der C-Dur Tonleiter)
704 Schwingungen je Sekunde (Ton f^2 der C-Dur Tonleiter)

❸ Zeichne für $\mathbb{G} = \mathbb{R}_0^+ \times \mathbb{R}_0^+$ und $0 \leqq x \leqq 704$ den Parabelast entsprechend Bild 2 in dein Heft.
Platzbedarf: x-Achse: 8 LE; y-Achse: 16 LE

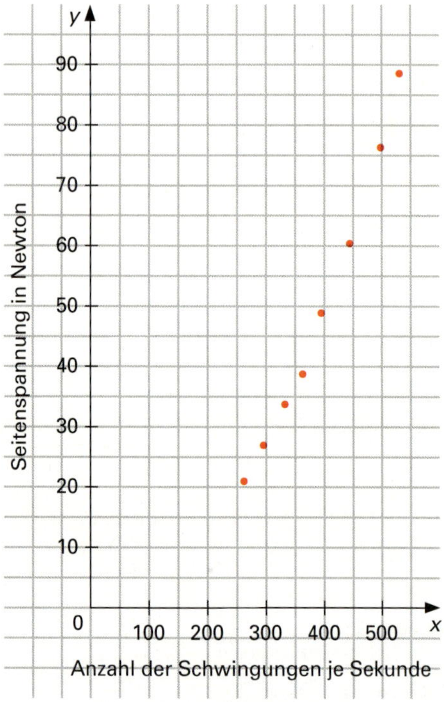

Bild 2

Parallelverschiebung von Parabeln mit $y = ax^2$

In Bild 1 wird die Parabel p_0 mit der Gleichung $y = ax^2$ mit dem Vektor $\binom{m}{n}$ parallel verschoben. Die Gleichung der kongruenten Bildparabel p können wir dem Steigungsdreieck des Pfeils $\overrightarrow{SP}$ entnehmen:

$$y - n = a(x - m)^2 \Leftrightarrow y = a(x - m)^2 + n$$

Daraus erhalten wir:

$$y = ax^2 - 2amx + am^2 + n$$

Mit $-2am = b$ und $am^2 + n = c$ ergibt sich die Gleichung:

$$y = ax^2 + bx + c$$

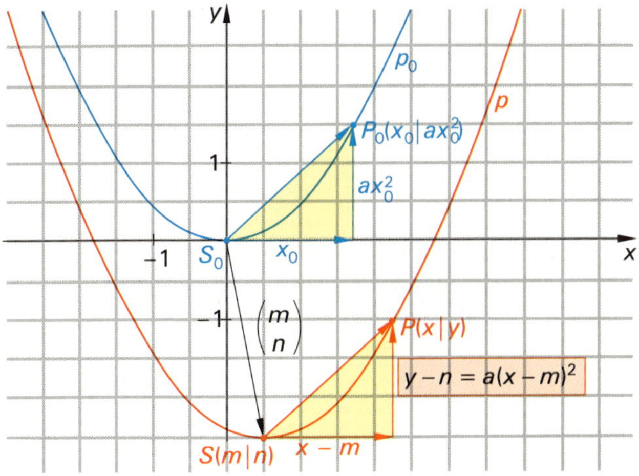

Bild 1

Durch quadratische Ergänzung erhalten wir die Scheitelgleichung:

$$y = ax^2 + bx + c$$

$$\Leftrightarrow y = a(x^2 + \tfrac{b}{a}x) + c \Leftrightarrow y = a(x^2 + \tfrac{b}{a}x + (\tfrac{b}{2a})^2 - (\tfrac{b}{2a})^2) + c$$

$$\Leftrightarrow y = a(x^2 + \tfrac{b}{a}x + (\tfrac{b}{2a})^2) - a(\tfrac{b}{2a})^2 + c \Leftrightarrow y = a(x + \tfrac{b}{2a})^2 - \tfrac{b^2}{4a} + c$$

Scheitelgleichung:

$$\boxed{y = a(x + \tfrac{b}{2a})^2 - \tfrac{b^2}{4a} + c}$$

Scheitel:

$$\boxed{S(-\tfrac{b}{2a} \mid -\tfrac{b^2}{4a} + c)}$$

- Begründe, dass quadratische Funktionen mit der Gleichung $y = ax^2 + bx + c$ an der Stelle $x_S = -\frac{b}{2a}$ für $a > 0$ den kleinsten bzw. für $a < 0$ den größten Funktionswert $y_S = -\frac{b^2}{4a} + c$ besitzen.

Zusammenfassend halten wir fest:

Die Graphen quadratischer Funktionen mit der Gleichung $y = ax^2 + bx + c$ und $a, b, c \in \mathbb{R}$ mit $a \neq 0$ sind Parabeln mit dem Scheitel $S(-\frac{b}{2a} \mid -\frac{b^2}{4a} + c)$. Sie gehen durch Parallelverschiebung aus den gestreckten oder gestauchten Normalparabeln mit der Gleichung $y = ax^2$ hervor.

Zeichnen von Parabeln mit $y = ax^2 + bx + c$

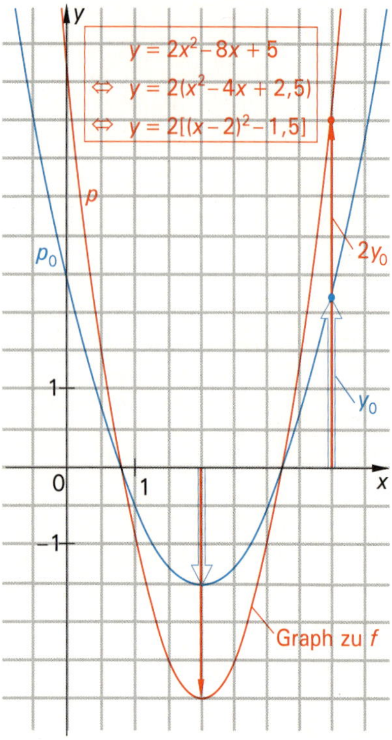

Bild 1

In Bild 1 sind der Graph der Funktion f mit der Gleichung $y = 2x^2 - 8x + 5$ und die Normalparabel mit der Gleichung $y = (x-2)^2 - 1,5$ dargestellt.

Wertetabelle
zu $y = 2x^2 - 8x + 5$

x	0	1	2	3	4
y	5	–1	–3	–1	5

Wertetabelle
zu $y = (x-2)^2 - 1,5$

x	0	1	2	3	4
y	2,5	–0,5	–1,5	–0,5	2,5

Die Wertetabellen und die Graphen zeigen, dass für jeweils denselben x-Wert der y-Wert eines Punktes des Graphen zu f das 2fache des entsprechenden y-Wertes der Normalparabel beträgt. Der Graph zu f entsteht also durch Streckung der Normalparabel mit $y = (x-2)^2 - 1,5$ in Richtung der y-Achse.
Dies können wir wie folgt bestätigen:
Aus $y = (x-2)^2 - 1,5$ ergibt sich $y = x^2 - 4x + 2,5$. Multiplizieren wir den Funktionsterm $x^2 - 4x + 2,5$ mit 2, so erhalten wir den Funktionsterm $f(x) = 2x^2 - 8x + 5$ der Funktion f. Der **Graph der Funktion f** ist eine nach oben geöffnete **gestreckte Normalparabel**.

Wir zeichnen die Parabel p ohne Wertetabelle wie folgt:

1. Die Funktionsgleichung $y = 2x^2 - 8x + 5$ wird durch quadratische Ergänzung auf die Form $y = 2[(x-2)^2 - 1,5]$ gebracht.
2. Die Normalparabel p_0 mit der Gleichung $y = (x-2)^2 - 1,5$ wird mithilfe einer Schablone gezeichnet.
3. Die Normalparabel wird mit dem Faktor 2 gestreckt, d. h. die y-Koordinaten werden verdoppelt.

- Zeichne entsprechend dieser Anleitung die Parabel mit der Gleichung $y = -\frac{1}{2}x^2 + 4x - 6,5$. [Teilergebnis: $S(4|1,5)$]

Aufgaben

Wenn nichts anderes angegeben ist, vertreten alle Variablen reelle Zahlen.

1 Ermittle die Scheitelkoordinaten der Parabeln mit folgenden Gleichungen durch quadratische Ergänzung und zeichne die Parabeln dann in ein Koordinatensystem.

a) p_1: $y = \frac{1}{2}x^2 - 2x + 3$ **b)** p_2: $y = -x^2 - 4x - 5$ **c)** p_3: $y = -\frac{1}{2}x^2 + x - 1$
d) p_4: $y = (x-1)^2 + x^2$ **e)** p_5: $y = 3x^2 + 6x$ **f)** p_6: $y = -2x^2 + 8x - 11$
g) p_7: $y = -\frac{2}{3}x^2 + 4x + 2$ **h)** p_8: $y = 4x^2 + 8x$ **i)** p_9: $y = 2x^2 + 8x + 8$

Aufgaben

2.1 In Bild 1 kann man nachzählen, dass sich eine Pizza mit drei Schnitten in höchstens sieben Stücke zerteilen lässt. Bild 2 zeigt, dass man mit vier Schnitten im Höchstfall 11 Stücke erhält.

Bild 1

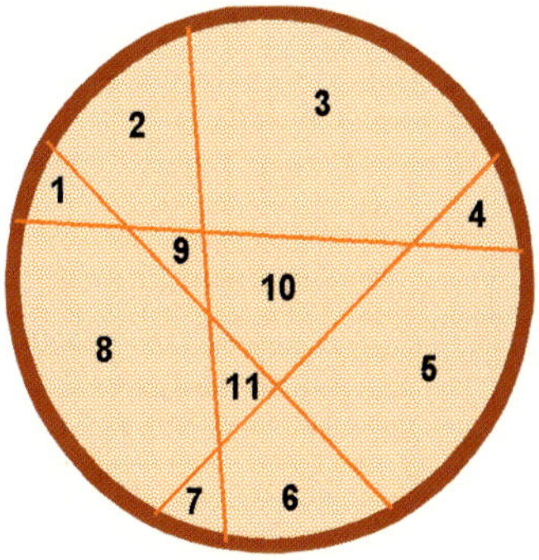

Bild 2

In der folgenden Tabelle bezeichnet x die Anzahl der Schnitte und y die dabei erreichbare höchste Anzahl von Teilstücken($x \in \mathbb{N}_0$; $y \in \mathbb{N}$).

x	0	1	2	3	4	5	6	7	8	9	10
y	1	?	?	7	11	16	?	?	?	?	?

Übertrage die Tabelle in dein Heft. Zeichne sodann für $x = 1$, $x = 2$ und $x = 3$ Pizzas wie in Bild 2 in dein Heft und ermittle so die zugehörigen y-Werte.

2.2 Wenn du die Zunahme der Werte für y betrachtest, kannst du die y-Werte zu $x = 6$, $x = 7$, $x = 8$, $x = 9$ und $x = 10$ ermitteln. Zeige so, dass bei 11 Schnitten im Höchstfall mehr als 60 Teilstücke entstehen.

2.3 Zeichne die den Zahlenpaaren $(x \mid y)$ für $0 \leqq x \leqq 5$ entsprechenden Punkte in ein Koordinatensystem. Die Punkte P_0, P_1, P_2, P_3, P_4 und P_5 liegen auf einer Parabel p. Verbinde die Punkte mit Bleistift.

Platzbedarf:
$-5 \leqq x \leqq +5$
$0 \leqq y \leqq 17$

2.4 Die Parabel p, auf der die Punkte P_0, P_1, P_2, P_3, P_4 und P_5 liegen, wird für $\mathbb{G} = \mathbb{R} \times \mathbb{R}$ von einer Gleichung der Form $y = a \cdot x^2 + b \cdot x + 1$ beschrieben. Berechne a und b mithilfe der in der obigen Tabelle gegebenen Werte. Welche Koordinaten hat der Scheitel der Parabel p?

2.5 Füge in deiner Zeichnung mit einer Schablone die Normalparabel p_n hinzu, die denselben Scheitel wie die Parabel p besitzt, und ermittle mit deren Hilfe zusätzliche Punkte, sodass du die Parabel p genauer zeichnen kannst.

2.6 Überprüfe mithilfe der Gleichung der Parabel p zunächst die zeichnerisch ermittelten y-Werte für $x = 1$, $x = 2$ und $x = 5$ sowie sodann die y-Werte zu $x = 6$, $x = 7$, $x = 8$, $x = 9$ und $x = 10$.

2.7 Zeige, dass man die Gleichung der Parabel p in $2 \cdot (y - 1) = x \cdot (x + 1)$ umformen kann. Ermittle damit durch Probieren, wie viele Schnitte wenigstens erforderlich wären, um eine entsprechend große Pizza in 137 oder 326 Stücke zu zerteilen.

Aufgaben

3 Gib die Definitionsmenge und die Wertemenge folgender quadratischer Funktionen an und begründe, dass die jeweils angegebene Gerade die Symmetrieachse des Graphen der Funktion ist.

a) f_1: $y = \frac{1}{3}x^2 + 2x + 4$; g_1: $x = -3$
b) f_2: $y = -3x^2 + 12x - 14$; g_2: $x = 2$
c) f_3: $y = \frac{3}{4}x^2 + 6x + 11{,}5$; g_3: $x = -4$
d) f_4: $y = -0{,}5x^2 - 0{,}5x + 0{,}375$; g_4: $x = -0{,}5$

Anleitung: Ermittle zunächst die Extremwerte der Funktionsterme und gib dann die Wertemenge an.

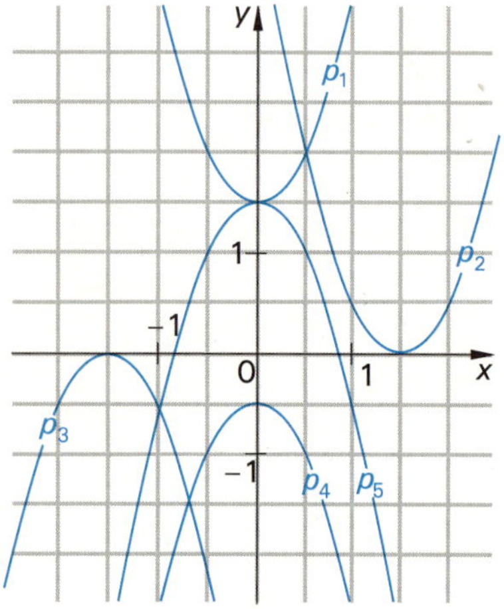

Bild 1

4 Die Parabeln mit den folgenden Gleichungen sollen mit dem angegebenen Vektor parallel verschoben werden. Gib jeweils die Gleichung der Bildparabel an.

a) p_1: $y = -2x^2$; $\begin{pmatrix} -3 \\ 2 \end{pmatrix}$ **b)** p_2: $y = 0{,}25x^2$; $\begin{pmatrix} 4 \\ -1 \end{pmatrix}$ **c)** p_3: $y = 4x^2$; $\begin{pmatrix} 4 \\ 0 \end{pmatrix}$
d) p_4: $y = -\frac{1}{5}x^2$; $\begin{pmatrix} -1 \\ 5 \end{pmatrix}$ **e)** p_5: $y = 10x^2$; $\begin{pmatrix} 0 \\ -7 \end{pmatrix}$ **f)** p_6: $y = -x^2$; $\begin{pmatrix} 4 \\ 5 \end{pmatrix}$

5 Gib die Gleichungen der zur Parabel mit $y = 2x^2$ kongruenten Parabeln in Bild I an.

6 Die folgenden Parabeln sollen durch Parallelverschiebung mit dem angegebenen Vektor abgebildet werden. Stelle eine Vektorkette auf und ermittle jeweils die Gleichung der Bildparabel.

a) p_1: $y = x^2 + 6x + 7$; $\begin{pmatrix} 4 \\ 1 \end{pmatrix}$ **b)** p_2: $y = -x^2 + 8x - 11$; $\begin{pmatrix} -7 \\ -2 \end{pmatrix}$
c) p_3: $y = \frac{1}{2}x^2 + 6x + 18$; $\begin{pmatrix} 8 \\ -3 \end{pmatrix}$ **d)** p_4: $y = -\frac{1}{2}x^2 + x - 5$; $\begin{pmatrix} 2 \\ 8 \end{pmatrix}$

Extremwerte

7 Ein Punkt Q bewegt sich geradlinig von $A(0|6)$ nach $B(8|0)$. Dabei ändert das Dreieck OPQ mit $O(0|0)$, $P(x|0)$ und $Q(x|?)$ seinen Flächeninhalt $A(x)$. Stelle $A(x)$ graphisch dar und gib die Koordinaten der Eckpunkte und den Flächeninhalt des flächengrößten Dreiecks an.

8 Ein bei A rechtwinkliges Dreieck ABC mit $\overline{AB} = 4$ cm und $\overline{AC} = 6$ cm ist gegeben. Verlängert man die Seite $[AB]$ über A und B hinaus um jeweils x cm auf $(4 + 2x)$ cm und verkürzt gleichzeitig die Seite $[AC]$ von C aus um x cm auf $(6 - x)$ cm, so entstehen für jeden Wert von x mit $0 \leqq x \leqq 6$ neue Dreiecke $A'B'C'$. Gib den Flächeninhalt $A(x)$ der Dreiecke $A'B'C'$ in Abhängigkeit von x an und stelle $A(x)$ graphisch dar. Für welchen Wert von x erhält man das Dreieck mit der größten Fläche? [Teilergebnis: $A_{max} = 16\ \text{cm}^2$]

Platzbedarf:
$-2 \leqq x \leqq 6$
$-7 \leqq y \leqq 5$

9 Jedem Punkt $B(x|-x^2 + 4x - 6)$ auf der Parabel p_1 mit $y = -x^2 + 4x - 6$ entspricht jeweils ein Punkt $C(2x|?)$ auf der Parabel p_2 mit $y = -\frac{1}{2}x^2 + 2x$. B und C sind Eckpunkte von Dreiecken ABC mit $A(0|0)$. Zeichne p_1, p_2 und die Dreiecke ABC für $x \in \{\frac{1}{2}; 1; 1{,}5; 2\}$ in ein Koordinatensystem und berechne Fläche und Eckpunktskoordinaten des flächengrößten Dreiecks.

Beispiel

Gesucht sind die Koordinaten des Punktes $P(x|y)$ auf der Parabel p mit der Gleichung $y = -x^2 + 6x - 5$, dessen Koordinatensumme $s = x + y$ so groß wie möglich ist.

Lösung

Weil $P(x|y)$ auf der Parabel p mit der Gleichung $y = -x^2 + 6x - 5$ liegt, gilt:

$$s = x + y = x + (-x^2 + 6x - 5) \text{ und somit } s = -x^2 + 7x - 5$$

Wir betrachten $s = -x^2 + 7x - 5$ mit $\mathbb{G} = \mathbb{R} \times \mathbb{R}$ als Gleichung einer quadratischen Funktion, deren Graph die nach unten geöffnete Normalparabel p' in Bild 1 ist. Die Ordinaten der Punkte P' der Parabel p' stellen jeweils die Koordinatensumme der entsprechenden Punkte P auf der Parabel p dar. Da die **Parabel nach unten geöffnet** ist, erhalten wir als **Extremwert** der Koordinatensumme ein **Maximum**. Der größte Summenwert s_{max} ist die s-Koordinate des Scheitels der Parabel p'. Die Scheitelkoordinaten erhalten wir wie folgt durch quadratische Ergänzung:

$$s = -x^2 + 7x - 5 = -(x^2 - 7x + 3{,}5^2 - 3{,}5^2 + 5)$$

Scheitelgleichung: $s = -(x - 3{,}5)^2 + 7{,}25$

Scheitel: $S'(3{,}5|7{,}25)$

Mit $x = 3{,}5$ in $y = -x^2 + 6x - 5$ erhalten wir die Koordinaten des Punktes $P_3(3{,}5|3{,}75)$ auf der Parabel p, der die größte Koordinatensumme besitzt.

- Ermittle in gleicher Weise die Koordinaten des Punktes mit der kleinsten Koordinatendifferenz $d = x - y$.

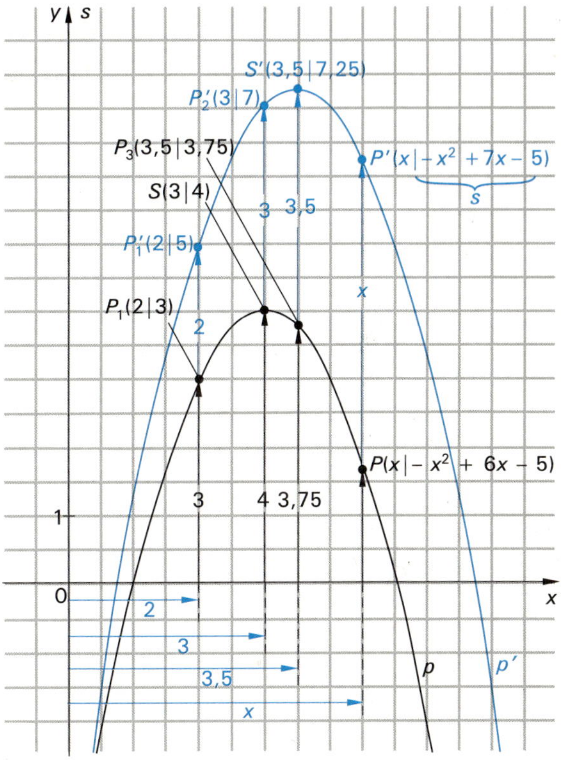

Bild 1

10 Ermittle die Koordinaten der Punkte $P(x|y)$ der Graphen der Funktionen in Aufgabe 3, deren Koordinatensumme $s = x + y$ bzw. Koordinatendifferenz $d = x - y$ einen extremen Wert besitzt.

11 Ermittle die Koordinaten der Punkte $P(x|?)$ auf p_1 und $Q(x|?)$ auf p_2 mit gleicher x-Koordinate, für die $\overline{PQ} = d(x)$ einen Extremwert annimmt. Stelle $d(x)$ im Koordinatensystem mit p_1 und p_2 graphisch dar.

a) p_1: $y = -x^2 + 6x - 5$; p_2: $y = \frac{1}{2}x^2 - x + \frac{1}{2}$

b) p_1: $y = \frac{1}{4}x^2 - x + 3$; p_2: $y = -\frac{1}{2}x^2 - 2x - 1$

Aufgaben

12.0 Eine Fräsmaschine, deren Anschaffungswert 20000 Euro betragen hat, wird zwei Jahre hintereinander mit dem gleichen Prozentsatz vom jeweiligen Buchwert abgeschrieben. Das folgende Säulendiagramm zeigt die Änderung des ersten und zweiten Abschreibungsbetrags sowie des Restbuchwerts nach zwei Abschreibungen in Abhängigkeit von steigenden Prozentsätzen.

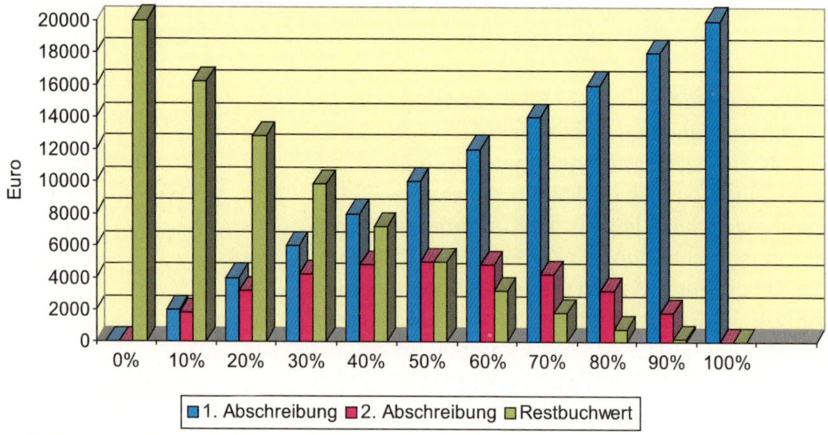

Platzbedarf:
$0 \leqq x \leqq 10$
1 LE $\triangleq$ 10%
$0 \leqq y \leqq 20000$
$0 \leqq z \leqq 20000$
1 LE $\triangleq$ 2000

12.1 Stelle den Abschreibungsbetrag y € der ersten Abschreibung und den sich daraus ergebenden neuen Buchwert z € sowie den Abschreibungsbetrag der zweiten Abschreibung und den Restbuchwert der Fräsmaschine in Abhängigkeit vom Prozentsatz x dar und gib die dem obigen Säulendiagramm entsprechenden Funktionsgleichungen in den Variablen x und y bezüglich $\mathbb{G} = \mathbb{R}_0^+ \times \mathbb{R}_0^+$ an. Zeichne sodann die zugehörigen Graphen in ein Koordinatensystem. [Teilergebnisse: $y = -2x^2 + 200x$ (2. Abschreibung); $z = 20000 - 400x + 2x^2$]

12.2 Wie viel Prozent müsste die Abschreibung betragen, damit im zweiten Jahr der Abschreibungsbetrag möglichst groß wird? Wie groß ist dann der Restbuchwert?

12.3 Entnimm deiner Zeichnung den Prozentsatz, für den der Restbuchwert gleich dem Abschreibungsbetrag im zweiten Jahr ist, und bestätige ihn durch Einsetzen in die Funktionsgleichungen.

Platzbedarf:
$0 \leqq x \leqq 10$
$0 \leqq y \leqq 270000$
1 LE $\triangleq$ 45000 €

13.1 Ein Kosmetikhersteller hat über eine Drogeriekette eine neu entwickelte Hautcreme auf den Markt gebracht. Zur Einführung wurde mit 1 € unter den Herstellungskosten ein Verkaufspreis von 5 € je Tube festgesetzt. Nachdem sich in der Einführungsphase der Absatz bei durchschnittlich 40000 Tuben im Monat eingependelt hatte, wurde der Preis je Tube monatlich um 0,5 € erhöht. Der Absatz ging daraufhin jeweils um 2000 Tuben zurück. Gib die Monatseinnahmen von y € in Abhängigkeit von der Anzahl x der Preiserhöhungen an und stelle die Änderung der Monatseinnahmen im Koordinatensystem dar $\mathbb{G} = \mathbb{R}_0^+ \times \mathbb{R}_0^+$). [Teilergebnis: $y = 1000 \cdot (200 + 10x - x^2)$]

13.2 Bei welchem Verkaufspreis je Tube und welchem Absatz ergaben sich die höchsten Einnahmen? Welcher Gewinn wurde dabei im Monat erzielt?

Die Koordinatenmethode

Die Vorgeschichte reicht bis in die Antike zurück. Schon im 4. Jahrhundert vor Christus hatten griechische Mathematiker erkannt, dass man Kurven wie die Parabel beschreiben und punktweise zeichnen kann, wenn man Bedingungen für die Kurvenpunkte kennt. Bild 1 zeigt die von ihnen gefundene Bedingung und das daraus folgende Konstruktionsverfahren:

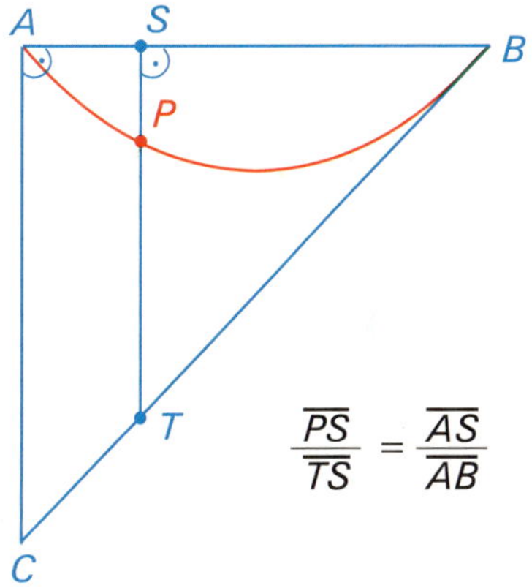

Bild 1

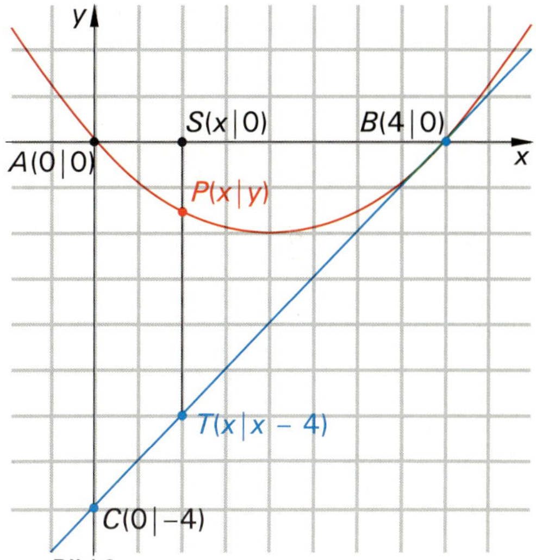

Bild 2

Erst die Koordinatenmethode (vgl. Bild 2) hat es ermöglicht, geometrische Probleme mit Methoden der Algebra zu lösen. Ihren Beginn datiert man in die Jahre 1636 bzw. 1637, in denen dazu Arbeiten der französischen Mathematiker Pierre de Fermat (1601 bis 1665) und René Descartes (1594 bis 1650) entstanden sind. Sie kennzeichneten die Lage von Kurvenpunkten durch ihre Abstände von zwei zueinander senkrechten Achsen. Fermat verwandte dabei auch die von François Viète (1540 bis 1603), besser unter seinem Gelehrtennamen Vieta bekannt, eingeführte Formelsymbolik, die sich allerdings noch deutlich von der heute gebräuchlichen Schreibweise unterschied, hielt aber noch an den antiken Prinzipien fest. Descartes ging davon ab, stellte auch Produktwerte durch Strecken dar und deutete jede Gleichung als Gleichung zwischen Strecken.

Pierre de Fermat

❶ Zeige anhand von Bild 2, dass die Koordinatenmethode für die Parabel in Bild 1 die Gleichung $y = \frac{1}{4} \cdot (x^2 - 4x)$ liefert.

❷ Stelle mithilfe von Nachschlagewerken Wissenswertes über Vieta, Fermat und Descartes zusammen.

2 Quadratische Gleichungen

2.1 Reinquadratische Gleichungen

Gleichungen wie $x^2 - 9 = 0$, $y^2 = -5$; $2x^2 = 32$ heißen **reinquadratische Gleichungen**.

- Bestimme die Lösungsmengen dieser Gleichungen für $\mathbb{G} = \mathbb{Z}$ durch Probieren. Die Lösungsmenge einer reinquadratischen Gleichung kann mithilfe der dritten binomischen Formel $a^2 - b^2 = (a + b) \cdot (a - b)$ bestimmt werden.

Beispiele

1.

$$\begin{aligned} & x^2 - 9 = 0 && \mathbb{G} = \mathbb{R} \\ \Leftrightarrow\ & (x+3)\cdot(x-3) = 0 \\ \Leftrightarrow\ & x+3 = 0 \vee x-3 = 0 \\ \Leftrightarrow\ & x = -3 \vee x = 3 && \mathbb{L} = \{-3; 3\} \end{aligned}$$

2.

$$\begin{aligned} & x^2 - 10 = 0 && \mathbb{G} = \mathbb{R} \\ \Leftrightarrow\ & x^2 - (\sqrt{10})^2 = 0 \\ \Leftrightarrow\ & (x-\sqrt{10})\cdot(x+\sqrt{10}) = 0 \\ \Leftrightarrow\ & x = +\sqrt{10} \vee x = -\sqrt{10} && \mathbb{L} = \{+\sqrt{10}; -\sqrt{10}\} \end{aligned}$$

Aufgaben

1 Löse die folgenden Gleichungen. Die Grundmenge ist $\mathbb{R}$.

a) $x^2 - 4 = 0$ **b)** $y^2 - 8 = 0$ **c)** $x^2 = 6{,}25$ **d)** $x^2 = \frac{49}{121}$
e) $x^2 = \frac{36}{169}$ **f)** $0{,}36x^2 = 0{,}16$ **g)** $3t^2 - 51 = 0$ **h)** $4x^2 - 289 = 9$

2 Gib jeweils die reinquadratische Gleichung an.

a) $\mathbb{L} = \{+10; -10\}$ **b)** $\mathbb{L} = \{+2{,}5; -2{,}5\}$ **c)** $\mathbb{L} = \{+\frac{3}{2}; -\frac{3}{2}\}$ **d)** $\mathbb{L} = \sqrt{15}; -\sqrt{15}\}$
e) $\mathbb{L} = \{+0{,}\overline{3}; -0{,}\overline{3}\}$ **f)** $\mathbb{L} = \{+0{,}\overline{15}; -0{,}\overline{15}\}$ **g)** $\mathbb{L} = \{+\frac{4}{5}; -\frac{4}{5}\}$ **h)** $\mathbb{L} = \{3\sqrt{5}; -3\sqrt{5}\}$

Bei reinquadratischen Gleichungen wie $x^2 = 25$ mit $\mathbb{G} = \mathbb{R}$ liegt es nahe, aus dem Linksterm wie aus dem Rechtsterm jeweils die Quadratwurzel zu ziehen.

Beispiel

$$\begin{aligned} & x^2 = 25 \quad |\sqrt{\ } && \mathbb{G} = \mathbb{R} \\ \Leftrightarrow\ & \sqrt{x^2} = \sqrt{25} \\ \Leftrightarrow\ & |x| = +5 \\ \Leftrightarrow\ & (x = +5 \wedge x > 0) \vee (-x = +5 \wedge x < 0) \\ \Leftrightarrow\ & x = +5 \vee x = -5 && \mathbb{L} = \{+5; -5\} \end{aligned}$$

Definition des absoluten Betrages:

$$|x| = \begin{cases} x & \text{für } x > 0 \\ 0 & \text{für } x = 0 \\ -x & \text{für } x < 0 \end{cases}$$

Im Falle der Gleichung $y^2 = -5$ mit $\mathbb{G} = \mathbb{R}$ gilt $\mathbb{L} = \emptyset$, da das Quadrat einer reellen Zahl $y \neq 0$ stets positiv ist.

Zusammenfassend halten wir fest:

reinquadratische Gleichung	Lösungsmenge	
$x^2 = c \quad \mathbb{G} = \mathbb{R};\ c \in \mathbb{R}$	$\mathbb{L} = \{+\sqrt{c}; -\sqrt{c}\}$	für $c > 0$
	$\mathbb{L} = \{0\}$	für $c = 0$
	$\mathbb{L} = \emptyset$	für $c < 0$

3 Der Schüler Ralf Fuchs hat im Zeugnis im Fach Mathematik eine „5" stehen. Als sein Vater zu einer Standpauke ansetzen will, erklärt Ralf kurzerhand: „Dieser Fünfer ist eigentlich ein Vierer, wie ich dir beweisen werde." Ralf legt dem verdutzten Vater folgenden Nachweis vor:

$-80 = -80 \Leftrightarrow 100 - 180 = 64 - 144$

$\Leftrightarrow 10^2 - 2 \cdot 10 \cdot 9 = 8^2 - 2 \cdot 8 \cdot 9 \;|+9^2$

$\Leftrightarrow 10^2 - 2 \cdot 10 \cdot 9 + 9^2 = 8^2 - 2 \cdot 8 \cdot 9 + 9^2$

$\Leftrightarrow (10 - 9)^2 = (8 - 9)^2 \;|\sqrt{}$

$\Leftrightarrow 10 - 9 = 8 - 9 \;|+9$

$\Leftrightarrow 10 = 8 \Leftrightarrow 5 = 4$ Wo steckt der Fehler?

4 Bestimme die Lösungsmenge durch Radizieren ($\mathbb{G} = \mathbb{R}$).

a) $x^2 = 169$ **b)** $2y^2 = 722$ **c)** $t^2 = \frac{121}{144}$ **d)** $3e^2 = \frac{12}{289}$

e) $t^2 = 0{,}09$ **f)** $5r^2 = 0{,}098$ **g)** $x^2 = 48$ **h)** $y^2 = \frac{1}{3}$

i) $10x^2 = 200$ **j)** $\sqrt{5}x^2 = \sqrt{80}$ **k)** $-4z^2 + 28 = 0$ **l)** $4z^2 + 28 = 0$

m) $9w^2 - \sqrt{72} = 3w^2$ **n)** $36x^2 - 540 = x^2$

o) $x(x^2 - 5) = 0$ **p)** $x(x^2 + 5) = 0$

q) $(2x + 3)^2 + (x - 6)^2 = (3x - 7)(3x + 7) - 6$

r) $(x^2 - 5)^2 = (x^2 - \sqrt{15})(x^2 + \sqrt{15})$

5 Löse die folgenden Gleichungen mithilfe des Taschenrechners ($\mathbb{G} = \mathbb{R}$).

a) $x^2 = 5{,}5225$ **b)** $8y^2 = 100{,}82$ **c)** $3{,}88t^2 - 78{,}57 = 0$

d) $y^2 = 0{,}\overline{54}$ **e)** $8t^2 + 52 = 100{,}02$ **f)** $f^2 = 1{,}23^7$

g) $6{,}35z^2 = 6{,}35^4$ **h)** $t^2 = 0{,}665^{-2}$ **i)** $\frac{1}{5}x^2 = (\frac{3}{4})^{-3}$

j) $14 \cdot x^{-2} = 63{,}63$ **k)** $x^2 = \sqrt{5{,}0625}$ **l)** $y^2 = (\sqrt{3{,}75})^3$

Aufgaben

6 Gib zunächst die Definitionsmenge an, und löse dann die Gleichungen ($\mathbb{G} = \mathbb{R}$). Führe jeweils eine Probe durch.

a) $\frac{x}{5} = \frac{4}{x}$ **b)** $\frac{2}{9} = \frac{8}{y^2 - 36}$ **c)** $\frac{3}{t-5} = \frac{t+5}{25}$ **d)** $\frac{5r}{3r+5} = \frac{3r-5}{r}$

e) $\frac{1}{7z-7} = \frac{z}{(3z+5)(4z-9)}$ **f)** $5x = \frac{288 - 25x - 3x^2}{x-5}$

7 Bestimme die Nullstellen der folgenden Funktionen. Die Grundmenge ist $\mathbb{R} \times \mathbb{R}$.

a) f_1 mit $y = x^2 - 64$ **b)** f_2 mit $y = x^2 - 6$ **c)** f_3 mit $y = 2x^2 - 48$

Graphische Lösung

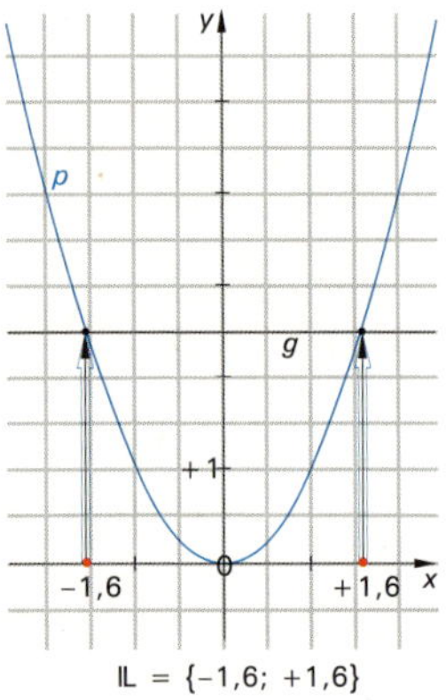

Bild 1

Beispiel

$x^2 = 2{,}5$ $\mathbb{G} = \mathbb{R}$

Mit dem Linksterm x^2 legen wir die Funktion f_1 mit $y = x^2$, mit dem Rechtsterm die Funktion f_2 mit $y = 0 \cdot x + 2{,}5$ fest. Die Graphen sind die Normalparabel p und die Parallele g zur x-Achse in Bild 1. Bild 1 können wir sofort die Lösungsmenge entnehmen: $\mathbb{L} = \{-1{,}6; +1{,}6\}$.

8 Löse die folgenden Gleichungen ($\mathbb{G} = \mathbb{R}$) graphisch.

a) $x^2 = 9$ **b)** $2x^2 = 13{,}5$ **c)** $4{,}2x^2 - 12{,}6 = 0$ **d)** $5x^2 + 10 = 0$

9.0 Mit jedem Wert für a in der Gleichung $x^2 + a^2 - 6a = 0$ ($\mathbb{G} = \mathbb{R}$; $a \in \mathbb{R}$) erhält man jeweils eine reinquadratische Gleichung. Mit 5 für a lautet die zugehörige reinquadratische Gleichung $x^2 - 5 = 0$.

9.1 Bestimme die Lösungsmengen für $a \in \{0; 2; 3; 4; 6; -2; 10\}$.

9.2 Bestätige: Mit beliebigen reellen Zahlen anstelle von a gilt für die Lösungsmenge $\mathbb{L} = \{-\sqrt{6a - a^2}; +\sqrt{6a - a^2}\}$, falls $6a - a^2 \geqq 0$ erfüllt ist.

> Merke: Der Term unter einem Wurzelzeichen wie hier $6a - a^2$ heißt Radikandenterm

9.3 Forme den Radikandenterm $6a - a^2$ in den Term $9 - (a-3)^2$ um.

9.4 Gib mithilfe dieses Ergebnisses die Belegungsmenge für a an, sodass die zugehörigen reinquadratischen Gleichungen jeweils lösbar sind.

9.5 Begründe, dass der Term $9 - (a-3)^2$ für $a = 3$ einen maximalen Wert annimmt.

9.6 Zeige mithilfe des Ergebnisses von 9.5, dass ein Lösungselement der Gleichung $x^2 + a^2 - 6a = 0$ nicht kleiner als -3 und nicht größer als $+3$ sein kann.

2.2 Gemischtquadratische Gleichungen

❶ Bestimme die Lösungsmenge der Gleichung $(x-1)^2 = 4$ für $\mathbb{G} = \mathbb{R}$ durch Probieren.

Graphische Lösung

Wir legen die Funktionen f_1 mit $y = (x-1)^2$ und f_2 mit $y = 4$ fest.

Der Graph zu f_1 ist die Parabel p mit dem Scheitel $S(1|0)$, und der Graph zu f_2 ist die Gerade g mit $y = 4$. Bild 1 kann man die Lösungsmenge direkt entnehmen:
$\mathbb{L} = \{-1; 3\}$.

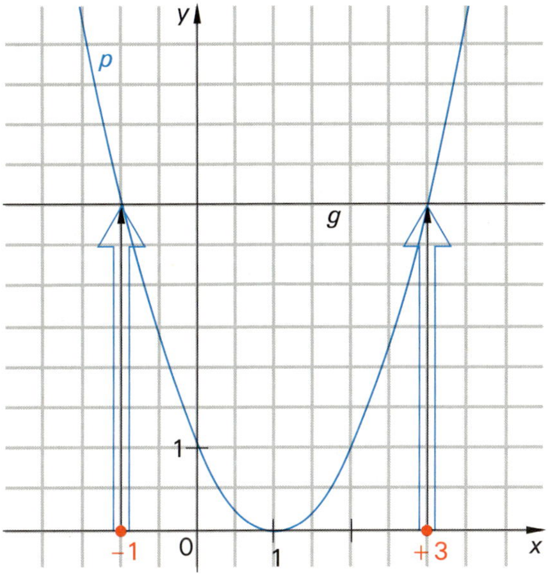

Bild 1

Algebraische Lösung

$$(x-1)^2 = 4 \qquad \mathbb{G} = \mathbb{R}$$
$$\Leftrightarrow \quad |x-1| = \sqrt{4}$$
$$\Leftrightarrow \quad x-1 = 2 \lor -(x-1) = 2$$
$$\Leftrightarrow \quad x = 3 \lor x-1 = -2$$
$$\Leftrightarrow \quad x = 3 \lor x = -1 \qquad \mathbb{L} = \{-1; 3\}$$

❷ Ermittle die Lösungsmengen der folgenden Gleichungen sowohl graphisch als auch rechnerisch ($\mathbb{G} = \mathbb{R}$).

a) $(x-3)^2 = 1$ **b)** $(x+2)^2 = 6{,}25$ **c)** $(x-1)^2 = -2$ **d)** $0{,}5\,(x-2)^2 = 1$

e) $\frac{3}{2}(x+1)^2 = 3$ **f)** $-(x+0{,}5)^2 = -4$ **g)** $2(x-2)^2 = \frac{1}{2}$ **h)** $2(x-0{,}5)^2 = -1$

Gleichungen wie $2x^2 + 6x - 20 = 0$ nennt man **gemischtquadratische Gleichungen**. Neben dem quadratischen Glied wie $2x^2$ enthalten solche Gleichungen auch noch ein lineares Glied wie $6x$.

Beispiel

Quadratische Gleichungen wie $2x^2 + 6x - 20 = 0$ ($\mathbb{G} = \mathbb{R}$) können wir wie folgt lösen:

$$
\begin{aligned}
& 2 \cdot x^2 + 6x - 20 = 0 \mid : 2 && \mathbb{G} = \mathbb{R} \\
\Leftrightarrow\ & 1 \cdot x^2 + 3 \cdot x - 10 = 0 && \\
\Leftrightarrow\ & x^2 + 2 \cdot x \cdot 1{,}5 + 1{,}5^2 - 1{,}5^2 - 10 = 0 && \text{quadratische Ergänzung} \\
\Leftrightarrow\ & (x + 1{,}5)^2 - 12{,}25 = 0 && \\
\Leftrightarrow\ & |x + 1{,}5| = \sqrt{12{,}25} && \\
\Leftrightarrow\ & x + 1{,}5 = 3{,}5 \ \vee\ -(x + 1{,}5) = 3{,}5 && \\
\Leftrightarrow\ & x = 2 \ \vee\ x = -5 && \mathbb{L} = \{+2; -5\}
\end{aligned}
$$

Aufgaben

Löse die folgenden Gleichungen der Aufgaben 1 bis 3 mithilfe der quadratischen Ergänzung. Die Grundmenge ist in jedem Fall $\mathbb{R}$.

1 **a)** $x^2 - 10x + 16 = 0$ **b)** $x^2 + 10x + 16 = 0$ **c)** $x^2 - 7x + 21 = 0$
d) $x^2 + 5x + 4 = 0$ **e)** $x^2 - 2x - 15 = 0$ **f)** $x^2 + x - 2 = 0$
g) $x^2 - 6{,}5x + 10 = 0$ **h)** $x^2 - 3{,}5x - 7{,}5 = 0$ **i)** $x^2 - 7x + 10{,}81 = 0$
j) $x^2 - x + \frac{3}{16} = 0$ **k)** $x^2 + \frac{22}{15}x + \frac{7}{15} = 0$ **l)** $x^2 - x - \frac{33}{64} = 0$

2 **a)** $3x^2 - 3x - 60 = 0$ **b)** $2x^2 + 11x + 14 = 0$ **c)** $5x^2 - 8x = 121{,}8$
d) $15 = x(12{,}5 - 2{,}5x)$ **e)** $\frac{1}{3}x^2 + 2x + 7 = \frac{13}{3}x$ **f)** $(2x - 5)^2 = x(x - 9) + 19$

3 **a)** $x^2 - 6\sqrt{3} \cdot x + 15 = 0$ **b)** $8x + 6\sqrt{2} - 0 = -\sqrt{2} \cdot x^2$
c) $\frac{\sqrt{5}}{25} \cdot x^2 + x - \frac{6\sqrt{5}}{5} = 0$ **d)** $x^2 - (4 + 2\sqrt{3})x + 8\sqrt{3} = 0$
e) $(2\sqrt{3} - x)^2 = (4\sqrt{3} - x)(x - 2\sqrt{3})$ **f)** $x^2 + \sqrt{15} = (\sqrt{3} - \sqrt{5})x$

4 Bestimme bei den folgenden Gleichungen mit $\mathbb{R}$ als Grundmenge zunächst jeweils die Definitionsmenge. Forme dann die gegebenen Gleichungen äquivalent in quadratische Gleichungen um, und löse diese.

a) $\frac{2}{x} = \frac{3x + 5}{x + 18}$ **b)** $\frac{x + 1}{x} = \frac{2}{x^2}$ **c)** $\frac{5 + x}{5 - x} = \frac{10}{5 + x}$
d) $\frac{3}{x - 1} + \frac{4x + 3}{x + 1}$ **e)** $\frac{1}{x + 7} = \frac{10}{x^2 + 15}$ **f)** $\frac{2x + 1}{x \cdot (x + 1)} = \frac{x}{x + 1)}$

Lösungsformeln für quadratische Gleichungen

$x^2 + p \cdot x + q = 0 \quad \mathbb{G} = \mathbb{R};\ p, q \in \mathbb{R};$	Normalform
1 $\Leftrightarrow x^2 + 2 \cdot x \cdot \frac{p}{2} + \left(\frac{p}{2}\right)^2 - \left(\frac{p}{2}\right)^2 + q = 0$	quadratische Ergänzung
2 $\Leftrightarrow \left(x + \frac{p}{2}\right)^2 = \left(\frac{p}{2}\right)^2 - q$ $\Leftrightarrow \left\lvert x + \frac{p}{2}\right\rvert = \sqrt{\left(\frac{p}{2}\right)^2 - q}$	Mithilfe des Terms $\left(\frac{p}{2}\right)^2 - q$ kann man erkennen, ob es Lösungen gibt. Man nennt ihn daher **Diskriminante D** (engl. to discriminate, unterscheiden).
3 $\Leftrightarrow x = -\frac{p}{2} + \sqrt{D} \ \vee \ x = -\frac{p}{2} - \sqrt{D}$	Kurzschreibweise: $x_{1/2} = -\frac{p}{2} \pm \sqrt{D}$

4 Es gibt drei Fälle:

$D > 0$	$D = 0$	$D < 0$
zwei Lösungselemente	ein Lösungselement	kein Lösungselement
$\mathbb{L} = \left\{-\frac{p}{2} + \sqrt{D}; -\frac{p}{2} - \sqrt{D}\right\}$	$\mathbb{L} = \left\{-\frac{p}{2}\right\}$	$\mathbb{L} = \emptyset$

[( ] $p \rightarrow$ [ ] [÷] [2] [ )] [x^2] [−] $q \rightarrow$ [ ] [=] $\rightarrow D$ [M]

Aufgaben

1 Berechne bei den folgenden quadratischen Gleichungen ($\mathbb{G} = \mathbb{R}$) zuerst jeweils den Wert der Diskriminante, und bestimme dann die Lösungsmenge.

a) $x^2 + 12x + 32 = 0$ **b)** $x^2 + 8x - 33 = 0$ **c)** $x^2 - 3x - 18 = 0$

d) $x^2 - 4x - 28 = 0$ **e)** $x^2 - 11x + 30 = 0$ **f)** $x^2 + x - 56 = 0$

g) $x^2 - 7x - 8 = 0$ **h)** $x^2 + 7x - 8 = 0$ **i)** $x^2 + 3{,}5x - 15 = 0$

j) $x^2 + 0{,}8x - 21 = 0$ **k)** $y^2 - 2{,}7y - 8{,}1 = 0$ **l)** $t^2 - 10{,}7t + 24 = 0$

m) $2x^2 - 7x - 22 = 0$ **n)** $15x^2 = 16x + 15$ **o)** $25x^2 + 20x = 32$

p) $x^2 + 2\sqrt{3}x - 9 = 0$ **q)** $3x^2 + 2\sqrt{2}x = 2$

r) $x^2 - 2(\sqrt{6} - \sqrt{3})x - 6\sqrt{2} = 0$

$p \rightarrow$ [ ] [+/−] [÷] [2] [+] [√] [MR] [=] $\rightarrow x_1$

$p \rightarrow$ [ ] [+/−] [÷] [2] [−] [√] [MR] [=] $\rightarrow x_2$

2 Bestimme die Lösungsmengen der quadratischen Gleichungen in Aufgabe 1a) bis i) auf Seite 30 jeweils mithilfe von $\mathbb{L} = \left\{-\frac{p}{2} + \sqrt{D};\ -\frac{p}{2} - \sqrt{D}\right\}$.

Aufgaben

3 Löse mithilfe des Taschenrechners folgende Gleichungen ($\mathbb{G} = \mathbb{R}$). Führe in jedem Fall die Probe durch.

a) $x^2 - 11{,}45x + 30{,}745 = 0$ **b)** $y^2 + 3{,}49y - 22{,}914 = 0$

c) $x^2 - 6{,}65x + 15 = 0$ **d)** $w^2 + 4{,}36w - 3{,}15 = 0$

e) $x^2 - 8{,}74x + 20{,}03 = 0$ **f)** $x^2 - 8{,}74x + 11{,}17 = 0$

g) $5y^2 + 11{,}2y - 166{,}6 = 0$ **h)** $100t^2 = 306{,}9t + 461{,}227$

i) $r^2 - 2r + 1{,}55527 = 0$ **j)** $6(2r^2 + 1) = 17r$

k) $84x^2 + 525 = 425x$ **l)** $z^2 + 6\sqrt{3} \cdot z - 21 = 0$

4 Ein rechteckiges Grundstück ist um 15 m länger als breit. Verdoppelt man die Breite und verkürzt zugleich die Länge um 3 m, so hat das neu entstandene rechteckige Grundstück einen um 1 170 m² größeren Flächeninhalt als das ursprüngliche Grundstück. Berechne dessen Länge und Breite.

Platzbedarf:
$-7 \leqq x \leqq 8$
$-5 \leqq y \leqq 12$

5.0 Die Punkte $A(-2|-3)$ und $B(6|5)$ legen die Gerade g fest, die Punkte C_n liegen auf der Parabel p mit der Gleichung $y = \frac{1}{2}x^2 + 2x + 5$. Die Punkte A, B und C_n bestimmen Dreiecke ABC_n.

5.1 Zeichne die Gerade g durch die Punkte A und B sowie die Parabel p in ein Koordinatensystem mit 1 cm als Längeneinheit. Wähle einen Punkt C_n auf der Parabel p, und zeichne das zugehörige Dreieck ABC_n ein.

5.2 Ermittle den Flächeninhalt $A(x)$ der Dreiecke ABC_n mithilfe der Vektoren $\overrightarrow{C_nA}$ und $\overrightarrow{C_nB}$. [Ergebnis: $A(x) = 2(x^2 + 2x + 12)$ FE]

5.3 Berechne die Koordinaten der Punkte C_1 und C_2 bzw. C_3 und C_4, sodass die Dreiecke ABC_1, und ABC_2 jeweils einen Flächeninhalt von 30 FE bzw. die Dreiecke ABC_3 und ABC_4 jeweils einen Flächeninhalt von 40 FE besitzen. Zeichne die Dreiecke ABC_1 und ABC_2 bzw. ABC_3 und ABC_4 ein, und begründe, dass die Geraden C_1C_2 bzw. C_3C_4 zur Geraden g parallel verlaufen.

5.4 Gibt es Dreiecke ABC_n mit einem Flächeninhalt von 15 FE?

5.5 Unter den Dreiecken ABC_n gibt es ein Dreieck ABC_0 mit minimalem Flächeninhalt. Zeige mithilfe des Terms $T(x) = 2(x^2 + 2x + 12)$ von 5.2, dass für $x = -1$ das zugehörige Dreieck ABC_0 den kleinsten Flächeninhalt besitzt, und gib diesen an. Berechne die Koordinaten des Punktes C_0.

5.6 Begründe, dass die zur Geraden g parallele Gerade t durch den Punkt C_0 eine Tangente an die Parabel p ist. Stelle die Gleichung für t auf.

5.7 Mit a für die Maßzahl des Flächeninhalts $A(x)$ der Dreiecke ABC_n ergibt sich aus 5.2 die Maßzahlengleichung $a = 2\,(x^2 + 2x + 12)$.
Im Falle des minimalen Flächeninhalts besitzt diese quadratische Gleichung nur eine Lösung, da es nur ein Dreieck ABC_0 mit minimalem Flächeninhalt gibt. Bestimme den minimalen Flächeninhalt mithilfe der Diskriminante der quadratischen Gleichung $a = 2\,(x^2 + 2x + 12)$, und gib die Koordinaten des Punktes C_0 an.

$ax^2 + bx + c = 0 \quad \mathbb{G} = \mathbb{R};\ a, b \in \mathbb{R};\ a \neq 0$	allgemeine Form	
1 $\Leftrightarrow x^2 + \frac{b}{a}x + \frac{c}{a} = 0$ $\Leftrightarrow x^2 + 2 \cdot x\frac{b}{2a} + \left(\frac{b}{2a}\right)^2 - \left(\frac{b}{2a}\right)^2 + \frac{c}{a} = 0$	quadratische Ergänzung	
2 $\Leftrightarrow \left(x + \frac{b}{2a}\right)^2 = \left(\frac{b}{2a}\right)^2 - \frac{c}{a}$ $\Leftrightarrow \left\vert x + \frac{b}{2a}\right\vert = \frac{\sqrt{b^2 - 4ac}}{2a}$	$D^* = b^2 - 4ac$	
3 $\Leftrightarrow x = \frac{-b + \sqrt{D^*}}{2a} \quad \vee \quad x = \frac{-b - \sqrt{D^*}}{2a}$	Kurzschreibweise: $x_{1/2} = \frac{-b \pm \sqrt{D^*}}{2a}$	
4 Es gibt drei Fälle:		
$D^* > 0$	$D^* = 0$	$D^* < 0$
zwei Lösungselemente $\mathbb{L} = \left\{\frac{-b + \sqrt{b^2 - 4ac}}{2a}; \frac{-b - \sqrt{b^2 - 4ac}}{2a}\right\}$	ein Lösungselement $\mathbb{L} = \left\{-\frac{b}{2a}\right\}$	kein Lösungselement $\mathbb{L} = \emptyset$

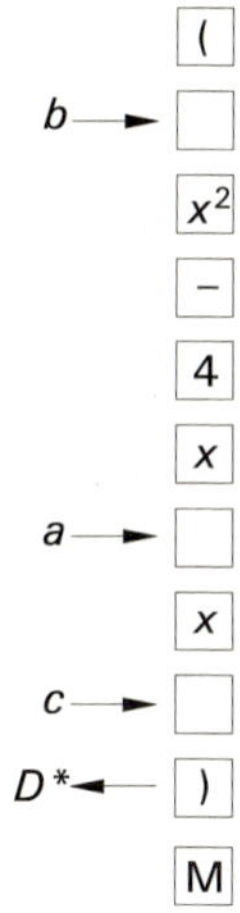

Quadratische Gleichungen können wir einfach mit dem Taschenrechner lösen.

Aufgaben

1 Löse die quadratischen Gleichungen für die Grundmenge $\mathbb{R}$ in allgemeiner Form mit der Lösungsformel.

Beispiel

$\boxed{3} \cdot x^2 \quad \boxed{+9} \cdot x \quad \boxed{-12} = 0 \qquad \mathbb{G} = \mathbb{R}$

a b c

$D^* = 9^2 - 4 \cdot 3 \cdot (-12) = 81 + 144 = 225; \qquad D^* > 0$

$\mathbb{L} = \left\{\frac{-9 + \sqrt{225}}{2 \cdot 3}; \frac{-9 - \sqrt{225}}{2 \cdot 3}\right\}; \qquad \mathbb{L} = \{+1; -4\}$

a) $4x^2 - 16x - 84 = 0$ **b)** $2x^2 + 6x - 20 = 0$
c) $9x^2 + 12x - 5 = 0$ **d)** $5x^2 + 15x - 99{,}2 = 0$
e) $\sqrt{3}x^2 - 12x + 9\sqrt{3} = 0$ **f)** $\frac{1}{4} \cdot x^2 + 2x + 5 = 0$

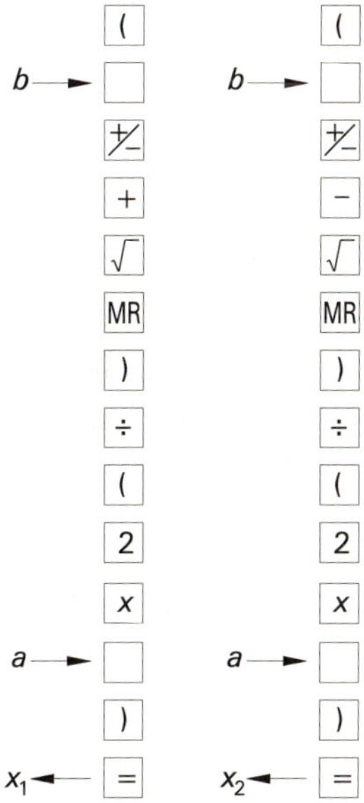

Bild 1

2 Bei Gleichungen wie $2{,}4x^2 - 23{,}16x + 51 = 0$ ($\mathbb{G} = \mathbb{R}$) empfiehlt es sich, den Taschenrechner zu verwenden. Löse damit.

Aufgaben

3 Gib zu den folgenden Gleichungen für $\mathbb{R}$ als Grundmenge zunächst die Definitionsmenge an und berechne sodann nach dem Über-Kreuz-Multiplizieren die Lösungsmenge der Gleichungen.

a) $\frac{2x-3}{2} = \frac{1}{x}$ **b)** $\frac{x}{4} = \frac{1}{2x+9}$ **c)** $\frac{1+2x}{2x} = \frac{3x}{8}$ **c)** $\frac{1}{2x} = \frac{x-1}{2+x}$

d) $\frac{7x+37}{x+37} + \frac{12}{x+2}$ **f)** $\frac{4}{(x-1)(x+4)} = \frac{1}{3x-1}$ **g)** $\frac{2x+39}{x^2+39x+74} = \frac{5}{6x}$

4 Untersuche rechnerisch, ob es für $x \in \mathbb{R}^+$ Dreiecke wie in den Bildern 1 und 2 mit den angegebenen Maßen gibt. Berechne gegebenenfalls die Seitenlängen. Runde dabei auf zwei Stellen nach dem Komma.

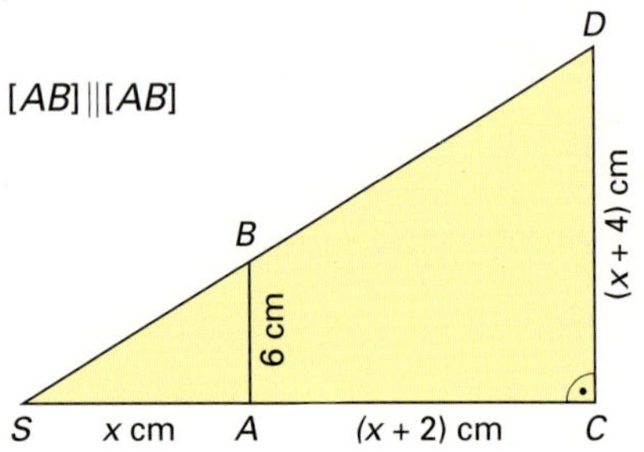

Bild 1

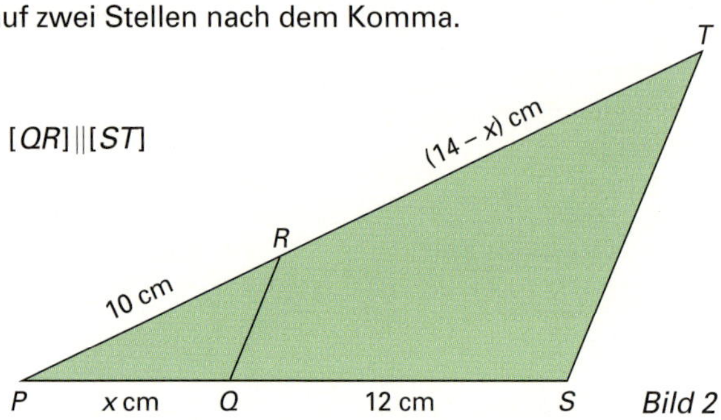

Bild 2

5 Die Geschäftsführung einer Möbelfabrik plant, spezielle Laborschränke in das Verkaufsangebot aufzunehmen. Wegen der Steuern, des erforderlichen Betriebskapitals und der Abschreibungen wird die Produktion nur dann aufgenommen, wenn mit dem Verkauf der Schränke im Monat ein Gewinn von mindestens 48 000 € erwirtschaftet werden kann. Die Rechnungsabteilung der Firma hat errechnet, dass die Herstellungskosten bei einer Produktion von x Schränken im Monat $(2400 + 60x)$ € betragen. Für einen mittleren Umsatz wird ein Verkaufspreis je Laborschrank von $(800 - 2x)$ € kalkuliert. Bei welchen Absatzzahlen ergibt sich ein Gewinn von 48 000 € je Monat und bei welcher Zahl verkaufter Laborschränke wird der größte Gewinn G_{max} erzielt? Wie groß ist G_{max}? [Teilergebnis: G_{max} 66 050 €]

Aufgaben zur Prozent- und Zinsrechnung

6 Wenn man die a cm langen Seiten ($a \in \mathbb{R}^+$) eines Quadrats um p % verlängert ($p \in \mathbb{R}^+$), nimmt sein Flächeninhalt um 10,25 % zu. Um wie viel Prozent wird eine Quadratseite verlängert? [Ergebnis: 5 %]

7 Ein Pferdehändler kaufte ein Pferd und verkaufte es dann wieder für 2 400 €. Er stellte dabei fest, dass er beim Verkauf so viel Prozent des Kaufpreises eingebüßt hat, wie er 100-Euroscheine beim Kauf ausgegeben hatte. Wie hoch war der günstigste Kaufpreis, der diese Bedingung erfüllt?
Lösungshinweis:
Setze die Variable x (mit $x \in \mathbb{N}$) für die Anzahl der 100-Euroscheine, die den Kaufpreis ergeben.

Aufgaben

8 Ein PC kostete zunächst 4 200,– €. Dieser Preis wurde dann um einen bestimmten Prozentwert gesenkt. Nach einiger Zeit wurde der neue Preis nochmals um den gleichen Prozentwert auf 3 034,50 € herabgesetzt. Wie viel Prozent betrug jeweils die Preissenkung?
Lösungshinweis:
Der Preis wurde jeweils um x % gesenkt.
Prozentwert der ersten Preissenkung: $4\,200 \cdot \frac{x}{100}$ €.

9 Ein Schuhgeschäft hatte einen Jahresumsatz von 760 000 €. Der Umsatz stieg im darauf folgenden Jahr um einen bestimmten Prozentwert. Im Jahr darauf ging der Umsatz wieder um den gleichen Prozentwert auf 716 224 € zurück. Wie viel Prozent betrug die Erhöhung des Umsatzes?

10 Die Baufirma Huber Tiefbau KG hat Baumaschinen im Wert von 2 000 000 € angeschafft. Die Baumaschinen können zweimal mit dem gleichen Prozentsatz abgeschrieben werden und stehen dann noch mit 1 125 000 € zu Buche. Wie hoch war der Prozentsatz der Abschreibungen?

11 Frau Meyer zahlt 4 000 € auf ihr Sparkonto ein. Nach einem Jahr hebt sie von ihrem um die Zinsen vermehrten Guthaben 320 € ab. Nach einem weiteren Jahr werden ihr bei gleichem Zinssatz die Zinsen für das zweite Jahr gutgeschrieben. Frau Meyer besitzt dann ein Sparguthaben von 4 074 €. Wie viel Prozent betrugen die Zinsen jedes Jahr?

12 Frau Bauer eröffnet bei der Sparkasse ein Konto und zahlt 2 000 € ein. Die Sparkasse bietet ihr für fünf Jahre einen gleichbleibenden Zinssatz an. Nach einem Jahr schreibt die Sparkasse die Zinsen gut und Frau Bauer zahlt noch 650 € ein. Nach der Zinsgutschrift für das zweite Jahr beträgt das Guthaben 2 863,30 €. Wie hoch ist der vereinbarte Zinssatz?

12 Auf ein Sparkonto werden 3 000 € einbezahlt. Nach der Zinsgutschrift für das erste Jahr wird der Zinssatz um 0,7 Prozentpunkte gesenkt. Für das zweite Jahr betragen die Zinsen 109,41 €. Wie hoch war der ursprüngliche Zinssatz?

14 Zu Beginn des Jahres zahlt Herr Koch 5 000 € auf ein Sparkonto ein. Die Zinsen für das erste Jahr werden ihm am Ende des Jahres gutgeschrieben. Zugleich zahlt Herr Koch weitere 1 210 € ein. Im zweiten Jahr wird der Zinssatz um 0,6 Prozentpunkte erhöht. Nach der zweiten Zinsgutschrift am Ende des zweiten Jahres beträgt das gesamte Guthaben 6 681,60 €. Wie hoch war der ursprüngliche Zinssatz?

2.3 Koordinaten von Schnittpunkten und Berührpunkten

Schnittpunktkoordinaten: Parabel – Gerade

Bisher haben wir nur lineare Gleichungssysteme mit zwei Variablen betrachtet. Wenn in einem Gleichungssystem mindestens eine Gleichung das Quadrat einer Variablen enthält, sprechen wir von einem System mit quadratischen Gleichungen.

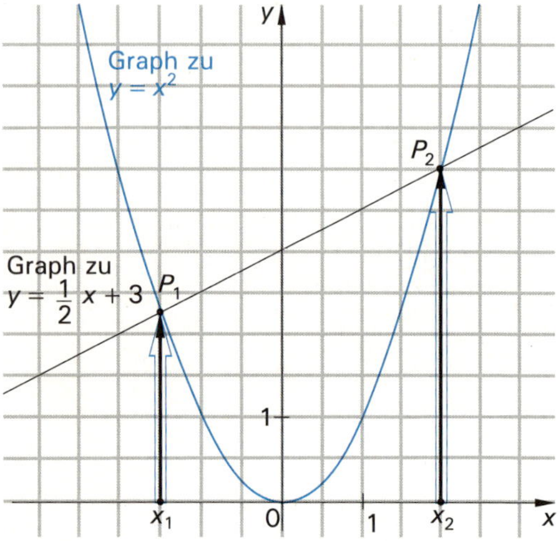

Bild 1

1. Beipsiel

Im Bild 1 schneidet die Gerade g mit der Gleichung $y = \frac{1}{2}x + 3$ die Parabel p mit $y = x^2$ in den Punkten P_1 und P_2. Die Koordinaten der Schnittpunkte erfüllen zugleich die beiden Funktionsgleichungen.

$$\begin{array}{|l} \quad y = x^2 \\ \wedge \; y = \frac{1}{2}x + 3 \end{array} \qquad \mathbb{G} = \mathbb{R} \times \mathbb{R}$$

Durch Gleichsetzen erhalten wir:

$\Rightarrow \; x^2 = 0{,}5x + 3 \qquad \mathbb{G} = \mathbb{R}$

$\Leftrightarrow \; x^2 - 0{,}5x - 3 = 0$

$\Leftrightarrow \; x = -1{,}5 \vee x = 2 \qquad \mathbb{L} = \{-1{,}5;\ 2\}$

Wenn wir $-1{,}5$ und 2 in das Gleichungssystem einsetzen, erhalten wir $y = 2{,}25$ und $y = 4$.

Lösungsmenge: $\mathbb{L} = \{(-1{,}5|2{,}25);\ (2|4)\}$

Schnittpunkte: $P_1(-1{,}5|2{,}25)$, $P_2(2|4)$

Aufgaben

1 Bestimme zeichnerisch und rechnerisch die Koordinaten der Schnittpunkte der Graphen. Fertige für jede Teilaufgabe ein neues Koordinatensystem mit der Längeneinheit 1 cm an. Runde die Ergebnisse auf eine Stelle nach dem Komma.

	Parabel	Gerade	Platzbedarf
a)	$y = (x-1)^2 - 4$	$y = x - 1$	$-2 \leqq x \leqq 5; -5 \leqq y \leqq 4$
b)	$y = 2x^2 - 2$	$y = 0{,}5x + 2$	$-3 \leqq x \leqq 3; -3 \leqq y \leqq 4$
c)	$y = -0{,}25x^2 - 0{,}5x + 4{,}25$	$y = -0{,}25x - 1{,}25$	$-5 \leqq x \leqq 5; -3 \leqq y \leqq 5$
d)	$y = -0{,}5x^2 + x + 1{,}5$	$y = -0{,}5x + 1{,}75$	$-2 \leqq x \leqq 4; -2 \leqq y \leqq 4$

2 Bestimme die Lösungsmenge der Gleichungssysteme rechnerisch auf zwei Stellen nach dem Komma gerundet.

a) $\begin{array}{|l} \quad y = x^2 + 2x - 1 \\ \wedge \; y = -x + 2 \end{array}$

b) $\begin{array}{|l} \quad y = -x^2 \\ \wedge \; y = \frac{1}{2}x - 1 \end{array}$

c) $\begin{array}{|l} \quad y = 0{,}5x + 1{,}5 \\ \wedge \; y = -x^2 - 2x + 3 \end{array}$

Schnittpunktkoordinaten: Parabel – Parabel

2. Beispiel

Das nebenstehende Bild zeigt die graphische Lösung des Gleichungssystems

$$\begin{array}{|l} y = \frac{1}{4}(x^2 + 2)^2 - 1 \\ \wedge\ y = -\frac{1}{2}(x - 1)^2 + 3{,}5 \end{array} \qquad \mathbb{G} = \mathbb{R} \times \mathbb{R}$$

Rechnerische Lösung:

$\Rightarrow \frac{1}{4}(x + 2)^2 - 1 = -\frac{1}{2}(x - 1)^2 + 3{,}5 \qquad \mathbb{G} = \mathbb{R}$

.

.

.

$\Leftrightarrow \quad x^2 = 4$

$\Leftrightarrow \quad x = 2 \vee x = -2 \qquad \mathbb{L}^* = \{2; -2\}$

Durch Einsetzen erhalten wir die zugehörigen y-Werte. Das Gleichungssystem hat somit die Lösungsmenge

$\mathbb{L} = \{(2|3); (-2|-1)\}$.

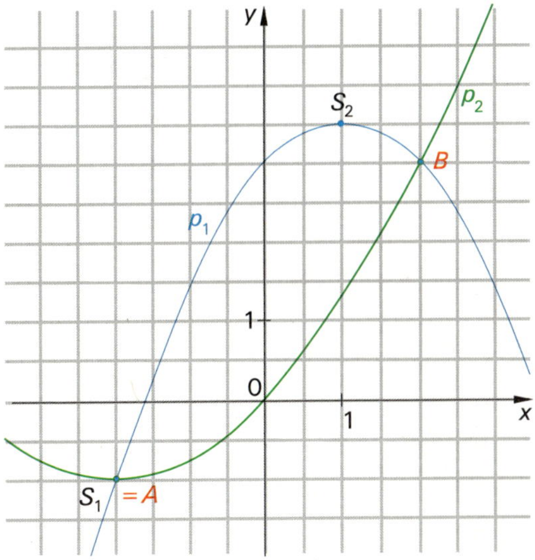

Bild 1

- Führe die Rechnung vollständig durch.

Aufgaben

3 Bestimme die Lösungsmenge der Gleichungssysteme rechnerisch, runde das Ergebnis auf zwei Stellen nach dem Komma.

a) $\begin{array}{|l} y = x^2 - 3 \\ \wedge\ y = 0{,}5x^2 + 2 \end{array}$

b) $\begin{array}{|l} y = x^2 + 6x + 8 \\ \wedge\ y = x^2 - 2x + 1 \end{array}$

c) $\begin{array}{|l} y = -x^2 + 2 \\ \wedge\ y = -0{,}5x^2 - 2x + 3 \end{array}$

4 Bestimme zeichnerisch und rechnerisch die Koordinaten der Schnittpunkte der Graphen. Fertige für jede Teilaufgabe ein neues Koordinatensystem mit der Längeneinheit 1 cm an. Runde die Ergebnisse auf eine Stelle nach dem Komma.

	Parabel p_1	Parabel p_2	Platzbedarf
a)	$y = x^2 + 4x + 2{,}75$	$y = x^2 + 2x + 4$	$-5 \leqq x \leqq 3; -3 \leqq y \leqq 6$
b)	$y = -x^2 + 2x + 3$	$y = x^2 - 4x + 3$	$-2 \leqq x \leqq 6; -3 \leqq y \leqq 6$
c)	$y = -0{,}5x^2 - 0{,}5x + 5{,}25$	$y = x^2 - 4x + 4$	$-3 \leqq x \leqq 6; -1 \leqq y \leqq 7$

5.1 Bestimme durch Zeichnung und Rechnung die Koordinaten der Schnittpunkte der Parabeln p_1 mit $y = x^2 + 3x + 2{,}25$ und p_2 mit $y = -x^2 + x + 3{,}75$ auf eine Stelle nach dem Komma gerundet.
Für die Zeichnung: Längeneinheit 1 cm; $-3{,}5 \leqq x \leqq 3{,}5; -1 \leqq y \leqq 5$

5.2 Berechne die Länge der Strecke $[S_1S_2]$.

5.3 Eine Gerade g mit der Gleichung $y = 0{,}5x + 2$ schneidet beide Parabeln. Berechne die Koordinaten der Schnittpunkte.

Berührpunktskoordinaten: Parabel – Gerade

3. Beispiel

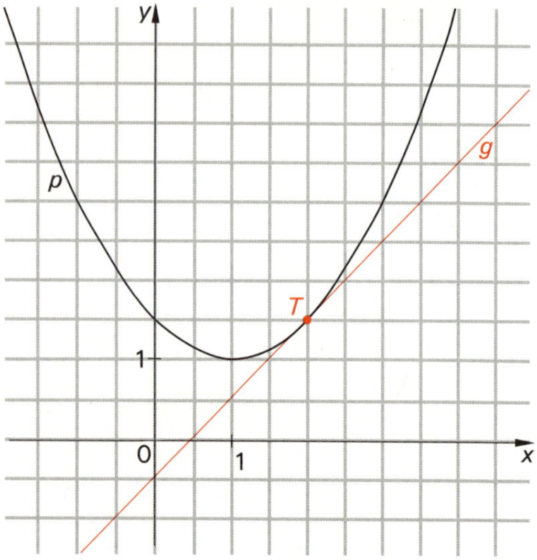

Bild 1

In der Zeichnung berührt die Gerade g mit $y = x - 0{,}5$ die Parabel p mit $y = 0{,}5x^2 - x + 1{,}5$.

Die Gerade g ist also Tangente an die Parabel p.

Dies können wir leicht nachweisen:

$$\begin{array}{|l} y = 0{,}5x^2 - x + 1{,}5 \\ \wedge\ y = x - 0{,}5 \end{array} \qquad \mathbb{G} = \mathbb{R} \times \mathbb{R}$$

$$\Rightarrow\ 0{,}5x^2 - x + 1{,}5 = x - 0{,}5 \qquad \mathbb{G} = \mathbb{R}$$

$$\Leftrightarrow\ 0{,}5x^2 - 2x + 2 = 0$$

$$x_{1/2} = \frac{2 \pm \sqrt{4 - 4 \cdot 2 \cdot 0{,}5}}{2 \cdot 0{,}5}$$

Beachte: D = 0

Wegen $x_1 = x_2 = 2$ haben die Gerade g und die Parabel p genau den Punkt $T(2|1{,}5)$ gemeinsam.

❶ Zeige durch Rechnung, dass die Gerade t mit $y = -2x + 1$ ebenfalls eine Tangente an p ist.

❷ Begründe, dass die Gerade s mit $x + 0 \cdot y - 3 = 0$ zwar genau einen Punkt mit p gemeinsam hat, aber keine Tangente ist.

❸ Widerlege mit einem Gegenbeispiel die Aussage: Zwei Parabeln berühren sich, wenn sie genau einen Punkt gemeinsam haben.

Aufgaben

1 Zeige durch Rechnung, dass die Geraden g_1 mit $y = 4x + 17$ und g_2 mit $y = -x + 3{,}25$ jeweils Tangenten an die Parabel p mit der Gleichung $y = -x^2 - 4x + 1$ sind. Gib die Koordinaten der Berührpunkte an.

2 Welche der folgenden Geraden berühren die Parabel p mit $y = x^2 - 6x + 13$?
g_1: $y = 0{,}5x + 3$ $\quad$ g_2: $y = -4x + 12$ $\quad$ g_3: $y = 6x - 23$

3.1 Zeichne die Parabeln p_1 mit $y = \frac{1}{2}x^2 + x + 1{,}5$ und p_2 mit $y = -x^2 + 4x$ in ein Koordinatensystem.
Für die Zeichnung: Längeneinheit 1 cm; $-4 \leqq x \leqq 4$; $-1 \leqq y \leqq 6$.

3.2 Aus der Zeichnung ergibt sich die Vermutung, dass sich die Parabeln berühren. Bestätige dies durch Rechnung, und gib die Koordinaten des Berührpunktes B an.

3.3 Zeige rechnerisch, dass die Gerade t mit der Gleichung $y = 2x + 1$ die beiden Parabeln im Punkt B berührt.

3.4 Zeichne die senkrechte Gerade t' zu t im Punkt B ein, und berechne die Koordinaten der Schnittpunkte von t' mit den beiden Parabeln.

Aufgaben

4.0 Gegeben sind die Parabeln p_1 mit $y = 0{,}5\,x^2 + 0{,}5\,x + 1{,}125$ und p_2 mit $y = x^2 - 1\,x + 2{,}25$.

4.1 Ermittle die Koordinaten der Scheitelpunkte S_1 und S_2 und zeichne die beiden Parabeln in ein Koordinatensystem.
Für die Zeichnung: Längeneinheit 1 cm; $-3 \leqq x \leqq 5$; $-2 \leqq y \leqq 6$.

4.2 Zeige rechnerisch, dass sich die beiden Parabeln berühren und gib die Koordinaten des Berührpunktes B an.

4.3 Überprüfe durch Rechnung, ob B, S_1 und S_2 auf einer Geraden liegen, und berechne $\overline{S_1B}$ bzw. $\overline{S_2B}$. Erkläre die gefundenen Werte geometrisch.

4.4 Zeige rechnerisch, dass die Gerade g mit der Steigung $m = 2$ durch den Punkt B eine Tangente an beide Parabeln ist.

5.1 Eine nach oben geöffnete Normalparabel p geht durch $A(-2|0)$ und $B(4|0)$. Gib die Gleichung von p an, berechne die Koordinaten des Scheitelpunktes S und zeichne sodann die Parabel p und die Punkte in ein Koordinatensystem (Längeneinheit 1 cm).
[Teilergebnis: $y = x^2 - 2x - 8$]

Platzbedarf zu 5.1:
$-6 \leqq x \leqq +6$
$-9 \leqq y \leqq +6$

5.2 Ergänze die Zeichnung durch den Graphen zu $y = -x^2 - 3x + 3{,}25$.

5.3 Berechne die Koordinaten der Schnittpunkte S_1 und S_2 der beiden Parabeln auf eine Stelle nach dem Komma gerundet.

6.0 Eine Parabel p mit der Gleichung $y = \frac{1}{2}x^2 + 3x - 0{,}5$ berührt die Gerade g mit der Gleichung $y = 2x$ im Punkt B.

6.1 Zeichne p und g in ein Koordinatensystem und berechne die Koordinaten des Berührpunktes B.
Für die Zeichnung: Längeneinheit 1 cm; $-5 \leqq x \leqq 6$; $-2 \leqq y \leqq 6$.

6.2 Spiegelt man die Parabel p an der y-Achse, so erhält man die Parabel p'. Wie lautet die Gleichung zu p'? [Ergebnis: $y = -0{,}5x^2 - 3x - 0{,}5$]

6.3 Welcher Punkt F wird bei der Spiegelung an der y-Achse auf sich abgebildet? Berechne dessen Koordinaten.

6.4 Berechne die Koordinaten der Schnittpunkte der Geraden g mit p'.

7.0 Die Graphen der Funktionen f_1 mit der Gleichung $y = x^2 - 4x + 2$ und f_2 mit der Gleichung $y = -x^2 - 4x + 2$ sind die Parabeln p_1 und p_2.

7.1 Bringe die Gleichungen auf die Scheitelform, gib die Koordinaten der Scheitelpunkte S_1 und S_2 an und zeichne p_1 und p_2 in ein Koordinatensystem.
Für die Zeichnung: Längeneinheit 1 cm; $-5 \leqq x \leqq 4$; $-3 \leqq y \leqq 8$.

7.2 Aus der Zeichnung ergibt sich die Vermutung, dass die beiden Parabeln nur den Punkt $B(0|2)$ gemeinsam haben. Bestätige dies durch Rechnung.

7.3 Zeige rechnerisch, dass die Gerade g mit $y = -4x + 2$ die beiden Parabeln in $B(0|2)$ berührt.

7.4 Die Senkrechte h zu g im Punkt $P(0|2)$ schneidet die Parabeln außer in B noch in den Punkten $A \in p_1$ und $C \in p_2$. Berechne die Koordinaten von A und C.

7.5 Zeige durch Rechnung, dass $A_{\triangle ABS_1} = A_{\triangle ABS_2}$ gilt.
Begründe das errechnete Ergebnis geometrisch.

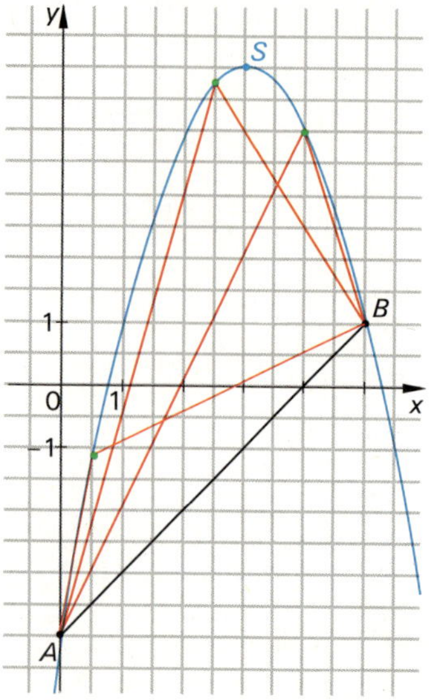

Aufgaben

8.0 Die Punkte $A(0|-4)$, $B(5|1)$ und $C_n(x|y)$ liegen auf der nach unten geöffneten verschobenen Normalparabel p. Sie bilden Dreiecke ABC_n, die der Parabel einbeschrieben sind (vgl. Bild 1).

8.1 Berechne die Gleichung und die Scheitelkoordinaten der Parabel p, und zeichne p sowie die Dreiecke ABC_1 mit $C_1(1|y_1)$ und ABC_2 mit $C_2(4|y_2)$ in ein Koordinatensystem.

8.2 Berechne den Flächeninhalt des Dreiecks ABC_1 auf eine Stelle nach dem Komma gerundet.

8.3 Berechne die Koordinaten des Punktes C_3, der Eckpunkt des mit dem Dreieck ABC_1 flächengleichen Dreiecks ABC_3 ist.

8.4 Zeige, dass die beiden Punkte C_1 und C_3 auf einer Parallelen zu AB liegen, und begründe dies geometrisch.

8.5 Ermittle den Flächeninhalt $A(x)$ aller Dreiecke ABC_n in Abhängigkeit von der x-Koordinate des Punktes C_n.
[Ergebnis: $A(x) = (-2{,}5x^2 + 12{,}5x)$ FE]

8.6 Welche Koordinaten kann der Punkt C haben, wenn das Dreieck höchstens 5 FE Flächeninhalt haben soll?

8.7 Ermittle mithilfe des Ergebnisses aus 8.5 die Belegung für x, für die man das Dreieck ABC^* mit dem größten Flächeninhalt erhält.

8.8 Zeige, dass die Parallele zu AB durch den Punkt C^* eine Tangente an die Parabel p ist. Begründe dies geometrisch.

9.1 Zeichne die Parabeln p_1 mit $y = x^2 - 6x + 5$ und p_2 mit $y = -x^2 + 4x + 5$ in ein Koordinatensystem und berechne die Koordinaten der Schnittpunkte A und C. [Teilergebnis: $A(0|5)$]
Für die Zeichnung: Längeneinheit 1 cm; $-1 \leqq x \leqq 6$; $-4 \leqq y \leqq 9$.

9.2 Die Schnittpunkte A und C sind Eckpunkte von Vierecken AB_nCD_n mit $B_n \in p_1$ und $D_n \in p_2$. Dabei haben die Punkte B_n und D_n dieselbe x-Koordinate. Bestimme den Flächeninhalt $A(x)$ der Vierecke AB_nCD_n in Abhängigkeit von der x-Koordinate der Punkte B_n bzw. D_n.
[Ergebnis: $A(x) = (-5x^2 + 25x)$ FE]

9.3 Für welchen Wert von x erhält man das flächengrößte Viereck AB^*CD^*? Zeige, dass dieses Viereck ein Parallelogramm ist.

9.4 Zeige durch Rechnung, dass die Parallelen zu AC durch B^* bzw. D^* Tangenten an die beiden Parabeln sind.

10 Der Punkt $M(1|0)$ ist Mittelpunkt von Strecken $[P_nQ_n]$ mit den Endpunkten P_n auf der Geraden g mit $y = 0{,}5x + 2{,}5$. Die Eckpunkte Q_n liegen auf der Parabel p mit der Gleichung $y = x^2 - 2x - 8$.
Ermittle durch Zeichnung und Rechnung die Koordinaten der Punkte $P_n \in g$ und $Q_n \in p$. (Ergebnisse auf zwei Stellen nach dem Komma runden.)

Parabolantennen

Ebenso wie das sichtbare Licht an Parabolspiegeln, werden andere elektromagnetische Strahlen, wie zum Beispiel Funkwellen, an Antennen mit parabelförmigen Querschnitt so reflektiert, dass sie im Brennpunkt gesammelt werden. Mit solchen Antennen ist eine extrem hohe Verstärkung von empfangenen Signalen möglich.

Bild 1: Erdfunkstelle Raisting in Oberbayern
Die Anlage dient der Telekommunikation über Nachrichtensatelliten.

Bild 2: VLA-Radioteleskop bei Socorro in Mexico
Die Anlage von 27 Antennen dient zur Erforschung des Weltalls.

Entfernung – Abstand

Aufgaben

11.0 Die Punkte $A(2|1)$ und $B(7|3)$ sind Fußpunkt und Spitze des Vektors $\overrightarrow{AB}$.

11.1 Berechne die Koordinaten des Vektors $\overrightarrow{AB}$ und seinen Betrag.

11.2 Welche Koordinaten hat der Vektor $\overrightarrow{AC}$ mit $\overline{AC} = \overline{AB}$ und $C(x|3)$?

11.3 Welche Koordinaten hat der Vektor $\overrightarrow{AP}$ mit $P(1|y)$ und $\overline{AP} = \overline{AB}$?

12.0 Die Punkte $A(1|-3)$, $B(7|-1)$, $C(2|y)$ mit $y \in \mathbb{R}^+$ sind die Eckpunkte von Dreiecken ABC.

Platzbedarf: $0 \leqq x \leqq 8$; $-4 \leqq y \leqq 15$

12.1 Zeichne alle rechtwinkligen und gleichschenkligen Dreiecke der Dreiecksschar in 12.0.

12.2 Ermittle rechnerisch die Belegungen von y in $C(2|y)$, für die sich rechtwinklige bzw. gleichschenklige Dreiecke ergeben.

12.3 Begründe geometrisch und anhand des Ergebnisses in 12.2, dass zur Dreiecksschar von 12.0 kein gleichseitiges Dreieck gehört.

13.1 Zeige, dass die Punkte $A(-2|1)$, $B(3|4 + 2\sqrt{6})$, $C(6|7)$ und $D(5|0)$ gleich weit vom Punkt $M(2|4)$ entfernt sind, und berechne diese Entfernung.

13.2 Berechne jeweils die fehlenden Koordinaten der Punkte $E(-1|y_1)$, $F(0|y_2)$, $G(x_3|-0{,}5)$ und $H(x_4|8)$, sodass diese 5 LE vom Punkt $M(2|4)$ entfernt sind.

13.3 Gib die Bedingung für die Koordinaten $(x|y)$ aller Punkte P an, die 5 LE vom Punkt $M(2|4)$ entfernt sind.

13.4 Gibt es auf den Geraden g_1 mit $y = \frac{4}{3}x - 6$, g_2 mit $y = \frac{4}{3}x - 7$, g_3 mit $y = \frac{4}{3}x - 8$ Punkte, die von $M(2|4)$ die Entfernung 5 LE besitzen?

14.0 Die Punkte $A(-4|-8)$, $B(3|-4{,}5)$, $C_n(x|-0{,}5x^2)$ mit $x \in \,]-0{,}5; 3[$ und D_n auf der Parabel p mit der Gleichung $y = -0{,}5x^2$ ($\mathbb{G} = \mathbb{R} \times \mathbb{R}$) legen eine Schar von Trapezen ABC_nD_n mit $[D_nC_n] \parallel [AB]$ fest.

Platzbedarf: $-5 \leqq x \leqq 4$; $-9 \leqq y \leqq 1$

14.1 Zeichne die Parabel p und die Trapeze ABC_1D_1 und ABC_2D_2 für $x = 2$ bzw. $x = 0$ in ein Koordinatensystem.

14.2 Berechne die Koordinaten der Punkte C_1 und D_1 und damit den Flächeninhalt des Trapezes ABC_1D_1 auf möglichst einfache Weise.

14.3 Berechne die Seitenlängen des Trapezes ABC_2D_2 auf zwei Stellen nach dem Komma gerundet.

14.4 Ermittle die Koordinaten der Punkte C_3 und D_3 des rechtwinkligen Trapezes ABC_3D_3. Zeichne es in das Koordinatensystem ein und berechne seinen Flächeninhalt mit Hilfe der Seitenlängen.

14.5 Begründe durch Rechnung, dass man für $x = -0{,}5$ kein Trapez erhält.

Aufgaben

15.0 Durch die Punkte $P(4|1)$ und $Q_n(x|0{,}5x-2)$ ist für $x \in \mathbb{R}$ eine Menge von Pfeilen $\overrightarrow{PQ_n}$ gegeben.

15.1 Zeichne die Pfeile $\overrightarrow{PQ_1}$, $\overrightarrow{PQ_2}$ und $\overrightarrow{PQ_3}$ für $x \in \{0;\ 2;\ 6\}$ in ein Koordinatensystem. Berechne die Länge dieser Pfeile.
Für die Zeichnung: Längeneinheit 2 cm; $-1 \leqq x \leqq 7$; $-3 \leqq y \leqq 2$

15.2 Berechne den Betrag der Vektoren $\overrightarrow{PQ_n}$ in Abhängigkeit von x und ermittle dann die Koordinaten des Punktes Q_0 zum kürzesten Pfeil $\overrightarrow{PQ_0}$.
[Teilergebnis: $|\overrightarrow{PQ_n}| = \sqrt{1{,}25x^2 - 11x + 25}$]

15.3 Für welche Belegungen von x erhält man Vektoren mit dem Betrag 1? Zeichne diese Einheitsvektoren in das Koordinatensystem ein.

Merke: Ein Vektor mit dem Betrag 1 heißt Einheitsvektor.

16.1 Zeige, dass die Punkte $F(x|3x)$ mit $x \in \mathbb{R}$ jeweils von den Punkten $A(-3|1)$ und $B(3|-1)$ gleich weit entfernt sind (vgl. Bild 1).

16.2 Welche Punkte $F(x|3x)$ sind von den Punkten $A(-3|1)$ und $B(3|-1)$ jeweils 6 LE (7,5 LE, 9 LE) entfernt? Berechne ihre Koordinaten.

16.3 Ermittle die Bedingung für die Koordinaten der Punkte $P(x|y)$, sodass sie von den Punkten $A(-2|-1)$ und $B(5|2)$ gleich weit entfernt sind.
[Ergebnis: $7x + 3y - 12 = 0$]

16.4 Welcher Punkt $G(x|x-2)$ ist von den Punkten $A(-3|1)$ und $B(3|-1)$ gleich weit entfernt? Gib seine Koordinaten an.

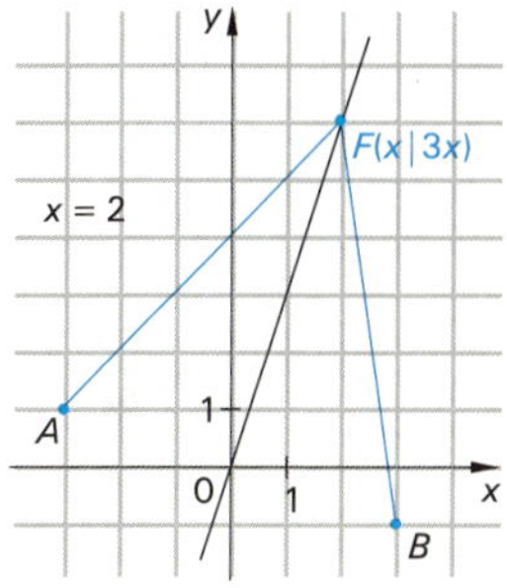

Bild 1

17.0 Die Parabel p hat die Gleichung $y = -x^2 + 4x - 2$ und die Gerade g die Gleichung $y = x - 1$ ($\mathbb{G} = \mathbb{R} \times \mathbb{R}$).

17.1 Zeichne die Parabel p und die Gerade g in ein Koordinatensystem.

Platzbedarf zu 17.1:
$-2 \leqq x \leqq 6$
$-4 \leqq y \leqq 4$

17.2 Bestätige durch Rechnung, dass für $\{B;\ D\} = p \cap g$ gilt:
$B(1{,}5 + 0{,}5\sqrt{5}\,|\,0{,}5 + 0{,}5\sqrt{5})$, $D(1{,}5 - 0{,}5\sqrt{5}\,|\,0{,}5 - 0{,}5\sqrt{5})$

17.3 Gib die Koordinaten des Mittelpunkts S der Strecke $[BD]$ an und zeige rechnerisch, dass die Strecken $[SB]$ und $[SD]$ gleich lang sind.

17.4 Ermittle die Gleichung der Mittelsenkrechten h zur Strecke $[BD]$ und berechne die Koordinaten der Schnittpunkte A und C von h und p.

17.5 Weise durch Rechnung nach, dass die Punkte A, B, C und D auf dem Kreis $k\,(M(2{,}5|-0{,}5);\ r = 1{,}5\sqrt{2}$ LE) liegen.

17.6 Begründe, dass $ABCD$ ein Drachenviereck mit zwei rechten Winkeln ist.

17.7 Berechne den Flächeninhalt des Drachenvierecks $ABCD$ auf zwei Stellen nach dem Komma gerundet. Um wie viel Prozent ist der Flächeninhalt des Kreises k in 17.5 größer als der Flächeninhalt des Drachenvierecks $ABCD$?

3 Funktionen der indirekten Proportionalität und Exponentialfunktionen

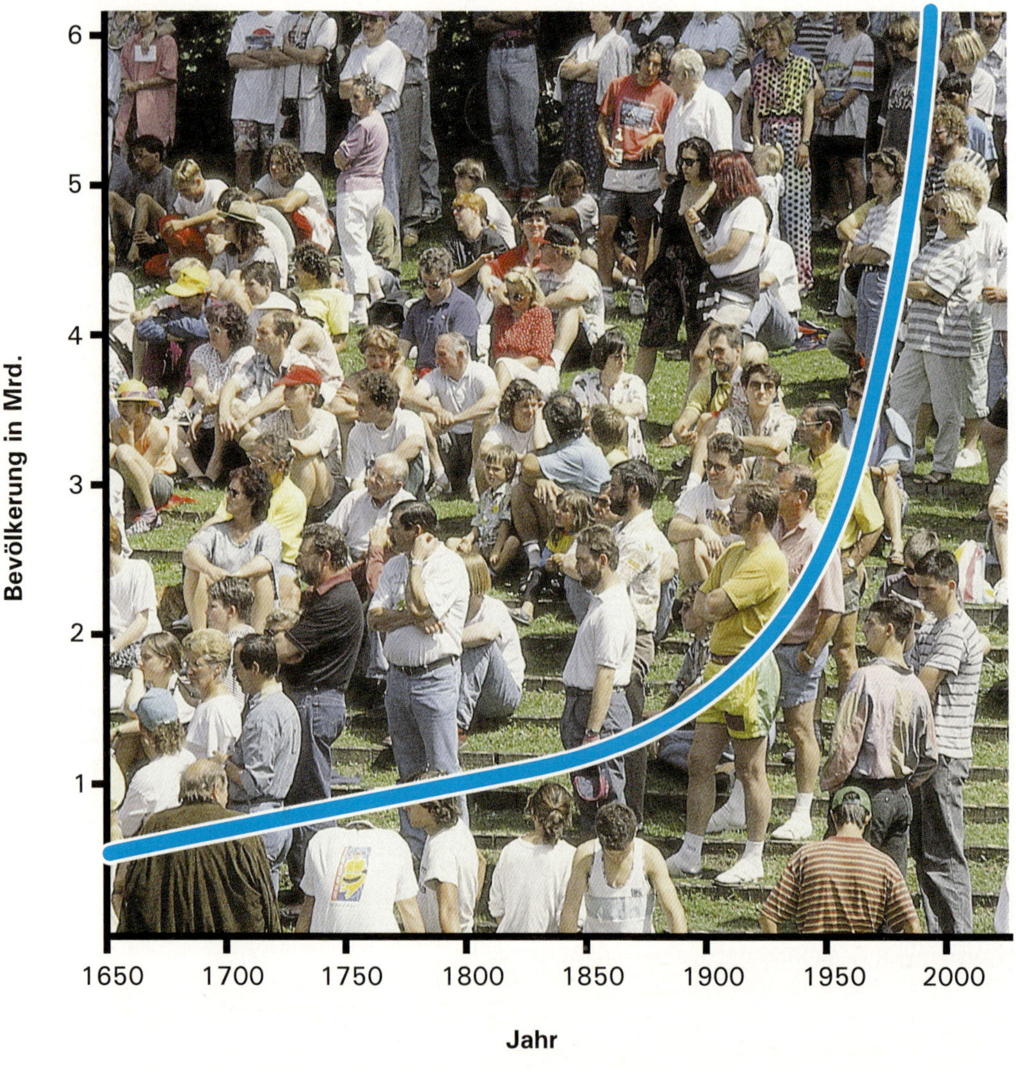

Funktionen der indirekten Proportionalität

Beispiel

Zeichnet man flächengleiche Rechtecke wie in Bild 1, so liegen deren Eckpunkte P_n auf einem **Hyperbelast**. Für die Koordinaten der Punkte $P_n(x|y)$ gilt:

$x \cdot y = k$ (konstant) oder $y = \frac{k}{x}$.

$\mathbb{G} = \mathbb{R}^+ \times \mathbb{R}^+$; $k \in \mathbb{R}^+$.

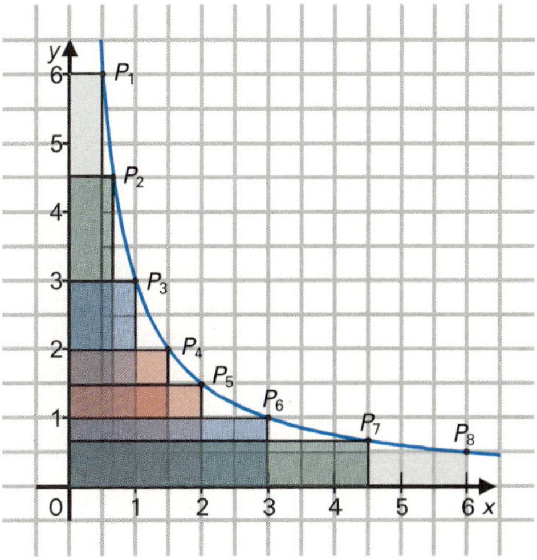

Bild 1

Funktionen mit Gleichungen der Form $y = \frac{k}{x}$ mit $\mathbb{G} = \mathbb{R} \times \mathbb{R}$

$k \neq 0$ sind **Funktionen der indirekten Proportionalität**. Ihre Graphen nennt man **Hyperbeln.**

Die Hyperbeln kommen den Koordinatenachsen beliebig nahe, berühren sie aber nicht. Die Koordinatenachsen bezeichnet man als **Asymptoten** der Hyperbeln.

❶ Wie lauten die Funktionsgleichungen der in Bild 2 dargestellten Funktionen?

❷ Gib die Definitions- und Wertemenge der in Bild 2 dargestellten Funktionen an.

❸ Gib die Gleichungen der Asymptoten der Hyperbeln an.

❹ Welche Symmetrieeigenschaften haben die Graphen?

❺ Übertrage die Graphen aus Bild 2 in dein Heft und spiegele sie an der y-Achse. Wie heißen die Funktionsgleichungen der Bildgraphen?

❻ Mit welcher anderen Abbildung erhältst du die gleichen Graphen?

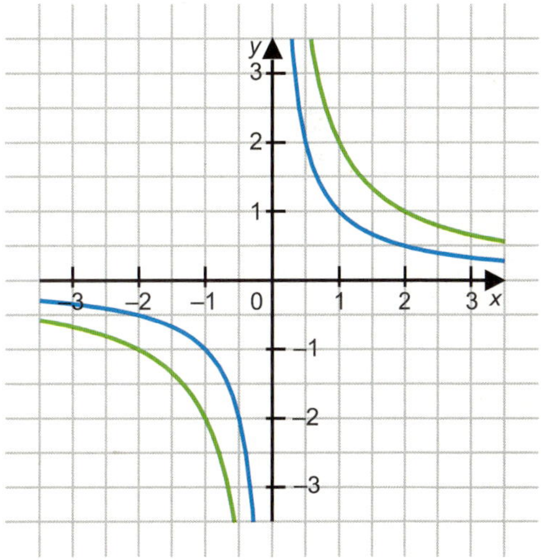

Bild 2

Aufgaben

Platzbedarf:
$-5 \leqq x \leqq 5$
$-5 \leqq y \leqq 5$

1.0 Zeichne die Graphen der durch folgende Funktionsgleichungen gegebenen Funktionen in ein Koordinatensystem.

a) $y = \frac{8}{x}$ **b)** $y = \frac{-4}{x}$ **c)** $y = 3 \cdot x^{-1}$ **d)** $5 \cdot y^{-1} - x = 0$ **e)** $y = \frac{1}{2x}$

2.0 Gegeben ist die Funktion f mit $y = \frac{k}{x}$.

2.1 Erstelle je eine Wertetabelle für $k = 2$ und $k = -2$ ($-3 \leqq x \leqq 3$ und $\triangle x = 0{,}5$). Zeichne jeweils den Graphen der Funktion und den ihrer Umkehrfunktion in ein Koordinatensystem.

2.2 Begründe durch Rechnung, dass die Umkehrfunktion f^{-1} zu f für jedes k die gleiche Funktionsgleichung wie f besitzt.

Hebelgesetz:
$F_1 \cdot a_1 = F_2 \cdot a_2$

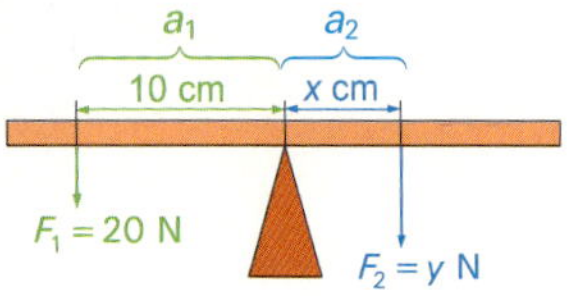

Bild 1

3.0 An einem Hebel wie in Bild 1 greift die Kraft y N an, wobei der Hebelarm x cm lang ist.

3.1 Übertrage die Tabelle in dein Heft und ermittle die fehlenden Werte. Runde auf zwei Stellen nach dem Komma.

Länge des Hebelarms in cm:	2	4	[4]	10	[3]	14
Kraft in N:	[1]	[5]	18	20	16,67	[16]

3.2 Stelle die Kraft in Abhängigkeit von der Länge des Hebelarms in einem Diagramm dar.

4.0 Beim Fahrrad nennt man die zurückgelegte Entfernung pro Pedalumdrehung Entfaltung. Der große Zahnkranz am Tretlager eines Mountainbikes hat 48 Zähne. Das Hinterrad hat einen Durchmesser von 26″ (1″ = 2,54 cm).

4.1 Übertrage die Tabelle in dein Heft und ermittle die fehlenden Werte. Runde dabei auf Zentimeter.

Anzahl x der Zähne des Ritzels:	13	15	18	20	22	23
Entfaltung y in m:	[19]	[16]	[13]	[21]	[12]	[10]

Bild 2
Ritzelpaket eines Mountainbikes

4.2 Stelle die Entfaltung in Abhängigkeit von der Anzahl x der Zähne des Ritzels (siehe Bild 2) in einem Diagramm dar.

4.3 Zeichne den Trägergraphen der Punkte in das Diagramm und gib die zugehörige Funktionsgleichung an.

4.4 Entnimm dem Diagramm die Entfaltung für ein Ritzel mit 26 Zähnen.

4.5 Entnimm dem Diagramm die für eine Entfaltung von 10 m nötige Zähnezahl.

Die scheinbare Größe der Sonnenscheibe

Im Altertum hatten die Griechen noch sehr unklare Vorstellungen über Größe und Entfernung von Sonne und Mond. Der griechische Philosoph Demokrit (geb. ca. 460 v. Chr.), der über 100 Jahre alt wurde, sich Kenntnisse über den gesamten Umfang des damaligen Wissens erwarb und die Lehre vom Atomismus weiterentwickelte, hielt die Sonne für kleiner als die Erde. Heute wissen wir, dass die Sonne mit ca. 1 392 700 km einen mehr als 100-mal so großen Durchmesser wie die Erde besitzt. Die scheinbare Breite y LE der Sonnenscheibe ist eine Funktion der Entfernung x LE, aus der man die Sonne betrachtet: Wenn die Entfernung der Erde von der Sonne, die im Mittel 149,6 Mio. km beträgt – das ist die Längeneinheit 1 AE in der Astronomie –, zum Beispiel nur halb so groß wäre, würden wir eine doppelt so breite Sonnenscheibe sehen. Wie groß erschiene die Sonne, wenn man sie von den anderen Planeten aus betrachten würde: vom Merkur aus, der der Sonne am nächsten ist, bis zu Pluto, den man (noch) für den sonnenfernsten Planeten hält? Wenn man die Breite der Sonnenscheibe, wie man sie von der Erde aus sieht, als Längeneinheit für die Messung der Breite und 1 AE als Längeneinheit für die Messung der Entfernung wählt, wird die Funktion, die den Zusammenhang wiedergibt, durch folgende Maßzahlengleichung beschrieben: $y = \frac{1}{x}$ mit $\mathbb{G} = \mathbb{R}^+ \times \mathbb{R}^+$.

In der folgenden Tabelle ist die Entfernung der Planeten von der Sonne relativ zur Entfernung der Erde von der Sonne in astronomischen Längeneinheiten (AE), die Breite der Sonnenscheibe dagegen relativ zur Breite, die man von der Erde aus sieht, auf zwei Stellen nach dem Komma gerundet angegeben.

	Merkur	Venus	Erde	Mars	Jupiter	Saturn	Uranus	Neptun	Pluto
x	0,39	0,72	1,00	1,52	5,20	9,54	19,18	?	39,88
y	2,56	1,39	1,00	0,66	0,19	0,10	?	0,03	?

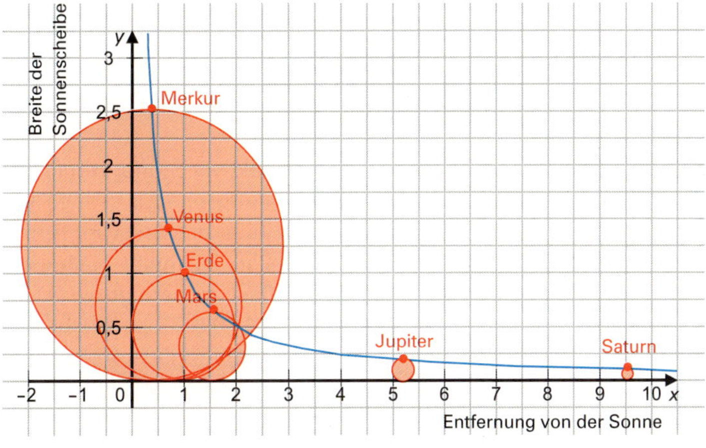

❶ Berechne die in der Tabelle fehlenden Werte und gib die Entfernungen von Uranus und Pluto von der Sonne in Kilometer an.

❷ Ermittle das Wertepaar $(x|y)$ für den 2004 entdeckten Planetoiden Sedna, der ca. 13 Milliarden Kilometer von der Sonne entfernt ist.

Exponentialfunktionen

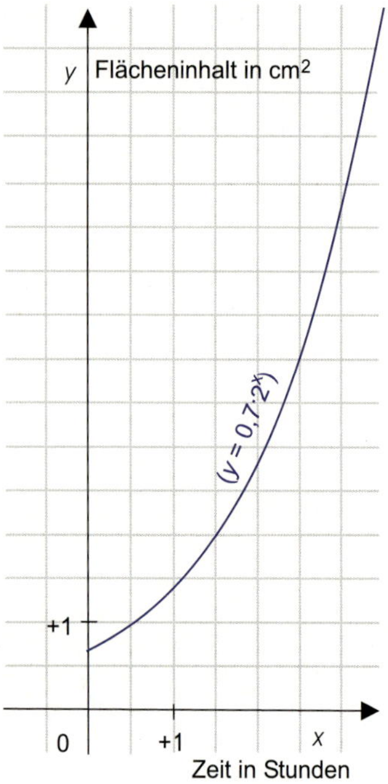

Bild 1:
Wachstum einer Hefekultur

Eine Biologin beobachtet, dass sich die von einer bestimmten Hefekultur eingenommene Fläche stündlich verdoppelt. Zu Beginn der Beobachtung misst sie $0{,}7\,\text{cm}^2$.

Der Flächeninhalt $y\ \text{cm}^2$ ändert sich im Laufe von 24 Stunden wie folgt:

Beginn:	$y = 0{,}7$	$\Leftrightarrow y = 0{,}7 \cdot 2^0$
nach 1 Stunde:	$y = 0{,}7 \cdot 2$	$\Leftrightarrow y = 0{,}7 \cdot 2^1$
2 Stunden:	$y = (0{,}7 \cdot 2) \cdot 2$	$\Leftrightarrow y = 0{,}7 \cdot 2^2$
3 Stunden:	$y = (0{,}7 \cdot 2^2) \cdot 2$	$\Leftrightarrow y = 0{,}7 \cdot 2^3$
nach x Stunden:		$y = 0{,}7 \cdot 2^x$

Die Gleichung $y = 0{,}7 \cdot 2^x$ beschreibt den **Wachstumsprozess**. Da die Variable x als Exponent des Funktionsterms auftritt, bezeichnet man die beschriebene Funktion als **Exponentialfunktion**. Dabei sind als Exponenten auch irrationale Zahlen zugelassen.

❶ Berechne den Inhalt der von der Hefekultur nach einer halben Stunde (45 Minuten, 1,5 Stunden, 2,5 Stunden) bedeckten Fläche mit dem Taschenrechner.

Funktionen mit der Gleichung $y = k \cdot a^x$ mit $k \neq 0$ und $a > 0$ nennt man **Exponentialfunktionen** ($\mathbb{G} = \mathbb{R} \times \mathbb{R}$).

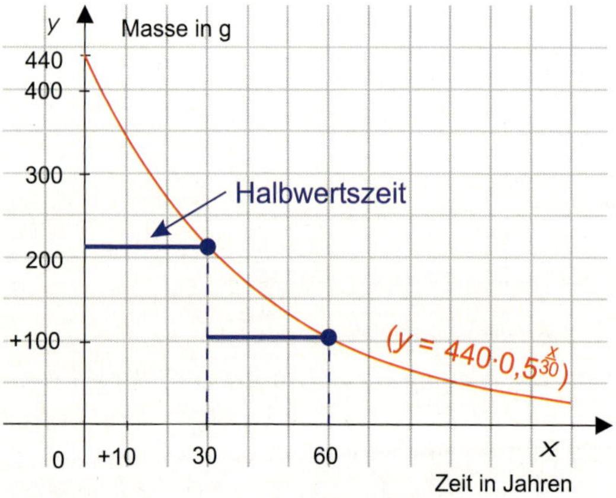

Bild 2: Zerfall von radioaktivem Cäsium

Radioaktive Stoffe zerfallen unter Abgabe von Strahlungsenergie in andere Stoffe. Die Zeit, in der die Hälfte des ursprünglich vorhandenen Stoffes zerfallen ist, heißt Halbwertszeit. Für radioaktives Cäsium beträgt sie 30 Jahre. Die Gleichung $y = 440 \cdot 0{,}5^{\frac{x}{30}}$ beschreibt den **Abklingprozess** für eine ursprünglich vorhandene Menge von 440 g radioaktivem Cäsium.

❷ Nach dem Reaktorunfall von Tschernobyl (1986) fielen etwa 440 g radioaktives Cäsium auf Bayern. Wie viel Gramm sind davon heute noch vorhanden?

Bild 1 zeigt die Graphen einiger weiterer Exponentialfunktionen ($\mathbb{G} = \mathbb{R} \times \mathbb{R}$).

❶ Zeige, dass alle Graphen von Exponentialfunktionen mit der Gleichung $y = a^x$; $a > 0$ durch den Punkt $P(0|1)$ verlaufen.

❷ Beschreibe den Verlauf der Graphen für $a > 1$ bzw. $0 < a < 1$.

❸ Welche Funktionsgraphen beschreiben Wachstumsprozesse und welche beschreiben Abklingprozesse?

❹ Berechne für große bzw. kleine x-Werte die zugehörigen Funktionswerte. Begründe sodann, dass die x-Achse für alle Funktionsgraphen in Bild 1 Asymptote ist.

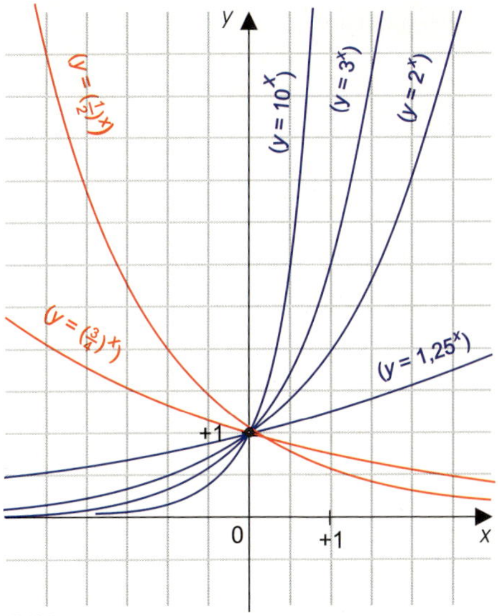

Bild 1

❺ Gib die Definitions- und Wertemenge dieser Exponentialfunktionen an.

Aufgaben

1.0 Zu Beginn des Jahres 2000 betrug die Einwohnerzahl Deutschlands 82 Millionen. Experten nehmen an, dass sich die Entwicklung der Einwohnerzahl y für die nächsten 30 Jahre mit der Gleichung $x = 82 \cdot 1{,}005^x$ beschreiben lässt. Dabei ist x die Anzahl der Jahre nach dem Jahr 2000.

1.1 Tabellarisiere die Funktion für $0 \leqq x \leqq 30$ auf ganze Zahlen gerundet in Schritten von $\triangle x = 5$ und zeichne ihren Graphen in ein geeignetes Koordinatensystem.

1.2 Entnimm dem Graphen das Jahr, in dem die Bevölkerungszahl 100 Millionen überschreitet.

1.3 Um wie viel Prozent nimmt die Bevölkerungszahl bei diesem Modell jährlich zu?

1.4 Nenne Gründe, die zu einer deutlichen Abweichung von diesem Modell führen können.

2.0 Franz stellt einen großen Topf 100 °C heiße Suppe in den Kühlschrank, in dem eine Temperatur von 0 °C herrscht. Die Temperatur der Suppe sinkt dadurch stündlich auf jeweils ein Viertel ihres Wertes zu Beginn der Stunde.

2.1 Erstelle eine Tabelle für die ersten 4 Stunden des Abkühlungsprozesses und zeige, dass die Funktion f mit der Gleichung $y = 100 \cdot \left(\frac{1}{4}\right)^x$ den Zusammenhang zwischen der Temperatur y °C und der Zeit x h beschreibt.

2.2 Zeichne den Graphen zu f in ein geeignetes Koordinatendiagramm und entnimm diesem die Temperatur nach 1 h 30 min sowie die Zeit, nach der die Temperatur auf 3 °C gefallen ist.

Aufgaben

3.0 Zinseszinsen entstehen, wenn die jährlich fälligen Zinsen zum Kapital hinzugefügt und mit diesem zusammen weiter verzinst werden.
Ein Kapital von 1 000,00 € wird mit jährlich 8 % verzinst.

3.1 Übertrage die Tabelle in dein Heft, und berechne die fehlenden Kapitalien.

Zeit: x Jahre	0	1	2	3
Kapital: y €	1000	?	?	?

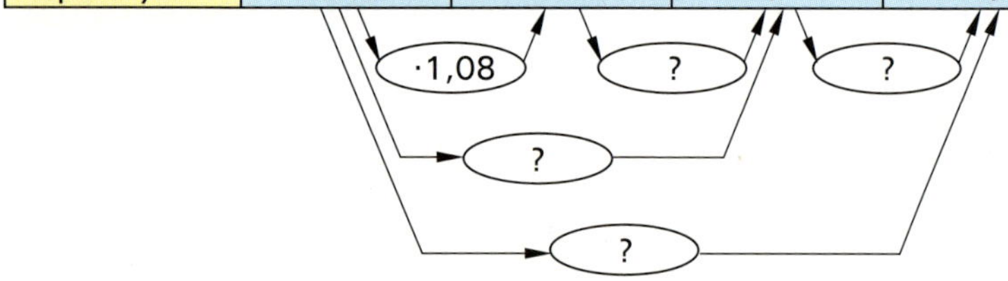

3.2 Welche Faktoren sind jeweils einzusetzen?

3.3 Wie groß ist das Kapital nach x Jahren? Zeige, dass die Gleichung $y = 1000 \cdot 1{,}08^x$ diesen Wachstumsprozess beschreibt.

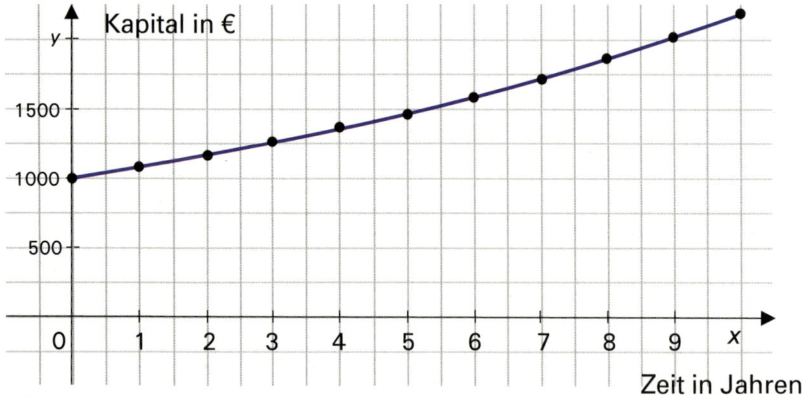

Bild 1

3.4 Bild 1 zeigt den Graphen zu $y = 1000 \cdot 1{,}08^x$. Nach wie vielen Jahren hat sich das Kapital auf 1 500 € erhöht? Nach wie vielen Jahren hat es sich verdoppelt? Überprüfe die aus dem Graphen entnommenen Werte mit dem Taschenrechner.

3.5 Wie viel Geld wäre an deinem diesjährigen Geburtstag auf deinem Konto, wenn bei deiner Geburt 500 € einbezahlt worden wären? Rechne mit dem Zinssatz 8.

Aufgaben

4.0 Gegeben sind die Quadratfunktion f_1 mit $y = x^2$ und die Exponentialfunktion f_2 mit $y = 2^x$ ($\mathbb{G} = \mathbb{R} \times \mathbb{R}$).

4.1 Tabellarisiere beide Funktionen für $-2 \leqq x \leqq 5$ ($\triangle x = 1$) und zeichne die Graphen. Für die Zeichnung: Längeneinheit 0,5cm; $-2 \leqq x \leqq 5$; $-1 \leqq y \leqq 20$

4.2 Entnimm die Koordinaten der drei Schnittpunkte der beiden Graphen der Zeichnung und überprüfe die gefundenen Werte durch Rechnung.

4.3 Vergleiche den Verlauf des Graphen zu f_2 mit dem der Normalparabel.

5.0 In eine Bakterienkultur, die eine Fläche von 4 500 mm² bedeckt, wird ein Medikament geträufelt. Dadurch sterben Bakterien ab und die von den Bakterien bedeckte Fläche verringert sich stündlich um 40 %.

5.1 Ermittle den Flächeninhalt, der nach einer Stunde, nach zwei bzw. drei Stunden noch bedeckt ist. Bestätige damit, dass die Funktion mit der Gleichung $y = 4500 \cdot 0{,}6^x$ diesen Abklingprozess für die Fläche y mm² und die Zeit x Stunden beschreibt.

5.2 Zeichne den Funktionsgraphen für $0 \leqq x \leqq 5$ in ein Koordinatensystem. Für die Zeichnung: x-Achse: 1 h ≙ 1,5 cm; 500 mm² ≙ 1 cm

5.3 Ermittle für diesen Abklingprozess die Halbwertszeit aus dem Graphen und überprüfe den gefundenen Wert mit dem Taschenrechner.

6 Ein Versicherungsvertreter erklärt Evas Vater, dass die Versicherungsbeiträge jährlich nur um 4 % steigen. Evas Vater findet das ein günstiges Angebot. Eva jedoch rechnet und warnt: „In 18 Jahren musst du bereits den doppelten Beitrag bezahlen". Überprüfe rechnerisch, ob Eva Recht hat.

7.0 Ein Experiment mit Münzen. Nimm etwa 30 Stück 1-Ct-Münzen, notiere die Anzahl und gib die Münzen dann in einen Würfelbecher. Nach dem Würfeln nimmst du alle Münzen mit obenliegender Zahl weg. Nun zählst du die verbliebenen Münzen und notierst diese Anzahl und würfelst erneut …

7.1 Übertrage die Werte in ein Koordinatensystem. Trage dazu die Anzahl der Würfe auf der x-Achse, die Anzahl der Münzen auf der y-Achse an.

7.2 Zeichne in das Koordinatensystem einen Graphen, der möglichst nahe an allen gezeichneten Punkten verläuft. Wie heißt die zugehörige Gleichung?

Die Tabelle und Bild 1 zeigen die Auswertung eines solchen Experiments mit einem Tabellenkalkulationsprogramm.

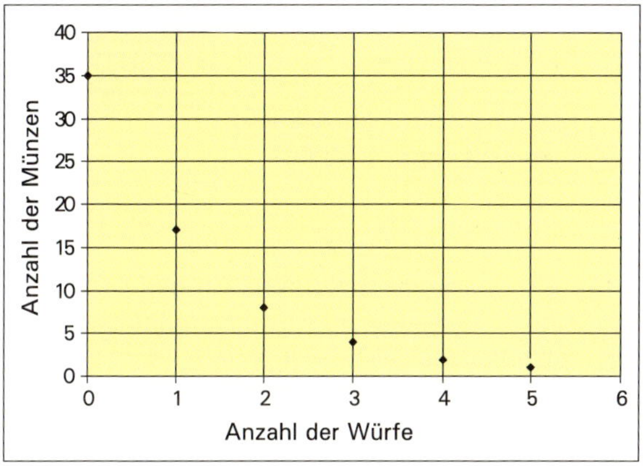

Bild 1

Anzahl x der Würfe	0	1	2	3	4	5
Anzahl y der Münzen	35	17	8	4	2	1

Altersbestimmung mit der Radiokohlenstoffmethode

Das Alter von organischen Stoffen wie z. B. Knochen oder Holz kann man mit der Radiokohlenstoffmethode bestimmen.
In der Atmosphäre befinden sich die Kohlenstoffisotope ^{14}C und ^{12}C. Das Kohlenstoffisotop ^{14}C ist radioaktiv und zerfällt mit einer Halbwertszeit von 5 730 Jahren zu Stickstoff. In höheren Atmosphärenschichten wird laufend ^{14}C durch die kosmische Strahlung aus dem Stickstoff der Luft erzeugt. Man kann davon ausgehen, dass die kosmische Strahlung in den letzten 50 000 Jahren unverändert geblieben ist. Deshalb kann der Anteil von ^{14}C im Kohlendioxid der Atmosphäre als konstant angenommen werden. (Auf etwa $1{,}3 \cdot 10^{12}$ Atome des Isotops ^{12}C kommt ein ^{14}C-Atom.) Die beiden Isotope verhalten sich chemisch gleich und werden über Kohlendioxid von lebenden Organismen aufgenommen. Solange ein Organismus lebt, ist das Verhältnis der Isotope im Organismus gleich dem in der Atmosphäre, also konstant. Stirbt er jedoch ab, so wird kein Kohlenstoff mehr aufgenommen, und aufgrund des radioaktiven Zerfalls von ^{14}C nimmt dann das Verhältnis ^{14}C zu ^{12}C ab.
In lebenden Organismen finden in einem Gramm Kohlenstoff durchschnittlich etwa 15 Zerfälle in einer Minute statt. Misst man in einem abgestorbenen Organismus im Durchschnitt die Hälfte dieser Zerfälle in der Minute für ein Gramm, so ist der Organismus 5 730 Jahre alt. Man nennt diese Zeit die **Halbwertszeit**. Den Abnahmevorgang beschreibt folgende Gleichung:

$$y = 15 \cdot \left(\frac{1}{2}\right)^{\frac{x}{5730}}$$

In der Gleichung gibt x die Zeit in Jahren und y die durchschnittliche Anzahl der Zerfalle in einer Minute bei einer Probe von einem Gramm Masse an.

❶ Übertrage die folgende Tabelle in dein Heft, berechne die fehlenden Werte und zeichne den Graphen der Funktion in ein geeignetes Koordinatensystem. Alle Werte beziehen sich auf 1 g Kohlenstoff.

Alter x in Jahren	30 000	16 700	3 000	7 500	5 730	0	?
Durchschnittliche Anzahl y der Zerfälle in 1 Minute	?	?	?	?	?	?	15

❷ 1991 wurde im Gletschereis in den Ötztaler Alpen eine gefriergetrocknete Mumie gefunden. Die sehr gut erhaltene Leiche wurde nach ihrem Fundort Ötzi genannt. Wann hat Ötzi gelebt, wenn in einer Knochenprobe mit einem Kohlenstoffgehalt von 1 g in der Minute durchschnittlich 8 Zerfälle gemessen werden?

4 Berechnungen am Kreis

4.1 Die Kreiszahl π

Bisher wissen wir, dass der Umfang u eines Kreises direkt proportional zu seinem Durchmesser d ist: $u = 3{,}14 \cdot d$

Zwei Kreise können immer wie in Bild 1 durch zentrische Streckung aufeinander abgebildet werden Dabei ist $\frac{r_2}{r_1}$ bzw. $\frac{d_2}{d_1}$ der Streckungsfaktor. Für den Umfang u_2 des Kreises k_2 gilt:

$$u_2 = \frac{d_2}{d_1} \cdot u_1 \quad \Leftrightarrow \quad \frac{u_1}{d_1} = \frac{u_2}{d_2}$$

Für alle Kreise mit dem Umfang u und dem Durchmesser d ist also der Quotient $\frac{u}{d}$ eine feste Zahl. Sie wird als Kreiszahl bezeichnet und mit dem griechischen Buchstaben π (gesprochen „pi“) abgekürzt.

Es gilt: $\frac{u}{d} = \pi \qquad u = d \cdot \pi \qquad u = 2 \cdot \pi \cdot r.$

Ein Kreis mit dem Radius r hat den Umfang $u = 2 \cdot \pi \cdot r$.

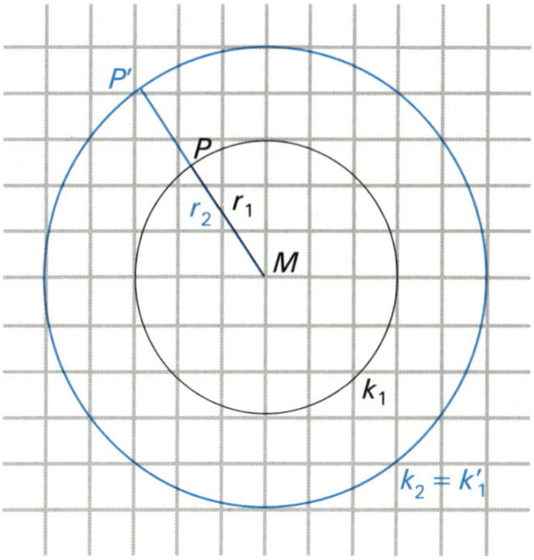

Bild 1

Zur Bestimmung der Kreisfläche teilen wir eine Kreisscheibe mit dem Durchmesser $d = 2r$ in n gleich große Sektoren (Bild 2) und setzen sie wie in Bild 3 wieder zusammen.

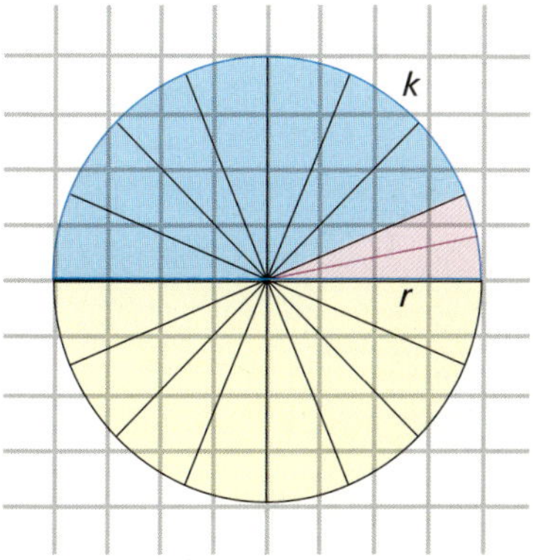

Bild 2

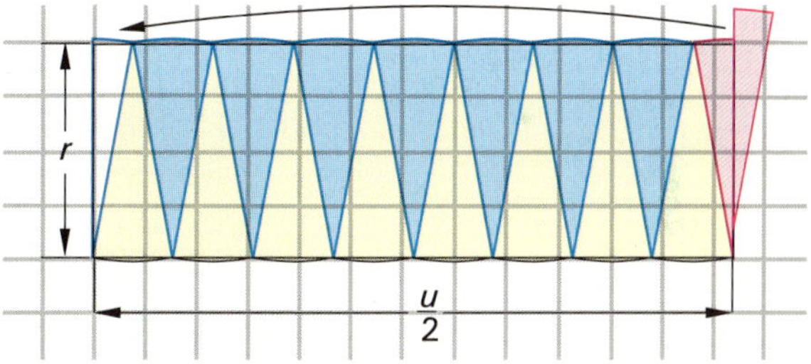

Bild 3

Die neue Figur (Bild 3) hat den gleichen Flächeninhalt wie der Kreis. Vergrößern wir die Anzahl n der Kreissektoren, so nähert sich die Figur einem Rechteck mit den Seitenlängen $\frac{u}{2}$ und r. Dieses Rechteck hat den Flächeninhalt $A = \frac{u}{2} \cdot r$. Mit $u = 2 \cdot \pi \cdot r$ erhält man $A = \frac{2 \cdot \pi \cdot r}{2} \cdot r \Rightarrow A = \pi \cdot r^2$.

Ein Kreis mit dem Radius r hat den Flächeninhalt $A = \pi \cdot r^2$.

Bestimmung von Näherungswerten für π

Der Viertelkreis mit $r = 1$ LE hat den Flächeninhalt $\frac{\pi}{4}$ FE. Dem Viertelkreis werden Rechtecke der Breite $\frac{1}{10}$ LE ein- und umbeschrieben (vgl. Bild 1).

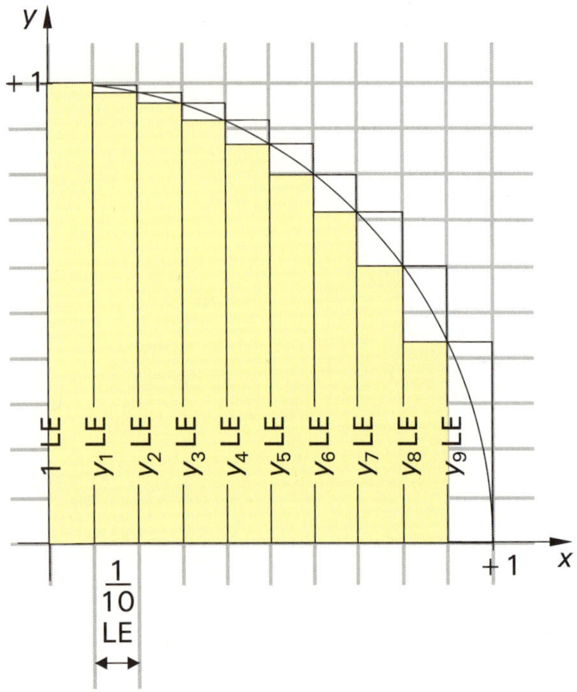

Bild 1

Der Flächeninhalt des Viertelkreises liegt zwischen der Summe der Flächeninhalte der einbeschriebenen Rechtecke und der Summe der Flächeninhalte der umbeschriebenen Rechtecke.

$$\frac{1}{10}(y_1 + y_2 + \ldots + y_9) < \frac{\pi}{4} < \frac{1}{10}(1 + y_1 + y_2 + \ldots + y_9)$$

Dabei unterscheiden sich die beiden farbig markierten Summen nur um 1.
Die Werte y_k mit $k = 1$ bis 9 können wir mit dem Satz des Pythagoras berechnen (in Bild 2 ist $k = 5$).

❶ Zeige: $y_5 = \frac{1}{10}\sqrt{100 - 5^2}$

❷ Berechne y_1 bis y_9 und einen Näherungswert für π.

Für eine größere Anzahl n ein- und umbeschriebener Rechtecke erhalten wir bessere Näherungswerte für π:

$n =$	10	$2{,}9045 < \pi < 3{,}3045$
$n =$	100	$3{,}1204 < \pi < 3{,}1604$
$n =$	1000	$3{,}1396 < \pi < 3{,}1436$
$n =$	10000	$3{,}1414 < \pi < 3{,}1418$

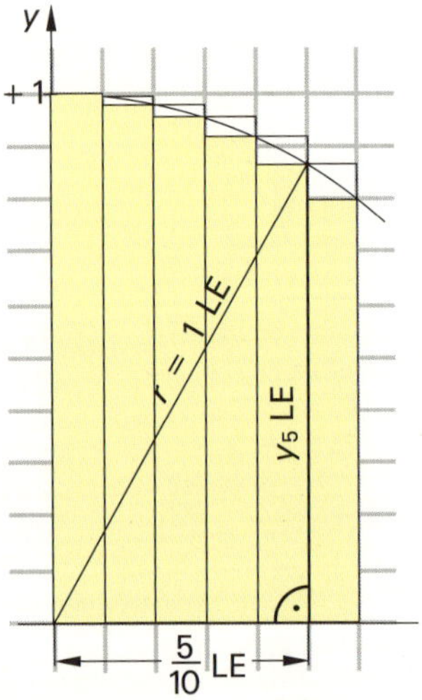

Bild 2

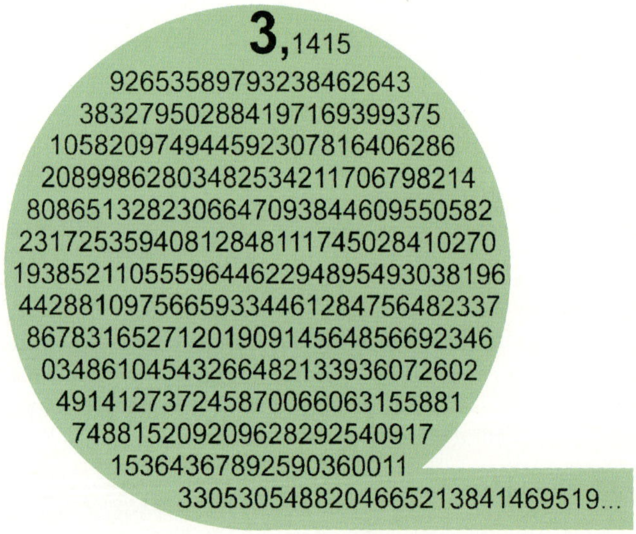

Iterationsverfahren des Archimedes

Archimedes (etwa 287 bis 212 v. Chr.) hat zur Berechnung von π dem Einheitskreis ($r = 1$ LE) regelmäßige Vielecke ein- und umbeschrieben.

Wir ermitteln Näherungswerte für π mithilfe von einbeschriebenen regelmäßigen n-Ecken. Mit wachsendem n nähert sich der Umfang dieser Vielecke dem Umfang $u = 2 \cdot \pi$ LE des Einheitskreises.
Bild 1 zeigt die Näherung mit einem einbeschriebenen, regelmäßigen Sechseck und Zwölfeck.

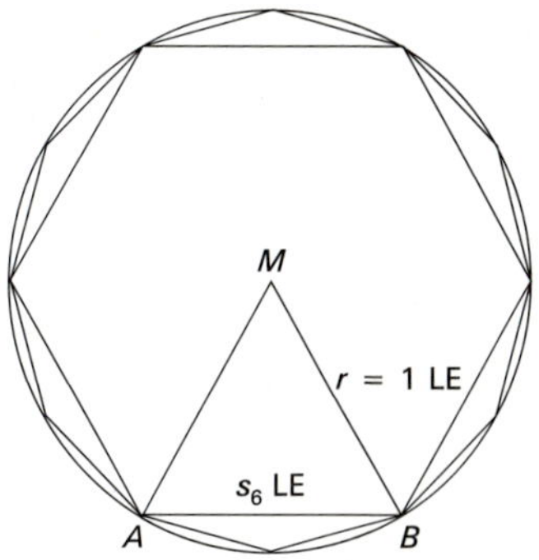

Bild 1

❶ Begründe: $s_6 = 1$.

s_{12} erhält man aus s_6 (vgl. Bild 2):
Im gelb gerasterten Dreieck PBM gilt nach dem Satz des Pythagoras:

$$h_6^2 + \left(\frac{s_6}{2}\right)^2 = 1^2 \quad \text{und damit} \quad h_6 = \sqrt{1 - \left(\frac{s_6}{2}\right)^2}$$

Da $\overline{PQ} = (1 - h_6)$ LE, gilt $\overline{PQ} = \left(1 - \sqrt{1 - \left(\frac{s_6}{2}\right)^2}\right)$ LE

Aus dem blau gerasterten Dreieck QBP folgt mit $\overline{PQ} = x$ LE:

$$s_{12}^2 = \left(\frac{s_6}{2}\right)^2 + x^2 \Rightarrow s_{12} = \sqrt{\left(\frac{s_6}{2}\right)^2 + \left(1 - \sqrt{1 - \left(\frac{s_6}{2}\right)^2}\right)^2}$$

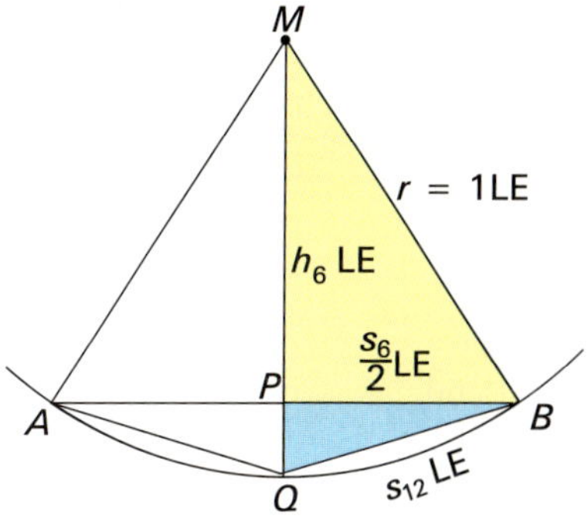

Bild 2

❷ Berechne s_{12} mit dem Taschenrechner.

Das Verfahren lässt sich fortsetzen:

$$s_{24} = \sqrt{\left(\frac{s_{12}}{2}\right)^2 + \left(1 - \sqrt{1 - \left(\frac{s_{12}}{2}\right)^2}\right)^2} \quad \text{usw.}$$

Ein derartiges Rechenverfahren nennt man **Iteration**.
Mit einer Tabellenkalkulation kann man schnell weitere Werte berechnen.

	A	B	C	D
1	*n*	*s*	*u*	*u/2*
2	6	1,000000000000	6,000000000000	3,000000000000
3	12	0,517638090205	6,211657082461	3,105828541230
4	24	0,261052384440	6,265257226562	3,132628613281
5	48	0,130806258460	6,278700406094	3,139350203047
6	96	0,065438165644	6,282063901781	3,141031950891
7	192	0,032723463253	6,282904944571	3,141452472285
8	384	0,016362279208	6,283115215824	3,141557607912
9	768	0,008181208052	6,283167784297	3,141583892148
10	1536	0,004090612582	6,283180926456	3,141590463228
11	3072	0,002045307361	6,283184211999	3,141592105999
12	6144	0,001022653814	6,283185033384	3,141592516692
13	12288	0,000511326924	6,283185238731	3,141592619365
14	24576	0,000255663464	6,283185290067	3,141592645034
15	49152	0,000127831732	6,283185302902	3,141592651451

⋮

π Aus der Geschichte der Mathematik π

„An der 31 812. Stelle stolpere ich jedes Mal“, sagte der indische Rechenkünstler Rajklan Mahadevan nach vier Stunden dem Publikum, als er die ersten 31 811 Nachkommastellen von π aus seinem Gedächtnis aufgesagt hatte und an der 31 812. scheiterte.
Die ältesten Aufzeichnungen über den Zusammenhang zwischen Umfang und Durchmesser eines Kreises sind ca. 4 000 Jahre alt,
Als Erster berechnete Archimedes π systematisch. Er erreichte drei gültige Stellen. 1761 bewies Lampert, dass π eine irrationale Zahl ist, d. h. π lässt sich nicht als Quotient zweier natürlicher Zahlen darstellen. Die Kreiszahl π hat unendlich viele Nachkommastellen und ist nicht periodisch.
Ferdinand Lindemann bewies 1882, dass π nicht Lösung einer algebraischen Gleichung ist; irrationale Zahlen wie π heißen daher **transzendent**. Er zeigte damit auch, dass es nicht möglich ist, einen Kreis allein mit Zirkel und Lineal in ein flächengleiches Quadrat zu verwandeln, wie es seit Jahrhunderten immer wieder versucht worden war. Auch heute spricht man bei nicht lösbar erscheinenden Problemen von der „Quadratur des Kreises“.
Das Wissen von immer mehr Nachkommastellen der Kreiszahl π hat keinen praktischen Wert. Wäre uns der Erdradius genau bekannt, so würde bereits die Stellenzahl unseres Taschenrechners ausreichen, um den Erdumfang auf 1 cm genau zu berechnen.

Berechnung		Zeitraum	Anzahl der genauen Stellen
von Hand	Tontäfelchen aus Mesopotamien	um 2000 v. Chr.	2
	Papyrus Rhind – Ägypten	um 1700 v. Chr.	2
	Archimedes	um 250 v. Chr.	3
	Heron	um 100 n. Chr.	4
	Vieta	1593	10
	Ludolf van Ceulen	1610	35
	Dase	1844	201
	Shanks	1873	527
mit Computer	ENIAC	1949	2 037
	IBM 7090	1961	100 000
	HITAC M-280H	1983	10 013 395
	IBM ES/3090	1989	1 001 196 691
	HITAC S3800/480	1995	6 442 459 000

Die Berechnung der über 1 Milliarde Stellen von π schafften die Brüder Gregory und David Chudnovsky. Der IBM ES/3090 Computer rechnete drei Tage lang. In der Schriftgröße dieses Buches gedruckt, wäre die Zahl 1 500 km lang und der 1995 vom Japaner Yasumada Kanada ermittelte Wert wäre ca. 10 000 km lang.

Aufgaben

1 Übertrage die folgende Tabelle in dein Heft, und berechne die fehlenden Werte. Runde auf zwei Nachkommastellen.

	a)	b)	c)	d)	e)	f)
Radius *r* in cm	4,00	12,50	[4]	[6]	[2]	[19]
Umfang *u* in cm	[11]	[24]	25,15	772,83	[13]	[24]
Flächeninhalt *A* in cm^2	[14]	[28]	[11]	[38]	3,20	197,56

Bild 1

2.0 Das Hochrad in Bild 1 hat vorne ein Rad mit 50 Zoll und hinten eines mit 20 Zoll Durchmesser (1 Zoll = 2,54 cm).

2.1 Wie weit kommt der Fahrer, wenn das Vorderrad 500 Umdrehungen macht? Wievielmal dreht sich dabei das Hinterrad?

2.2 Wievielmal drehen sich die Räder auf einer Wegstrecke von 15 km?

3.0 Ein Quadrat hat den gleichen Flächeninhalt wie ein Kreis mit Radius $r = 8{,}3$ cm. Berechne die Seitenlänge *a* des Quadrats.

3.1 Um wie viel Prozent ist der Umfang des Quadrats größer als der des Kreises? Zeige, dass das Ergebnis unabhängig von der Größe *r* ist.

4 Ein Ouadrat hat die Seitenlänge $a = 8$ cm. Berechne Radius, Flächeninhalt und Umfang des In- und Umkreises.

5 Einem Kreis mit Radius $r = 4$ cm ist ein gleichseitiges Dreieck einbeschrieben. Berechne die Seitenlänge *a* des Dreiecks.

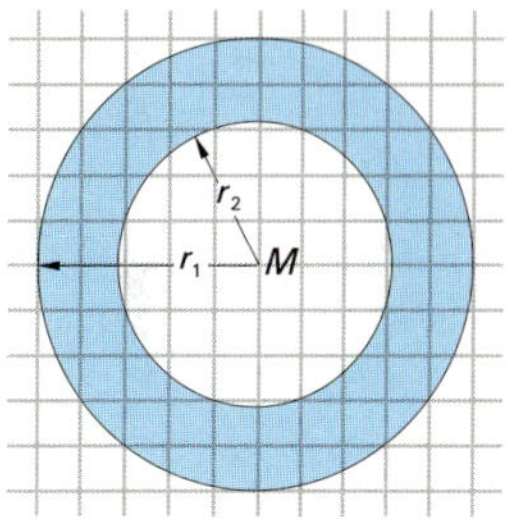

Bild 2

6 Zwei konzentrische Kreise mit verschiedenen Radien begrenzen einen **Kreisring** (Bild 2). Berechne für $r_1 = 12$ cm und $r_2 = 3$ cm den Flächeninhalt des Kreisrings.

7 Für zwei konzentrische Kreise $k_1(M;\, r_1)$ und $k_2(M;\, r_2)$ mit $r_1 > r_2$ (Bild 2) gilt: Der Flächeninhalt das inneren Kreises k_2 ist genauso groß wie der des Kreisrings. In welchem Verhältnis stehen die beiden Radien?

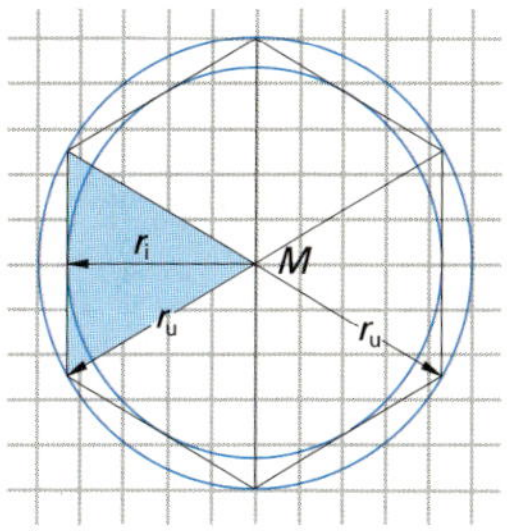

Bild 3

8.0 Ein regelmäßiges Sechseck setzt sich aus sechs gleichseitigen Dreiecken zusammen. Es hat einen Umkreis und einen Inkreis (Bild 3).

8.1 In welchem Verhältnis steht der Radius des Umkreises zum Radius des Inkreises?

8.2 Wie verhalten sich die Flächeninhalte A_u und A_i des Um- und Inkreises?

8.3 Wie verhalten sich die Umfänge u_u und u_i des Um- und Inkreises?

9.0 Der Kreis *k* mit Mittelpunkt $M(-3|-2)$ durch den Punkt $P(0|-6)$ wird durch zentrische Streckung mit dem Streckzentrum $Z(3|1)$ und dem Streckfaktor $k = -\frac{2}{3}$ auf einen Kreis *k'* abgebildet.

9.1 Zeichne den Kreis *k*, und konstruiere den Bildkreis *k'*.
(Platzbedarf: 1 cm $\triangleq$ 1 LE; $-5 \leqq x \leqq 10$; $-7 \leqq y \leqq 7$)

9.2 Berechne die Länge der Radien des Ur- und Bildkreises.

Aufgaben

10.0 Immer mehr Automobilhersteller bauen Motoren mit vier statt nur zwei Ventilen pro Zylinder. Sie versprechen sich dadurch eine größere Durchlassfläche. Die Anordnungen der Ventile entsprechen der in Bild 1 und Bild 2, dabei ist r der Radius des Zylinders und r_2 bzw. r_4 sind die Radien der Ventile.

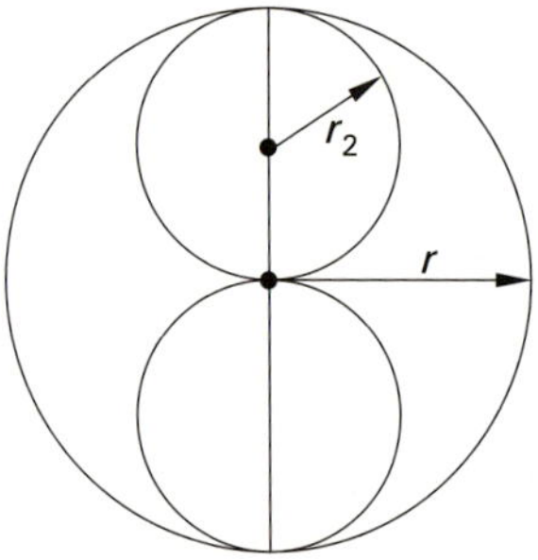

Bild 1

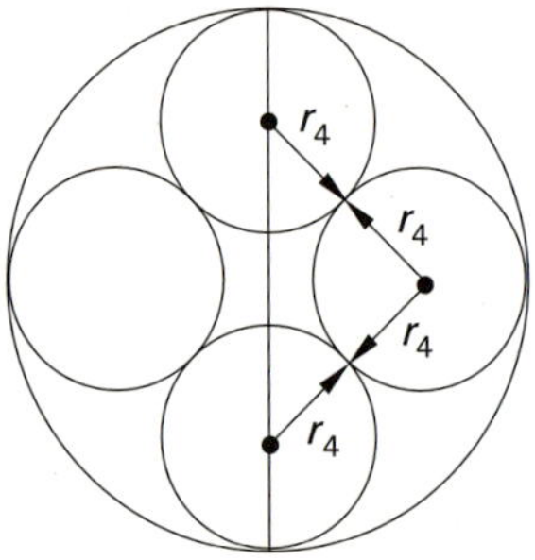

Bild 2

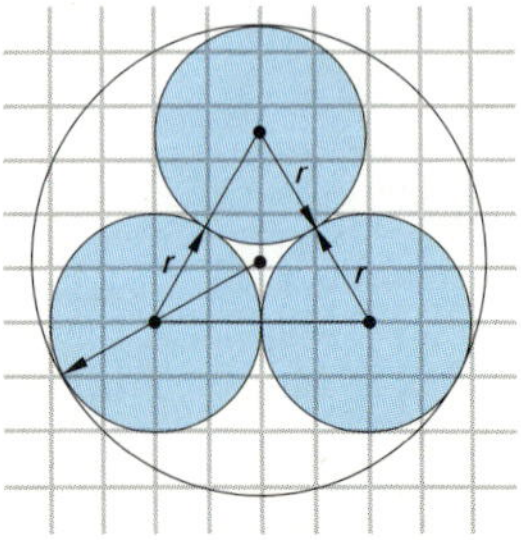

Bild 3

10.1 Berechne den Anteil der Ventilfläche am Flächeninhalt des Zylinders bei beiden Motorvarianten.

10.2 Um wie viel Prozent lässt sich die Durchlassfläche bei einem Motor mit vier Ventilen gegenüber einem Motor mit zwei Ventilen vergrößern?

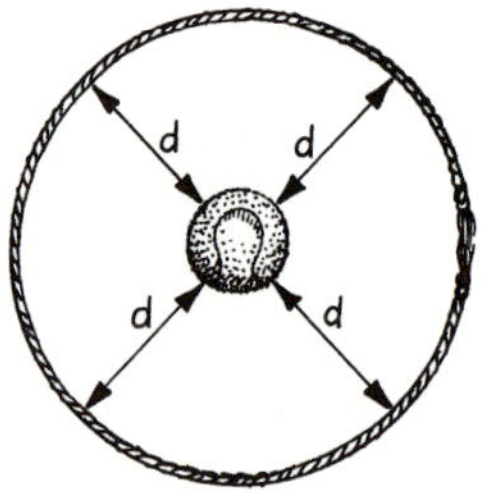

Bild 4

11.0 Gegeben sind drei Kreise mit Radius $r = 2$ cm, die sich gegenseitig berühren (Bild 3).

11.1 Welchen Flächeninhalt hat der Kreis, der alle drei Kreise wie in Bild 3 berührt?

11.2 Um wie viel Prozent ist die Summe der Umfänge der kleineren Kreise größer als der Umfang des großen Kreises?

12.0 Um einen Tennisball mit 6,5 cm Durchmesser wird straff eine Schnur gelegt. Man verlängert sie um 1 m und legt sie wie in Bild 4 wieder um den Tennisball.

12.1 Berechne den Abstand d der verlängerten Schnur vom Ball.

12.2 Denke dir in gleicher Weise längs des Äquators eine Schnur um die Erde gelegt und dann ebenfalls um 1 m verlängert. Kann man den Tennisball unter ihr hindurchrollen (Erdradius: 6 370 km)?

13 Im Jahre 1875 einigten sich in Paris 19 Staaten darauf, die Längeneinheit Meter einzuführen. Dies ist der vierzigmillionste Teil des Erdmeridians, d. h. des Umfangs eines Großkreises durch die beiden Pole.
Welcher Wert lässt sich daraus für den Erdradius ermitteln? Um wie viel Prozent unterscheidet sich dieser von dem in Aufgabe 12 benützten Wert?

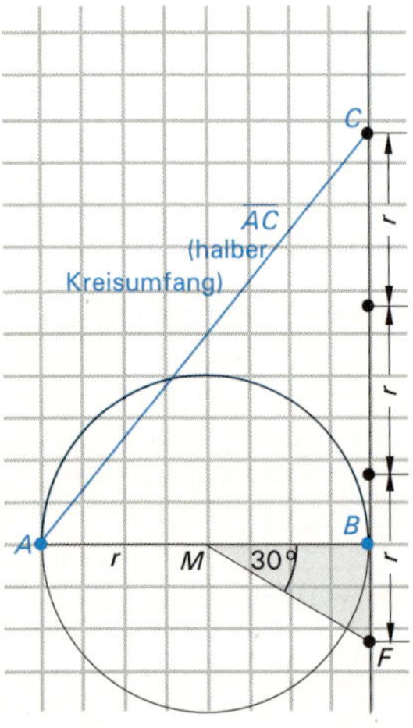

Bild 5

14.0 Bild 5 zeigt die Näherungskonstruktion nach Kochansky (um 1685) für den halben Kreisumfang.

14.1 Konstruiere den halben Kreisumfang für einen Kreis mit $r = 4$ cm.

14.2 Berechne die Länge der Strecke $[AC]$ (halber Kreisumfang), und vergleiche das Ergebnis mit dem Wert, der sich aus der Formel $u = 2 \cdot \pi \cdot r$ ergibt.

4.2 Kreisteile

Zeichnet man wie in Bild 1 einen Mittelpunktswinkel $\sphericalangle AMB$ mit dem Maß φ in einen Kreis $k(M;\, r)$, so schneidet dieser aus der Kreisfläche einen **Kreissektor**, und aus der Kreislinie einen **Bogen** aus.
Die Länge b des Kreisbogens $\overset{\frown}{AB}$ ist direkt proportional zum Maß φ des zu $\overset{\frown}{AB}$ gehörenden Mittelpunktswinkels. Zum Kreisumfang $2 \cdot \pi \cdot r$ gehört ein Mittelpunktswinkel von 360°. Für jeden Mittelpunktswinkel mit dem Maß φ und dem zugehörigen Bogen der Länge b gilt dann:

$$\frac{b}{\varphi} = \frac{2 \cdot \pi \cdot r}{360^\circ} \quad \Rightarrow \quad b = \frac{2 \cdot \pi \cdot r \cdot \varphi}{360^\circ}$$

Entsprechend gilt für den Flächeninhalt A des Kreissektors:

$$\frac{A}{\varphi} = \frac{\pi \cdot r^2}{360^\circ} \quad \Rightarrow \quad A = \frac{\pi \cdot r^2 \cdot \varphi}{360^\circ}$$

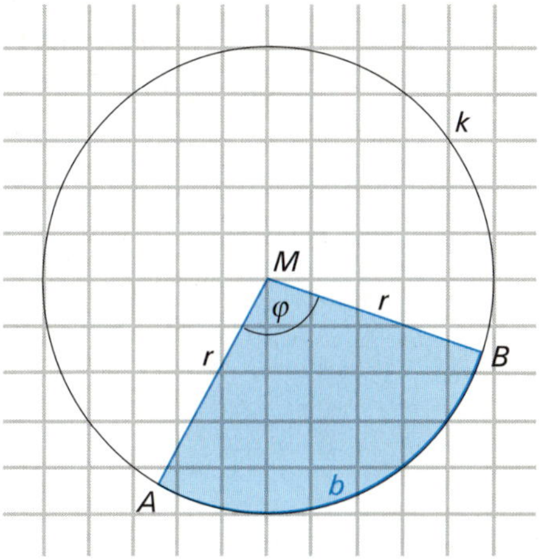

Bild 1

❶ Zeige, dass für den Flächeninhalt A des Kreissektors mit Radius r und Bogenlänge b gilt:

$$A = \frac{1}{2} \cdot b \cdot r$$

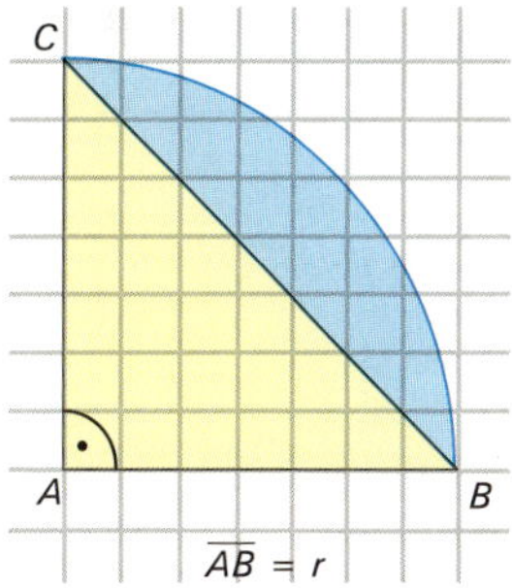

Bild 2

❷ In einem Kreis k mit Radius $r = 7$ cm bestimmt der Mittelpunktswinkel $\varphi = 100°$ einen Bogen und einen Kreissektor. Berechne die **Bogenlänge** b und den Flächeninhalt A des Kreissektors.

Beispiel

Wir berechnen den Flächeninhalt A des in Bild 2 blau gerasterten **Kreisabschnitts**:

$$A = A_{\text{Sektor}} - A_{\triangle ABC}$$

$$A = \frac{\pi \cdot r^2 \cdot 90^\circ}{360^\circ} - \frac{1}{2} r^2 \quad \Rightarrow A = \frac{1}{4} r^2 (\pi - 2)$$

Flächeninhalt des Sektors (Viertelkreis)

Flächeninhalt des Dreiecks ABC (halbes Quadrat)

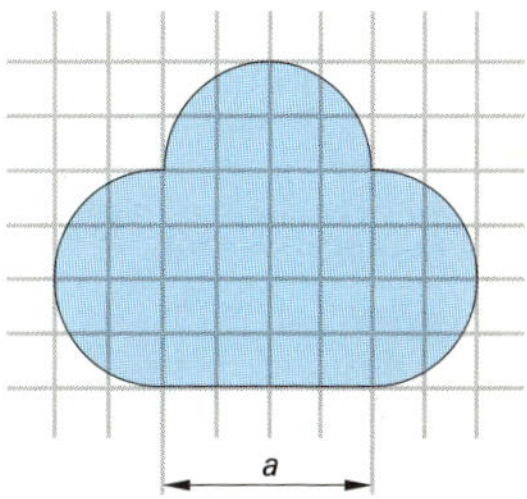

Bild 3

❸ Berechne den Flächeninhalt A der Figur in Bild 3 in Abhängigkeit von der Länge a der Quadratseite.

Aufgaben

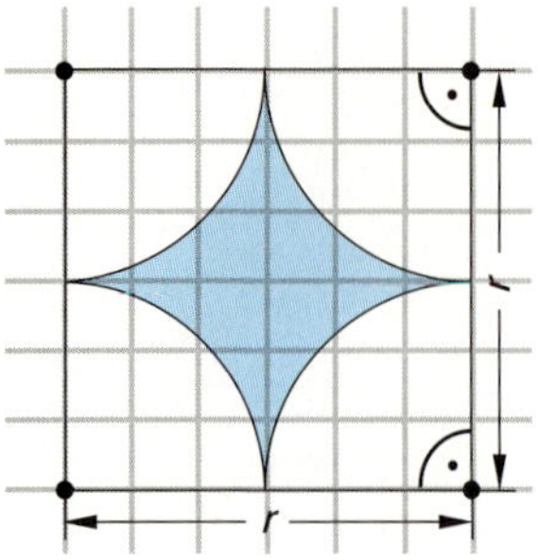

Bild 1

1 Übertrage die nachfolgende Tabelle in dein Heft, und berechne die fehlenden Maße. Runde auf zwei Nachkommastellen.

	a)	b)	c)	d)	e)	f)
Radius *r* in cm	12,50	12,45	[14]	4,00	[1]	[11]
Maß φ des Mittelpunktswinkels	120°	[9]	150°	[8]	100°	[18]
Bogenlänge *b* in cm	[17]	[21]	17,80	23,04	[17]	7,50
Flächeninhalt *A* in cm²	[18]	60,87	[12]	[18]	87,27	48,00

2 Die Erde (r = 6 370 km) dreht sich an einem Tag einmal um ihre Achse. Berechne die Weglänge, die dabei ein Ort am Äquator in einer Stunde zurücklegt.

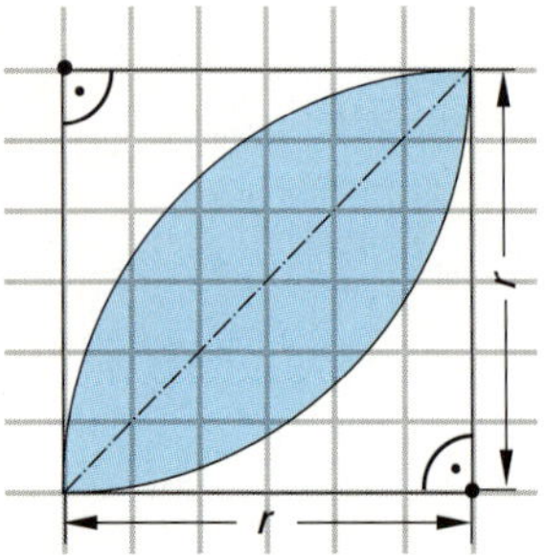

Bild 2

3 Der Sektor eines Kreises *k* mit $\varphi < 360°$ hat den gleichen Umfang wie der Kreis *k* selbst. Berechne φ.

4 Berechne den Flächeninhalt der in den Bildern 1–3 blau gerasterten Flächen in Abhängigkeit von der Länge *r*.

5 Berechne den Umfang der blau gerasterten Figur in Bild 3.

6 Zeige durch Rechnung, dass die in Bild 4 blau gerasterten Flächen zusammen den gleichen Inhalt wie das Dreieck *ABC* haben.

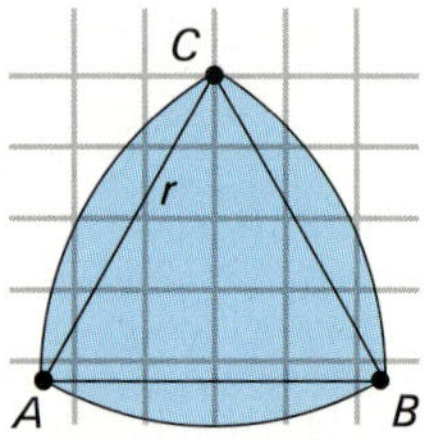

$\overline{AB} = \overline{BC} = \overline{AC} = r$

Bild 3

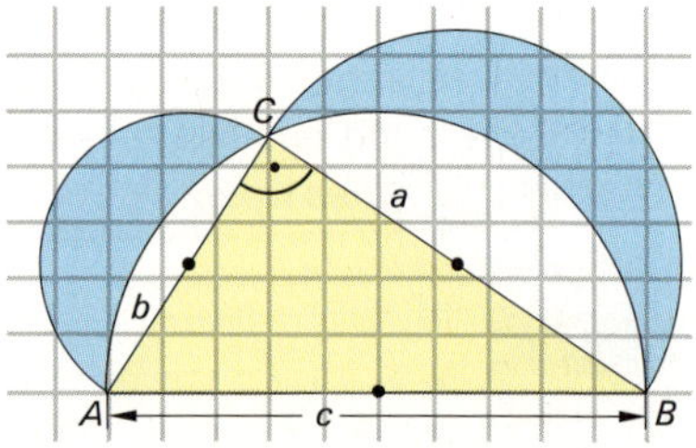

Bild 4

„Möndchen des Hippokrates"

7 Das Kreisdiagramm in Bild 5 veranschaulicht die Bevökerungsanteile der Erde im Jahr 1850 (ohne Australien). Zeichne mit den Daten aus der Tabelle ein entsprechendes Diagramm für das Jahr 2000.

	1850	2000
Afrika	95 Mio.	794 Mio.
Asien	749 Mio.	3 672 Mio.
Europa	266 Mio.	727 Mio.
Amerika	59 Mio.	833 Mio.

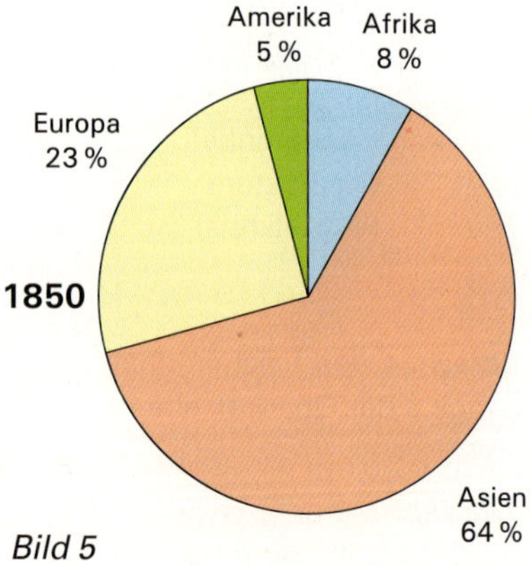

Bild 5

Aufgaben

8 Zeige durch Rechnung, dass alle Teilflächen der in Bild 1 dargestellten Figur gleichen Umfang haben.

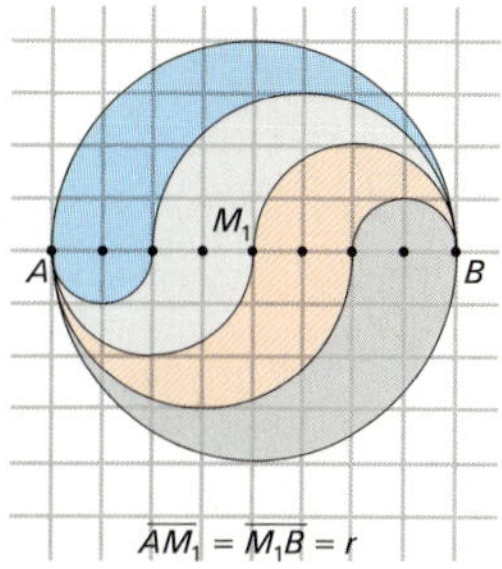

Bild 1

9 Bestätige durch Rechnung, dass die in Bild 2 blau gerasterte Fläche den gleichen Inhalt wie der Halbkreis hat.

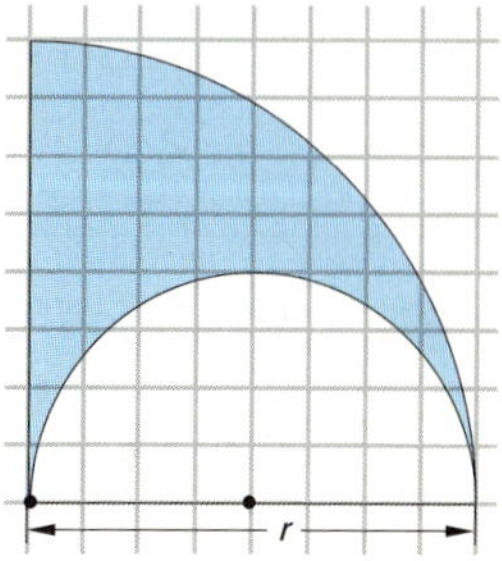

Bild 2

10 Bestätige durch Rechnung, dass die in Bild 3 blau gerasterten Flächen gleichen Inhalt haben.

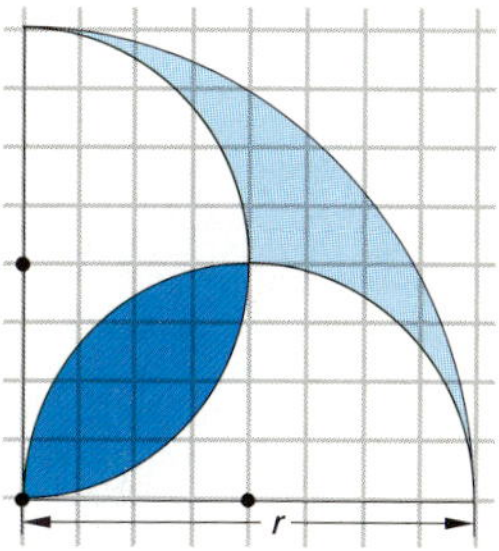

Bild 3

11.0 Aus einem quadratischen Stück Blech der Seitenlänge $a = 50$ cm werden vier gleich große Kreisscheiben mit größtmöglichem Radius r gestanzt.

11.1 Wie viel Prozent beträgt der Abfall?

11.2 Die Schülerin Manuela Fuchs behauptet, dass der Abfall geringer wird, wenn man den Radius r der Scheiben halbiert. Überlege, wie viele Scheiben man dann maximal ausstanzen kann, und prüfe durch Rechnung die Behauptung nach.

12.0 In einem Leichtathletikstadion beträgt der Radius des Innenbogens 36,50 m (vgl. Bild 4).

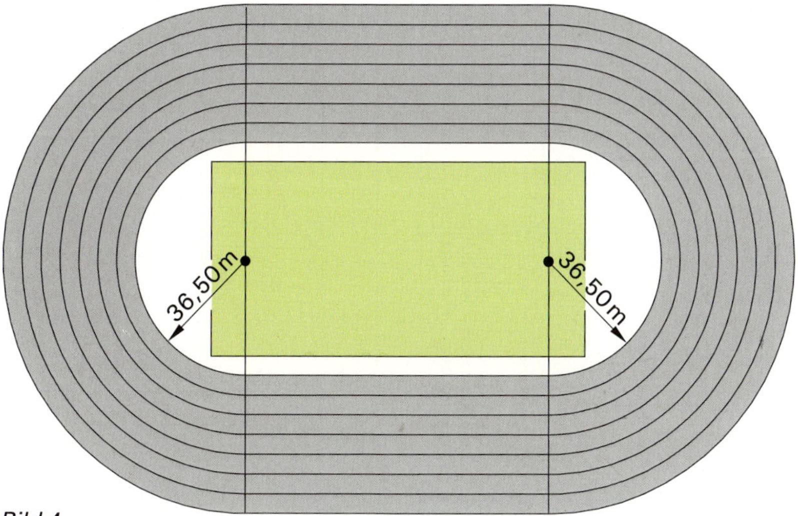

Bild 4

12.1 Wie lang müssen die geraden Teilstücke der Bahnen sein, damit der Läufer auf der Innenbahn genau 400 m zurücklegt?
Beachte: Für die Berechnung wird von einer gedachten Lauflinie ausgegangen, die 30 cm von der Innenkante der Bahn entfernt ist.

12.2 Welche Kurvenvorgabe muss bei einem 400-m-Lauf der Läufer auf der sechsten Bahn erhalten? Eine Bahn ist jeweils 1,22 m breit.

12.3 Wie viele Meter läuft ein Leichtathlet bei einem 10 000-m-Lauf, wenn er ständig die zweite Bahn benützt?

Olympiastadion München

5 Trigonometrie

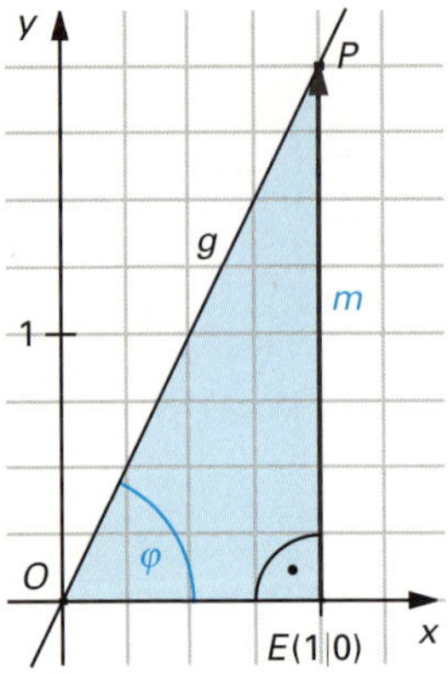

Bild 1

5.1 Tangens, Kosinus, Sinus

Tangens

Wie wir wissen, gibt bei Ursprungsgeraden mit $y = m \cdot x$ ($\mathbb{G} = \mathbb{R} \times \mathbb{R}$, $m \in \mathbb{R}$) der Faktor m die Steigung der Geraden an. Die Steigung kann man aber auch durch das Maß φ des Steigungswinkels EOP mit $0° \leqq \varphi \leqq 180°$ mit $\varphi \neq 90°$ beschreiben, den die Gerade g mit der x-Achse einschließt (vgl. Bild 1). Zwischen der Steigung m und dem Winkelmaß φ einer Geraden besteht ein Zusammenhang.

❶ In Bild 2 wurden m und φ mithilfe eines Geometrieprogramms gemessen. Begründe mithilfe der numerischen und der grafischen Wertetabelle, dass m und φ nicht direkt proportional sind.

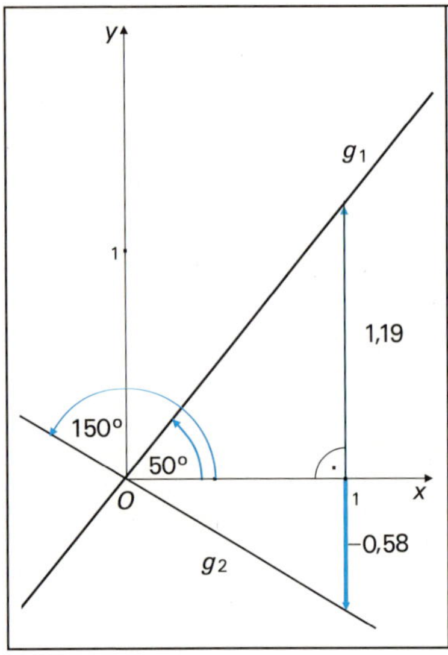

Numerische Wertetabelle

	φ =	m =
1	5,0	0,09
2	10,0	0,18
3	15,0	0,27
4	20,0	0,36
5	30,0	0,58
6	40,0	0,84
7	50,0	1,19
8	60,0	1,73
9	70,0	2,75
10	80,0	5,67
1	100,0	−5,67
2	110,0	−2,75
3	120,0	−1,73
4	130,0	−1,19
5	140,0	−0,84
6	150,0	−0,58
7	160,0	−0,36
8	170,0	−0,18

Grafische Wertetabelle

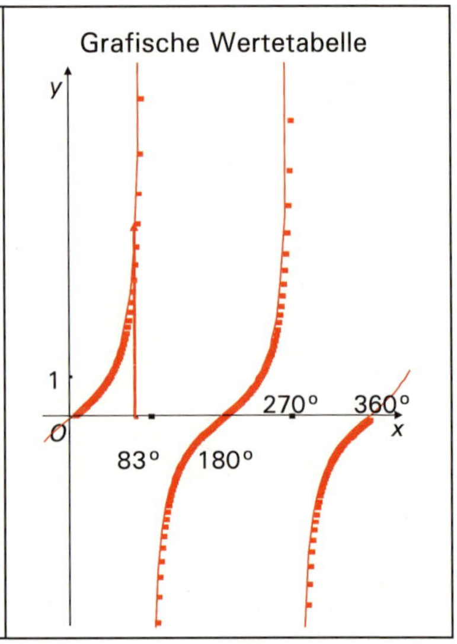

Bild 2

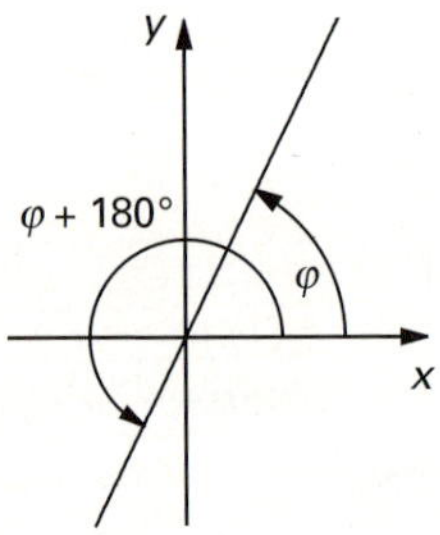

Die Steigung m einer Geraden kann man in Abhängigkeit vom Steigungswinkel φ darstellen: Man bezeichnet m als „Tangens φ" und schreibt abgekürzt $m = \tan\varphi$ mit $\tan\varphi \in \mathbb{R}$.

❷ Begründe, dass wir mithilfe der Tangenswerte für $\varphi \in [0°; 90°[$ auch die für $\varphi \in]90°; 180°]$ angeben können. Was gilt für $\varphi = 90°$?

❸ Auch für $\varphi \in [180°; 360°] \setminus \{270°\}$ kann man jedem Winkelmaß φ einen Tangenswert zuordnen. Zeige: Dabei gilt stets $\tan(\varphi + 180°) = \tan\varphi$ (vgl. Bild 3).

Bild 3

❹ Begründe, dass es auch für negativ orientierte Winkel Tangenswerte gibt.

Die Tangenswerte sind reelle Zahlen. Mit der Taste [TAN] liefert der Taschenrechner Näherungswerte. So erhalten wir auf zwei Stellen nach dem Komma gerundet z. B. tan 30° = 0,58 und tan (−60°) = −1,73 (vgl. Bild 1).

```
tan(30)
                .58
tan(-60)
              -1.73
```

Bild 1

```
tan⁻¹(0.58)
              30.11
30.11+180
             210.11
```

Bild 2

```
tan⁻¹(-1.73)
             -59.97
-59.97+180
             120.03
```

Bild 3

Umgekehrt liefert der Taschenrechner mit [TAN⁻¹] zu einem Tangenswert das Winkelmaß: $\tan\varphi = 0{,}58$ ergibt $\varphi = 30{,}11°$ auf zwei Stellen nach dem Komma gerundet (vgl. Bild 2).
Für $0° \leqq \varphi \leqq 360°$ erhalten wir zusätzlich $\varphi = 210{,}11°$ wegen $\tan(\varphi + 180°) = \tan\varphi$.
Ebenso ergibt sich für $\tan\varphi = -1{,}73$ auf zwei Stellen nach dem Komma gerundet $\varphi = -59{,}97° \vee \varphi = 120{,}03°$ (vgl. Bild 3).

Aufgaben

1 Bestimme zu den folgenden Winkelmaßen jeweils den Tangenswert auf zwei Stellen nach dem Komma gerundet.

a) 37° **b)** −28° **c)** 94° **d)** 190° **e)** −330°
f) 14,8° **g)** 77,5° **h)** 89,99° **i)** −119,05° **j)** −200,22°
k) 65°12′ **l)** 110°50′ **m)** −54°54′ **n)** 317°30′ **o)** −188°48′

2 Bestimme zu den gegebenen Tangenswerten jeweils die zugehörigen Winkelmaße in [0°; 360°] auf zwei Stellen nach dem Komma gerundet.

a) 0,80 **b)** 1,00 **c)** 4,55 **d)** −0,515 **e)** −12,3
f) 17,65 **g)** −100 **h)** 0,001 **i)** $\sqrt{2}$ **j)** π

3 Die angegebenen Zahlen sind Steigungen von Geraden g. Bestimme jeweils den zugehörigen Steigungswinkel φ von g auf zwei Stellen nach dem Komma gerundet. Gib dann den Steigungswinkel $\varphi_\perp$ der zu g senkrechten Geraden $g_\perp$ an und berechne daraus die zugehörige Steigung $m_\perp$. Überprüfe sodann die Gültigkeit von $m \cdot m_\perp = -1$.

a) 0,5 **b)** 1 **c)** 1,5 **d)** 4 **e)** 20
f) −0,4 **g)** −2,5 **h)** −1,75 **i)** $\frac{3}{4}$ **j)** $2\frac{1}{2}$

4 Die Gerade g mit der Gleichung $y = 1{,}5x$ wird durch Drehung mit $O(0|0)$ als Drehzentrum und dem Drehwinkel $\delta = 40°$ (80°, 150°) abgebildet. Berechne die Steigung der Bildgeraden g' und gib die Gleichung von g' an. (Auf zwei Stellen nach dem Komma runden.)

5 Die Punkte $A(0|0)$, $B(1|0)$ und $C(1|5)$ sind die Eckpunkte des Dreiecks ABC. Berechne das Maß α des Winkels BAC und die Länge b der Seite $[AC]$ auf zwei Stellen nach dem Komma gerundet.

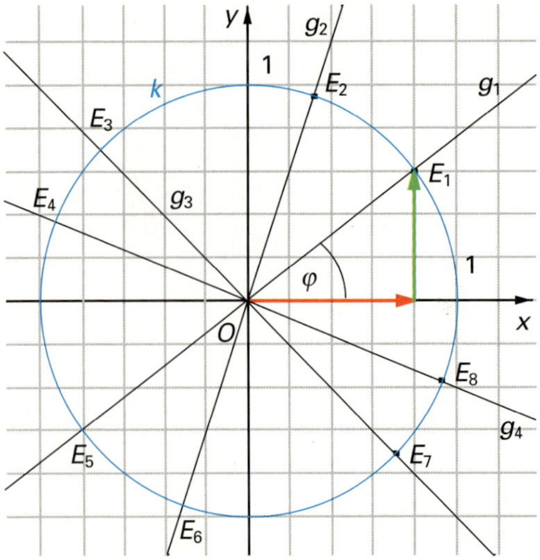

Bild 1

Kosinus und Sinus

Die Geraden g_n mit Gleichungen der Form $y = m \cdot x$ ($\mathbb{G} = \mathbb{R} \times \mathbb{R}$, $m \in \mathbb{R}$) schneiden den **Einheitskreis** $k(O(0|0); r = 1$ LE) in Punkten E_n (vgl. Bild 1). Ihre Koordinaten $(x|y)$ hängen vom Steigungswinkel φ der Geraden g_n ab.

In Bild 2 ist der Zusammenhang zwischen x und φ sowie zwischen y und φ mithilfe eines Geometrieprogramms dargestellt.

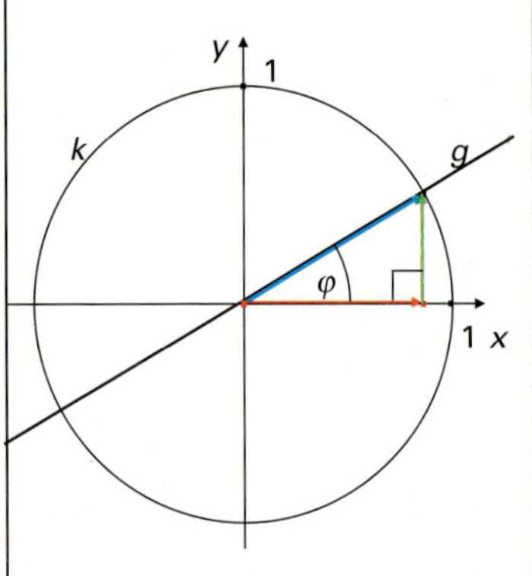

	φ =	x =	y =
1	5,0	1,00	0,09
2	10,0	0,98	0,17
3	20,0	0, 4	0,34
4	30,0	0,87	0,50
5	40,0	0,77	0,64
6	50,0	0,64	0,77
7	60,0	0,50	0,87
8	70,0	0,34	0,94
9	80,0	0,17	0,98
10	90,0	0,00	1,00
1	100,0	-0,17	0,98
2	110,0	-0,34	0,94
3	120,0	-0,50	0,87
4	130,0	-0,64	0,77
5	140,0	-0,77	0,64
6	150,0	-0,87	0,50
7	160,0	-0,94	0,34
8	170,0	-0,98	0,17
9	180,0	-1,00	0,00

Numerische und grafische Wertetabelle

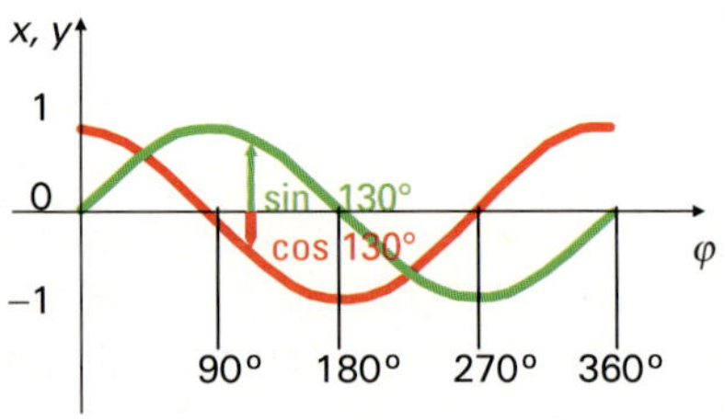

Bild 2

Die Koordinaten x und y der Punkte auf dem Einheitskreis kann man in Abhängigkeit vom Winkelmaß φ darstellen. Man bezeichnet x als „Kosinus φ" und y als „Sinus φ" und schreibt abgekürzt:

$$x = \cos\varphi \quad \text{und} \quad y = \sin\varphi.$$

❶ Begründe, dass stets $-1 \leqq \cos\varphi \leqq +1$ und $-1 \leqq \sin\varphi \leqq +1$ gilt.

❷ Begründe, dass wir mithilfe der Koordinaten für $\varphi \in [0°; 90°]$ auch die für $\varphi \in [90°; 360°]$ angeben können.

❸ Für welche Winkelmaße φ sind die Kosinuswerte (die Sinuswerte) gleich?

❹ Für welche Winkelmaße gilt $\cos\varphi = \sin\varphi$, für welche $|\cos\varphi| = |\sin\varphi|$?

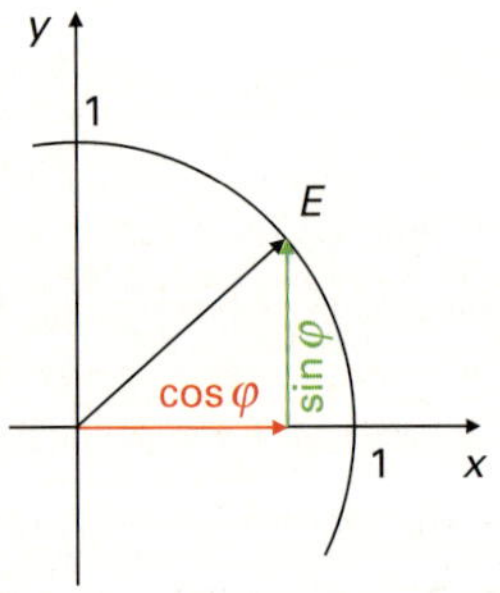

Bild 3

Die Terme $\cos\varphi$ und $\sin\varphi$ sind die Koordinaten von Punkten auf dem Einheitskreis. $E(\cos\varphi|\sin\varphi)$; $-360° \leqq \varphi \leqq +360°$
$-1 \leqq \cos\varphi \leqq +1$; $-1 \leqq \sin\varphi \leqq +1$

Die Kosinus- und Sinuswerte sind reelle Zahlen. Mit den Tasten [COS] und [SIN] liefert der Taschenrechner Näherungswerte. So erhalten wir auf zwei Stellen nach dem Komma gerundet z. B. cos 30° = 0,87 und sin 315° = −0,71 (vgl. Bild 1).

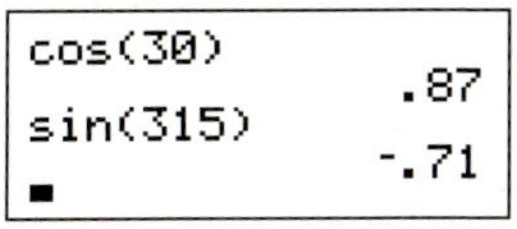

Bild 1

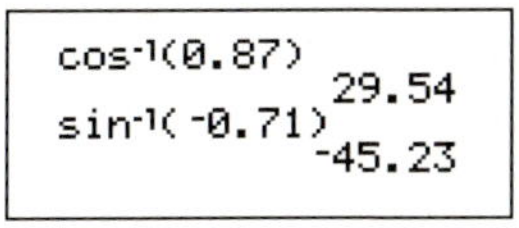

Bild 2

Umgekehrt liefert der Taschenrechner mit [COS⁻¹] zu einem Kosinuswert und mit [SIN⁻¹] zu einem Sinuswert das zugehörige Winkelmaß:
$\cos\varphi = 0{,}87$ ergibt auf zwei Stellen nach dem Komma gerundet $\varphi = 29{,}54°$,
$\sin\varphi = -0{,}71$ ergibt auf zwei Stellen nach dem Komma gerundet $\varphi = -45{,}23°$ (vgl. Bild 2).

- Begründe, dass dem negativen Winkelmaß −45,23° das positive Winkelmaß 314,77° entspricht.

Aufgaben

1 Bestimme mithilfe des Taschenrechners zu den folgenden Winkelmaßen jeweils den Kosinuswert und den Sinuswert auf zwei Stellen nach dem Komma gerundet.

a) 37° **b)** −44° **c)** 98° **d)** 200° **e)** −318°
f) −148,7° **g)** 44,8° **h)** 89,9° **i)** −138,17° **j)** −352,58°
k) 24°15′ **l)** −62°34′ **m)** 156°7′ **n)** −189°49′ **o)** 302°2,7′

2 Bestimme, wenn möglich, jeweils das zugehörige Winkelmaß im Intervall [0°; 180°] auf zwei Stellen nach dem Komma gerundet, wenn die gegebenen Werte Sinuswerte oder Kosinuswerte sind.

a) 0,80 **b)** 1,00 **c)** 0,55 **d)** −0,515 **e)** −0,73
f) 0,6533 **g)** −1,00 **h)** 0,001 **i)** $\frac{1}{2}\sqrt{2}$ **j)** 0,5000

3 Bestimme zu den folgenden Tangenswerten jeweils das zugehörige Winkelmaß im Intervall [0°; 180°]. Berechne zum Winkelmaß jeweils den Kosinuswert und den Sinuswert und berechne sodann den jeweiligen Quotientwert $\frac{\sin\varphi}{\cos\varphi}$. Um wie viel Prozent weicht dieser Quotientwert vom gegebenen Tangenswert ab? Runde stets auf zwei Stellen nach dem Komma.

a) 1,4 **b)** 0,45 **c)** −2,5 **d)** 0,25 **e)** −3,44 **f)** 7,13

4 Die Gerade $g = AP$ mit $A(0|0)$ und $P(8|5)$ schneidet den Einheitskreis im Punkt C. Er ist ein Eckpunkt des rechtwinkligen Dreiecks ABC mit $B(x|0)$ und $[AB]$ als Hypotenuse. Berechne die Koordinaten der Punkte B und C sowie den Flächeninhalt des Dreiecks ABC. (Auf zwei Stellen nach dem Komma runden.)

Graphen der Funktionen mit $y = \tan\varphi$, $y = \cos\varphi$ und $y = \sin\varphi$

Die Terme $\tan\varphi$, $\cos\varphi$ und $\sin\varphi$ können wir als Funktionsterme erklären und erhalten so die Funktionen mit den Gleichungen

$$y = \tan\varphi, \qquad y = \cos\varphi, \qquad y = \sin\varphi.$$

In den Bildern 1 und 2 sind mithilfe eines Geometrieprogramms ihre Graphen dargestellt.

$y = \tan\varphi$

Wertebereich:
$y \in \mathbb{R}$

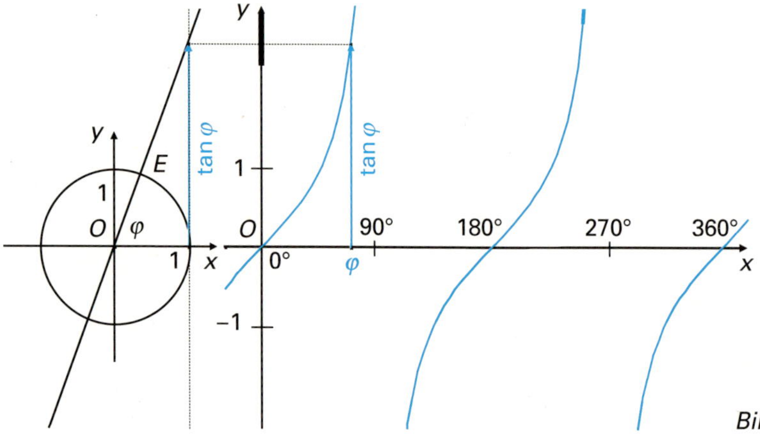

Bild 1

$y = \cos\varphi$

Wertebereich:
$-1 \leqq y \leqq +1$

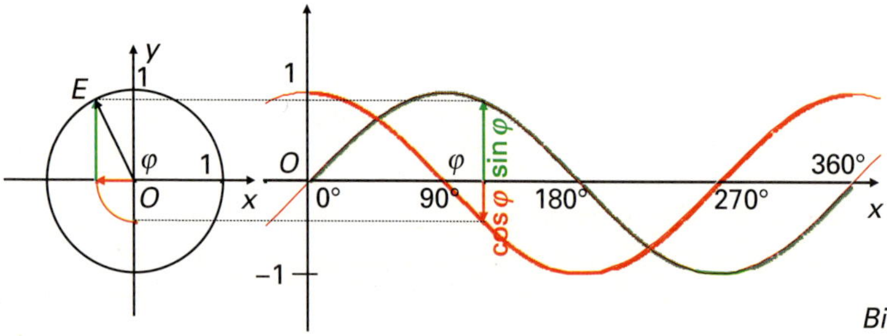

Bild 2

$y = \sin\varphi$

Wertebereich:
$-1 \leqq y \leqq +1$

- Wenn sich am Einheitskreis die Gerade OE bzw. der Vektor $\overrightarrow{OE}$ um den Koordinatenursprung drehen, ändern mit φ die Tangenswerte, die Kosinuswerte und die Sinuswerte ihr Vorzeichen und ihre Größe. Beschreibe diese Veränderungen am Einheitskreis und betrachte zum Vergleich die Graphen in den Bildern 1 und 2.
  Gib die Funktionsterme in den [Y=]-Editor deines Taschenrechners ein, lass dir die Funktionsgraphen zeichnen und beobachte Vorzeichen und Größe der Funktionsterme (vgl. Bild 3).

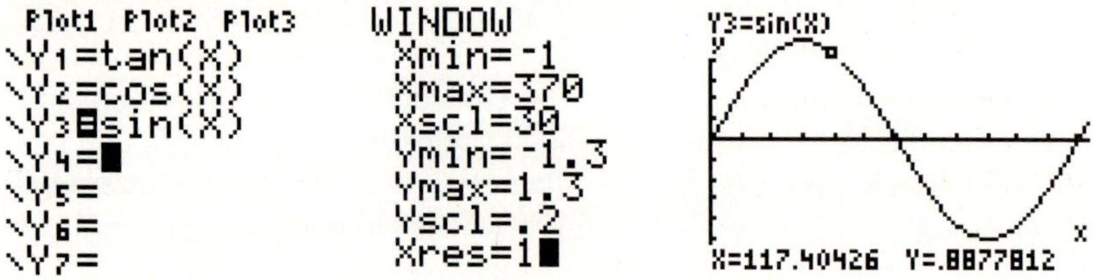

Bild 3

Beziehungen zwischen Kosinuswerten und Sinuswerten

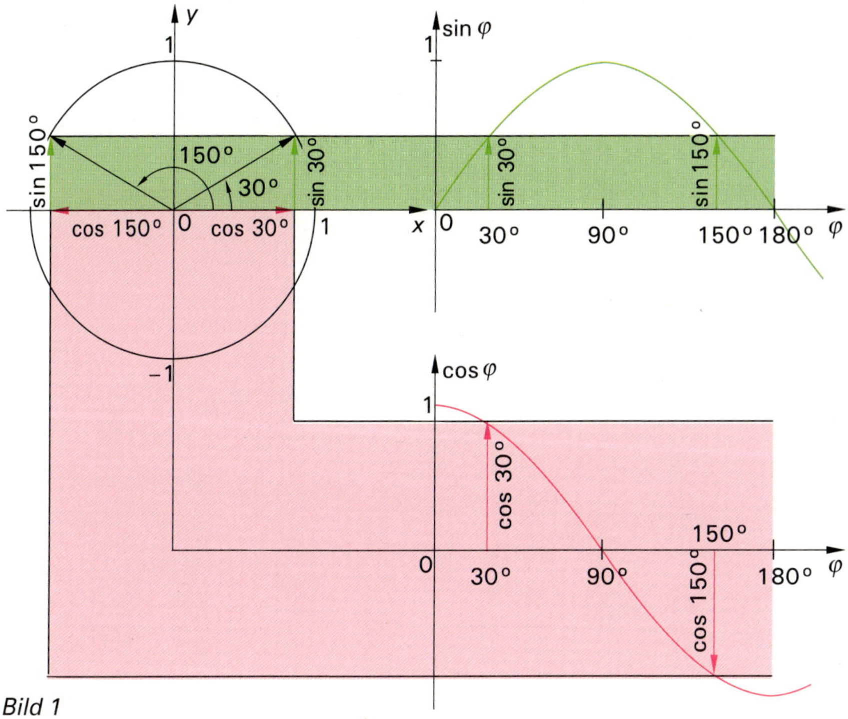

Bild 1

❶ Begründe mithilfe von Bild 1 die Gültigkeit der **Supplementbeziehungen**:

$\cos(180° - \varphi) = -\cos\varphi$ $\sin(180° - \varphi) = \sin\varphi$

Beispiel

Wir bestimmen mit dem Taschenrechner zum Kosinuswert 0,69 das zugehörige Winkelmaß im Intervall [0°; 180°] auf zwei Stellen nach dem Komma gerundet:

$\cos\alpha = 0{,}69 \quad \alpha = 46{,}37°$

```
cos⁻¹(0.69)
         46.37
```

Ebenso verfahren wir mit dem Sinuswert 0,83.

$\sin\beta = 0{,}83 \quad \beta = 56{,}10°$

Im Intervall [0°; 180°] gibt es zum Sinuswert 0,83 ein zweites Winkelmaß, das wir nach der Supplementbeziehung berechnen können.

$\beta' = 180° - 56{,}10°; \beta' = 123{,}90°$

```
sin⁻¹(0.83)
         56.10
180-56.10
        123.90
```

❷ Ermittle mit dem Taschenrechner jeweils die zugehörigen Winkelmaße im Intervall [0°; 180°] auf zwei Stellen nach dem Komma gerundet.

a) $\cos\alpha = 0{,}26$ **b)** $\sin\beta = 0{,}14$ **c)** $\cos\gamma = -0{,}995$ **d)** $\sin\delta = 0{,}321$

Aufgaben

1 Bestimme das Winkelmaß $\varphi \in [0°; 180°]$ auf zwei Stellen nach dem Komma gerundet. Forme gegebenenfalls vorher um.

a) $\cos\varphi \leqq 0{,}5$ **b)** $0{,}15 \leqq \sin\varphi \leqq 0{,}6$ **c)** $-0{,}4 \leqq \cos\varphi \leqq +0{,}4$
d) $\sin\varphi + 4{,}12 = 3 \cdot (2{,}16 - \sin\varphi)$ **e)** $\cos\varphi - 2{,}4 = 1{,}13 - 2 \cdot \cos\varphi$
f) $\cos\varphi - \sin\varphi \leqq 0$ **g)** $(\cos\varphi - 0{,}5) \cdot (\sin\varphi - 0{,}5) > 0$

2 Löse für $\alpha \in [0°; 90°]$. Runde auf zwei Stellen nach dem Komma.

a) $\cos\alpha = \cos(180° - \alpha)$ **b)** $\sin(180° - \beta) + \sin\beta \geqq 2$
c) $2 \cdot \cos\gamma + \cos(180° - \gamma) \geqq 0{,}5$ **d)** $\cos(180° - \delta) - \sqrt{2} = \cos\delta$

3 Berechne die Maße der rot gekennzeichneten Strecken und Winkel auf zwei Stellen nach dem Komma gerundet.

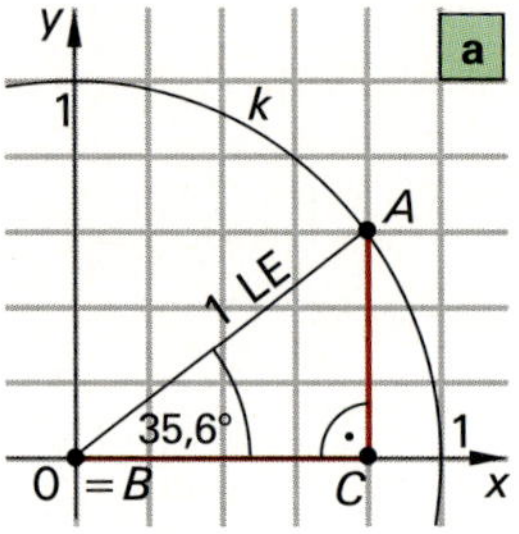

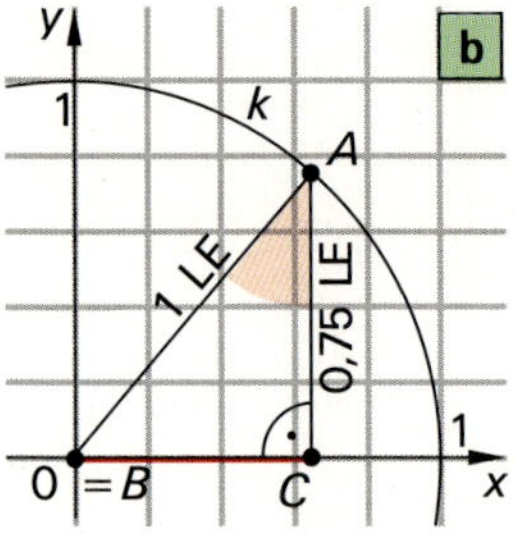

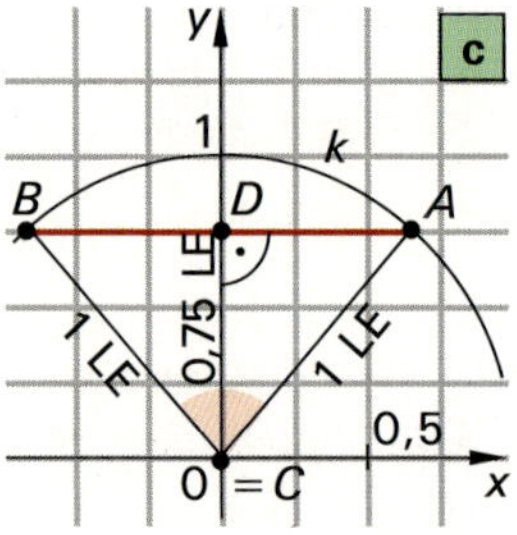

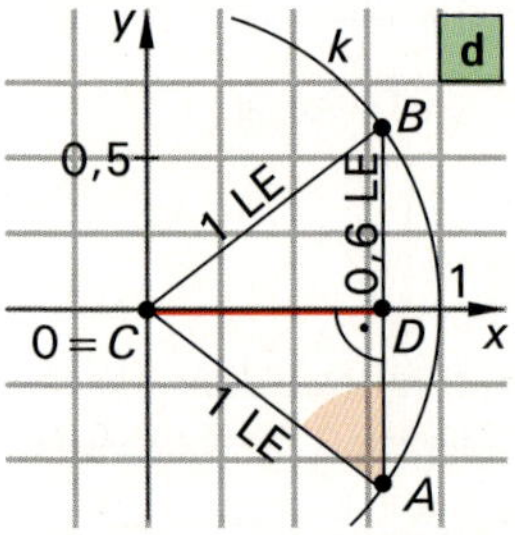

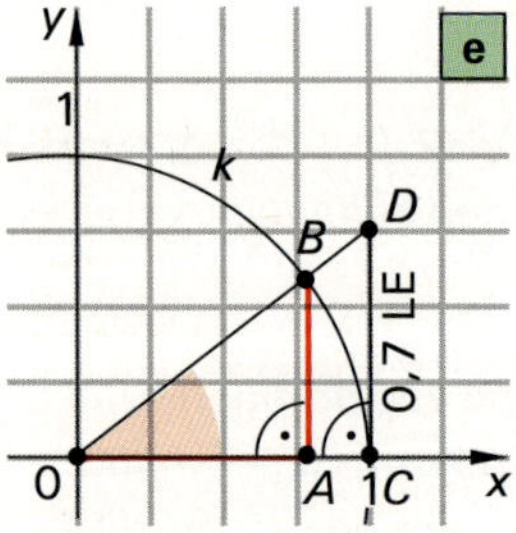

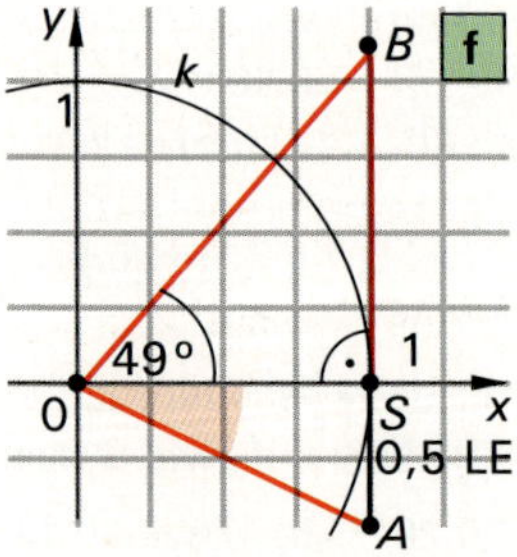

❶ Berechne mit deinem Taschenrechner den Wert des Terms $(\sin\varphi)^2 + (\cos\varphi)^2$ für $\varphi = 56°$.
Berechne sodann die Werte desselben Terms für beliebige andere Winkelmaße anstelle von 56°. Was stellst du fest?

❷ Gib in den [Y=]-Editor deines Taschenrechners die Funktionsterme wie in Bild 1 ein und lass den Rechner die zugehörigen Graphen zeichnen (vgl. Bild 2). Erkläre die Graphen in Bild 2.

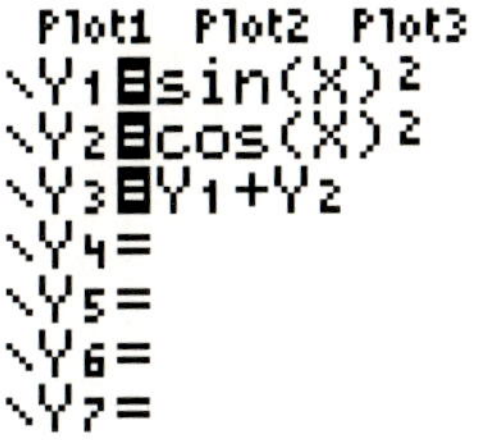

Bild 1

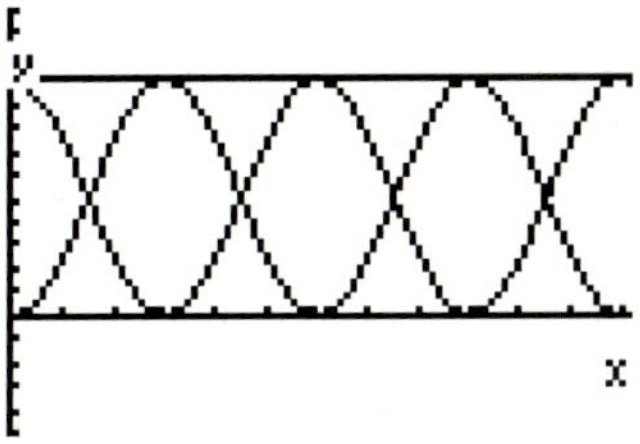

Bild 2

❸ Begründe anhand von Bild 3:
Für $\varphi \in [0°; 360°]$ gilt stets
$(\sin\varphi)^2 + (\cos\varphi)^2 = 1$.

Für $(\sin\varphi)^2$ schreibt man kürzer $\sin^2\varphi$, für $(\cos\varphi)^2$ entsprechend $\cos^2\varphi$:

$$\sin^2\varphi + \cos^2\varphi = 1$$

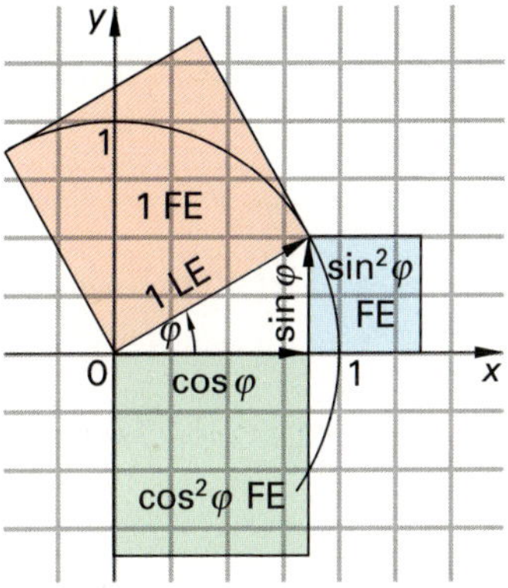

Bild 3

Aufgaben

1.1 Bestimme mithilfe der Beziehung $\sin^2\varphi + \cos^2\varphi = 1$ aus $\sin\varphi$ jeweils $\cos\varphi$. Beachte, dass es mehrere Lösungen geben kann.

a) $\sin\varphi = -\frac{2}{3}$ **b)** $\sin\varphi = 0{,}72$ **c)** $\sin\varphi = -\frac{\sqrt{2}}{2}$

d) $\sin\varphi = 0{,}8 \wedge \varphi \in [90°; 180°]$ **e)** $\sin\varphi = -0{,}45 \wedge \varphi \in [180°; 270°]$

$$|\sin\varphi| = \sqrt{1-\cos^2\varphi}$$
$$|\cos\varphi| = \sqrt{1-\sin^2\varphi}$$

1.2 Bestimme wie in Aufgabe 1.1 $\sin\varphi$ aus $\cos\varphi$.

a) $\cos\varphi = \frac{\sqrt{3}}{6}$ **b)** $\cos\varphi = -\frac{1}{3}$ **c)** $\cos\varphi = \frac{1}{4}\sqrt{2}$

d) $\cos\varphi = 0{,}28 \wedge \varphi \in [0°; 90°]$ **e)** $\cos\varphi = 0{,}6 \wedge \varphi \in [270°; 360°]$

2 Forme mithilfe von $\sin^2\alpha + \cos^2\alpha = 1$ die Terme um, sodass sie nur noch Sinuswerte enthalten, und bestimme α in $\mathbb{G} = [0°; 90°]$.

a) $\cos^2\alpha - 2\cdot\sin\alpha = 1$ **b)** $2\cdot\cos^2\alpha - \sin^2\alpha = 2$

c) $3\cdot\sin^2\alpha - 5 = 2 - \cos^2\alpha$ **d)** $3\cdot\sin^2\alpha + 5\cdot\cos^2\alpha = 4$

Beziehung zwischen Tangens, Kosinus und Sinus

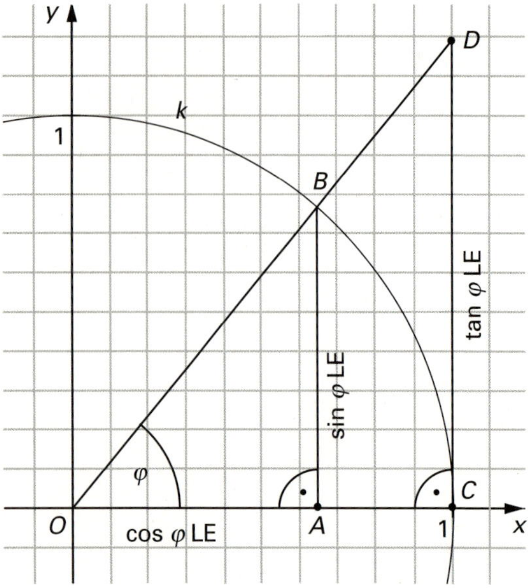

Bild 1

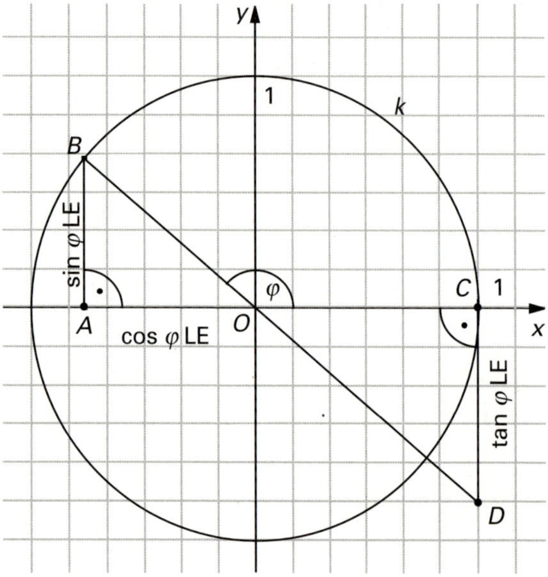

Bild 2

Nach dem Vierstreckensatz gilt in den Bildern 1 und 2

$\frac{\overline{CD}}{\overline{OC}} = \frac{\overline{AB}}{\overline{OA}}$ und damit $\frac{\tan\varphi}{1} = \frac{\sin\varphi}{\cos\varphi}$.

Da dies in allen vier Quadranten gilt, halten wir fest:

$$\tan\varphi = \frac{\sin\varphi}{\cos\varphi} \text{ für } \varphi \in [0°; 360°] \setminus \{90°; 270°\}$$

- Überprüfe die obige Beziehung: Berechne dazu mit dem Taschenrechner zum angegebenen Tangenswert das zugehörige Winkelmaß, berechne zum Winkelmaß den Sinuswert und den Kosinuswert und dann den Quotientwert der beiden. Runde stets auf zwei Stellen nach dem Komma.

a) $\tan\alpha = 0{,}85$ **b)** $\tan\beta = 3{,}18$ **c)** $\tan\gamma = -1{,}0$ **d)** $\tan\delta = -12{,}5$

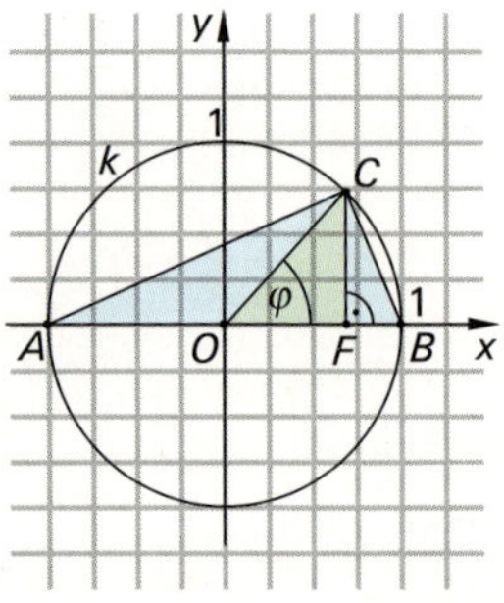

Bild 3

Aufgaben

1.0 Die Punkte $A(-1|0)$, $B(+1|0)$ und C auf dem Einheitskreis k sind die Eckpunkte von Dreiecken ABC (vgl. Bild 3). Der Punkt F ist der Lotfußpunkt.

1.1 Berechne die Streckenlängen $\overline{OF}$, $\overline{AC}$ und $\overline{BC}$ sowie das Maß φ des Winkels BOC für $C(0{,}5|y)$ auf k.

1.2 Für welche Punkte C erhält man Dreiecke ABC mit einem Flächeninhalt von 0,7 FE? Berechne die zugehörigen Maße für φ.

1.3 Gib das Maß φ^* an, mit dem man das flächengrößte Dreieck ABC^* erhält, und begründe dein Ergebnis geometrisch.

Aufgaben

2.0 Die Punkte $A(0|0)$, $B(2x|0)$ und $C(x|y)$ auf dem Einheitskreis k sind mit $0 < x < 1$ und $x \in \mathbb{R}$ die Eckpunkte von gleichschenkligen Dreiecken ABC mit der Basis $[AB]$ und dem Basiswinkel BAC mit dem Maß α (vgl. Bild 1).

2.1 Zeichne den Einheitskreis k und die Dreiecke ABC für $x \in \{0{,}3;\ 0{,}5;\ 0{,}8\}$ im Koordinatensystem. Für die Zeichnung: Längeneinheit 5 cm.

2.2 Berechne für die in 2.1 gezeichneten Dreiecke ABC die Winkelmaße α und die y-Koordinaten der Punkte C auf zwei Stellen nach dem Komma gerundet.

2.3 Berechne die Koordinaten der Punkte B und C des Dreiecks ABC mit $\alpha = 30°$.

2.4 Berechne für $\alpha \in]0°; 90°[$ in Schritten von $\triangle\alpha = 10°$ den Flächeninhalt der Dreiecke ABC. (Auf zwei Stellen nach dem Komma runden.)
Ermittle sodann das Winkelmaß α^* des flächengrößten Dreiecks auf eine Stelle nach dem Komma genau.

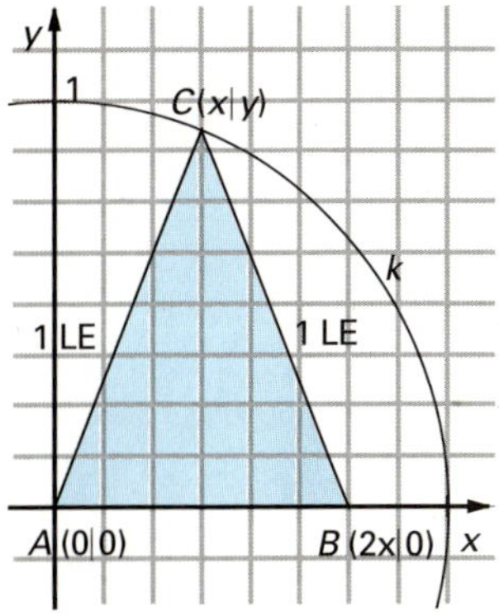

Bild 1

Beispiel

Die Punkte $A(0|0)$ und $B(x|0)$ mit $x \in \mathbb{R}^+$ sind Eckpunkte des rechtwinkligen Dreiecks ABC, dessen Hypotenuse $[AC]$ die Länge 4 LE und dessen Winkel BAC das Maß $\alpha = 40°$ hat (vgl. Bild 2).
Welche Koordinaten haben die Punkte B und C?

Das Dreieck $AB'C'$ mit $\overline{AC'} = 1$ LE können wir durch zentrische Streckung mit $A(0|0)$ als Streckungszentrum und dem Streckungsfaktor $k = 4$ auf das Dreieck ABC abbilden. Damit gilt:

$$\overline{AB} = 4 \cdot \cos 40° \text{ LE und } \overline{BC} = 4 \cdot \sin 40° \text{ LE.}$$

Die Koordinaten der Punkte B und C können wir somit folgendermaßen auf zwei Stellen nach dem Komma gerundet angeben:
$B(4 \cdot \cos 40°|0) = B(3{,}06|0)$ und $C(4 \cdot \cos 40°|4 \cdot \sin 40°) = C(3{,}06|2{,}57)$.

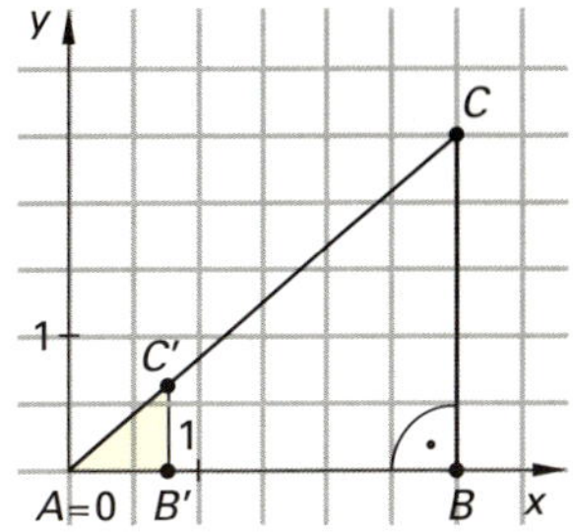

Bild 2

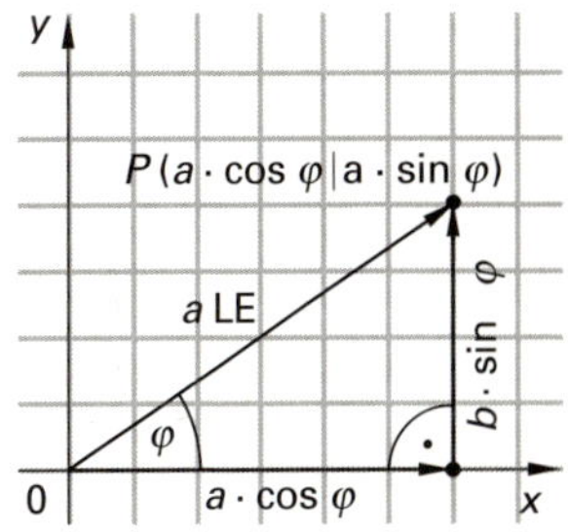

Bild 3

❶ Begründe, dass für P in Bild 3 gilt: $P(a \cdot \cos\varphi \mid a \cdot \sin\varphi)$.

❷ Zeichne im Koordinatensystem die Punkte $A(5|3)$, $B(-2|5)$ und $C(6|-3)$, berechne jeweils ihre Entfernung von $O(0|0)$, miss den Winkel zur x-Achse und berechne die Koordinaten.

3.1 Die Punkte $A(0|0)$, $B(8|0)$ und $C(8|5)$ sind die Eckpunkte des Dreiecks ABC. Zeichne das Dreieck im Koordinatensystem und berechne das Maß α des Winkels BAC auf zwei Stellen nach dem Komma gerundet.

3.2 Berechne im Dreieck ABC mit $A(0|0)$, $B(6|0)$ und $C(5|4)$ das Maß α des Winkels BAC auf zwei Stellen nach dem Komma gerundet.

3.3 Berechne die Maße α, β und γ der Innenwinkel des Dreiecks ABC mit $A(-2|0)$, $B(6|0)$ und $C(0|5)$ auf zwei Stellen nach dem Komma gerundet.

5.2 Berechnung rechtwinkliger Dreiecke

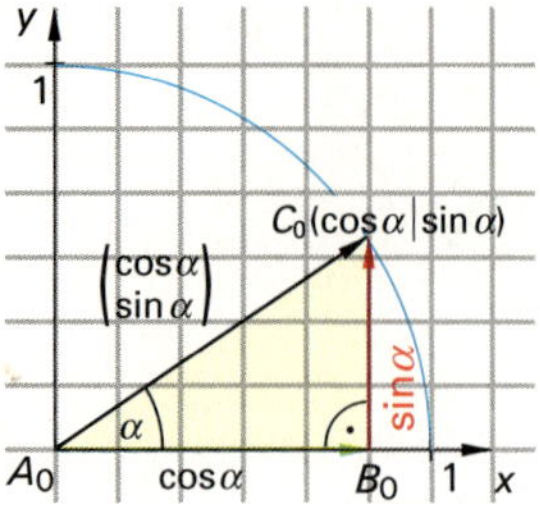

Bild 1

Die Werte $\sin\alpha$ und $\cos\alpha$ kennen wir als Koordinaten des Einheitsvektors, den Wert $\tan\alpha$ als Steigung einer Geraden. Die rechtwinkligen Dreiecke *ABC* und AB_0C_0 (vgl. Bilder 3 und 4) stimmen in allen Winkeln überein und sind daher ähnlich: $\triangle AB_0C_0 \sim \triangle ABC$.

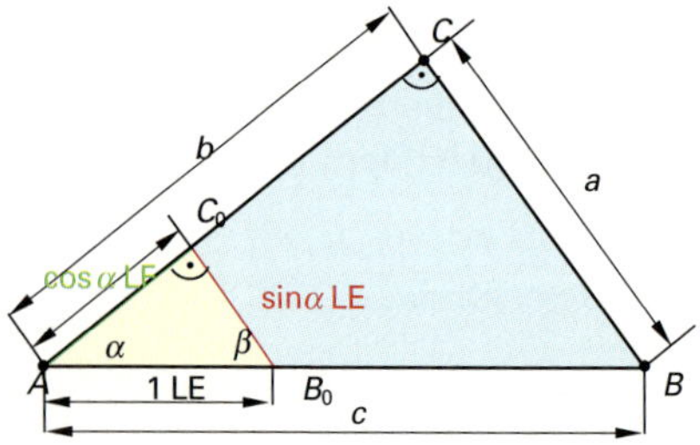

Bild 3

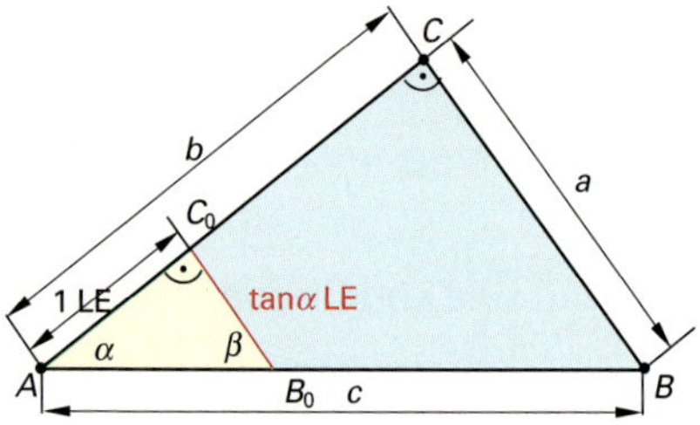

Bild 4

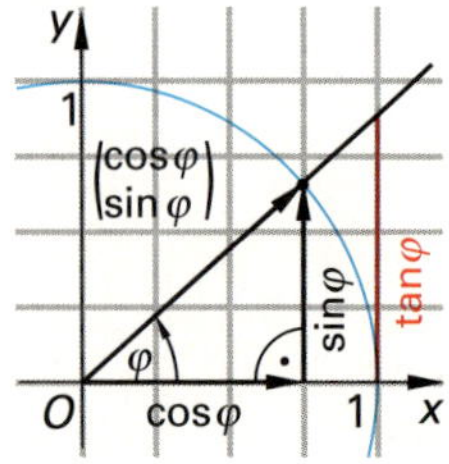

Bild 2

Wir erhalten somit folgende Beziehungen:

$$\frac{\sin\alpha \text{ LE}}{1 \text{ LE}} = \frac{a}{c};\ \sin\alpha = \frac{a}{c};\ \frac{\cos\alpha \text{ LE}}{1 \text{ LE}} = \frac{b}{c};\ \cos\alpha = \frac{b}{c};\ \frac{\tan\alpha \text{ LE}}{1 \text{ LE}} = \frac{a}{b};\ \tan\alpha = \frac{a}{b}$$

Verwendet man die für rechtwinklige Dreiecke wie in Bild 5 eingetragenen Bezeichnungen, so lassen sich folgende Zusammenhänge für einen Innenwinkel α ($0° < \alpha < 90°$) in einem **rechtwinkligen Dreieck** formulieren:

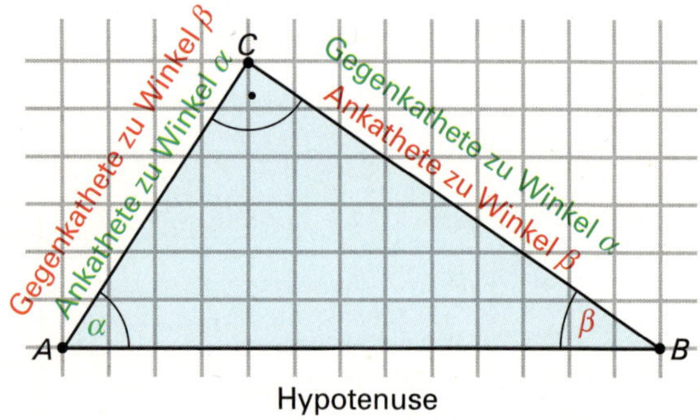

Bild 5

$$\sin\alpha = \frac{\text{Länge der } \textbf{Gegenkathete}}{\text{Länge der } \textbf{Hypothenuse}}$$

$$\cos\alpha = \frac{\text{Länge der } \textbf{Ankathete}}{\text{Länge der } \textbf{Hypothenuse}}$$

$$\tan\alpha = \frac{\text{Länge der } \textbf{Gegenkathete}}{\text{Länge der } \textbf{Ankathete}}$$

Damit können wir die Seitenlängen und Winkelmaße in rechtwinkligen Dreiecken berechnen.

- Stelle $\sin\alpha$, $\cos\alpha$ und $\tan\alpha$ sowie $\sin\beta$, $\cos\beta$ und $\tan\beta$ mithilfe der Seitenlängen $\overline{AB}$, $\overline{AC}$ und $\overline{BC}$ für das rechtwinklige Dreieck *ABC* in Bild 5 dar.

Beispiel

Im rechtwinkligen Dreieck *ABC* ($\gamma = 90°$) ist die Hypotenuse [*AB*] 7 cm lang und der Winkel *BAC* = α misst 70° (vgl. Bild 1). Berechne die fehlenden Seitenlängen auf zwei Stellen nach dem Komma gerundet.

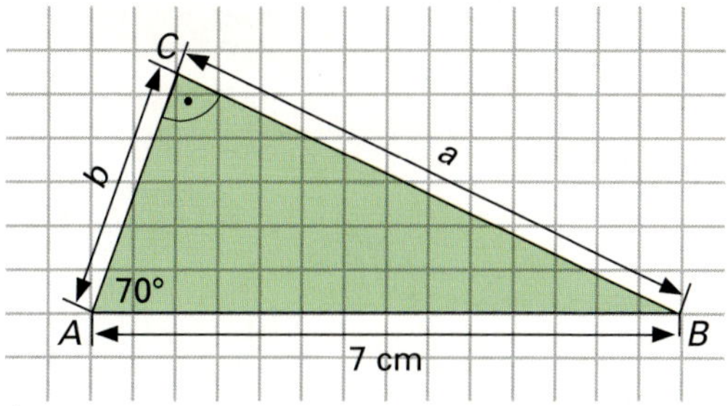

Bild 1

Lösung:

Im Dreieck *ABC* ist [*AB*] die Hypotenuse und [*AC*] die Ankathete zu α.

Es gilt: $\frac{b}{c} = \cos\alpha$; $\quad b = c \cdot \cos\alpha$; $\quad b = 7\,cm \cdot \cos 70°$; $\quad b = 2{,}39\,cm$

Mit [*BC*] als Gegenkathete zu α gilt:

$\frac{a}{c} = \sin\alpha$; $\quad a = c \cdot \sin\alpha$; $\quad b = 7\,cm \cdot \sin 70°$; $\quad a = 6{,}58\,cm$

- Prüfe die errechneten Ergebnisse mithilfe des Satzes von Pythagoras nach.

Aufgaben

Bei allen Aufgaben gilt: Ergebnisse auf zwei Stellen nach dem Komma runden.

1 Berechne mit den angegebenen Maßen in den folgenden Dreiecken die gesuchten Winkelmaße.

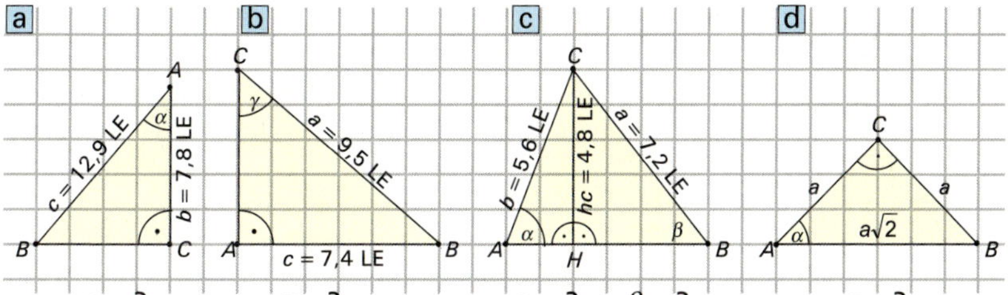

$\alpha = ?$ $\qquad$ $\gamma = ?$ $\qquad$ $\alpha = ?$ $\quad \beta = ?$ $\qquad$ $\alpha = ?$

2 Berechne die fehlenden Werte von Dreiecken in der Tabelle.

	a)	b)	c)	d)	e)	f)	g)	h)	i)	j)
a	2,9	[7]	123	12,8	[15]	9	[11]	[16]	74,25	17,32
b	[13]	6,8	75	23,9	[22]	12	2	[27]	?	24,5
c	7,3	[22]	[29]	[11]	48	[6]	1,41	100	?	?
α	[10]	30°	90°	[18]	25°	[24]	90°	37,2°	90°	?
β	[26]	90°	[22]	[18]	90°	[12]	[19]	52,8°	52,5°	?
γ	90°	?	[14]	90°	[11]	90°	[17]	[9]	?	90°

3 Die Schenkel eines gleichschenkligen Dreiecks sind 12,5 cm lang; der Winkel an der Spitze misst 56°. Berechne die Länge der Basis und der Höhe.

4 Bei einem gleichschenkligen Dreieck misst der Winkel an der Spitze 36°; die Höhe auf einen Schenkel ist 18 cm lang. Berechne den Umfang und den Flächeninhalt des Dreiecks.

Aufgaben

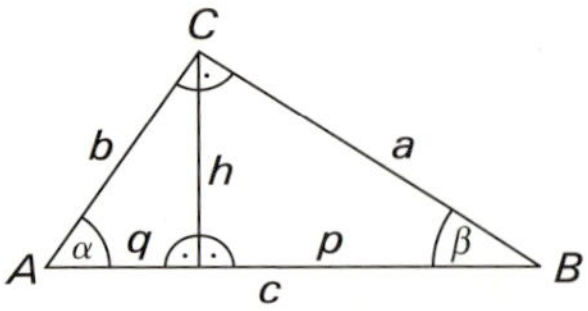

Bild 1

5 Berechne die fehlenden Seitenlängen und Winkelmaße rechtwinkliger Dreiecke *ABC*, die wie das Dreieck *ABC* in Bild 1 bezeichnet sind.

	a	b	c	α	β	h	p	q
a)	8 cm	6 cm	[1]	[12]	[24]	[12]	[10]	[9]
b)	12,4 cm	[10]	[6]	70°	[2]	[10]	[13]	[11]
c)	[21]	7,5 cm	[6]	60°	[3]	[11]	[9]	[15]
d)	[18]	[7]	[9]	[14]	[22]	[12]	2,8 cm	6,2 cm
e)	?	?	10 cm	?	?	4 cm	?	?

Bild 2

6 Ein bei *T* rechtwinkliges Dreieck *RST* hat 24 cm Umfang, der Innenwinkel *SRT* hat das Maß 72°. Wie lang sind die Seiten des Dreiecks *RST*?

7 Gefälle oder Steigungen von Straßen (vgl. Bild 2 und Bild 3) werden in Prozent angegeben.
Eine auf dem Hinweisschild (Bild 3) dargestellte durchschnittliche Steigung von 6 % bedeutet, dass auf einer horizontalen Strecke von 100 m ein Höhenunterschied von 6 m überwunden wird.

Bild 3

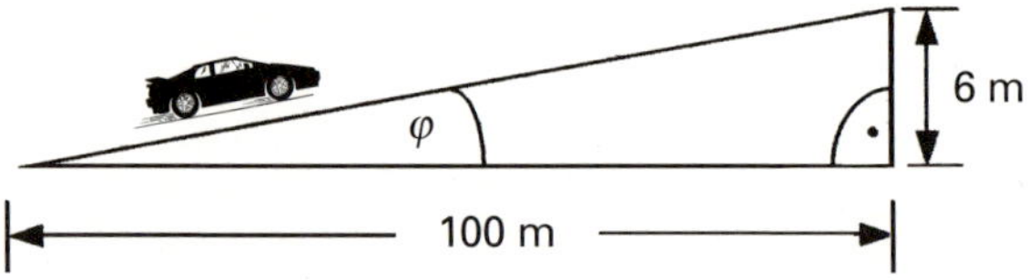

Merke:
$\frac{6}{100} = 0{,}06 = 6\,\%$

Der Steigungswinkel φ beträgt dann: $\tan\varphi = \frac{6}{100}$; $\varphi = 3{,}43°$

Berechne den Steigungswinkel φ für folgende Steigungen:
5 %; 14 %; 20 %; 30 %; 45 %; 90 %; 100 %

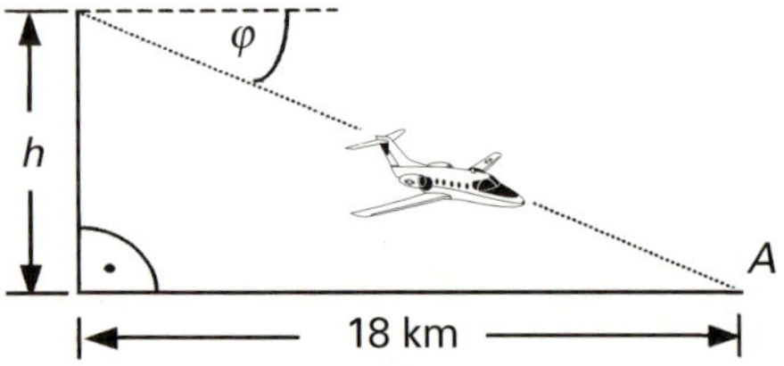

Bild 4

8 Ein Flugzeug befindet sich im Landeanflug auf einen Flughafen. Der Landeanflug beginnt 18 km entfernt vom Aufsetzungspunkt *A*. Die Maschine gleitet beim Anflug geradlinig unter einem Gleitwinkel von $\varphi = 3°$ (vgl. Bild 4).
In welcher Höhe *h* über dem Boden beginnt der Landeanflug?

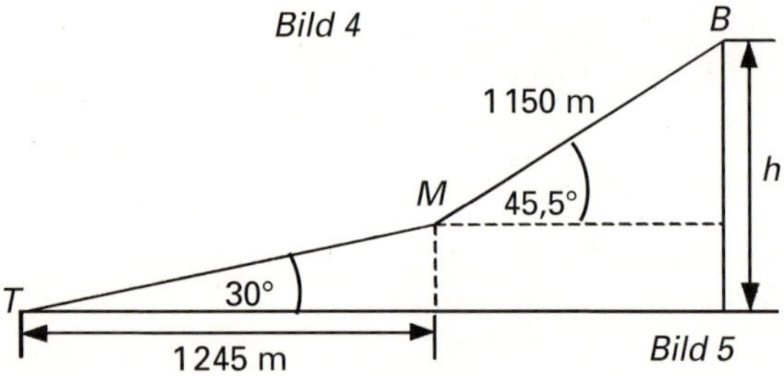

Bild 5

9 Ein Skilift hat von der Talstation *T* über die Mittelstation *M* bis zur Bergstation *B* zwei verschiedene Steigungen zu überwinden (vgl. Bild 5).
a) Berechne den Höhenunterschied *h* zwischen der Talstation und der Bergstation.
b) Berechne die jeweilige Steigung in Prozent (vgl. Aufgabe 7).

Aufgaben

Bei allen Aufgaben gilt: Ergebnisse auf zwei Stellen nach dem Komma runden.

10.0 Ein gleichschenkliges Dreieck *ABC* hat 9,6 cm lange Schenkel. Die Höhe auf die Basis ist 8 cm lang.
Berechne die Maße der Innenwinkel.

11.0 Von einer Raute *ABCD* mit einem Flächeninhalt von 15,21 cm^2 weiß man, dass die Diagonale [*AC*] doppelt so lang wie die Diagonale [*BD*] ist.
11.1 Berechne die Längen der Diagonalen und die Seitenlänge der Raute.
11.2 Wie groß sind die Innenwinkel der Raute?
11.3 Wie viel Prozent der Gesamtfläche bedeckt der Inkreis?

12.0 Eine Raute hat den Inkreisradius $\rho = 6$ cm und ein Innenwinkel misst 100°.
12.1 Berechne die Längen der Diagonalen und die Seitenlänge der Raute.
12.2 Welchen Umkreisradius hat ein Quadrat, das den gleichen Flächeninhalt wie die Raute besitzt?
12.3 Um wie viel Prozent unterscheiden sich die Umfänge der beiden Kreise?

13.0 Ein rechtwinkliger Drachen (vgl. Bild 1) hat eine 9 cm lange Seite [*AD*] und eine 7,2 cm lange Diagonale [*BD*].
13.1 Berechne die Maße der Innenwinkel und die Länge der Seite [*BC*].
13.2 Welchen Flächeninhalt hat der Umkreis dieses Drachenvierecks?

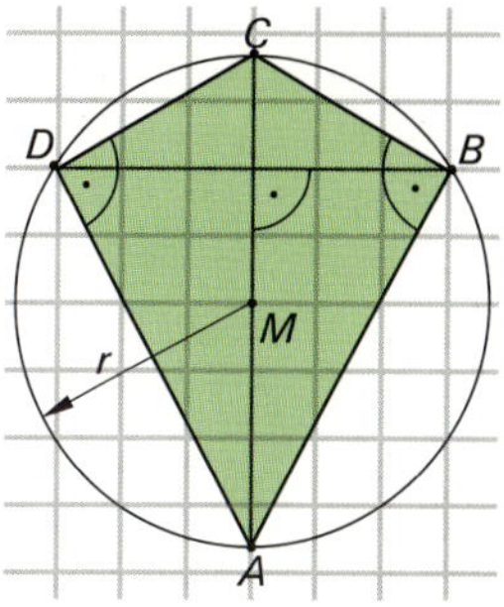

Bild 1

14 Ein bei den Eckpunkten A und C rechtwinkliges Drachenviereck hat eine 7,5 cm lange Diagonale [*AC*]. Der Innenwinkel *CBA* misst 76°.
Berechne die Länge der Diagonalen [*BD*] und die Seitenlängen.

15 Albrecht Dürer (1471–1528) gibt für die Konstruktion der Seite eines regulären Siebenecks die in Bild 2 dargestellte Möglichkeit an.

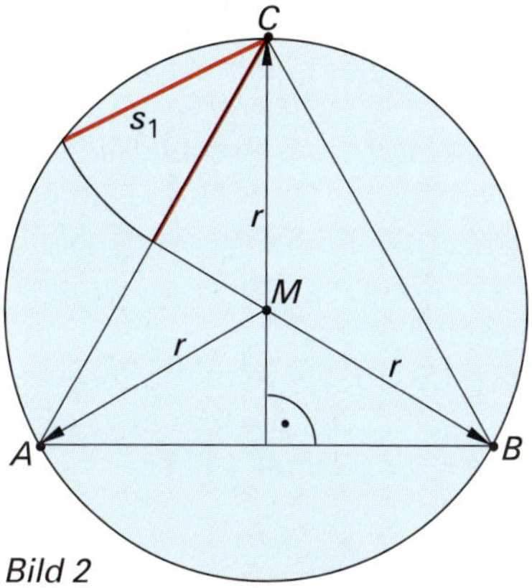

Bild 2

Berechne, um wie viel Prozent dieser Näherungswert von der tatsächlichen Länge abweicht. [5]
Lösungshinweis: Verwende für die Berechnung den Umkreisradius 10 cm.

Aufgaben

Bei allen Aufgaben gilt: Ergebnisse auf zwei Stellen nach dem Komma runden.

16.0 Ein Hochwasserdamm hat den in Bild 1 gezeichneten, trapezförmigen Querschnitt.

16.1 Berechne die Querschnittsfläche.

16.2 Welchen Winkel schließt die Böschung, die dem Fluss abgewandt ist, mit der Horizontalen ein?

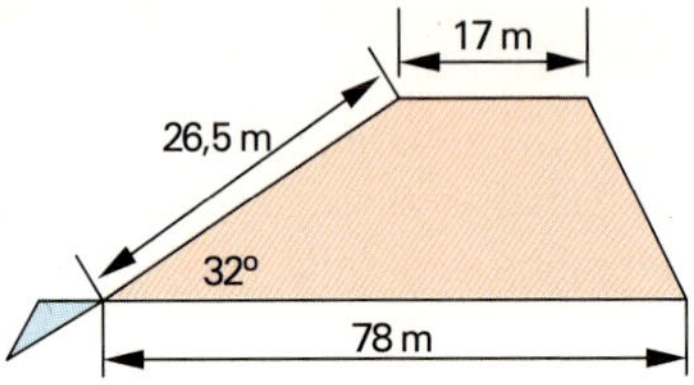

Bild 1

Bild 2

17.0 Ein Autokran hat einen 23,8 m langen Ausleger, der auf einer Plattform befestigt ist und dadurch 2,3 m vom Boden Abstand hat.

17.1 Wie viele Meter ist die Spitze des Auslegers über dem Boden, wenn zwischen Ausleger und Plattform ein Winkel von 52° gemessen wird?

17.2 Welcher Winkel wird angezeigt, wenn der Haken des Krans in 13,2 m Entfernung von der Befestigung auf der Plattform den Boden berührt?

18.0 Bild 3 zeigt das Schrägbild eines Würfels mit der Kantenlänge *a*.

18.1 Berechne das Maß des Winkels *HBD* (Neigungswinkel einer Raumdiagonalen gegen die Grundfläche).

18.2 Berechne das Maß des Neigungswinkels *CMG* der Dreiecksfläche *DBG* gegen die Grundfläche *ABCD*.

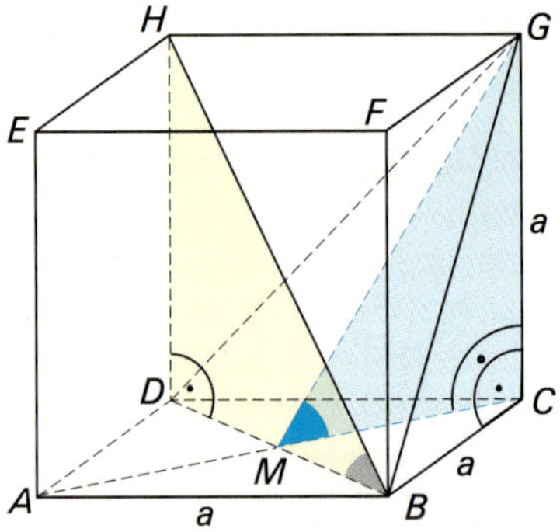

Bild 3

19.0 Ein Quader *ABCDEFGH* besitzt die Kantenlängen $\overline{AB} = 6$ cm, $\overline{BC} = 4{,}5$ cm und ist 9 cm hoch.

19.1 Zeichne ein geeignetes Schrägbild des Körpers mit $q = 0{,}5$ und $\omega = 30°$.

19.2 Berechne die Maße der Winkel *EBA* , *CBG* und *HFE*.

19.3 Berechne die Länge einer Raumdiagonalen und sodann das Maß δ des Winkels, den diese Raumdiagonale mit der Grundfläche einschließt.

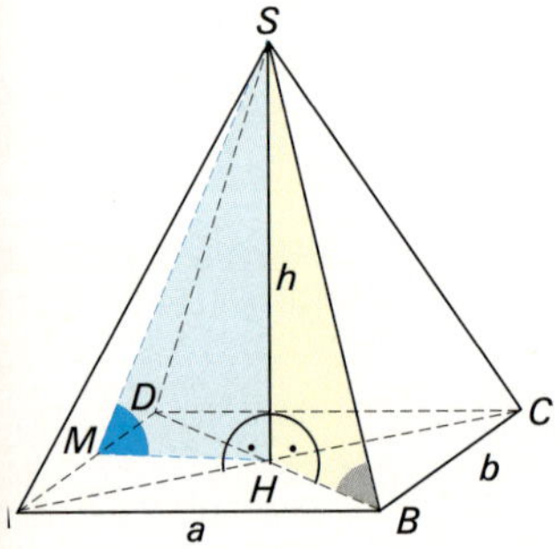

Bild 4

20 Bild 4 zeigt das Schrägbild einer geraden Pyramide *ABCDS* mit einem Rechteck *ABCD* als Grundfläche. Berechne das Maß des Winkels *SBH* (Neigungswinkel einer Seitenkante gegen die Grundfläche) und das Maß des Winkels *HMS* (Neigungswinkel einer Seitenfläche gegen die Grundfläche) aus *a*, *b* und *h*.

a) $a = 8$ cm; $b = 5$ cm; $h = 10$ cm

b) $a = 15{,}5$ cm; $b = 6{,}8$ cm; $h = 9{,}7$ cm

c) $a = b = 6$ cm; $h = 11$ cm

21 Das Quadrat *ABCD* mit der Seitenlänge 6 cm ist Grundfläche einer 8 cm hohen Pyramide, deren Spitze *S* senkrecht über dem Mittelpunkt *E* von [*AD*] ist. Berechne das Maß α des Neigungswinkels der Seitenkante [*BS*] gegen die Grundfläche. Ermittle ferner rechnerisch die Maße der Neigungswinkel der Seitenflächen gegen die Grundfläche.

Aufgaben

22 Misst man mit einem Theodoliten (vgl. Bild 3) in Augenhöhe a und in Standweite s von einem Turm den Erhebungswinkel, so kann man die Höhe h des Turmes berechnen (vgl. Bild 2). Die Entfernung vom Rand bis zur Mitte des Turmes ist d. Berechne h aus $d = 3$ m, $a = 1{,}6$ m, $s = 50$ m und $\alpha = 35^{\circ}$.

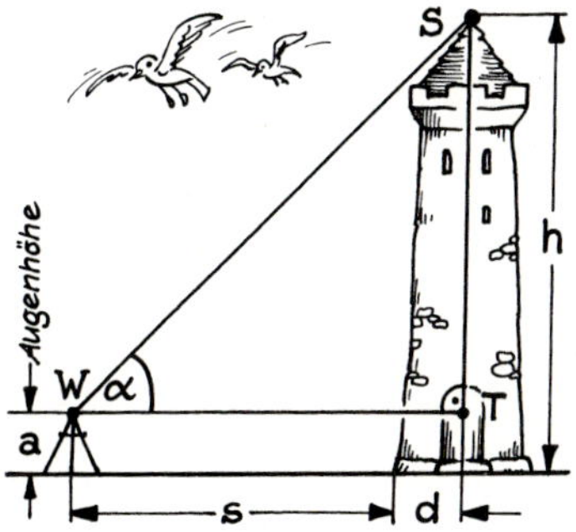

Bild 1

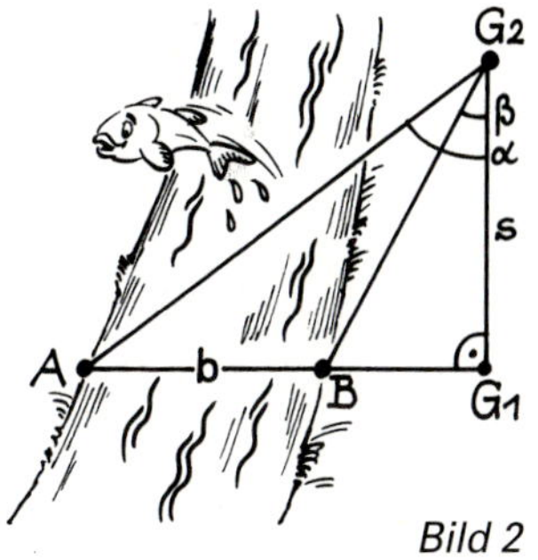

Bild 2

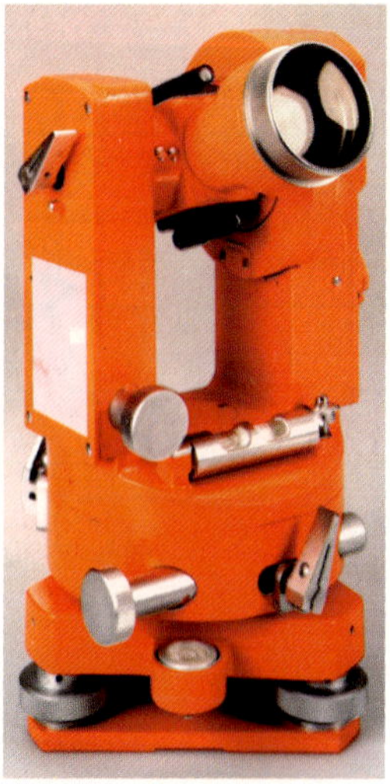

Bild 3: Theodolit

23 Um die Breite b eines Flusses zwischen A und B zu bestimmen (vgl. Bild 3), kann man zwei Messpunkte G_1 und G_2 festlegen, so dass A, B und G_1 in einer geraden Linie liegen und zugleich $\sphericalangle G_2G_1B = 90°$ gilt. Misst man nun s, α und β, dann kann man b berechnen.
Berechne b aus folgenden Messergebnissen: $s = 150$ m; $\alpha = 78°$; $\beta = 71°$.

24 Der Turm der Pfarrkirche zu Schwabfeld hat die Form eines Quaders mit quadratischer Grundfläche, dem als Turmhaube eine quadratische Pyramide aufgesetzt ist. Auf der Spitze der Pyramide befindet sich ein Kreuz, dessen Spitze S genau senkrecht über dem Diagonalenschnittpunkt M der Grundfläche $ABCD$ mit $\overline{AB} = 8$ cm liegt. Zur Ermittlung der Turmhöhe $h = \overline{MS}$ wurde S mit einem Theodoliten (vgl. Bild 3) anvisiert und der Erhebungswinkel φ gemessen. Der Theodolit T war dazu so aufgestellt worden, dass sein Standort P mit A, B, C und D in einer waagrechten Ebene und die Punkte T, P, A, M und S in einer dazu senkrechten Ebene lagen. Berechne die Standweite $\overline{PA}$ und die Augenhöhe $\overline{TP}$, wenn von der Messung und Berechnung noch $h = 24{,}2$ m, $\varphi = 31{,}9°$ und $\overline{TS}$, $= 42{,}6$ m bekannt sind.

25.0 Die Bergspitze S und die Almhütte A liegen beide 1850 m hoch. Die Entfernung $\overline{SA}$ (Luftlinie) beträgt 3 km (vgl. Bild 4). Um die Höhe des Berggipfels G zu bestimmen, misst man die Winkel FSG und GAS: $\sphericalangle FSG = \alpha$ und $\sphericalangle GAS = \beta$.

25.1 Berechne die Höhe h für $a = 17°$ und $\beta = 133°$.

25.2 Berchne die Entfernung $\overline{AG}$ Luftlinie).

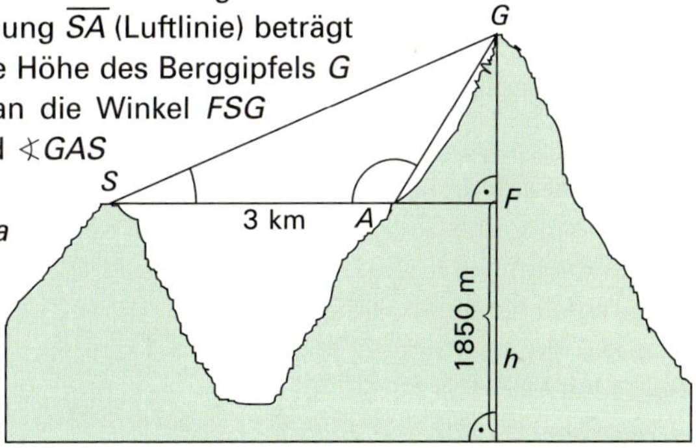

Bild 4

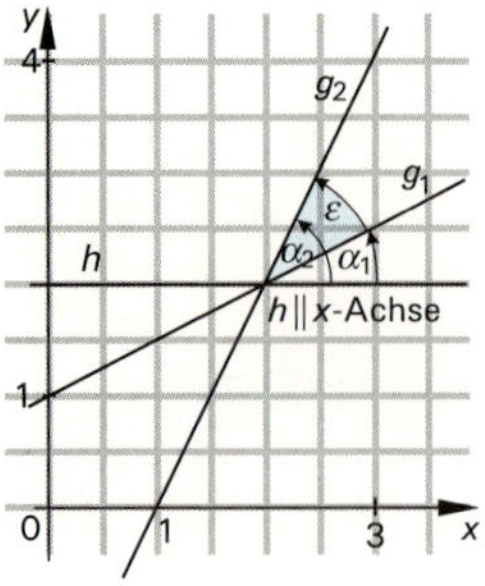

Bild 1

Aufgaben

26 Stelle die Gleichung einer Ursprungsgeraden g auf, die mit der x-Achse als Erstschenkel einen Winkel mit dem Maß α bildet.

a) $\alpha = 30°$ **b)** $\alpha = 45°$ **c)** $\alpha = 70°$ **d)** $\alpha = 120°$
e) $\alpha = 135°$ **f)** $\alpha = 150°$ **h)** $\alpha = 163°$ **h)** $\alpha = 180°$

27.1 Die Geraden g_1 mit $y = 0{,}5x + 1$ und g_2 mit $y = 3x - 3$ ($\mathbb{G} = \mathbb{R} \times \mathbb{R}$) sind gegeben (vgl. Bild 1). Berechne zunächst α_1 und α_2 und sodann das Maß $\varepsilon = \sphericalangle(g_1; g_2)$.

27.2 Berechne $\varepsilon = \sphericalangle(g_1; g_2)$ für die Geraden g_1 und g_2.

a) g_1: $y = \frac{1}{3}x + 1{,}5$; g_2: $y = 4x$ **b)** g_1: $y = -0{,}5x + 3$; g_2: $y = x - 1$

27.3 Bestimme die Funktionsgleichung der Geraden g_1, g_2 und g_3 in Bild 2.

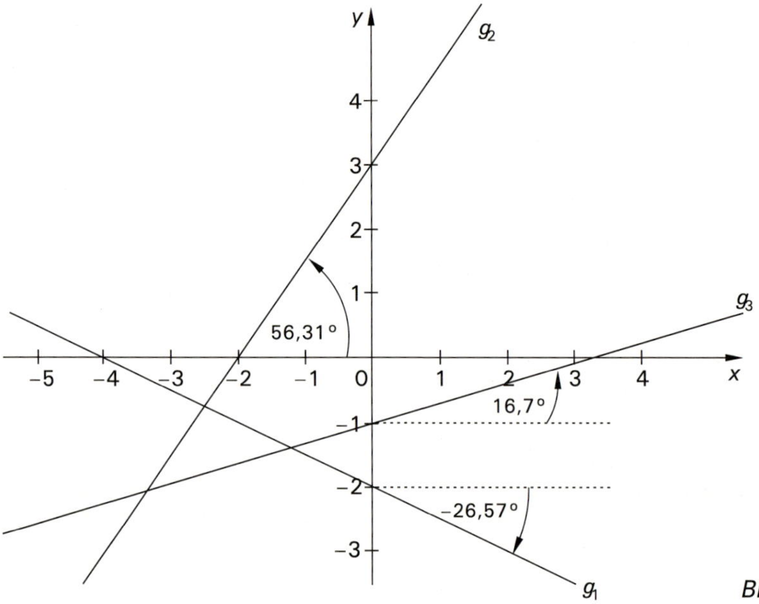

Bild 2

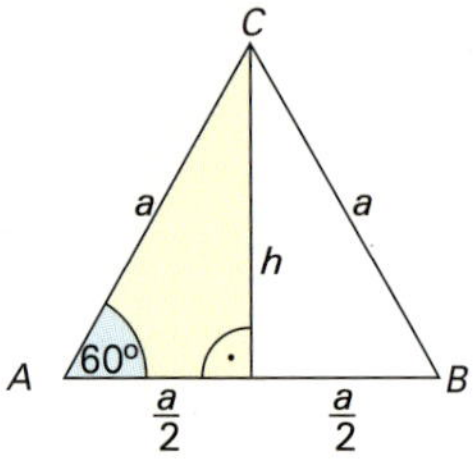

Bild 3

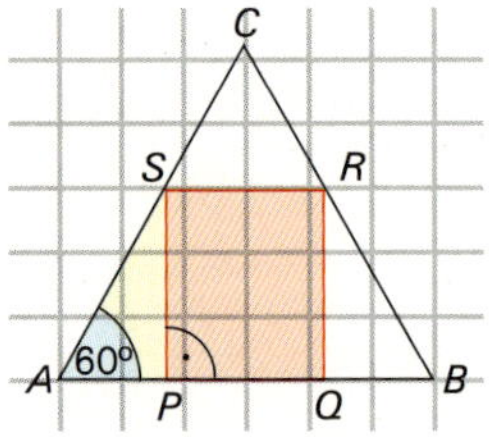

Bild 4

28 Berechne die Maße der Innenwinkel des Dreiecks ABC.

a) $A(-1|1)$; $B(5|1)$; $C(3|7)$ **b)** $A(-2|6)$; $B(8|6)$; $C(5|-1)$

29 Bestätige die Formel $h = \frac{a}{2} \cdot \sqrt{3}$ für die Höhe h eines gleichseitigen Dreiecks mit der Seitenlänge a mithilfe von tan 60° (vgl. Bild 3).

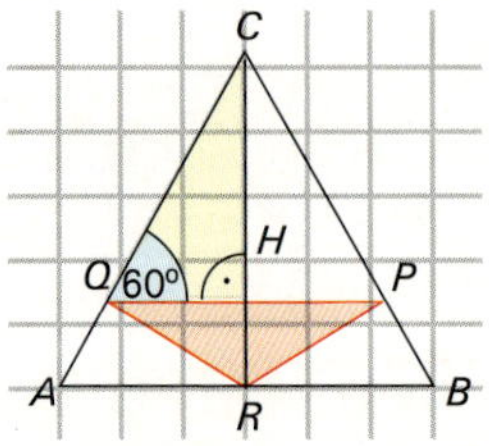

Bild 5

30.1 Einem gleichseitigen Dreieck ABC mit $\overline{AB} = 8$ cm wird ein Rechteck $PQRS$ wie in Bild 4 einbeschrieben, sodass $\overline{AP} = 3$ cm gilt.
Wie lang sind die Seiten und wie groß ist der Flächeninhalt des einbeschriebenen Rechtecks $PQRS$?

30.2 Einem gleichseitigen Dreieck ABC mit $\overline{AB} = 12$ cm wird ein Dreieck PQR wie in Bild 5 einbeschrieben, sodass $\overline{PQ} = 7$ cm gilt.
Berechne den Flächeninhalt des einbeschriebenen Dreiecks PQR und die Schenkellänge $\overline{QR}$.

Flächenvergleich mithilfe einer Briefwaage

Auf einer Wiese neben seinem Hof hat der Bauer Schafwieser für ein wertvolles Zuchtschaf eine rechteckige Rasenfläche *ABCD* (vgl. Bild 1) eingezäunt. Das Schaf kann an einer 30 m langen Leine, die an einem Pflock im Punkt *C* befestigt ist, durch ein 5 m breites Tor [*EF*] zum Grasen auch aus dem Pferch *ABCD* herausgelangen. In einem gleich großen rechteckigen Pferch *PQRS* (vgl. Bild 2) hält Bauer Geißhofer eine Ziege. Sie ist über ein 25 m langes Seil an einem Pflock im Schnittpunkt *M* der Diagonalen [*PR*] und [*QS*] des Rechtecks *PQRS* angebunden und kann durch ein 3 m breites Tor [*TQ*] zum Grasen auch den Pferch verlassen.

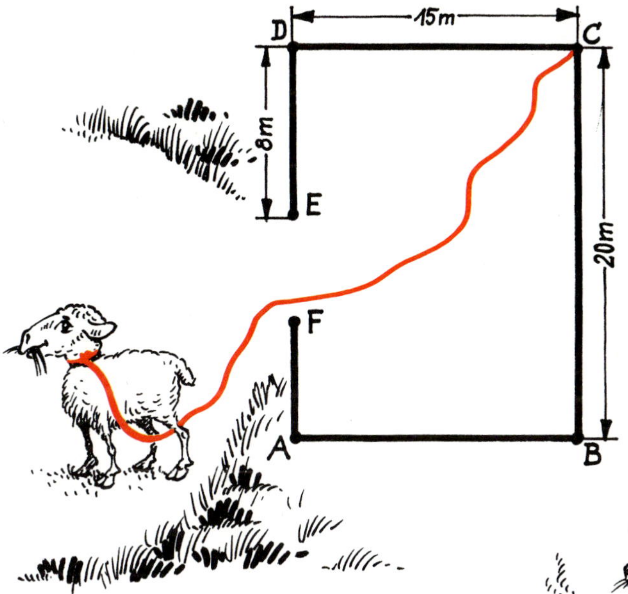

Bild 1

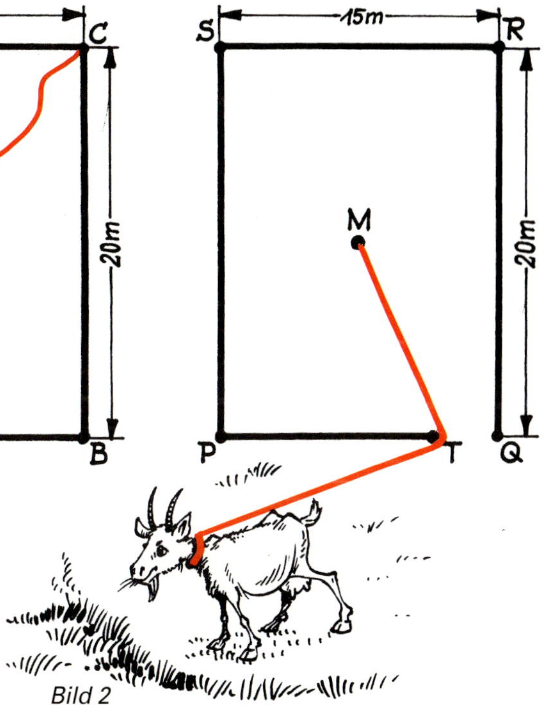

Bild 2

❶ Zeichne die Rechtecke *ABCD* und *PQRS* jeweils auf einen festen Karton (DIN A4) und ermittle zeichnerisch die vom Schaf und der Ziege außerhalb der Umzäunung noch erreichbaren Wiesenteile (Maßstab 1 : 200, also 7,5 cm ≙ 15 m).

❷ Schneide die sich jeweils ergebende Gesamtfigur aus und stelle dann mithilfe der Briefwaage fest, welches Tier die größere Rasenfläche zur Verfügung hat.

❸ Schneide aus dem Karton noch ein Quadrat mit 10 cm Kantenlänge aus und ermittle dann durch Abwiegen und Vergleich die Flächeninhalte A_S und A_Z der dem Schaf und der Ziege jeweils zur Verfügung stehenden Rasenflächen.

❹ Berechne nun A_S und A_Z. Runde dabei jeweils auf eine Stelle nach dem Komma.
[Teilergebnis: $A_Z = 762{,}8\ \text{m}^2$]

Flächeninhalt des Dreiecks

Die Dreiecke in den Bildern 1–3 sind kongruent.

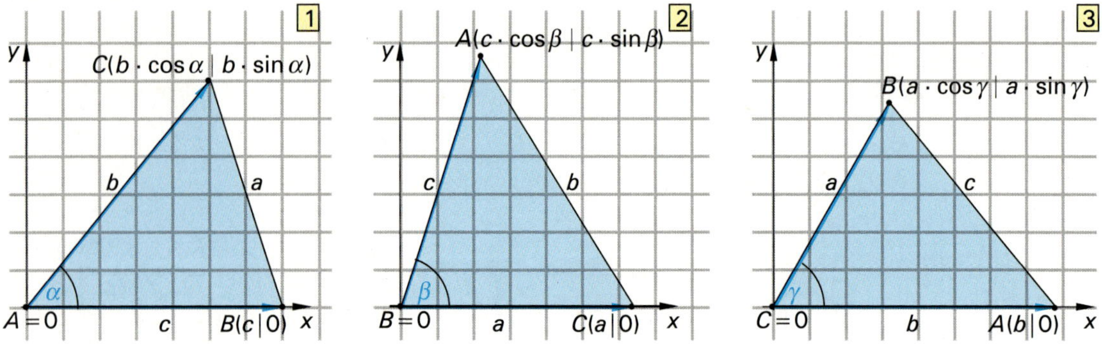

Den Flächeninhalt des Dreiecks *ABC* in Bild 1 können wir wie folgt berechnen:

$$A_{\triangle} = \frac{1}{2} \cdot \begin{vmatrix} c & b \cdot \cos\alpha \\ 0 & b \cdot \sin\alpha \end{vmatrix} = \frac{1}{2} (c \cdot b \cdot \sin\alpha - 0 \cdot b \cdot \cos\alpha) = \frac{1}{2} \cdot b \cdot c \cdot \sin\alpha$$

Entsprechend erhalten wir für den Flächeninhalt der Dreiecke in den Bildern 2 und 3:

$$A_{\triangle} = \frac{1}{2} \cdot \begin{vmatrix} a & c \cdot \cos\beta \\ 0 & c \cdot \sin\beta \end{vmatrix} = \frac{1}{2} a \cdot c \cdot \sin\beta \quad \text{und} \quad A_{\triangle} = \frac{1}{2} \cdot \begin{vmatrix} b & a \cdot \cos\gamma \\ 0 & a \cdot \sin\gamma \end{vmatrix} = \frac{1}{2} a \cdot b \cdot \sin\gamma$$

Aufgaben

Bei allen Aufgaben gilt: Ergebnisse auf zwei Stellen nach dem Komma runden.

1 Berechne den Flächeninhalt der Dreiecke *ABC* mit folgenden Maßen:

a) $a = 8$ cm; $b = 9$ cm ; $\gamma = 50°$
b) $c = 17$ cm; $b = 12$ cm ; $\alpha = 70°$
c) $a = 8{,}3$ cm; $c = 25$ cm ; $\beta = 80°$
d) $c = 9{,}8$ cm; $b = 5{,}7$ cm ; $\alpha = 72°$
e) $c = 9{,}3$ cm; $b = 5{,}9$ cm ; $\alpha = 90°$
f) $a = 17{,}3$ cm; $\beta = 22{,}7°$; $c = 19{,}3$ cm

[Kontrolle der Lösungen (ungeordnet): 22 ; 17 ; 19 ; 11 ; 17 ; 27]

2.1 Eine Raute hat 7,2 cm lange Seiten und ein Innenwinkel misst 56°. Berechne ihren Flächeninhalt.

2.2 Wie lang sind die Diagonalen?

3 Welchen Flächeninhalt hat der Axialschnitt eines geraden Kreiskegels mit 17 cm langen Mantellinien und einem 30° großen Winkel an der Spitze?

4 Ein bei *A* und *C* rechtwinkliger Drachen *ABCD* hat einen Winkel *CBA* der 60° groß ist. Die längere Diagonale misst 12,5 cm. Berechne den Flächeninhalt und den Umfang dieses Drachens.

5 Brechne die Flächeninhalte von Aufgabe 1 mit einem Tabellenkalkulationsprogramm.

Aufgaben

Bei allen Aufgaben gilt: Ergebnisse auf zwei Stellen nach dem Komma runden.

6 Ein Dreieck hat die Eckpunkte $A(-1|2)$, $B(5|-3)$ und $C(2|8)$. Berechne die Maße der Innenwinkel.
Berechne sodann den Flächeninhalt mithilfe der Determinante und dann mit dem Flächensatz.

7.0 In einem gleichschenkligen Trapez ist die kürzere Grundlinie $[CD]$ 6 cm lang. Die beiden Schenkel haben dieselbe Länge.
7.1 Welchen Flächeninhalt hat das Trapez, wenn $\sphericalangle DCB = \gamma = 108°$ gilt?
7.2 Berechne den Umkreisradius und dessen Flächeninhalt.
7.3 Begründe: Wenn $\gamma = 120°$ gilt, dann ist auch der Umkreisradius 6 cm lang.

8.0 Bei einem Parallelogramm $ABCD$ ist $\overline{AB} = 12{,}8$ cm und $\overline{BC} = 6{,}5$ cm lang. Der Flächeninhalt ist $40{,}45 \text{ cm}^2$.
8.1 Berechne die Maße der Innenwinkel.
8.2 Berechne die Länge der Diagonalen $[AC]$. Warum gibt es 2 Lösungen?

9.0 Das Viereck $ABCD$ hat die Eckpunkte $A(1|2)$, $B(7{,}5|4)$, $C(6|9)$ und $D(2|6)$.
9.1 Berechne mithilfe des Flächensatzes den Flächeninhalt des Vierecks.
9.2 Überprüfe das Ergebnis mithilfe der Determinantenmethode.

10 Ein reguläres Siebeneck (vgl. Aufgabe 15, Seite 75) hat einen Umkreisradius r von 7 cm Länge. Welchen Flächeninhalt hat dieses Siebeneck und um wie viel Prozent ist der Flächeninhalt des Umkreises größer?
Lösungshinweis: Fertige zuerst eine Skizze im Maßstab 1:2, indem du die Näherungskonstruktion von A. Dürer (vgl. Seite 75) verwendest.

11.0 Aus einem kreisförmigen Stück Blech (Radius $r = 24$ cm) werden Sektoren ausgestanzt mit einem Mittelpunktswinkel von 40°, 80° und 160°.
11.1 Karin behauptet, dass sich die Flächeninhalte der einzelnen Figuren wie 1:2:4 verhalten. Begründe dies!
11.2 Peter hält entgegen, dass dies selbstverständlich so sein muss, da auch bei gleichschenkligen Dreiecken mit gleichlangen Schenkeln und den oben genannten Winkeln an der Spitze dies der Fall ist. Stimmt das?

12 Jan macht einen Segeltörn. Das Segel seines Bootes hat Dreiecksform (Bild 1). Die Grundseite $[AB]$ ist 12,35 m lang, der Mast $[HS]$ ist 9,4 m hoch. Er weiß, dass die Rahe $[AB]$ genau 0,5 m über dem Bootsdeck ist. Jan möchte gerne wissen, wie groß die Segelfläche des kleineren Teils über dem Bug ist. Dazu peilt er vom Heck aus längs der Kante $[AS]$ die Spitze an und misst gegenüber der Horizontalen einen Winkel von 42°.
Jetzt weiß Jan Bescheid. Welches Ergebnis hat er errechnet?

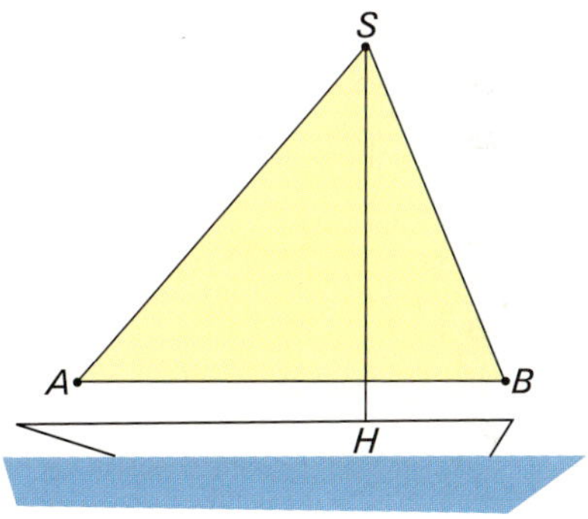

Bild 1

Bild 2

5.3 Berechnung beliebiger Dreiecke – Sinussatz

Da jedes Dreieck durch wenigstens eine Höhe in rechtwinklige Teildreiecke zerlegt werden kann, können wir auch Seitenlängen und Winkelmaße spitzwinkliger und stumpfwinkliger Dreiecke berechnen.

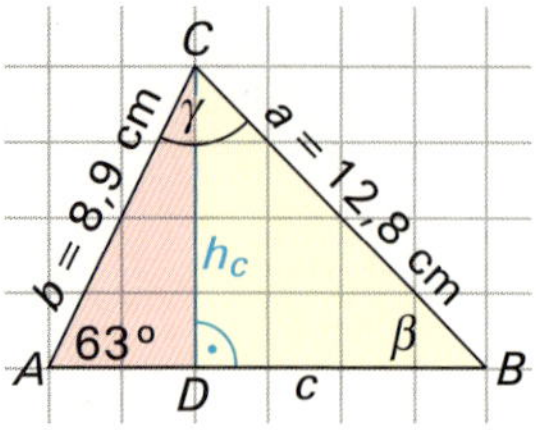

Bild 1

❶ Vom Dreieck *ABC* in Bild 1 sind zwei Seiten und der der größeren Seite gegenüberliegende Winkel gegeben. Nach dem Kongruenzsatz *sSw* ist es damit eindeutig festgelegt. Die Höhe h_c teilt das Dreieck in rechtwinklige Teildreiecke. Berechne β, γ und c auf eine Stelle nach dem Komma gerundet.

Anstatt Dreiecke stets von neuem durch Höhen in Teildreiecke zu zerlegen, ist es einfacher, Beziehungen zwischen den Seitenlängen und Winkelmaßen herzuleiten. Die nachfolgenden Bilder zeigen die Herleitung der gesuchten Beziehungen am spitzwinkligen Dreieck und am stumpfwinkligen Dreieck.

spitzwinklige Dreiecke

$\triangle ABC \cong \triangle A'B'C'$

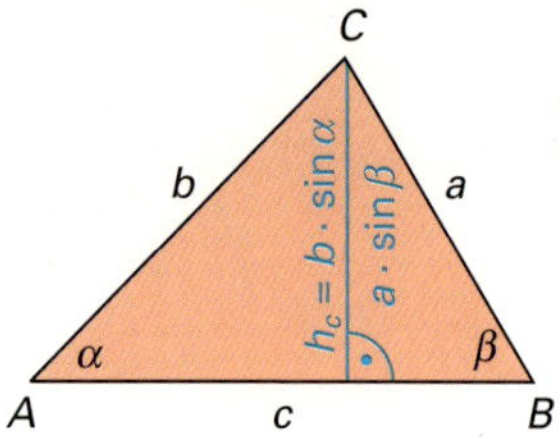

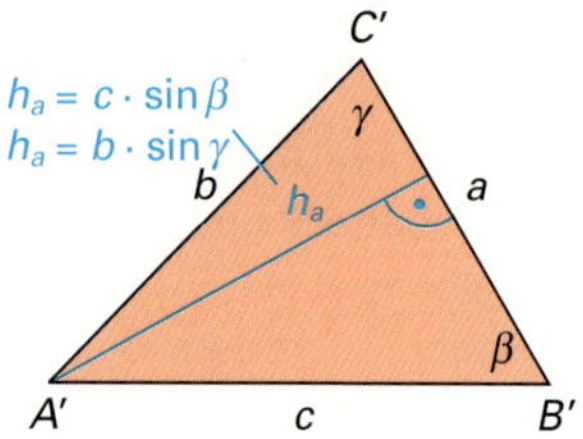

$h_c = b \cdot \sin\alpha$
$h_c = a \cdot \sin\beta$
Somit gilt:

$$\frac{a}{\sin\alpha} = \frac{b}{\sin\beta}$$

$h_a = c \cdot \sin\beta$
$h_a = b \cdot \sin\gamma$
Somit gilt:

$$\frac{b}{\sin\beta} = \frac{c}{\sin\gamma}$$

stumpfwinklige Dreiecke

$\triangle ABC \cong \triangle A'B'C'$

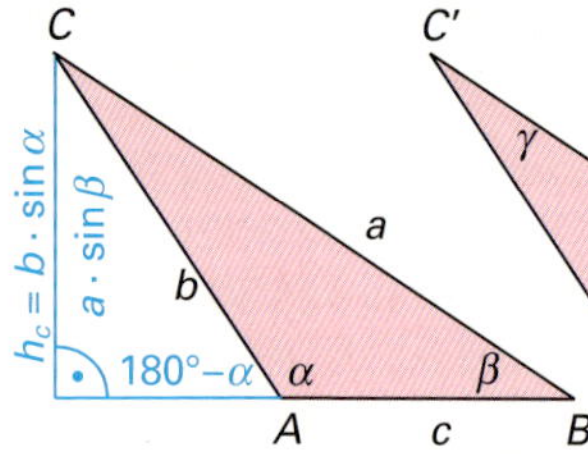

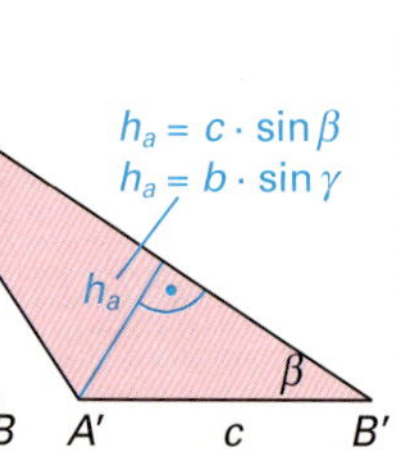

$h_c = b \cdot \sin\alpha$
$h_c = a \cdot \sin\beta$
Somit gilt:

$$\frac{a}{\sin\alpha} = \frac{b}{\sin\beta}$$

$h_a = c \cdot \sin\beta$
$h_a = b \cdot \sin\gamma$
Somit gilt:

$$\frac{b}{\sin\beta} = \frac{c}{\sin\gamma}$$

Beachte: $\sin(180° - \alpha) = \sin\alpha$

Wir fassen das Ergebnis als **Sinussatz** zusammen:

Sinussatz

In jedem Dreieck *ABC* haben die Quotienten aus der Länge einer Seite und dem Sinuswert ihres Gegenwinkels denselben Wert. Es gilt:

$$\frac{a}{\sin\alpha} = \frac{b}{\sin\beta} = \frac{c}{\sin\gamma}$$

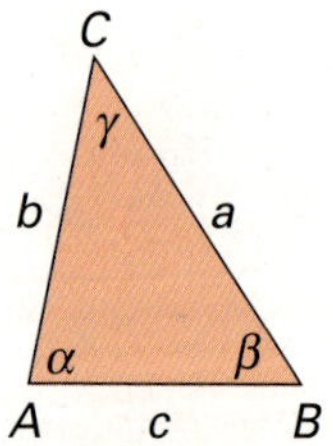

Bild 3

❷ Zeige anhand von Bild 2, dass der Sinussatz auch für rechtwinklige Dreiecke gilt.

❸ Stelle den Flächeninhalt eines Dreiecks mit den gegebenen Maßen a, b, c, α, β und γ (vgl. Bild 3) auf drei Arten dar und bestätige dann damit den Sinussatz.

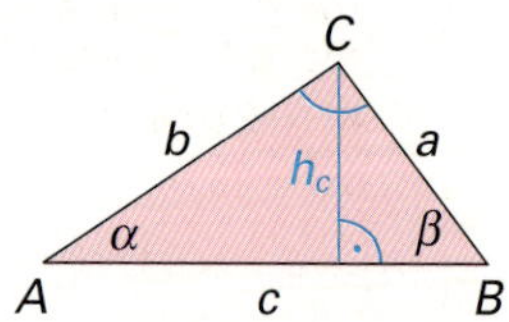

Bild 2

1. Beispiel

Wir berechnen mithilfe des Sinussatzes die gesuchten Maße des Dreiecks *ABC* in Bild 1 auf der Seite 82. Die Ergebnisse werden auf eine Stelle nach dem Komma gerundet.

gegeben: $a = 12{,}8$ cm; $b = 8{,}9$ cm; $\alpha = 63°$

gesucht: β; γ; c; Dreiecksfläche A

Lösung:

$$\frac{a}{\sin\alpha} = \frac{b}{\sin\beta} \Leftrightarrow \sin\beta = \frac{b \cdot \sin\alpha}{a}, \ \sin\beta = \frac{8{,}9\text{ cm} \cdot \sin 63°}{12{,}8\text{ cm}} \text{ und}$$

$$\beta = \sin^{-1}\left(\frac{8{,}9 \cdot \sin 63°}{12{,}8}\right).$$ Mit dem Taschenrechner erhält man

```
sin⁻¹(8.9*sin(63)
/12.8)
          38.28167281
```

und sodann auf eine Stelle nach dem Komma gerundet:

$\beta = 38{,}3°$ $[\beta^* = 180° - 38{,}3° = 141{,}7°]$

Nach dem Kongruenzsatz *sSw* gibt es genau ein Dreieck mit den gegebenen Maßen. Dies zeigt auch die Rechnung: Wegen $\sin\beta = \sin(180° - \beta)$ erhält man als zweite Lösung $\beta^* = 141{,}7°$. Da die Winkelsumme in jedem Dreieck 180° beträgt und $\alpha + \beta^* = 63° + 141{,}7° = 204{,}7°$ bereits größer als 180° ist, ist β^* keine Lösung der Aufgabe. Es gilt weiter: $\gamma = 180° - (63° + 38{,}3°)$; $\gamma = 78{,}7°$.

$$\frac{c}{\sin\gamma} = \frac{a}{\sin\alpha} \Leftrightarrow c = \frac{a \cdot \sin\gamma}{\sin\alpha}; \ c = \frac{12{,}8\text{ cm} \cdot \sin 78{,}7°}{\sin 63°} = 14{,}1\text{ cm}$$

Dreiecksfläche: $A = \frac{1}{2} \cdot a \cdot b \cdot \sin\gamma$; $A = \frac{1}{2} \cdot 12{,}8\text{ cm} \cdot 8{,}9\text{ cm} \cdot \sin 78{,}7° = 55{,}9\text{ cm}^2$

Mit dem Taschenrechner erhält man für c:

```
12.8*sin(78.7)/s
in(63)
       14.08729037
```

und für A:

```
0.5*12.8*8.9*sin
(78.7)
       55.85581095
```

2. Beispiel

Auf einer dem Festland vorgelagerten Insel steht ein 28,4 m hoher Leuchtturm (vgl. Bild 1). Von einem Dampfer aus werden mit einem Theodoliten die Erhebungswinkel zum Fuß F und zur Spitze S des Leuchtturms mit 23,5° und 30,2° gemessen. Das Fernrohr des Theodoliten befindet sich 10,5 m über dem Wasserspiegel. Berechne mithilfe des Winkels φ, wie hoch sich die Spitze des Leuchtturms über dem Wasserspiegel befindet. Runde auf eine Stelle nach dem Komma.

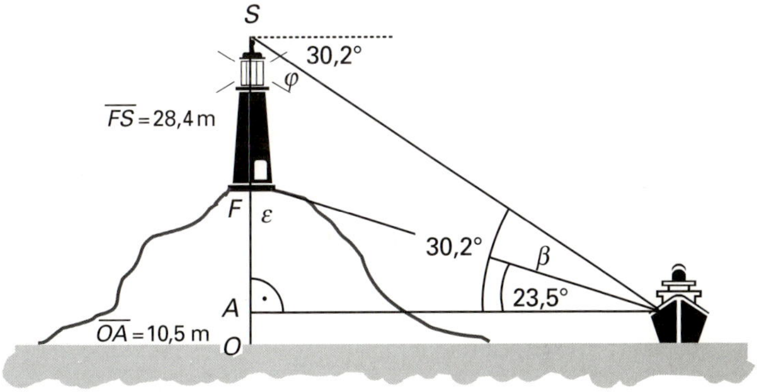

Bild 1

Lösung: $\varphi = 90° - 30{,}2° = 59{,}8°$; $\beta = 30{,}2° - 23{,}5° = 6{,}7°$

$$\frac{\overline{FB}}{\sin 59{,}8°} = \frac{28{,}4\text{ m}}{\sin 6{,}7°}; \ \overline{FB} = 210{,}4\text{ m}; \ \sin 23{,}5° = \frac{\overline{AF}}{\overline{FB}};$$

$\overline{AF} = 210{,}4\text{ m} \cdot \sin 23{,}5°$; $\overline{AF} = 83{,}9$ m

$\overline{OS} = 10{,}5\text{ m} + 83{,}9\text{ m} + 28{,}4\text{ m}$; $\overline{OS} = 122{,}8$ m

Die Spitze des Leuchtturms befindet sich 122,8 m über dem Wasserspiegel.

Mit dem Taschenrechner erhält man für $\overline{FB}$:

```
28.4/sin(6.7)*si
n(59.8)
          210.3818
```

und für $\overline{AF}$:

```
210.4*sin(23.5)
        83.8968041
```

- Berechne nun als Probe $\overline{OS}$ mithilfe von Winkel ε.

Aufgaben

1 Berechne (falls möglich) die fehlenden Seitenlängen und Winkelmaße sowie die Dreiecksfläche der folgenden Dreiecke *ABC*. Runde dabei jeweils auf eine Stelle nach dem Komma.

a) $b = 6{,}2$ cm; $c = 5{,}5$ cm; $\beta = 42{,}4°$
b) $a = 7{,}5$ cm; $c = 4{,}8$ cm; $\alpha = 62°20'$
c) $b = 41{,}2$ m; $c = 96{,}4$ m; $\gamma = 112°15'$
d) $c = 14{,}5$ cm; $\alpha = 30°45'$; $\beta = 87°50'$
e) $a = 35{,}7$ cm; $\alpha = 44{,}6°$; $\gamma = 105{,}8°$
f) $b = 17{,}8$ cm; $\alpha = 122{,}4°$; $\beta = 34°25'$
g) $a = 40{,}5$ cm; $b = 64{,}6$ cm; $\alpha = 30°50'$
h) $b = 8{,}4$ cm; $c = 24{,}3$ cm; $\beta = 57{,}4°$
i) $a = b = 14{,}2$ cm; $\beta = 52{,}8°$
j) $a = 27{,}8$ cm; $\alpha = 72°14'$; $\gamma = 35°32'$

2.1 Von einem Dreieck ist bekannt, dass ein Winkel 34,5° und ein anderer 52,2° misst. Dem Winkel von 34,5° liegt eine 10,8 cm lange Seite gegenüber. Wie lang ist die längste Dreiecksseite?

2.2 Zwei Winkel eines Dreiecks messen 72°15′ und 66°40′. Wie lang ist die kürzeste Dreiecksseite, wenn die dem Winkel von 72°15′ gegenüberliegende Seite 28,5 cm lang ist?

3 Um die Entfernung zweier auf verschiedenen Seiten eines Flusses liegender Punkte *P* und *Q* berechnen zu können (vgl. Bild 1), steckt man eine Standlinie [*QR*] auf einer Seite des Flusses ab, visiert den Punkt *P* von *Q* und *R* aus an und misst die Winkel, die die Visierlinien mit [*QR*] bilden. Berechne mit den in Bild 1 angegebenen Messwerten die Länge $\overline{PQ}$. (Auf eine Stelle nach dem Komma runden.)

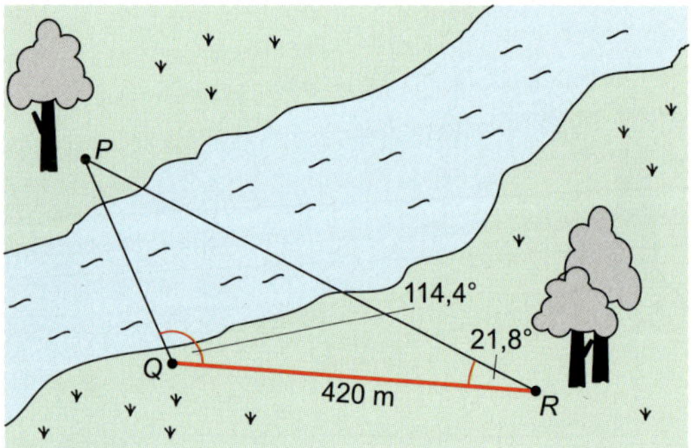

Bild 1

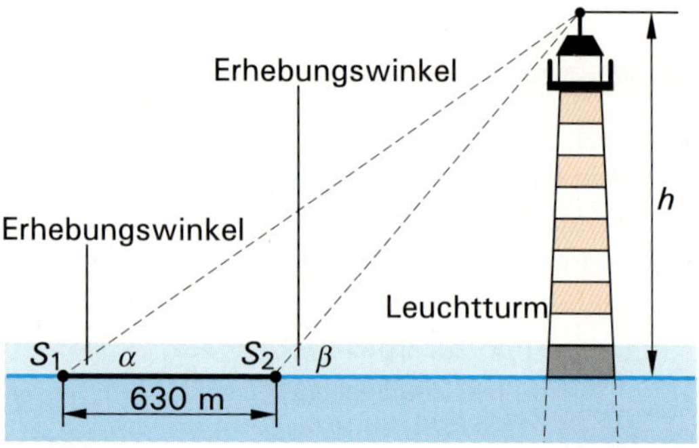

Bild 2

4.0 Von einem Schiff S_1 aus sieht man die Spitze eines Leuchtturms unter einem Erhebungswinkel von $\alpha = 4°6'$ und von einem Schiff S_2 aus unter einem Erhebungswinkel von $\beta = 14°35'$ (vgl. Bild 2). Beide Schiffe befinden sich genau westlich vom Leuchtturm und sind 630 m voneinander entfernt. (Auf eine Stelle nach dem Komma runden.)

4.1 Zeige, dass für die Höhe *h* des Leuchtturms $h = \overline{S_1S_2} \cdot \dfrac{\sin\alpha \cdot \sin\beta}{\sin(\beta - \alpha)}$ gilt und berechne *h*.

4.2 Wie weit sind die Schiffe S_1 und S_2 vom Leuchtturm entfernt?

5 Ein Flugzeug wird von zwei 40 km voneinander entfernten Beobachtungsstationen B_1 und B_2 unter einem Erhebungswinkel von 22,7° bzw. 48,5° angepeilt, als es gerade senkrecht über der Verbindungslinie von B_1 und B_2 fliegt. Welche Flughöhe hat das Flugzeug? (Auf eine Stelle nach dem Komma runden.)

Wann liefert der Sinussatz Lösungen?

Die Aufgaben 1 bis 5 zeigen, dass die fehlenden Seiten eines Dreiecks mit dem Sinussatz berechnet werden können, wenn zwei Winkel und eine Seite gegeben sind. Nach dem Kongruenzsatz *wsw* (bzw. *sww*) gibt es jeweils genau ein Lösungsdreieck.
Sind von einem Dreieck zwei Seiten und ein Winkel gegeben, so ist der Sinussatz nur anwendbar, wenn der gegebene Winkel nicht der von beiden Seiten eingeschlossene Winkel ist. Nach dem Kongruenzsatz *sSw* gibt es genau ein Lösungsdreieck, wenn der gegebene Winkel der größeren der beiden gegebenen Seiten gegenüberliegt. Liegt der gegebene Winkel der kleineren der beiden gegebenen Seiten gegenüber (*Ssw*), so kann es, wie die in den Bildern 1–6 dargestellten Beispiele für *a*, *b* und α zeigen, kein Lösungsdreieck, ein Losungsdreieck oder zwei Lösungsdreiecke geben.

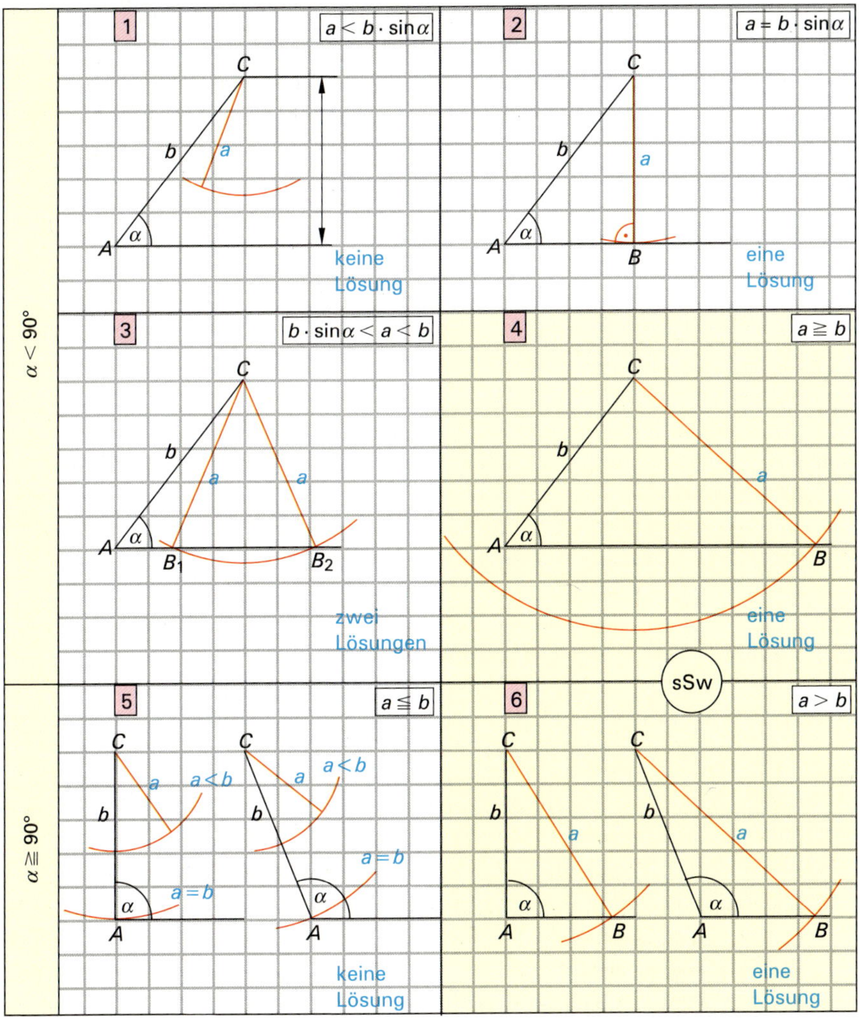

Aufgaben

6 Berechne die fehlenden Seitenlängen und Winkelmaße der Dreiecke *ABC*. (Auf eine Stelle nach dem Komma runden.)

a) $b = 14$ cm; $c = 18$ cm; $\gamma = 36{,}4°$	**b)** $a = 6{,}5$ cm; $c = 13{,}4$ cm; $\gamma = 112{,}5°$
c) $a = 17{,}5$ cm; $b = 39{,}3$ cm; $\alpha = 64{,}3°$	**d)** $a = 22{,}5$ cm; $b = 43{,}8$ cm; $\alpha = 152{,}4°$
e) $a = 78{,}2$ cm; $b = 21{,}8$ cm; $\beta = 38°50'$	**f)** $a = 21{,}5$ cm; $b = 28{,}5$ cm; $\alpha = 35°$
g) $b = 22$ cm; $c = 22$cm; $\beta = 154{,}5°$	**h)** $a = 42$ cm; $c = 105$ cm; $\alpha = 62{,}2°$
i) $a = c = 14{,}5$ cm; $\gamma = 90°$	**k)** $b = c = 14{,}4$ cm; $\gamma = 124{,}5°$
l) $a = 25{,}6$ cm; $b = 40{,}8$ cm; $\alpha = 28°15'$	**m)** $a = 18{,}7$ cm; $c = 24{,}8$ cm; $\alpha = 90°$

7 Im Dreieck *ABC* mit $\sphericalangle CBA = 75{,}42°$ und $\sphericalangle ACB = 58{,}15°$ ist die Seite *b* um 25,45 m länger als die Seite *c*. Berechne die Seiten *a*, *b* und *c* sowie h_c und den Flächeninalt des Dreiecks. Runde dabei auf zwei Stellen nach dem Komma.

8 Von einem Dreieck *ABC* sind $b = 8{,}4$ cm, $\gamma = 65°$ und $\alpha : \beta = 2 : 3$ gegeben. Berechne die fehlenden Seitenlängen und Winkelmaße des Dreiecks sowie die Länge der Winkelhalbierenden w_β und den Abstand des Schnittpunktes *P* der Mittelsenkrechten zu [*AB*] mit der Winkelhalbierenden w_β von den Seiten *a*, *b* und *c*. (Auf eine Stelle nach dem Komma runden.)

9 In einem Dreieck mit $\alpha = 60°$, $\beta = 72°$ und $b = 16{,}4$ cm soll die kürzeste Seite so in drei Teile geteilt werden, dass die Verbindungslinien der Teilpunkte mit dem gegenüberliegenden Dreieckseckpunkt den der kürzesten Seite gegenüberliegenden Winkel in drei maßgleiche Teile teilen. Berechne die Seitenlängen und die Flächeninhalte der Teildreiecke auf eine Stelle nach dem Komma gerundet.

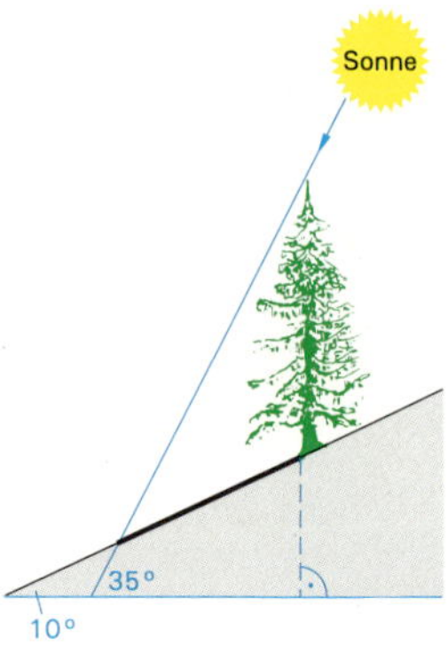

Bild 1

10 Ein Baum steht auf einem Hang (vgl. Bild 1), der um 10° gegenüber der Waagrechten geneigt ist. Zu einem Zeitpunkt, zu dem der Schatten des Baumes genau in der Falllinie verläuft, wird die Schattenlänge mit 12,50 m und die Sonnenhöhe mit 35° gemessen. Wie hoch ist der Baum?

11 Durch einen Berg soll ein Tunnel getrieben werden. Die beiden Tunneleinfahrten *A* und *B* liegen in gleicher Höhe, ihre geradlinige Verbindung ist 14,264 km lang. Der Vortrieb erfolgt von *A* und *B* aus gleichzeitig und gleich schnell. Von *A* aus steigt die Tunnelröhre um 3,8°, von *B* aus um 6,8° gegenüber der Verbindungslinie von *A* und *B* an. Wo wird die Verbindung hergestellt? Wie hoch liegt der höchste Punkt der Tunnelröhre über der Verbindungslinie von *A* und *B* und wie lang ist die Tunneldurchfahrt?

12 Zur Ermittlung der Entfernung zweier unzugänglicher Punkte *P* und *Q* im Gelände wird auf der Verlängerung von [*PQ*] ein Messpunkt *A* festgelegt und von *A* aus eine 163 m lange Standlinie [*AB*] abgesteckt. Folgende Winkel werden gemessen: $\sphericalangle BAQ = 54°25'$; $\sphericalangle PBA = 86°15'$; $\sphericalangle QBA = 24°22'$.
Berechne $\overline{PQ}$ auf eine Stelle nach dem Komma gerundet.

Aufgaben

13.0 Zwei Schiffe A und B sind 8,85 km voneinander entfernt. Das Schiff A fährt mit einer Geschwindigkeit von $42\,\frac{km}{h}$. Seine Fahrtrichtung schließt mit der Verbindungsstrecke $[AB]$ zum Zeitpunkt der Entfernungsmessung einen Winkel von 75,5° ein. (Auf eine Stelle nach dem Komma runden.)

13.1 Welchen Winkel muss die Fahrtrichtung des Schiffes B bei einer Geschwindigkeit von $56\,\frac{km}{h}$ mit $[AB]$ einschließen, damit es mit dem Schiff A zusammentrifft? Wie lange fährt das Schiff B bis zum Treffpunkt?
[Teilergebnis: 10,8 min]

Lösungshinweis:

Beachte: $s = v \cdot t$

s: Weg

v: Geschwindigkeit

t: Zeit

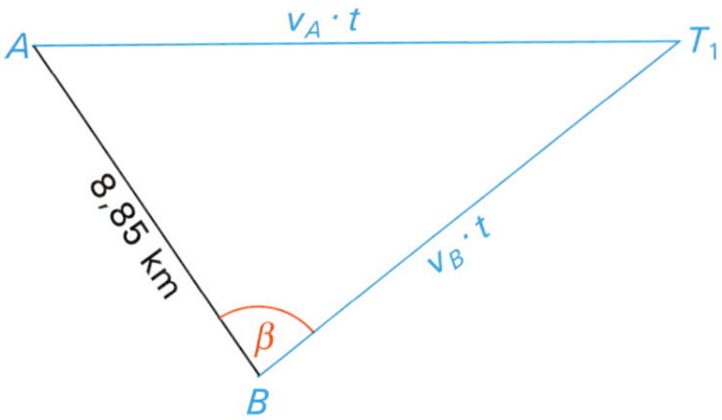

13.2 Mit welcher Geschwindigkeit müsste das Schiff B fahren, um mit dem Schiff A zusammenzutreffen, wenn seine Fahrtrichtung mit $[AB]$ einen Winkel von 60° einschließt?

13.3 Mit welcher kleinsten Geschwindigkeit kann das Schiff B das Schiff A noch erreichen? Welchen Winkel muss in diesem Fall seine Fahrtrichtung mit $[AB]$ einschließen? [Teilergebnis: $40{,}7\,\frac{km}{h}$]

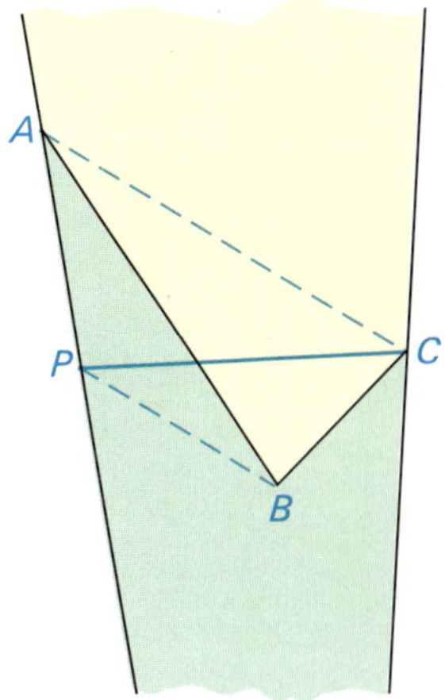

Bild 1

14 Die Grenzlinie von A über B nach C (vgl. Bild 1) zwischen zwei Grundstücken soll so begradigt werden, dass sich die Grundstücksgrößen nicht ändern. Damit die neue Grenzlinie $[PC]$ gezogen werden kann, muss $\overline{AP}$ berechnet werden. Folgende Messwerte sind bekannt: $\overline{AB} = 356{,}4$ m; $\overline{BC} = 192{,}5$ m; $\sphericalangle ACB = 44°12'$; $\sphericalangle PAB = 72°36'$. (Auf eine Stelle nach dem Komma runden.)

15.1 Zeichne das Dreieck ABC mit $A(0|0)$, $B(6|0)$ und $C(3|3\sqrt{3})$ in ein Koordinatensystem und begründe durch Rechnung, dass es sich um ein gleichseitiges Dreieck handelt.

15.2 Verlängert man wie im Bild 2 die Seiten des Dreiecks ABC um jeweils z cm, so erhält man wieder ein gleichseitiges Dreieck $A'B'C'$ Begründe diese Behauptung. Ermittle z sodann so, dass der Winkel $B'A'A$ im Dreieck $A'B'A$ (vgl. Bild 2) 45° misst, und berechne den Umfang, den Flächeninhalt und die Koordinaten der Eckpunkte dieses Dreiecks.
(Auf eine Stelle nach dem Komma runden.)

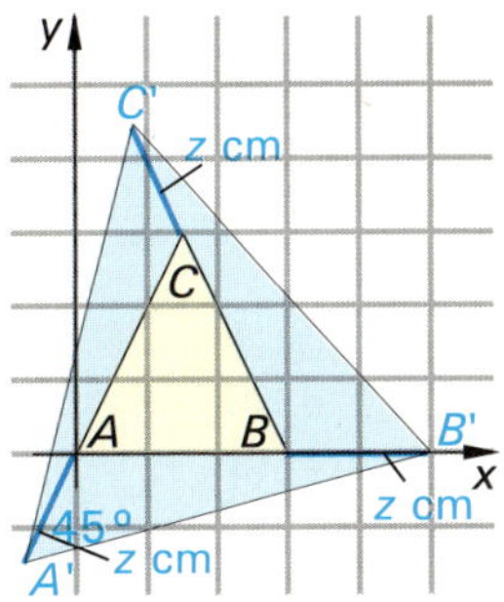

Bild 2

16 Die Eckpunkte B und C des Dreiecks ABC mit $A(0|0)$ liegen auf der Geraden mit $y = -2x + 10$. Die Seite $[AB]$ schließt mit der x-Achse einen Winkel von 20° ein. Berechne die Koordinaten der Eckpunkte B und C, die Winkelmaße α, β, γ, die Seitenlängen a, c sowie den Flächeninhalt des Dreiecks ABC, wenn $\overline{AC} = 7$ LE gilt. (Auf zwei Stellen nach dem Komma runden.)

Aufgaben

17.1 Die Geraden g_1 mit $y = -0{,}4x + 4{,}8$ und g_2 mit $y = \frac{1}{3}x + 7$ schneiden sich im Punkt A. Berechne die Koordinaten von A und trage g_1 und g_2 in ein Koordinatensystem ein. (Platzbedarf: $-4 \leqq x \leqq 14; -1 \leqq y \leqq 12$)

17.2 Durch den Punkt $P(9|8)$ verlaufen die Geraden B_1C_1, B_2C_2 und B_3C_3, die g_1 in B_1, B_2 bzw. B_3 und g_2 in C_1, C_2 bzw. C_3 schneiden und mit g_1 den Winkel PB_1A mit 55°, $\sphericalangle PB_2A$ mit 90° bzw. $\sphericalangle PB_3A$ mit 120° einschließen. Trage die Geraden in die Zeichnung zu 17.1 ein und berechne sodann $\overline{B_1C_1}$, $\overline{B_2C_2}$, $\overline{B_3C_3}$ und die Koordinaten der Punkte B_1, B_2, B_3, C_1, C_2, C_3. (Auf zwei Stellen nach dem Komma runden.)
[Teilergebnisse: $\sphericalangle B_1AP = 31{,}26°$; $\sphericalangle APB_1 = 93{,}74°$; $\overline{AP} = 12{,}17$ LE; $\overline{B_1C_1} = 9{,}62$ LE; $B_2(6{,}66|2{,}14)$; $C_3(13{,}42|11{,}47)$]

18 Von einem Dreieck ABC, dessen Eckpunkte B und C auf der Geraden mit der Gleichung $y = -\frac{1}{2}x + 6$ liegen, ist weiter bekannt: $A(0|0)$, $c = 10$ LE, $\alpha = 42°$. Berechne die Koordinaten von B und C, die fehlenden Seitenlängen und Winkelmaße sowie die Dreiecksfläche. (Auf zwei Stellen nach dem Komma runden.)
Lösungshinweis:
Für $A(0|0)$ und $B(x|-0{,}5x + 6)$ gilt: $\overline{AB} = \sqrt{x^2 + (-0{,}5x + 6)^2}$ LE. Überlege, ob es zwei Lösungsdreiecke geben kann.

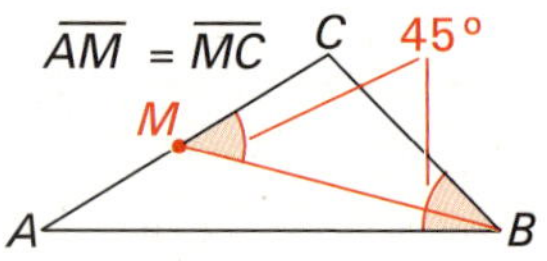

Bild 1

19 Im Dreieck ABC gilt $\beta = 45°$. M ist der Mittelpunkt der Seite b. Der Winkel BMC misst ebenfalls 45°. Berechne α und γ. (vgl. Bild 1)
Anleitung:
Begründe, dass die Dreiecke ABC und MBC ähnlich sind und somit $b = a\sqrt{2}$ gilt. Berechne α sodann mithilfe des Sinussatzes.

20 Von Vierecken $ABCD$ sind folgende Maße bekannt. Berechne die fehlenden Seitenlängen und Winkelmaße. (Auf eine Stelle nach dem Komma runden.)

a)	$a = 6{,}5$ cm;	$e = 8{,}4$ cm;	$\alpha = 64{,}6°$;	$\beta = 84{,}8°$;	$\gamma = 71{,}5°$
b)	$b = 62{,}4$ cm;	$c = 44{,}8$ cm;	$e = 52{,}6$ cm;	$\beta = 38{,}5°$;	$\delta = 44{,}6°$
c)	$a = 68{,}5$ m;	$c = 125{,}4$ m;	$f = 132{,}1$ m;	$\alpha = 92{,}7°$;	$\gamma = 148{,}4°$
d)	$a = 128{,}5$ m;	$b = 85{,}8$ m;	$f = 214$ m;	$\alpha = 86°25'$;	$\gamma = 55°12'$

Anleitung:
Durch die Diagonalen e und f werden die Vierecke $ABCD$ in Teildreiecke zerlegt, deren fehlende Maße berechnet werden können.

Mathematik und Meteorologie

Wie hoch reichen die Wolken eines Gewitters? Flugkapitäne interessiert das besonders, weil Gewitter für Flugzeuge gefährlich sind. Flugpläne müssen eingehalten werden und das Umfliegen eines Gewitters kostet mehr Zeit als das Überfliegen. Die Höhe von Gewitterwolken wird mit Radarpeilung ermittelt. Ein Peilstrahl, mit dem eine Gewitterfront abgetastet wird, wird von den Wassertropfen in den Gewitterwolken zur Sendeantenne zurückreflektiert und bewirkt Flecken auf dem Radarschirm (vgl. Bild 1). Diese verschwinden wieder, wenn wie in Bild 2 der Peilstrahl über die Wolkenfront gerade hinwegstreicht. Der Neigungswinkel der Radarantenne wird in diesem Fall gemessen und die Entfernung der Gewitterwolken vom Radarstandort am Radarschirm abgelesen.

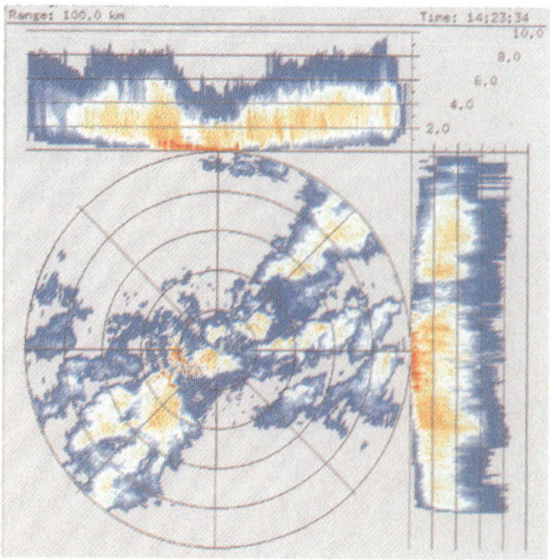

Bild 1 Radarbildschirm

❶ Passagierflugzeuge erreichen Flughöhen von 10 km. Prüfe, ob ein Passagierflugzeug die Gewitterwolken in Bild 2 überfliegen kann. Berechne dazu *h* auf Meter gerundet.

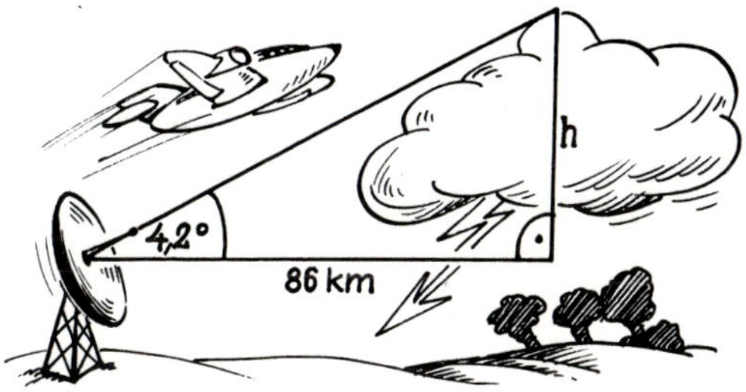

Bild 2 Neigungswinkel vergrößert dargestellt

Auf Flughäfen wird die Start- und Landeerlaubnis nur erteilt, wenn die Wolkendecke eine (örtlich festgesetzte) Mindesthöhe nicht unterschreitet. Um nachts die Wolkenuntergrenze zu bestimmen, wird die Wolkendecke mit einem Scheinwerfer angestrahlt. Von einem Beobachter wird dann der Erhebungswinkel zur angestrahlten Stelle an der Wolkendecke gemessen (vgl. Bild 3; S: Scheinwerfer; B: Beobachter).

❷ Berechne die Höhe *w* der Wolkendecke mit den in Bild 3 angegebenen Maßen auf Meter gerundet. Was gilt für $\measuredangle BSC = 90°$?

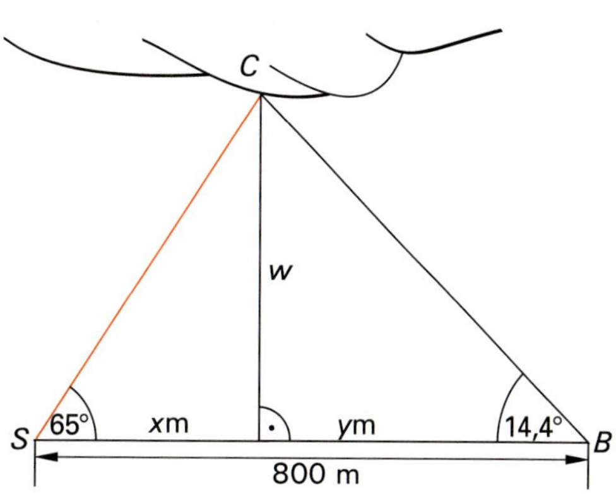

Bild 3 Winkel nicht in wahrer Größe

Am Tag wird die Höhe der Wolkendecke meist geschätzt. Wenn sie aber genau bestimmt werden muss, geschieht dies mithilfe eines Wetterballons, von dem die Steiggeschwindigkeit bekannt ist, und einer Stoppuhr.

5.4 Berechnung beliebiger Dreiecke – Kosinussatz

Sind von einem Dreieck zwei Seiten und der von ihnen eingeschlossene Winkel oder drei Seiten gegeben, so ist damit nach dem Kongruenzsatz *sws* bzw. *sss* genau ein Dreieck festgelegt. Aus den drei jeweils gegebenen Stücken können die fehlenden Stücke nicht alleine mit dem Sinussatz berechnet werden. Die nachfolgenden Bilder zeigen die Herleitung weiterer Beziehungen zur Berechnung von spitzwinkligen und stumpfwinkligen Dreiecken.

spitzwinklige Dreiecke

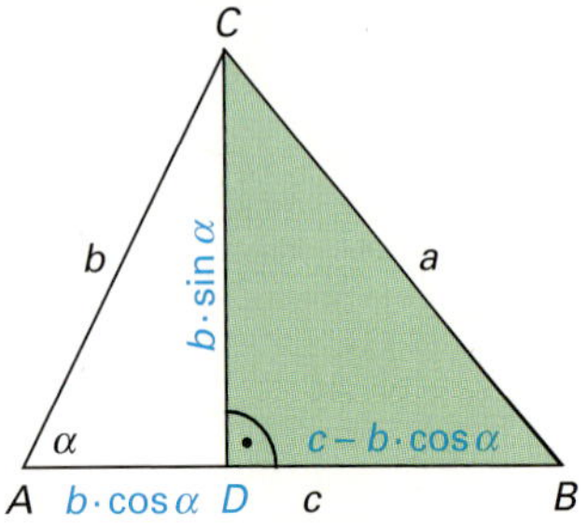

Im Teildreieck *DBC* gilt:
$a^2 = (c - b \cdot \cos\alpha)^2 + b^2 \cdot \sin^2\alpha$
Mit $\sin^2\alpha + \cos^2\alpha = 1$
erhält man:
$a^2 = b^2 + c^2 - 2bc \cdot \cos\alpha$

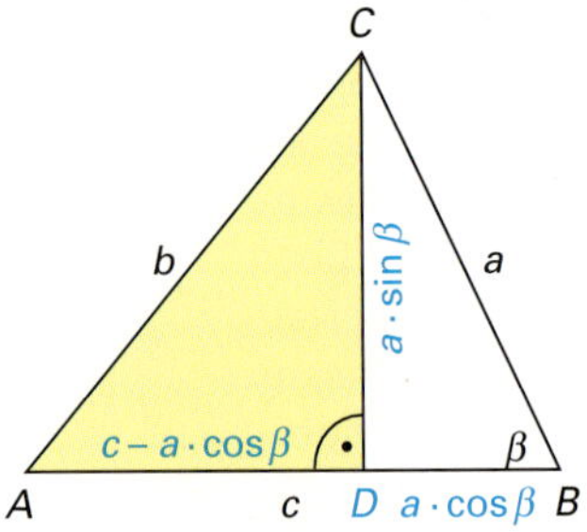

Im Teildreieck *ADC* gilt:
$b^2 = (c - a \cdot \cos\beta)^2 + a^2 \cdot \sin^2\beta$
Mit $\sin^2\beta + \cos^2\beta = 1$
erhält man:
$b^2 = a^2 + c^2 - 2ac \cdot \cos\beta$

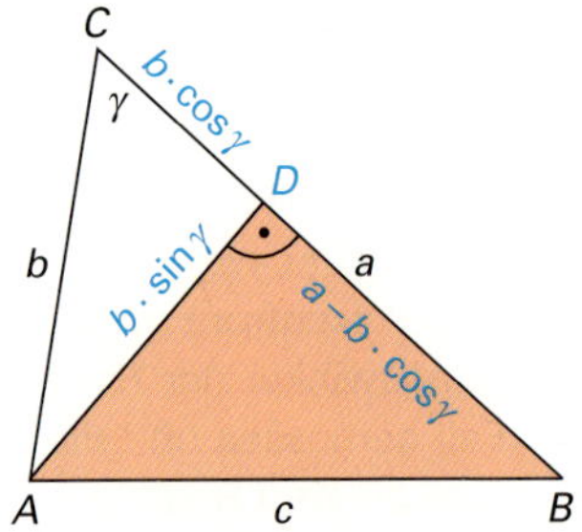

Im Teildreieck *ABD* gilt:
$c^2 = (a - b \cdot \cos\gamma)^2 + b^2 \cdot \sin^2\gamma$
Mit $\sin^2\gamma + \cos^2\gamma = 1$
erhält man:
$c^2 = a^2 + b^2 - 2ab \cdot \cos\gamma$

stumpfwinklige Dreiecke

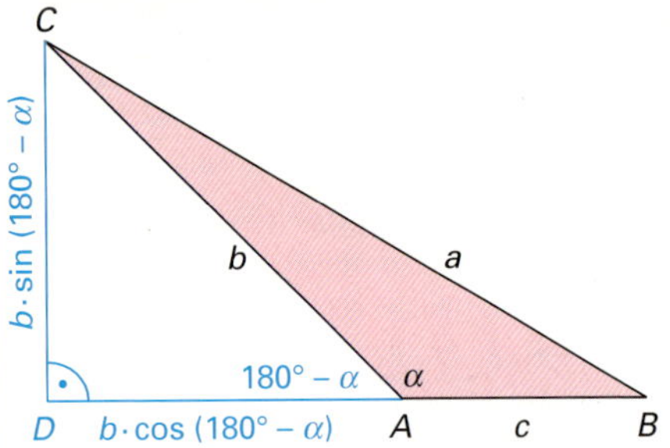

Im Dreieck *DBC* gilt:
$a^2 = [c + b \cdot \cos(180° - \alpha)]^2 + b^2 \cdot \sin^2(180° - \alpha)$
$a^2 = c^2 + 2bc \cdot \cos(180° - \alpha) + b^2 \cdot \cos^2(180° - \alpha) + b^2 \cdot \sin^2(180° - \alpha)$
Mit $\sin(180° - \alpha) = \sin\alpha$ und $\cos(180° - \alpha) = -\cos\alpha$ sowie
$\sin^2\alpha + \cos^2\alpha = 1$ erhält man $a^2 = b^2 + c^2 - 2bc \cdot \cos\alpha$.

Ebenso erhält man $b^2 = a^2 + c^2 - 2ac \cdot \cos\beta$ für $\beta > 90°$ und
$c^2 = a^2 + b^2 - 2ab \cdot \cos\gamma$ für $\gamma > 90°$.

Wir fassen die Ergebnisse als Kosinussatz zusammen:

Kosinussatz

In jedem Dreieck *ABC* ist das Quadrat einer Seitenlänge gleich der Summe der Quadrate der Seitenlängen der beiden anderen Seiten vermindert um das doppelte Produkt aus den Längen dieser Seiten und dem Kosinuswert des von ihnen eingeschlossenen Winkels.

$$a^2 = b^2 + c^2 - 2bc \cdot \cos\alpha$$
$$b^2 = a^2 + c^2 - 2ac \cdot \cos\beta$$
$$c^2 = a^2 + b^2 - 2ab \cdot \cos\gamma$$

- Zeige, dass der Kosinussatz auch für rechtwinklige Dreiecke gilt.

1. Beispiel

Von einem Dreieck *ABC* (vgl. Bild 1) sind $a = 18{,}6$ cm, $b = 8{,}4$ cm und $\gamma = 25{,}5°$ gegeben. Berechne c, α und β auf eine Stelle nach dem Komma gerundet.

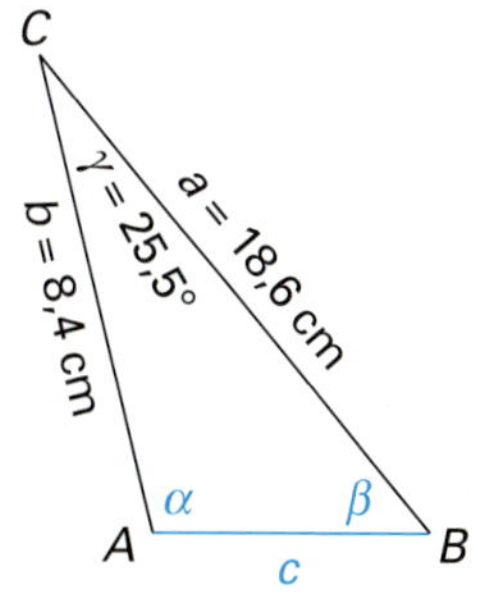

Bild 1

Lösung:
Wir wenden den Kosinussatz an und erhalten damit:

$$c^2 = (18{,}6\text{ cm})^2 + (8{,}4\text{ cm})^2 - 2 \cdot 18{,}6\text{ cm} \cdot 8{,}4\text{ cm} \cdot \cos 25{,}5°$$

Die Berechnung mit dem Taschenrechner liefert $c = 11{,}6$ m:

```
√(18.6²+8.4²-2*1
8.6*8.4*cos(25.5
))
        11.59655769
```

Von den gesuchten Winkeln α und β berechnen wir zunächst β mithilfe des Sinussatzes. Aus $b < a$ folgt $\beta < 90°$.

$$\frac{b}{\sin\beta} = \frac{c}{\sin\gamma};\ \sin\beta = \frac{8{,}4\text{ cm} \cdot \sin 25{,}5°}{11{,}6\text{ cm}};\ \beta = \sin^{-1}\left(\frac{8{,}4 \cdot \sin 25{,}5°}{11{,}6}\right)$$

$\beta = 18{,}2°$; $\alpha = 180° - (18{,}2° + 25{,}5°)$; $\alpha = 136{,}3°$

Mit dem Taschenrechner erhält man für β:

```
sin⁻¹(8.4*sin(25.
5)/11.6)
_       18.16469003
```

2. Beispiel

Zwischen den an einem See gelegenen Orten P und Q (vgl. Bild 2) soll eine Fährverbindung eingerichtet werden. Dazu muss ermittelt werden, wie lang der Weg der Fähre ist, wenn sie vom Ort P direkt den Ort Q auf der anderen Seite des Sees ansteuert. Um die Fahrstrecke berechnen zu können, wurden auf dem Festland folgende Entfernungen ermittelt: $\overline{AB} = 0{,}82$ km; $\overline{BQ} = 3{,}74$ km; $\overline{AC} = 0{,}66$ km; $\overline{CP} = 2{,}25$ km, $\overline{BC} = 1{,}28$ km. Berechne zunächst das Maß α des Winkels *BAC* und dann $\overline{PQ}$. Runde dabei auf zwei Stellen nach dem Komma.

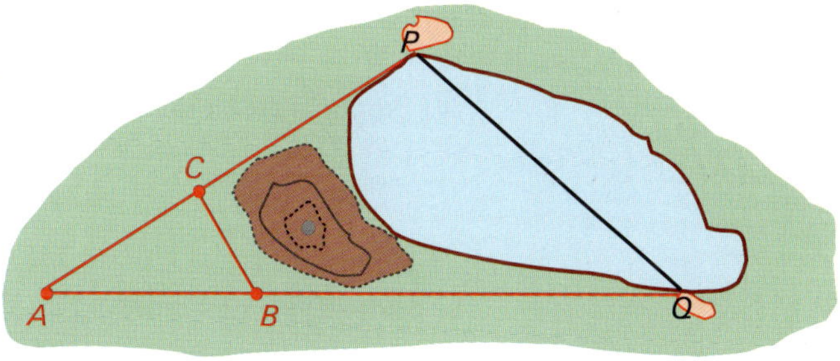

Bild 2

Lösung:
Für die Maßzahlen der Seitenlängen des Dreiecks *ABC* gilt:

$$1{,}28^2 = 0{,}82^2 + 0{,}66^2 - 2 \cdot 0{,}82 \cdot 0{,}66 \cdot \cos\alpha \Leftrightarrow \cos\alpha = \frac{0{,}82^2 + 0{,}66^2 - 1{,}28^2}{2 \cdot 0{,}82 \cdot 0{,}66}$$

$$\Leftrightarrow \alpha = \cos^{-1}\left(\frac{0{,}82^2 + 0{,}66^2 - 1{,}28^2}{2 \cdot 0{,}82 \cdot 0{,}66}\right)$$ und somit $\alpha = 119{,}34°$;

Im Dreieck *AQP* gilt:

$\overline{AQ} = (0{,}82 + 3{,}74)\text{ km} = 4{,}56\text{ km}$; $\overline{AP} = (0{,}66 + 2{,}25)\text{ km} = 2{,}91\text{ km}$;

$\overline{PQ}^2 = \overline{AQ}^2 + \overline{AP}^2 - 2 \cdot \overline{AQ} \cdot \overline{AP} \cdot \cos\alpha$;

$\overline{PQ} = \sqrt{4{,}56^2 + 2{,}91^2 - 2 \cdot 4{,}56 \cdot 2{,}91 \cdot \cos 119{,}34°}\text{ km}$; $\overline{PQ} = 6{,}50$ km

Die Fahrstrecke der Fähre ist 6,50 km lang.

Mit dem Taschenrechner erhält man für α:

```
cos⁻¹((0.82²+0.66
²-1.28²)/2/0.82/
0.66)
▬       119.3420389
```

und für $\overline{PQ}$:

```
√(4.56²+2.91²-2*
4.56*2.91*cos(11
9.34)
        6.501205517
▬
```

3. Beispiel

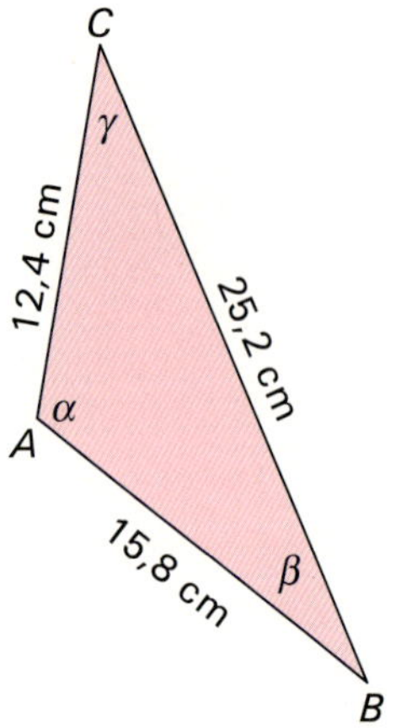

Bild 1

Von einem Dreieck ABC sind die Seitenlängen $a = 25{,}2$ cm, $b = 12{,}4$ cm und $c = 15{,}8$ cm gegeben (vgl. Bild 1). Die Winkelmaße α, β und γ sollen, auf eine Stelle nach dem Komma gerundet, berechnet werden.

Lösung:
Im Dreieck ABC gilt nach dem Kosinussatz: $a^2 = b^2 + c^2 - 2 \cdot b \cdot c \cdot \cos\alpha$.
Damit erhält man:

$$(25{,}2\text{ cm})^2 = (12{,}4\text{ cm})^2 + (15{,}8\text{ cm})^2 - 2 \cdot 12{,}4\text{ cm} \cdot 15{,}8\text{ cm} \cdot \cos\alpha$$

$$\Leftrightarrow \cos\alpha = \frac{12{,}4^2 + 15{,}8^2 - 25{,}2^2}{2 \cdot 12{,}4 \cdot 15{,}8} \Leftrightarrow \alpha = \cos^{-1}\left(\frac{12{,}4^2 + 15{,}8^2 - 25{,}2^2}{2 \cdot 12{,}4 \cdot 15{,}8}\right)$$

Die Berechnung mit dem Taschenrechner liefert $\alpha = 126{,}2°$:

```
cos⁻¹((12.4²+15.8
²-25.2²)/2/12.4/
15.8)
        126.2393442
```

Das Winkelmaß β kann mithilfe des Sinussatzes berechnet werden.
Mit $\frac{a}{\sin\alpha} = \frac{b}{\sin\beta}$ erhält man:

$$\sin\beta = \frac{12{,}4\text{ cm} \cdot \sin 126{,}2°}{25{,}2\text{ cm}} \Leftrightarrow \beta = \sin^{-1}\left(\frac{12{,}4 \cdot \sin 126{,}2°}{25{,}2}\right)$$

Als Ergebnis erhält man mit dem Taschenrechner:

```
sin⁻¹(12.4*sin(12
6.2)/25.2)
        23.39549376
```

und somit $\beta_1 = 23{,}4°$ sowie $\beta_2 = 180° - 23{,}4°$.

Wegen $\alpha = 126{,}2°$ entfällt $\beta_2 = 156{,}6°$ als Lösung.
Für γ erhält man $\gamma = 180° - (126{,}2° + 23{,}4°) = 30{,}4°$.

- Berechne die Winkelmaße β und γ mithilfe des Kosinussatzes.

Sinussatz und Kosinussatz bei Dreiecksberechnungen

Die folgende Übersicht zeigt die Anwendung von Sinussatz und Kosinussatz bei Dreiecksberechnungen. Wie wir bisher gesehen haben, können alle Seiten und Winkel eines Dreiecks mithilfe der beiden Sätze berechnet werden, wenn drei voneinander unabhängige Stücke gegeben sind.

gegebene Stücke:	**Lösung erfolgt mit:**
wsw; sww; sSw; Ssw	Sinussatz
sws; sss	Kosinussatz und Sinussatz

4. Beispiel

Bei der Vermessung eines dreieckigen Grundstücks *ABC* (vgl. Bild 1) wurden folgende Maße ermittelt: $\overline{AB} = 594{,}65$ m; $\sphericalangle BAC = 48{,}34°$; $\overline{AC} = 986{,}24$ m.

Die Länge der Seite [*BC*] und die Winkelmaße β und γ sollen berechnet werden. Alle Ergebnisse sind auf zwei Stellen nach dem Komma zu runden.

$\overline{BC}$ berechnen wir mit dem Kosinussatz:

$$\overline{BC}^2 = (594{,}65\text{ m})^2 + (986{,}24\text{ m})^2 - 2 \cdot 594{,}65\text{ m} \cdot 986{,}24\text{ m} \cdot \cos 48{,}34°$$

$$\overline{BC} = 739{,}34\text{ m}$$

```
√(594.65²+986.24
²-2*594.65*986.2
4*cos(48.34))
      739.3357995
```

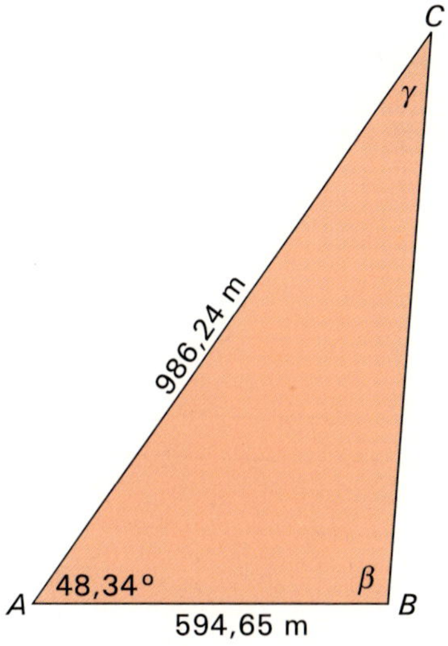

Bild 1

Mit dem Sinussatz können wir β berechnen:

$$\frac{\sin\beta}{986{,}24\text{ m}} = \frac{\sin 48{,}34°}{739{,}34\text{ m}} \Leftrightarrow \beta = \sin^{-1}\left(\frac{986{,}24 \cdot \sin 48{,}34°}{739{,}34}\right)$$

```
sin⁻¹(986.24*sin(
48.34)/739.34)
      85.27021116
```

$\beta = 85{,}27°$ bzw. $\beta = 180° - 85{,}27° = 94{,}73°$

Damit ergeben sich zunächst zwei Lösungen:
$\overline{BC} = 739{,}34$ m; $\beta = 85{,}27°$; $\gamma = 46{,}39°$ (= 180° – 48,34° – 85,27°)
und

$\overline{BC} = 739{,}34$ m; $\beta = 94{,}73°$; $\gamma = 36{,}93°$ (= 180° – 48,34° – 94,73°)

Nach dem Kongruenzsatz *sws* ist das Dreieck *ABC* jedoch genau festgelegt. Es kann also nur eine Lösung richtig sein.

❶ Im Dreieck liegt der größeren Seite der größere Winkel gegenüber. Überprüfe, ob damit die richtige Lösung erkannt werden kann.

❷ Ermittle β mit dem Kosinussatz und begründe, dass man so stets die richtige Lösung erhält.

❸ Berechne β und γ jeweils mit dem Sinussatz und begründe, dass man auch so die richtige Lösung erkennen kann.

❹ Das Dreieck *ABC* mit $\overline{AB} = 84{,}2$ cm, $\overline{BC} = 12{,}6$ cm und $\overline{AC} = 80{,}4$ cm ist gegeben. Berechne zunächst β und zeige sodann, dass man damit mit dem Sinussatz $\gamma_1 = 76{,}7°$ und $\gamma_2 = 103{,}3°$ erhält. Ermittle nun die richtigen Maße für γ und α wie im obigen Beispiel (Auf eine Stelle nach dem Komma runden.)

Merke:
In den Fällen *sws* und *sss* sollten Winkelmaße in Zweifelsfällen mit dem Kosinussatz überprüft werden.

Aufgaben

1 Berechne (falls möglich) die fehlenden Seitenlängen und Winkelmaße im Dreieck ABC auf eine Stelle nach dem Komma gerundet. Ermittle in den Aufgaben a)–e) zunächst den größten Dreieckswinkel mithilfe des Kosinussatzes und dann den kleinsten Dreieckswinkel mithilfe des Sinussatzes.

a) $a = 7{,}4$ cm; $b = 10{,}5$ cm; $c = 15{,}1$ cm
b) $a = 12{,}7$ cm; $b = 8{,}3$ cm; $c = 6{,}5$ cm
c) $a = 3{,}8$ cm; $b = 7{,}2$ cm; $c = 5{,}5$ cm
d) $a = 14{,}8$ cm; $b = 14{,}8$ cm; $c = 7{,}4$ cm
e) $a = 34{,}5$ m; $b = 12{,}4$ m; $c = 8{,}9$ m
f) $a = 84{,}5$ m; $c = 102{,}3$ m; $\beta = 46{,}8°$
g) $a = 7{,}4$ cm; $b = 7{,}4$ cm; $\gamma = 25{,}1°$
h) $b = 15{,}8$ cm; $c = 22{,}3$ cm; $\alpha = 54°20'$
i) $a = 14{,}6$ m; $c = 24{,}8$ m; $\beta = 134{,}6°$
j) $a = 16{,}4$ m; $b = 24{,}5$ m; $\gamma = 73°22'$

2 Berechne die Längen der Winkelhalbierenden des Dreiecks $A_1B_1C_1$ mit $a_1 = 6{,}8$ cm, $b_1 = 9{,}4$ cm und $c_1 = 10{,}5$ cm sowie des Dreiecks $A_2B_2C_2$ mit $a_2 = 17$ m, $b_2 = 11$ m und $c_2 = 21$m.
(Auf eine Stelle nach dem Komma runden.)

3 Berechne die fehlenden Maße.

a) gegeben:

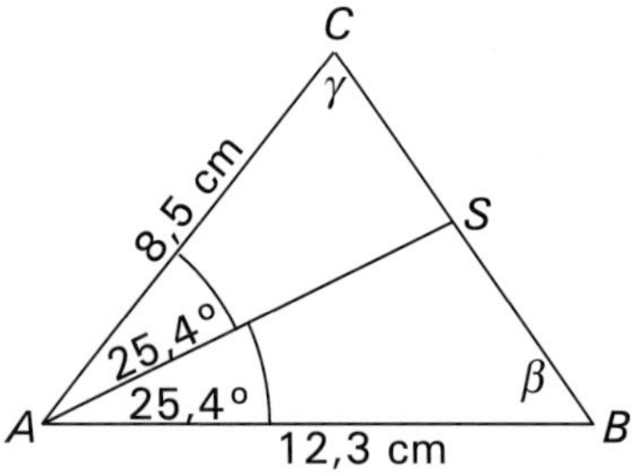

gesucht:
$a, \beta, \gamma, \overline{AS}, \overline{BS}, \overline{SC}$

b) gegeben:

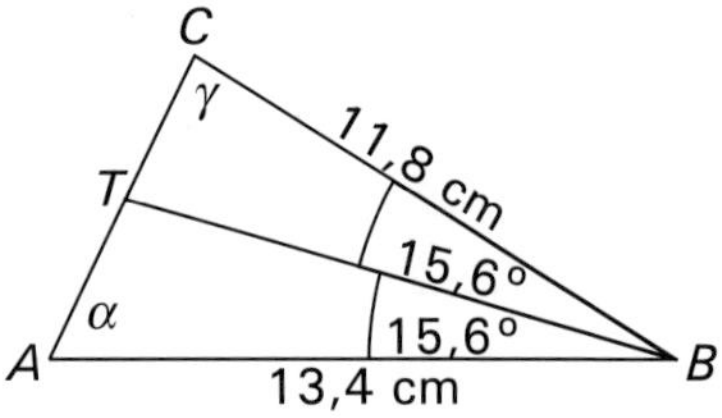

gesucht:
$b, \alpha, \gamma, \overline{BT}, \overline{AT}, \overline{TC}$

4.1 Von einem Dreieck ABC sind $a = 7{,}5$ cm, $c = 11$ cm und $\gamma = 75°$ gegeben. Zeichne das Dreieck in dein Heft und berechne b sowie α und β. (Auf eine Stelle nach dem Komma runden.)

4.2 Wie lang sind die Verbindungsstrecken der Eckpunkte A, B und C mit den gegenüberliegenden Seitenmittelpunkten und welche Winkel schließen sie mit den Dreieckseiten ein? (Auf eine Stelle nach dem Komma runden.)

4.3 M ist Mittelpunkt der Seite $[BC]$. Die Mittelsenkrechte zu $[BC]$ schneidet die Seite $[AB]$ im Punkt D. Berechne die Seitenlängen, die Winkelmaße und den Flächeninhalt des Vierecks $ADMC$ sowie die Abstände der Punkte M und D von $[AC]$. (Auf eine Stelle nach dem Komma runden.)

5 Zeige mithilfe des Kosinussatzes, dass in einem gleichseitigen Dreieck jeder Winkel 60° misst.

Aufgaben

6 Zeige, dass die Gleichungen des Kosinussatzes für rechtwinklige Dreiecke in die Gleichungen des Satzes von Pythagoras übergehen. Der **Kosinussatz** wird daher auch **als verallgemeinerter Satz des Pythagoras** bezeichnet.

7 Die Gleichungen des Kosinussatzes wie z. B. $c^2 = a^2 + b^2 - 2ab \cdot \cos\gamma$ stellen wie der Satz des Pythagoras Beziehungen zwischen Flächen her. Deute die Gleichung $c^2 = a^2 + b^2 - 2ab \cdot \cos\gamma$ anhand der Bilder 1 und 2 geometrisch.

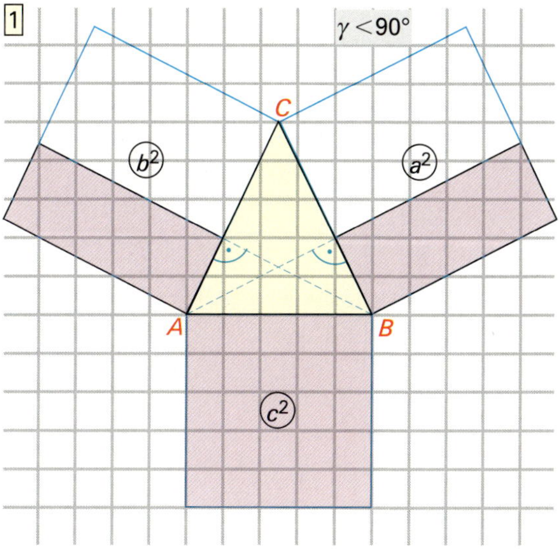

Bild 1

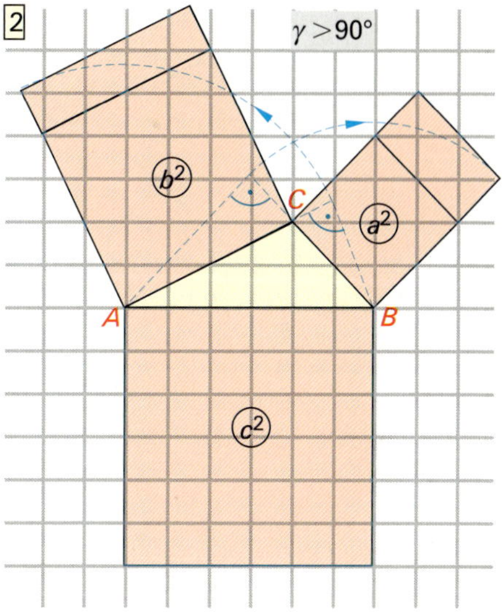

Bild 2

8 Berechne den größten und den kleinsten Winkel des Dreiecks $A_1B_1C_1$ mit $A_1(-2|-7)$, $B_1(5|3)$, $C_1(-9|11)$ und des Dreiecks $A_2B_2C_2$ mit $A_2(-5|8)$, $B_2(6|-4)$, $C_2(2|14)$. (Auf eine Stelle nach dem Komma runden.)

9 Das Dreieck PQR ist durch $P(3|2)$, $Q(6|6)$, $\overline{PR} = 6$ cm und $\overline{QR} = 8$ cm festgelegt. Berechne die Koordinaten des Eckpunktes R. (Auf eine Stelle nach dem Komma runden.)

10.1 Berechne den größten Winkel. (Auf eine Stelle nach dem Komma runden.)

a) des Dreiecks $A_1B_1C_1$ mit $a_1 = 2x$ LE, $b_1 = 4x$ LE und $c_1 = 5x$ LE ($x \in \mathbb{R}^+$)

b) des Dreiecks $A_2B_2C_2$ mit $a_2 = 12x$ LE, $b_2 = 8x$ LE und $c_2 = 10x$ LE ($x \in \mathbb{R}^+$)

10.2 Welche Innenwinkelmaße besitzt das Dreieck ABC mit $a = 0{,}8 \cdot b$ und $b = \frac{2}{3} \cdot c$?

11 Berechne (falls möglich) die fehlenden Seitenlängen und Winkelmaße der Dreiecke ABC nur mithilfe des Kosinussatzes auf eine Stelle nach dem Komma gerundet.

a) $a = 13{,}5$ cm; $b = 14{,}3$ cm; $\alpha = 60°$ **b)** $b = 24{,}4$ cm; $c = 16{,}3$ cm; $\gamma = 72°$

Aufgaben

12 Berechne den Flächeninhalt und den Umfang der zwischen den drei Kreisen in Bild 1 liegenden gerasterten Fläche. (Auf eine Stelle nach dem Komma runden.)

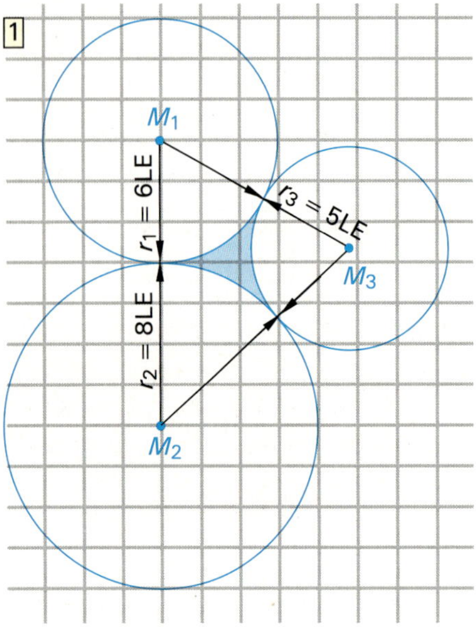

Bild 1

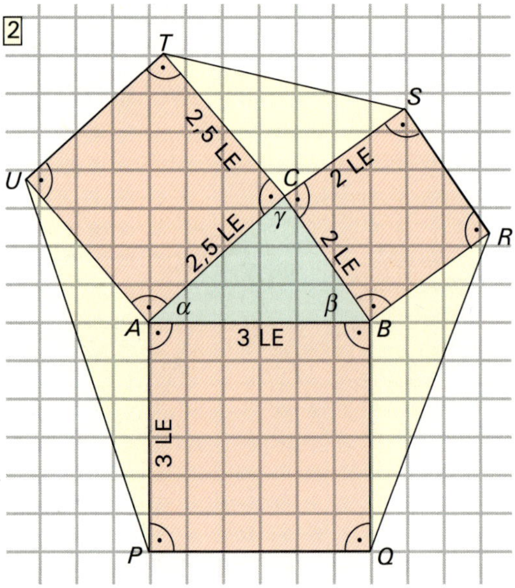

Bild 2

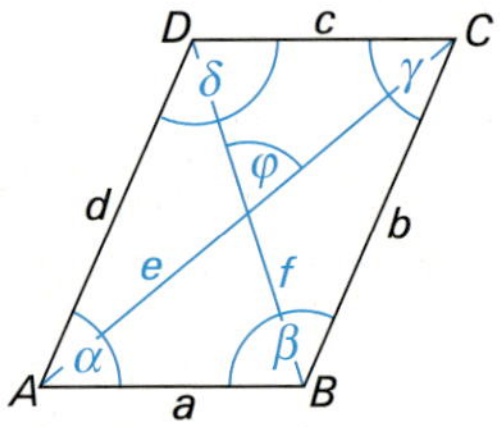

Bild 3

13 Berechne die Maße der Innenwinkel des Dreiecks *ABC* sowie Flächeninhalt und Umfang des Sechsecks *PQRSTU* in Bild 2. (Auf eine Stelle nach dem Komma runden.)

14 Berechne die fehlenden Stücke und den Flächeninhalt der Parallelogramme *ABCD* (vgl. Bild 3). Runde jeweils auf eine Stelle nach dem Komma.

a) $a = 18{,}5$ cm; $b = 25{,}4$ cm; $\alpha = 58°$ **b)** $a = 14{,}8$ cm; $b = 5{,}4$ cm; $f = 12{,}6$ cm
c) $e = 82$ cm; $f = 54$ cm; $\varphi = 42°$ **d)** $c = 24{,}4$ cm; $d = 5{,}5$ cm; $e = 20{,}2$ cm

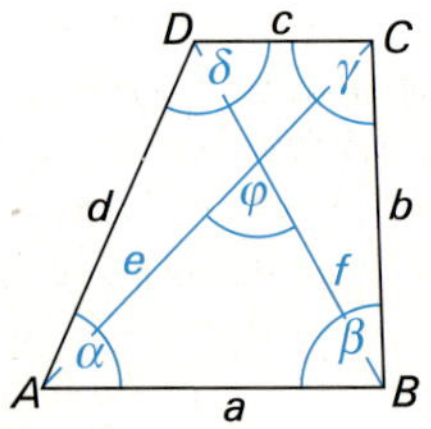

Bild 4

15 Berechne die fehlenden Stücke und den Flächeninhalt der Trapeze *ABCD* (vgl. Bild 4). Runde jeweils auf eine Stelle nach dem Komma.

a) $a = 12$ cm; $b = 8$ cm; $\alpha = 60°$; $\beta = 70°$
b) $c = 4{,}5$ cm; $d = 7{,}2$ cm; $\gamma = 105°$; $\delta = 124°$

16 Berechne die fehlenden Maße der Vierecke *ABCD*. Runde dabei jeweils auf eine Stelle nach dem Komma.

a) $a = 8$ m; $\alpha = 62°$
$\beta = 72°$; $\sphericalangle BAC = 48°$
$\sphericalangle DBA = 55°$; $\overline{CD} = ?$

b) $a = 25$ m; $c = 14$ m
$d = 17$ m; $\alpha = 112°$
$\delta = 54°$ $\overline{BC} = ?$

c) $a = 55$ m; $b = 46{,}8$ m
$c = 25$ m; $d = 38{,}6$ m
$\alpha = 78°$; $\overline{AC} = ?$; $\overline{BD} = ?$

Zur Geschichte der Trigonometrie

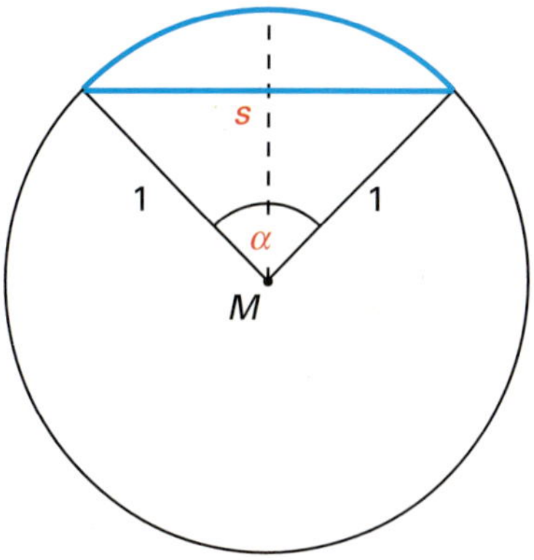

Erste Kenntnisse hatten bereits die Babylonier und Ägypter. Die ältesten überlieferten trigonometrischen Berechnungen stammen von **Aristarch** von Samos (um 270 v. Chr.), der die Entfernungen Erde – Mond und Erde – Sonne zu ermitteln suchte. **Hipparch** (um 150 v. Chr.), der größte Astronom des Altertums, berechnete, wahrscheinlich unter Benutzung babylonischer Kenntnisse, eine Sehnentafel. Sie enthielt die Längen von Kreissehnen in Abhängigkeit vom jeweiligen Zentriwinkel. Der Astronom, Mathematiker und Geograph **Ptolemäus** von Alexandria (um 140 n. Chr.) hat in seinem 13 Bücher umfassenden „Almagest" trigonometrische Sätze und eine Sehnentafel aufgeführt, bei der die Sinuswerte auf etwa 5 Dezimalen genau waren.

Indische Astronomen stellten die Länge der halben Sehne in Abhängigkeit vom halben Zentriwinkel dar. Die Araber erkannten, dass die indische Halbsehnentrigonometrie zweckmäßiger als die griechische Sehnentrigonometrie ist, und entwickelten sie weiter. Sie berechneten Sinus- und Tangenswerte und wendeten sie auf das rechtwinklige Dreieck an. Der Sinussatz war ihnen etwa ab 1000 n. Chr. bekannt.

Über Spanien kamen die trigonometrischen Kenntnisse der Araber im Mittelalter zu uns und wurden weiter ausgebaut. Wesentlichen Anteil daran hatte vor allem der Astronom und Mathematiker Johannes Müller (1436–1476) aus Königsberg in Unterfranken, der sich dem Brauch der Zeit folgend den lateinischen Namen **Regiomontanus** (d. h. Königsberger) zulegte. Er war ein bedeutender Gelehrter, wirkte in Wien, Padua und Nürnberg und wurde von Papst Sixtus IV. zur Kalenderreform nach Rom berufen, wo er 1476 an der Pest starb. Regiomontanus verbesserte die Sinus- und Tangenstafeln und gab in seinem Lehrbuch eine umfassende Darstellung des trigonometrischen Wissens seiner Zeit: Er zeigte die Bedeutung des Sinussatzes, formulierte zum ersten Mal den Kosinussatz und führte Flächenberechnungen durch.

Johannes Regiomontanus
Mathematiker und Astronom

Das Wort „Trigonometrie" verwendete erstmals 1595 der deutsche Mathematiker Pitiscus. Weiterentwickelt wurde die Trigonometrie vor allem von Vieta (1540–1603), der dem Kosinussatz eine praktisch verwendbare Form gab, sowie von **Leonhard Euler** (1707–1783), der u. a. auch die Symbole sin, cos und tan eingeführt hat.

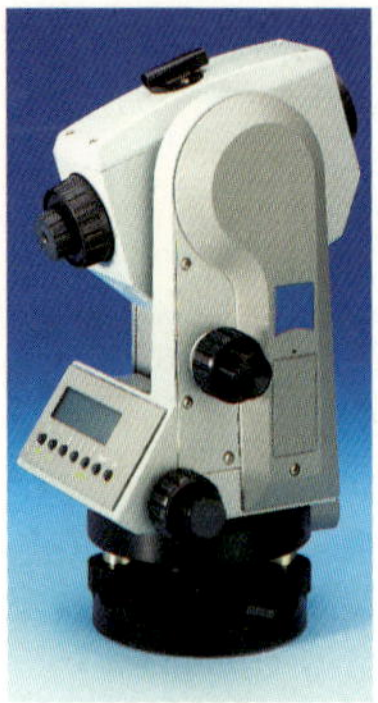

Bild 1: Theodolit

Aufgaben aus Vermessungswesen, Technik und Physik

17 Für eine Hochspannungsleitung, die zwei durch einen Wald getrennte Ortschaften O_1 und O_2 verbinden soll, soll eine Schneise durch den Wald geschlagen werden. Die Orte O_1 und O_2 liegen gleich hoch und sind von einem auf gleicher Höhe liegenden Punkt S aus sichtbar. Die Entfernungen $\overline{SO_1}$ und $\overline{SO_2}$ werden zu 4,25 km und 1,86 km bestimmt. Das Maß des Winkels zwischen den Verbindungslinien $[SO_1]$ und $[SO_2]$ beträgt 64,25°. Wie weit sind die beiden Ortschaften voneinander entfernt? (Auf zwei Stellen nach dem Komma runden.)

18 Um die Höhe eines Aussichtsturmes bestimmen zu können, wird auf einer vorbeiführenden Landstraße eine 365 m lange Standlinie $[AB]$ abgesteckt. Die Entfernung von B zu einem Punkt F am Fuß des Turmes beträgt 156,5 m. Die Sicht von B zur Spitze des Turmes ist durch Bäume verdeckt. Der von A aus gemessene Erhebungswinkel zur senkrecht über F liegenden Spitze S des Turmes beträgt 11,8°. Die Messstrecken $[BF]$ und $[AB]$ schließen einen Winkel von 56,5° ein. Berechne $\overline{AF}$ und die Höhe des Turmes. (Auf eine Stelle nach dem Komma runden.)

19 Das Kreuz auf der Spitze eines Kirchturms ist 8 m hoch. Mit einem Theodoliten, der 1,60 m über dem Erdboden steht, werden die Maße der Erhebungswinkel zum Fußpunkt und zur Spitze des Kreuzes mit 62°20′ und 64°45′ gemessen. Wie hoch liegt die Spitze des Kreuzes über dem Erdboden? (Auf zwei Stellen nach dem Komma runden.)
Hinweis: $62°20' = (62\frac{20}{60})° = 62{,}33°$; $64°45' = (64\frac{45}{60})° = 64{,}75°$

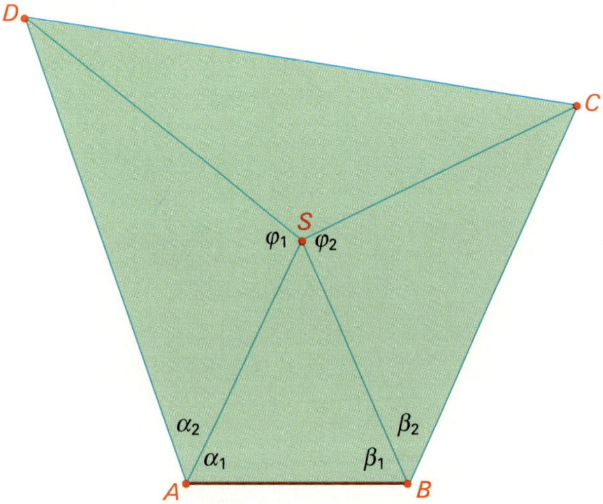

Bild 2

20 Zur Vermessung eines größeren Gebietes wurde zuerst das nebenstehende trigonometrische Netz mit der Basis $[AB]$ und den weiteren markanten Geländepunkten C, D und S festgelegt. Danach wurden folgende Messwerte ermittelt:

Basislänge: $\overline{AB} = 4{,}625$ km

$\alpha_1 = 87{,}908°$	$\alpha_2 = 43{,}083°$
$\beta_1 = 76{,}420°$	$\beta_2 = 57{,}767°$
$\varphi_1 = 115{,}267°$	$\varphi_2 = 94{,}590°$

Berechne die Streckenlängen $\overline{AS}$, $\overline{BS}$, $\overline{CS}$, $\overline{DS}$, $\overline{AD}$, $\overline{BC}$ und $\overline{DC}$. (Auf drei Stellen nach dem Komma runden.).
[Teilergebnis: $\overline{DS} = 30{,}813$ km]

Aufgaben

21.0 Das Verfahren, bei dem von den Endpunkten einer Basisstrecke aus ein Punkt oder auch mehrere Punkte anvisiert werden, nennt man Vorwärtseinschneiden.
Zwischen den Geländepunkten P und Q (vgl. Bild 1), die gleich hoch liegen, soll eine Brücke gebaut werden. Zur Bestimmung der Entfernung $\overline{PQ}$ wird eine Basisstrecke $[AB]$ abgesteckt, wobei A und B auf gleicher Höhe mit P und Q liegen müssen. Von A und B aus werden die Punkte P und Q anvisiert und damit folgende Maße ermittelt:
$\overline{AB}$ = 340 m; α_1 = 64,88°; α_2 = 96,42°; β_1 = 28,36°; β_2 = 85,62°.
Runde bei allen nachfolgenden Rechnungen auf zwei Stellen nach dem Komma,

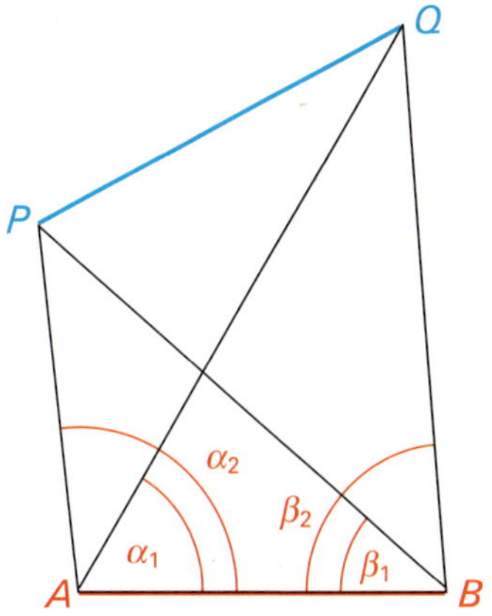

Bild 1

21.1 Berechne zunächst $\overline{AP}$, $\overline{AQ}$, $\overline{BP}$, $\overline{BQ}$ und dann in den Dreiecken AQP und BQP jeweils $\overline{PQ}$.

21.2 Berechne $\overline{PQ}$ für folgende Maße: $\overline{AB}$ = 520 m; α_1 = 33,72°; α_2 = 112,14°; β_1 = 58,25°; β_2 = 92,44°.

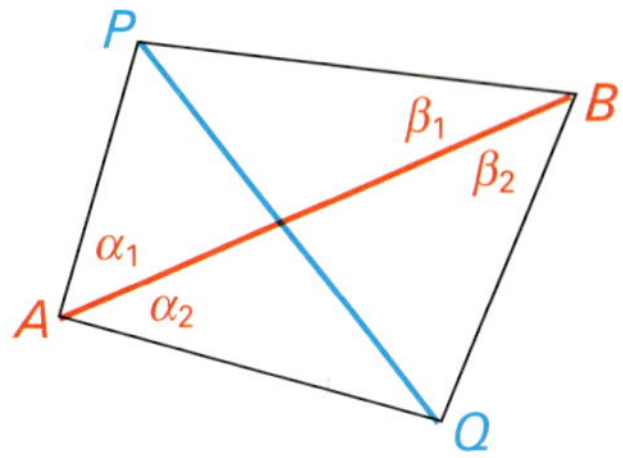

Bild 2

22 Berechne die Entfernung der Punkte P und Q in Bild 2 für folgende Maße: $\overline{AB}$ = 462 m; α_1 = 48,27°; α_2 = 59,14°; β_1 = 72,81°; β_2 = 24,18°.
Runde jeweils auf zwei Stellen nach dem Komma.

23 Das Verfahren, bei dem von Geländepunkten P und Q aus, deren Entfernung bestimmt werden soll, die Endpunkte einer Basisstrecke von bekannter Länge anvisiert werden, nennt man Rückwärtseinschneiden.
Beim Bau einer Bahntrasse ist die Entfernung zweier Geländepunkte P und Q (vgl. Bild 3) zu bestimmen. Von P und Q aus werden dazu die 740 m voneinander entfernten Punkte A und B, die mit P und Q auf gleicher Höhe liegen, anvisiert und folgende Winkelmaße ermittelt:
φ_1 = 88,16°; φ_2 = 53,22°; ε_1 = 71,74°; ε_2 = 42,95°
Runde jeweils auf zwei Stellen nach dem Komma.

Lösungshinweis:
Wähle für $\overline{PQ}$ einen beliebigen Wert, etwa 500 m, und berechne damit wie beim Vorwärtseinschneiden $\overline{A_0B_0}$. $\overline{PQ}$ erhält man dann aus $\overline{PQ}$: 500 m = 740 m : $\overline{A_0B_0}$.
[Teilergebnis: $\overline{A_0B_0}$ = 332,60 m]

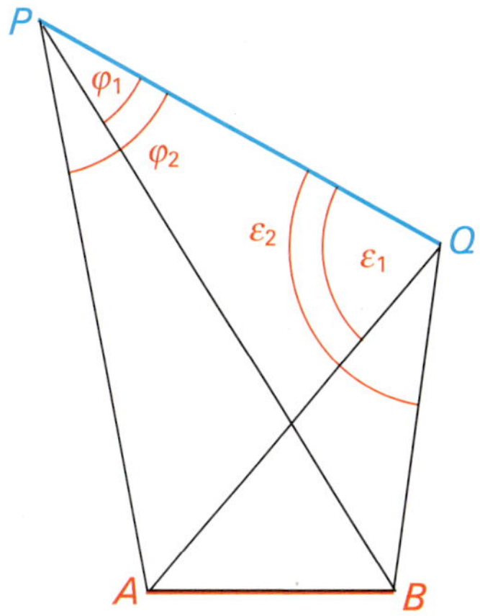

Bild 3

Aufgaben

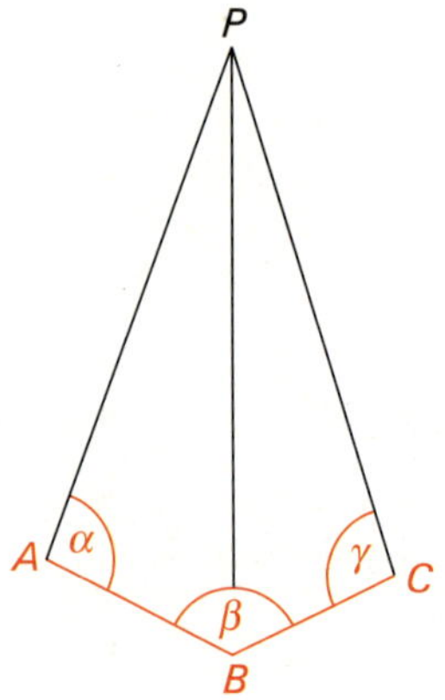

Bild 1

24 Die Geländepunkte A, B, C und P in Bild 1 liegen alle auf gleicher Höhe. Berechne die Entfernungen $\overline{AC}$, $\overline{AP}$, $\overline{BP}$ und $\overline{CP}$. Runde dabei jeweils auf zwei Stellen nach dem Komma.
Messwerte: $\overline{AB} = 220$ m; $\overline{BC} = 410$ m; $\alpha = 105{,}12°$; $\beta = 135{,}58°$; $\gamma = 75{,}12°$

25 Ein Leitungsmast wird von den Zugkräften $\vec{F_1}$ mit $F_1 = 500$ N und $\vec{F_2}$ mit $F_2 = 800$ N, deren Wirkungslinien einen Winkel von 110° einschließen, beansprucht (vgl. Bild 2).

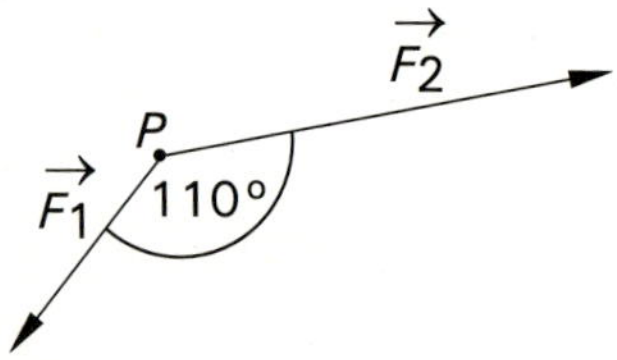

Bild 2

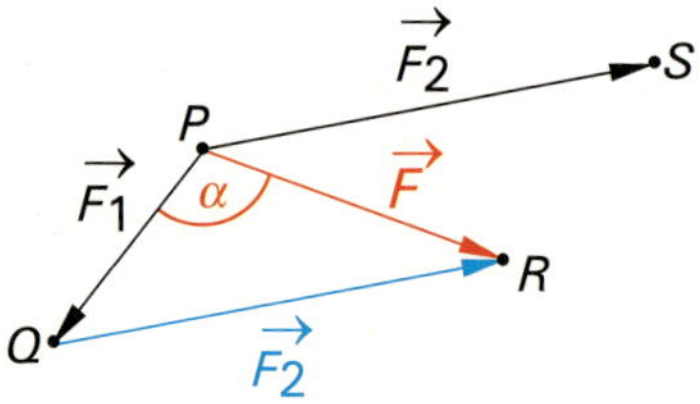

Bild 3

Die Wirkungslinie der Zugkraft $\vec{F}$ (vgl. Bild 3), die $\vec{F_1}$ und $\vec{F_2}$ ersetzt, bildet mit der Wirkungslinie von $\vec{F_1}$ einen Winkel mit dem Maß α. Berechne F und α. (Auf eine Stelle nach dem Komma runden.)
Lösungsanleitung:
Kräfte werden wie Vektoren addiert (vgl. Bild 3). Berechne $\overline{PR}$ und α.

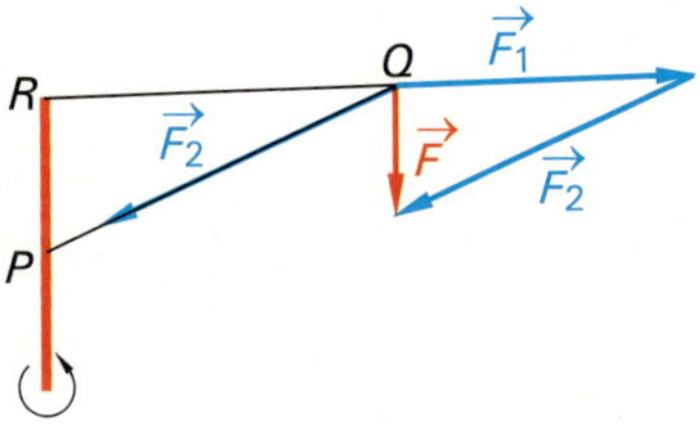

Bild 4

26 Der Drehkran in Bild 4 mit $\overline{PR} = 3$ m, $\overline{PQ} = 10{,}5$ m und $\overline{RQ} = 9$ m trägt eine Last von 50 000 N. Berechne die Zugkraft $\vec{F_1}$ und die Druckkraft $\vec{F_2}$. Runde auf eine Stelle nach dem Komma.
Beachte: $\vec{F} = \vec{F_1} \oplus \vec{F_2}$

27 Der niederländische Mathematiker und Physiker Snellius (1580–1626) entdeckte das nach ihm benannte Brechungsgesetz. Für einen Lichtstrahl, der von Luft in einen Körper übergeht, gilt: $\frac{\sin\alpha}{\sin\beta} = n$. Die Materialkonstante n heißt Brechzahl.

Bild 5 zeigt den Durchgang eines Lichtstrahls durch ein Prisma. Berechne die Brechzahl n und das Maß φ des Ablenkwinkels für folgende Messwerte: $\alpha = 65°$; $\overline{AC} = 9{,}6$ cm; $\overline{AB} = 7{,}2$ cm; $\overline{BC} = 8{,}1$ cm. Runde jeweils auf eine Stelle nach dem Komma.

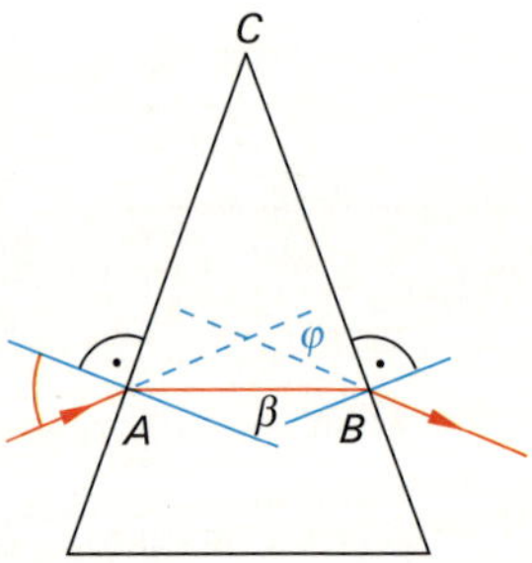

Bild 5

Landesvermessung – Triangulation

Nach dem Vorbild des holländischen Mathematikers Snellius (1580–1626) wird das zu vermessende Gebiet mit einem Netz von Dreiecken (Triangulation) überzogen, deren Eckpunkte markante und weithin sichtbare Punkte sind. Mithilfe der von einer festgelegten Basis aus gemessenen Winkel (vgl. Bild 3) werden die Seiten und die Koordinaten der Ecken der Dreiecke ermittelt, sie heißen trigonometrische Punkte. Man unterscheidet Dreiecksnetze 1. bis 4. Ordnung. Im Netz 1. Ordnung sind die Dreiecksseiten zwischen 20 km und 80 km, im Netz 4. Ordnung 1 km bis 3 km lang.

Der berühmte Mathematiker Carl Friedrich Gauß (1777–1855) führte die Vermessung des Königreichs Hannover durch. Am Dreieck Inselsberg, Brocken und Hohehagen überprüfte er dabei die Winkelsumme im Dreieck.

Bild 1
C.F. Gauß

Bei der Vermessung Bayerns wurde für das Netz 1. Ordnung eine Basis von 21,6538 km von Oberföhring nach Aufkirchen nordöstlich von München vermessen. Davon ausgehend, wurden dann die Koordinaten der im ganzen Land festgelegten trigonometrischen Punkte bestimmt. Ursprung dieses Koordinatensystems ist ein Punkt des nördlichen Turms der Frauenkirche in München. Bild 2 zeigt einen Ausschnitt aus dem Netz 1. Ordnung.

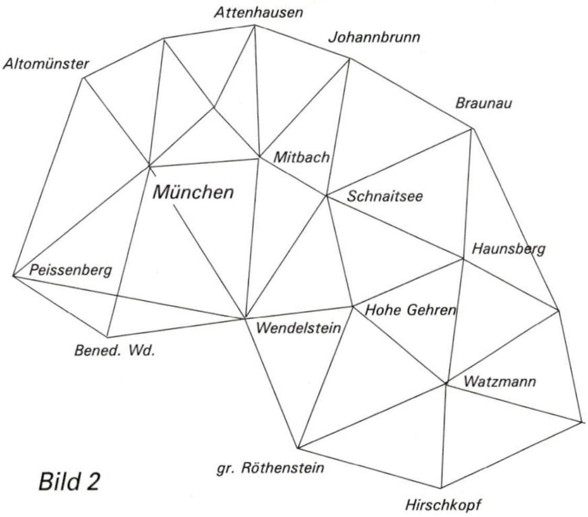

Bild 2

- Zur Berechnung der Entfernung zweier Punkte P und Q (vgl. Bild 3) werden, ausgehend von der festen Basis $[AB]$ mit $\overline{AB} = 21{,}6538$ km, die Winkel BAP, BAQ, PBA und QBA gemessen.

Berechne für $\alpha_1 = 110°30'45''$ (= 110,5125°), $\alpha_2 = 72°12'54''$, $\beta_1 = 36°24'18''$ und $\beta_2 = 81°33'9''$ (= 81,5525°) zunächst $\overline{AP}$ und $\overline{AQ}$ auf vier Stellen nach dem Komma gerundet und damit dann $\overline{PQ}$. [Teilergebnis: $\overline{AP} = 23{,}5438$ km]

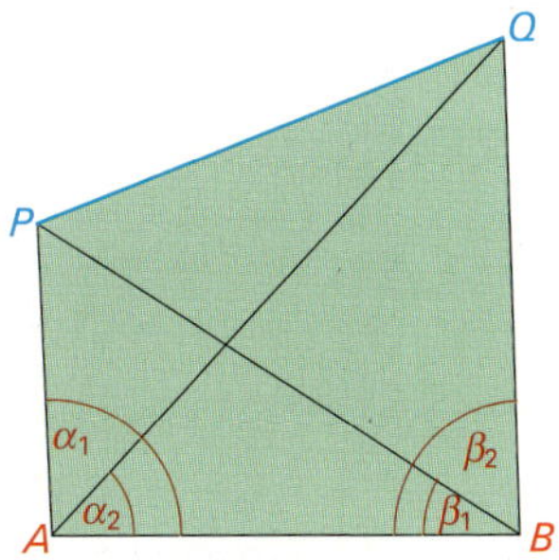

Bild 3

6 Raumgeometrie

6.1 Volumen und Oberfläche des Prismas

Skyline von Chicago
Bild 1

In dem Blick auf Chicago (Bild 1) können wir erkennen, dass viele Wolkenkratzer die Form eines Quaders besitzen. Aus den vorhergehenden Jahrgangsstufen kennen wir bereits die Eigenschaften von Quadern.

❶ Welche Körper in Bild 2 sind Quader?

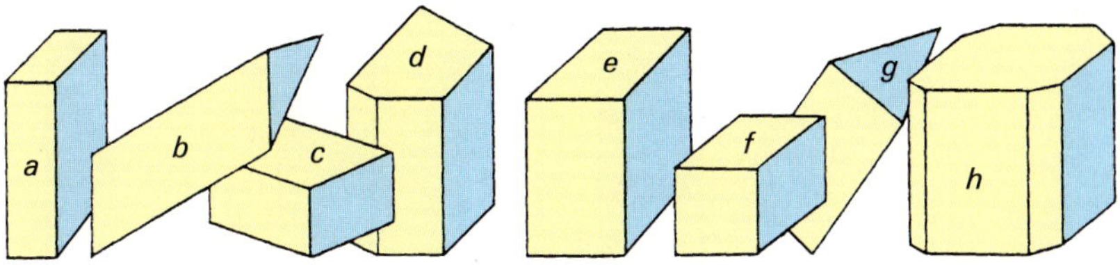

Bild 2

Jeder Körper in Bild 2 hat offensichtlich kongruente Grund- und Deckflächen und Seitenkanten, die zueinander parallel und gleich lang sind.

Ein Körper mit kongruenter Grund- und Deckfläche, dessen Seitenkanten gleich lang und zueinander parallel sind, heißt **Prisma**.

Stehen die Seitenkanten auf Grund- und Deckfläche senkrecht, so spricht man von einem **geraden Prisma** (vgl. Bild 3).

Ist dies nicht der Fall, so spricht man von einem **schiefen Prisma** (Bild 4).

Nach der Anzahl der Seitenflächen, die den **Mantel** des Prismas bilden, spricht man z. B. auch von geraden dreiseitigen Prismen, schiefen vierseitigen Prismen usw. (vgl. Bild 3–5)

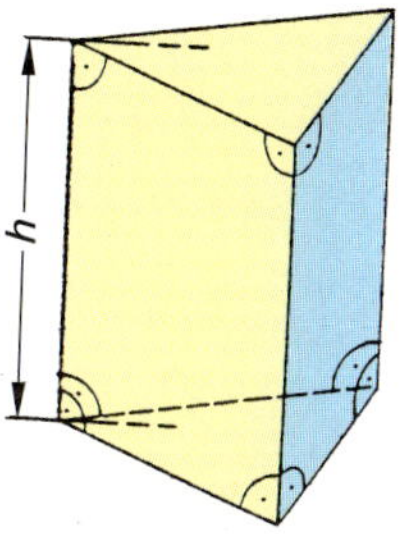

Bild 3

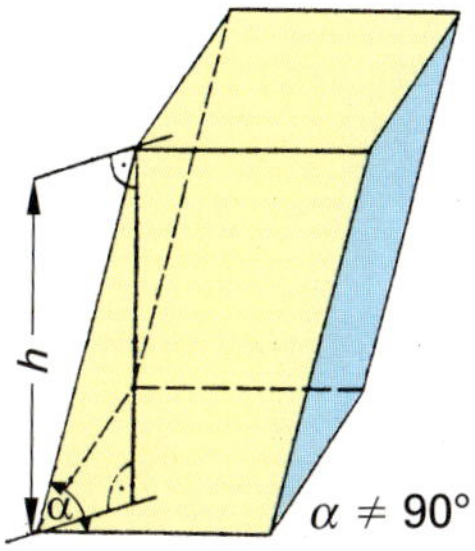

Bild 4

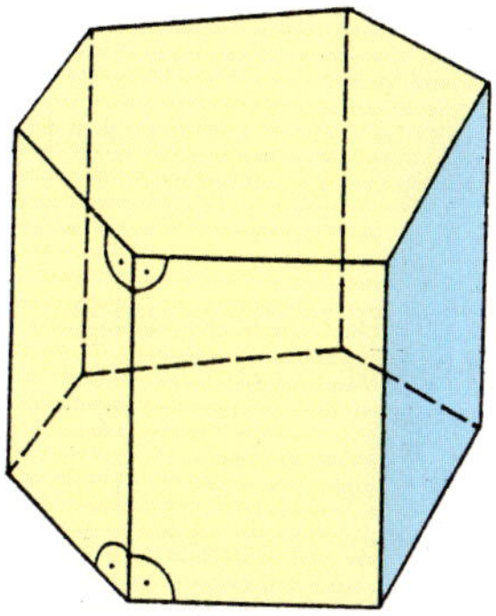

Bild 5

❷ Benenne die in Bild 2 gezeichneten Prismen.

Volumen eines geraden Prismas

Jeder Quader lässt sich in zwei Prismen mit jeweils kongruenten rechtwinkligen Dreiecken als Grundfläche zerlegen; also gilt:
$V_{\text{Prisma}\,ABCEFG} = \frac{1}{2} \cdot V_{\text{Quader}}$.

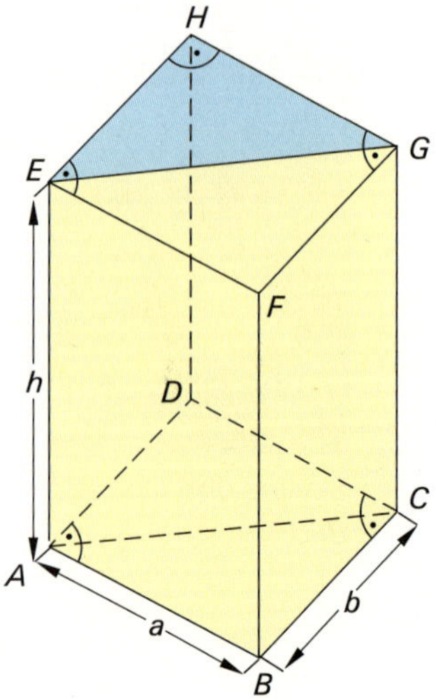

Bild 1

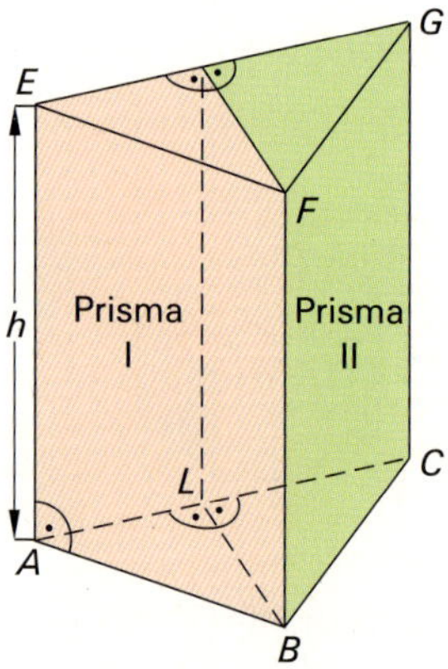

Bild 2

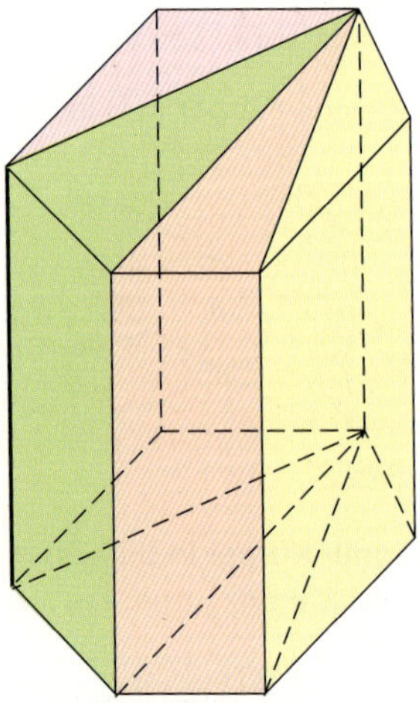

Bild 3

Jedes dreiseitige Prisma lässt sich wie in Bild 2 zerlegen. Da das Volumen des gesamten Körpers gleich der Summe der Volumina der einzelnen Körper ist, gilt:

$$V_{\text{Prisma}\,ABCEFG} = V_{\text{Prisma I}} + V_{\text{Prisma II}} = \underbrace{\frac{1}{2} \cdot (\overline{AL} + \overline{LC}) \cdot \overline{BL}}_{\text{Flächeninhalt der Dreiecke}} \cdot h$$

Wie Bild 3 zeigt, lässt sich jedes gerade Prisma mit beliebiger Grundfläche in dreiseitige gerade Prismen mit gleicher Höhe zerlegen.

Das Volumen V eines geraden Prismas mit der Höhe h und dem Flächeninhalt A_G der Grundfläche ist

$$V = A_G \cdot h.$$

- Übertrage die folgende Tabelle in dein Heft und berechne jeweils die fehlenden Maße der Quader.

	a)	b)	c)	d)	e)	f)	g)
Länge der Seiten der Grundfläche in cm	8,3	18	2,5	?	12,9	2,5	7
	7,5	37	?	27,5	17,3	?	?
Höhe in cm	12,8	?	7,3	23	48,2	4,9	7
Volumen in cm³	?	8058,6	219	5882,85	?	183,75	343

Oberfläche eines geraden Prismas

Die Begrenzungsflächen eines Prismas bilden zusammen die **Oberfläche**. Schneidet man den Körper längs der Kanten geeignet auf, so lässt sich die Oberfläche des Körpers in der Ebene ausbreiten. Wie wir bereits wissen, sprechen wir dann vom **Netz des Körpers** (vgl. Bild 1).

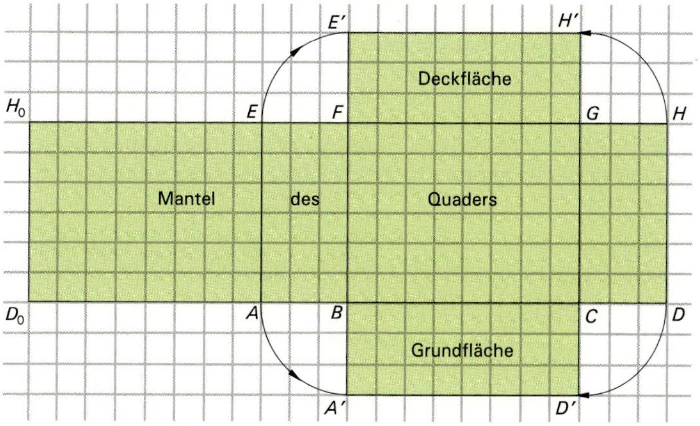

Bild 1

❶ Welchen Oberflächeninhalt und welches Volumen hat der Quader von Bild 1, wenn gilt: $a = 1{,}5$ cm, $b = 4$ cm und $c = h = 13$ cm?

❷ Übertrage die folgende Tabelle in dein Heft und berechne jeweils die fehlenden Maße der Quader auf zwei Stellen nach dem Komma gerundet.

	a)	b)	c)	d)	e)	f)	g)
Länge der Seiten der Grundfläche in cm	8,3	12,7	2,8	7,9	[3]	12,3	7,3
	7,5	25	[5]	12,8	93	9,8	7,3
Höhe in cm	12,8	87,2	7,5	27,3	217	[17]	?
Oberfläche in cm²	?	[34]	107,92	[19]	103 602	1032,26	319,74

Beispiel

Wir berechnen das Volumen und die Oberfläche eines geraden dreiseitigen Prismas. Die Grundfläche ist dabei ein rechtwinkliges Dreieck mit den Kathetenlängen 4,2 cm und 5,7 cm, die Höhe des Prismas ist 8,3 cm.

$V_{\text{Prisma}} = (0{,}5 \cdot 4{,}2 \cdot 5{,}7)\ \text{cm}^2 \cdot 8{,}3\ \text{cm} \quad \cdots \quad V_{\text{Prisma}} = 99{,}351\ \text{cm}^3$

Zur Berechnung der Oberfläche benötigen wir noch die Länge der Hypotenuse.

Für die Maßzahlen gilt: $y^2 = 4{,}2^2 + 5{,}7^2; \quad y = \sqrt{4{,}2^2 + 5{,}7^2}$

$A = A_{\text{Grundfläche}} + A_{\text{Deckfläche}} + A_{\text{Mantel}}$

$A = 2 \cdot (0{,}5 \cdot 4{,}2 \cdot 5{,}7)\ \text{cm}^2 + (4{,}2 \cdot 8{,}3 + 5{,}7 \cdot 8{,}3 + \sqrt{4{,}2^2 + 5{,}7^2} \cdot 8{,}3)\ \text{cm}^2$

$A = 164{,}88\ \text{cm}^2$

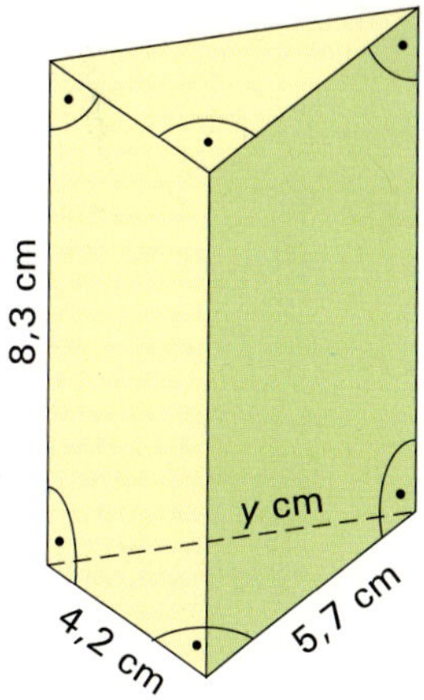

Bild 2

Aufgaben

1 Welchen Oberflächeninhalt und welches Volumen hat ein 17 cm hohes, dreiseitiges gerades Prisma mit einem gleichschenklig-rechtwinkligen Dreieck als Grundfläche (Kathetenlänge 8 cm)?

2 Bei einem Dreieck ABC hat die Seite $[AC]$ die Länge 7,2 cm, die Höhe h_b ist 4 cm lang. Welches Volumen hat ein gerades Prisma mit dem Dreieck ABC als Grundfläche, wenn die Seitenkanten 12,8 cm lang sind?

3 Ein Quader hat die Höhe 8 cm und das Volumen 512 cm³. Berechne die Länge der Seiten der Grundfläche, wenn die Oberfläche 384 cm² misst.

4.1 Eine Raute mit 12 cm Seitenlänge und einer 12 cm langen Diagonale ist Grundfläche eines 20 cm hohen geraden Prismas. Berechne den Oberflächeninhalt und das Volumen.

4.2 Löse die vorhergehende Aufgabe, wenn eine Diagonale 10 cm lang ist.

5.0 Von einem Quader wird ein dreiseitiges Prisma abgeschnitten (vgl. Bild 1).

5.1 Berechne mit den in Bild 1 angegebenen Maßen das Volumen des Restkörpers.

5.2 Wie viel Prozent des Rauminhalts des ursprünglichen Körpers hat der Restkörper?

5.3 Berechne den Oberflächeninhalt der beiden Körper.

6 Das Bild 2 zeigt Netze von Prismen. Berechne mithilfe der angegebenen Maße die Volumina und Oberflächen der Prismen.

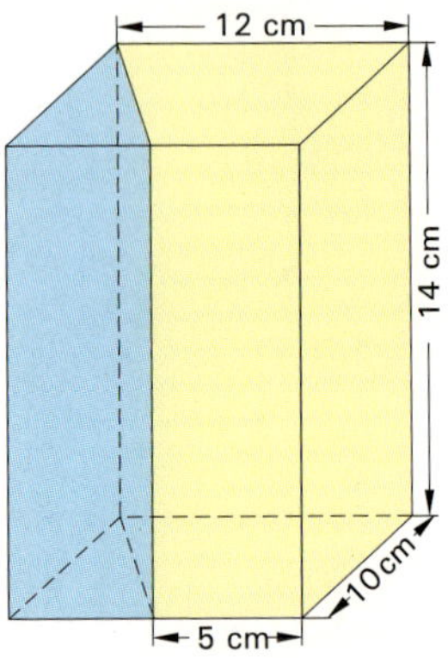

Bild 1

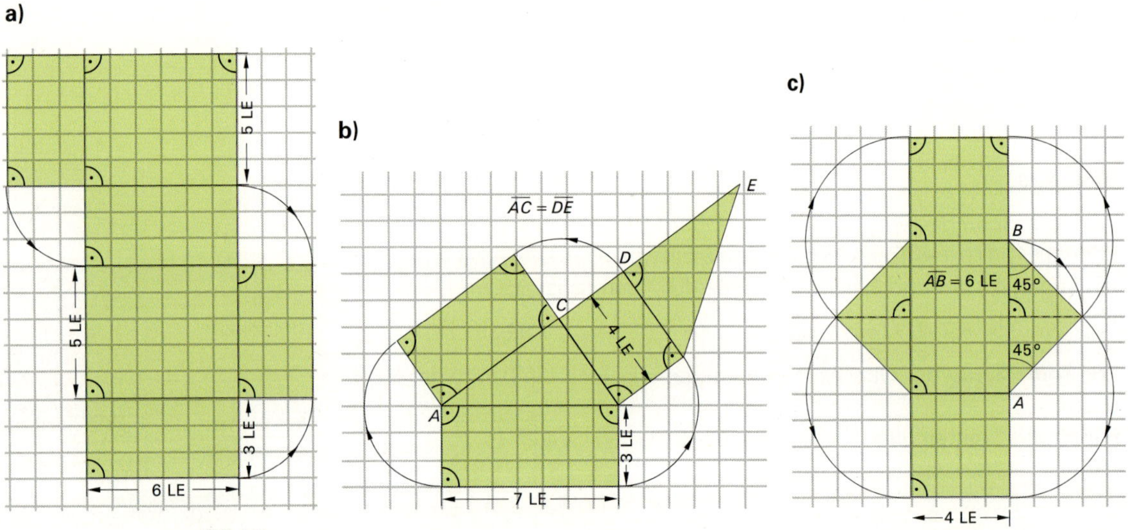

Bild 2

Aufgaben

7.0 Ein gleichseitiges Dreieck ABC mit der Seitenlänge 5 cm ist Grundfläche eines geraden Prismas mit 7 cm Höhe.

7.1 Zeichne das Netz des Prismas und ein Schrägbild für $\omega = 30°$ und dem Verkürzungsverhältnis $q = 0{,}5$, wobei eine Dreieckshöhe auf der Schrägbildachse liegen soll.

7.2 Berechne das Volumen und die Oberfläche des Prismas.

8.0 Ein gerades Prisma mit der Höhe 8 cm hat ein reguläres Sechseck mit 4 cm langen Seiten als Grundfläche.

8.1 Zeichne ein Schrägbild des Prismas für $q = 0{,}5$ und $\omega = 45°$. Eine Diagonale des Sechsecks soll dabei auf der Schrägbildachse liegen.

8.2 Wie groß sind Volumen und Oberfläche des Prismas? Runde auf zwei Stellen nach dem Komma.

9 Das Bild 1 zeigt den Querschnitt eines Stahlträgers mit den entsprechenden Maßen. Wie viele solcher Träger von jeweils 8 m Länge können auf einem 12,5-t-LKW transportiert werden, wenn 1 cm^3 Stahl 7,8 g wiegt? (Maßangaben in mm)

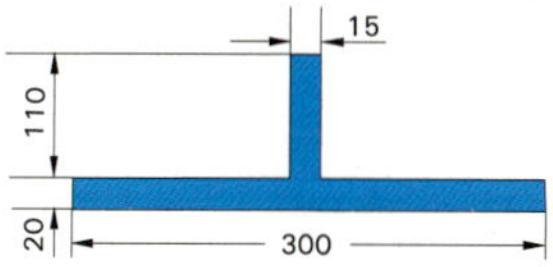

Bild 1

10.0 Die im Raumbild gezeichneten Körper A und B haben die in Bild 2 gezeichnete Vorderansicht und Draufsicht.

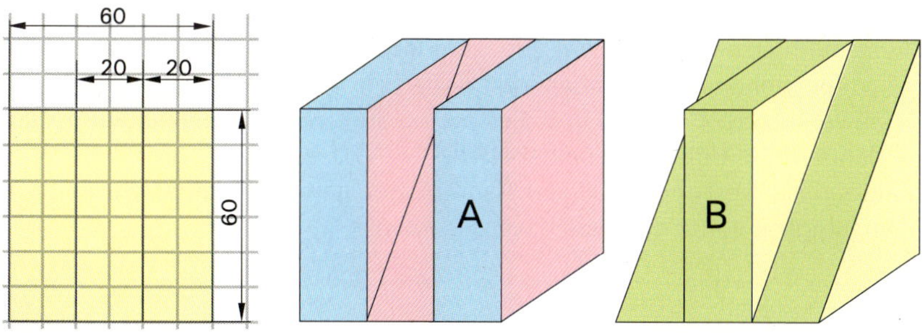

Bild 2

10.1 Berechne mit den angegebenen Maßen den Rauminhalt der beiden Körper auf zwei Stellen nach dem Komma gerundet.

10.2 Um wie viel Prozent hat der Körper A eine größere Oberfläche als der Körper B? (Ergebnisse auf eine Stelle nach dem Komma runden.)

11 Bei einem Würfel mit 8 cm Kantenlänge werden die Kanten verdoppelt. Um wie viel Prozent nimmt die Oberfläche bzw. das Volumen zu? Um wie viel Prozent länger ist dann die Raumdiagonale? Runde auf eine Stelle nach dem Komma.

12.1 Bei einem Würfel ist die Raumdiagonale 7,8 cm lang. Wie lang ist dann eine Kante? Runde auf zwei Stellen nach dem Komma.

12.2 Welche Oberfläche und welches Volumen hat dieser Würfel?

Aufgaben

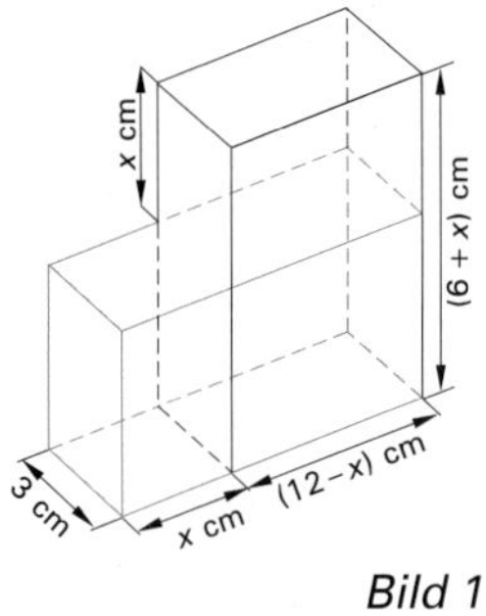

Bild 1

12.0 Aus einem Quader mit 12 cm und 3 cm langen Grundkanten und der Höhe 6 cm entstehen neue Quader, indem man wie in Bild 1 die 12 cm lange Grundkante um x cm mit $0 < x < 12$ verkürzt und gleichzeitig die Höhe um x cm verlängert.

12.1 Stelle das Volumen $V(x)$ der Quader in Abhängigkeit von x dar.
[Ergebnis; $V(x) = (-3x^2 + 18x + 216)$ cm^3]

12.2 Untersuche, ob der Quader mit dem größten Volumen auch die größte Oberfläche besitzt.

13.0 Ein rechtwinkliges Dreieck hat Katheten, die 8 cm und 17 cm lang sind. Das Dreieck ist Grundfläche eines geraden Prismas mit 20 cm Höhe. Man erhält neue Prismen, wenn man die längere Kathete um x cm verkürzt und dafür die kürzere Kathete um x cm verlängert und die Höhe beibehält.

13.1 Stelle das Volumen dieser Prismen in Abhängigkeit von x dar.
[Ergebnis: $V(x) = (-10x^2 + 90x + 1360)$ cm^3]

13.2 Für welche Belegung von x erhält man das Prisma mit dem größtmöglichen Volumen? Gib V_{max} an.

13.3 Das Prisma mit dem größten Volumen besitzt nicht die größtmögliche Oberfläche. Berechne die Oberfläche für $x = 4{,}5$ und für $x = 5$.

14.0 Aus einem Quader mit 10 cm und 8 cm langen Grundkanten und der Höhe 12 cm entstehen neue Quader, indem man die 10 cm lange Grundkante um x cm verkürzt ($0 < x < 10$) und gleichzeitig die andere Grundkante um x cm verlängert. Die Höhe wird beibehalten.

14.1 Zeige, dass die Länge $d(x)$ der Raumdiagonalen der Quader wie folgt in Abhängigkeit von x dargestellt werden kann:

$$d(x) = \sqrt{2x^2 - 4x + 308}\ \text{cm}$$

14.2 Bestimme durch Rechnung die Belegung für x, für die man die kürzeste Raumdiagonale erhält. Gib d_{min} an.

14.3 Begründe durch Rechnung, dass es genau einen Quader gibt, dessen Raumdiagonale 21 cm lang ist.

14.4 Stelle das Volumen der Quader in Abhängigkeit von x dar.
[Ergebnis: $V(x) = (-12x^2 + 24x + 960$ cm$^3)$

14.5 Für welche Belegung von x erhält man den Quader mit dem größten Volumen?

14.6 Prüfe durch Rechnung nach, ob der Quader mit dem größten Volumen auch die größtmögliche Oberfläche besitzt.
[Teilergebnis: $A = (-2x^2 + 4x + 592)$ cm^2]

14.7 Für welche Belegung von x erhält man den Quader, dessen Oberfläche 592 cm^2 groß ist?

Mexikanische Stufenpyramide

Volumen eines schiefen Prismas

Das gerade und das schiefe Prisma in Bild 1 haben jeweils kongruente Grundflächen und gleiche Höhe.

Bild 1

Die folgenden Überlegungen zeigen uns, dass für den Rauminhalt des schiefen Prismas ebenfalls $V = A_G \cdot h$ gilt. Dabei ist h der Abstand zwischen Grund- und Deckfläche.

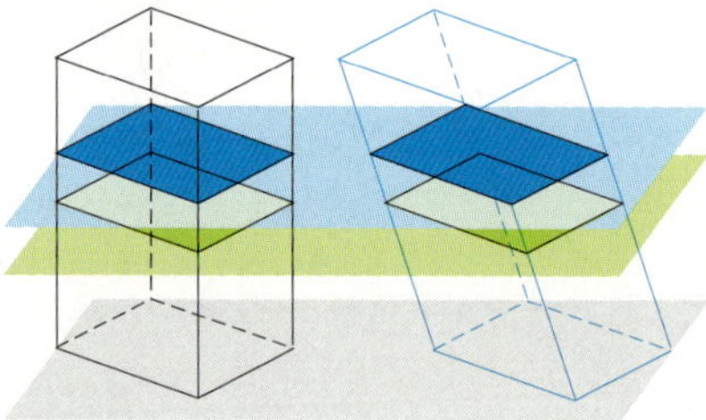

Bild 2

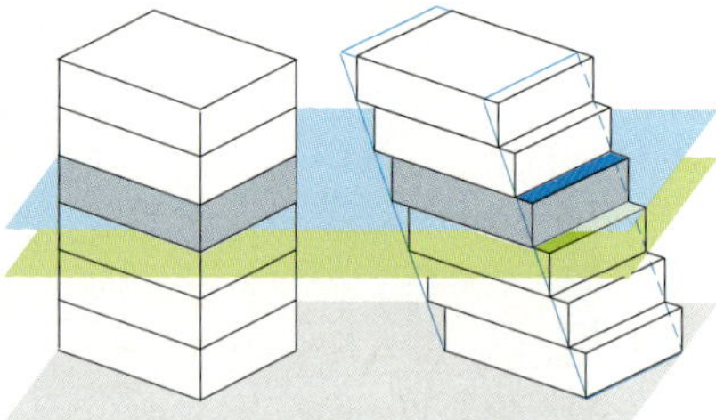

Bild 3

Zur Grundfläche parallele Ebenen (vgl. Bild 2) schneiden das gerade und das schiefe Prisma jeweils in inhaltsgleichen Schnittflächen. Die durch mehrere derartige Schnitte entstehenden Scheiben des geraden Prismas kann man zu einem Treppenkörper anordnen, der das gleiche Volumen besitzt wie das gerade Prisma (vgl. Bild 3). Die Höhe der einzelnen Scheiben kann so klein gemacht werden, dass sich das Volumen des Treppenkörpers beliebig genau dem Volumen des schiefen Prismas annähert.

Für das Volumen eines schiefen Prismas mit A_G als Flächeninhalt der Grundfläche und der Höhe h gilt also auch: $V = A_G \cdot h$.

- Ein Quadrat *ABCD* mit der Seitenlänge 8 cm ist Grundfläche eines schiefen Prismas *ABCDEFGH* mit 14 cm langen Seitenkanten, die mit den Seitenkanten [*AB*] bzw. [*CD*] der Grundfläche einen Winkel von 60° (bzw. 120°) einschließen. Berechne das Volumen und den Oberflächeninhalt des Körpers. Runde dabei auf eine Stelle nach dem Komma. (Lösungshinweis: Mache zuerst eine Skizze.)

Satz des Cavalieri

Die Überlegungen der vorhergehenden Seite lassen sich auch auf andere Körper anwenden und ermöglichen es, die Rauminhalte zu vergleichen.

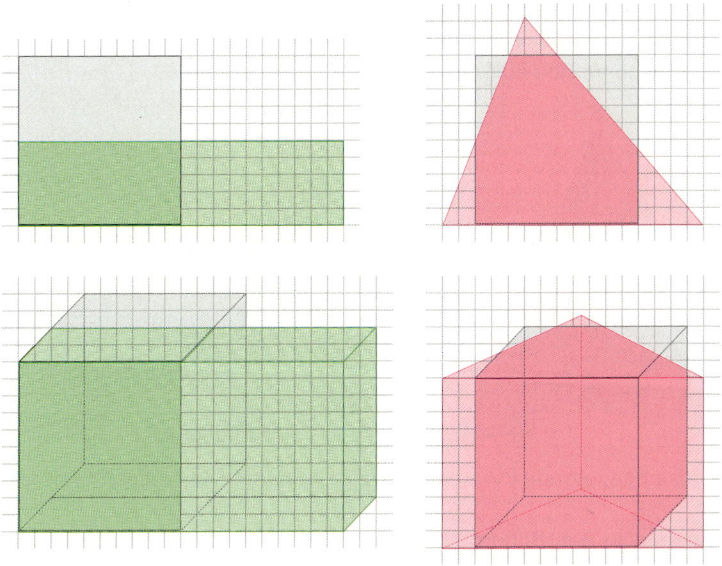

Draufsicht

Raumbild

Bild 1

Dabei sind die Grundflächen unter Umständen nicht kongruent, sondern haben nur gleichen Flächeninhalt; die Körper haben gleiche Höhe.

Es gilt der **Satz des Cavalieri**:

> Werden zwei Körper, die auf derselben Ebene stehen, von allen dazu parallelen Ebenen jeweils in gleich großen Flächen geschnitten, so haben die Körper gleichen Rauminhalt (vgl. Bild 2 und 3).

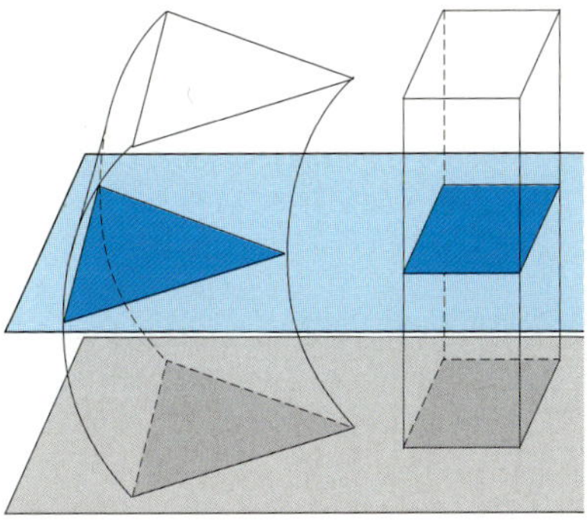

Bild 2

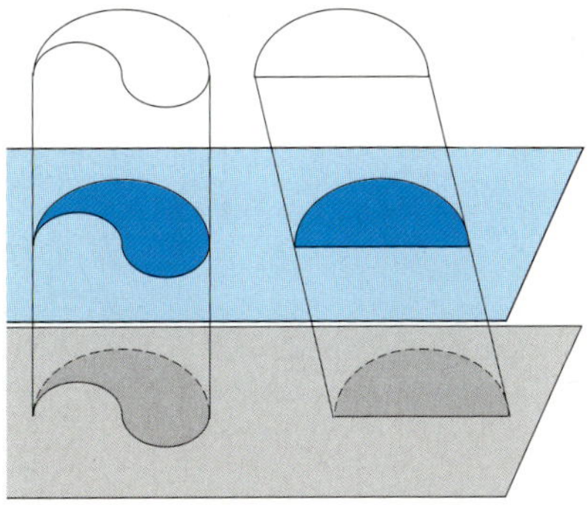

Bild 3

Dieser, für die Raumgeometrie bedeutende Satz ist nach dem italienischen Mathematiker Bonaventura Cavalieri (1598–1647), einem Schüler von Galileo Galilei, benannt.

6.2 Volumen und Oberfläche der Pyramide

Körper wie in den Bildern 1–3 heißen **Pyramiden**.

Nach der Anzahl der Seitenflächen, die den Mantel der Pyramide bilden, spricht man von dreiseitigen Pyramiden, usw. Sind alle Seitenkanten gleich lang, so spricht man z. B. von einer geraden Pyramide. In Bild 3 sind weitere wichtige Bezeichnungen eingetragen.

Pyramide am Louvre in Paris
Bild 1

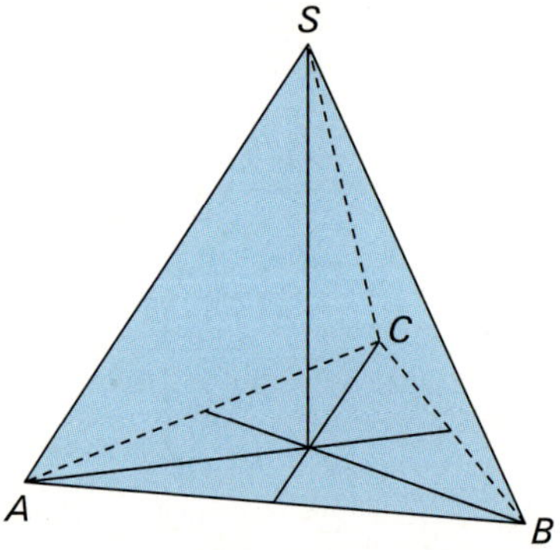

Bild 2: dreiseitige, gerade Pyramide

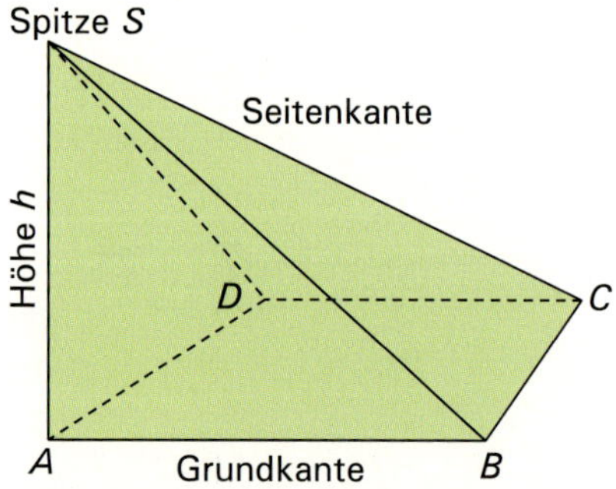

Bild 3: schiefe, vierseitige Pyramide

Die Pyramiden in den Bildern 4 und 5 haben Grundflächen mit gleichem Inhalt und gleiche Höhe. Eine zur Grundfläche parallele Ebene schneidet die Pyramiden in Figuren, die zur Figur in der jeweiligen Grundfläche ähnlich sind. Somit haben auch die Schnittflächen jeweils gleichen Flächeninhalt.

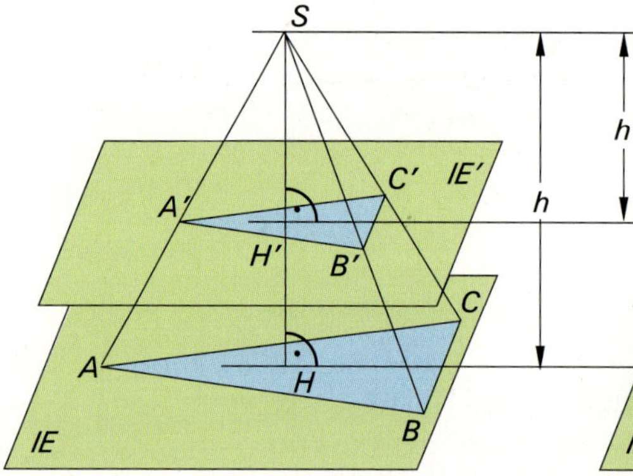

Bild 4

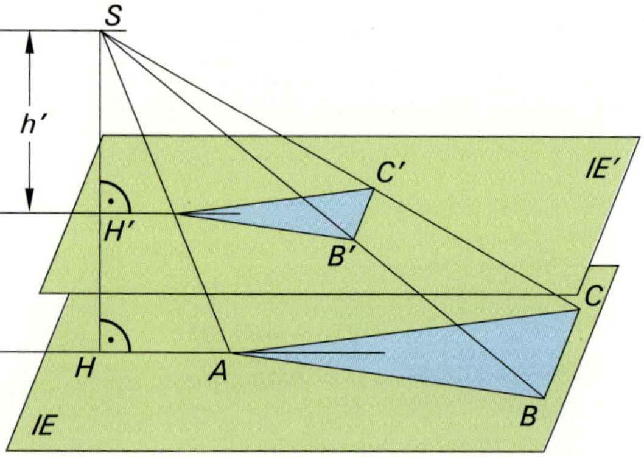

Bild 5

Nach dem Satz des Cavalieri gilt also:

Pyramiden mit gleich großer Grundfläche und gleicher Höhe haben gleiches Volumen.

Volumen der Pyramide

Ein gerades dreiseitiges Prisma lässt sich immer wie in Bild 1 in drei Pyramiden zerlegen. Wir können leicht zeigen, dass diese Pyramiden gleiches Volumen besitzen.

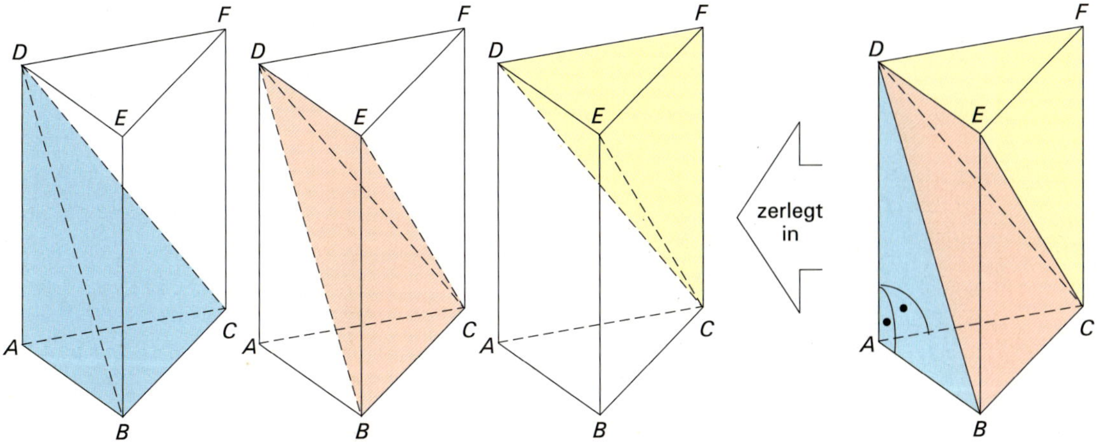

Pyramide *ABCD* Pyramide *BCED* Pyramide *ECFD* Prisma *ABCDEF*

Bild 1

Es gilt: $V_{ABCD} = V_{BCED}$ und $V_{BCED} = V_{ECFD}$.

$A_{\triangle ABD} = A_{\triangle BED}$ — Beide Pyramiden haben den Eckpunkt *C* als Spitze.

$A_{\triangle BCE} = A_{\triangle ECF}$ — Beide Pyramiden haben den Eckpunkt *D* als Spitze.

Da jeweils zwei Pyramiden inhaltsgleiche Grundflächen und gleiche Höhen besitzen, ist $V_{ABCD} = V_{BCED}$ und zugleich $V_{BCED} = V_{ECFD}$.
Damit hat aber auch die Pyramide *ABCD* das gleiche Volumen wie die Pyramide *ECFD*.

Wir halten fest:

> Jedes dreiseitige Prisma lässt sich in drei volumengleiche Pyramiden zerlegen.

Das Volumen einer dreiseitigen Pyramide ist also der dritte Teil des Volumens eines dreiseitigen Prismas mit kongruenter Grundfläche und gleicher Höhe.

Jede Pyramide mit mehr als drei Grundkanten lässt sich in dreiseitige Pyramiden zerlegen (vgl. Bild 2). Das Gesamtvolumen ist die Summe der Rauminhalte der einzelnen dreiseitigen Pyramiden.

> Für das Volumen einer Pyramide mit dem Flächeninhalt A_G der Grundfläche und der Höhe *h* gilt also: $V = \frac{1}{3} \cdot A_G \cdot h$.

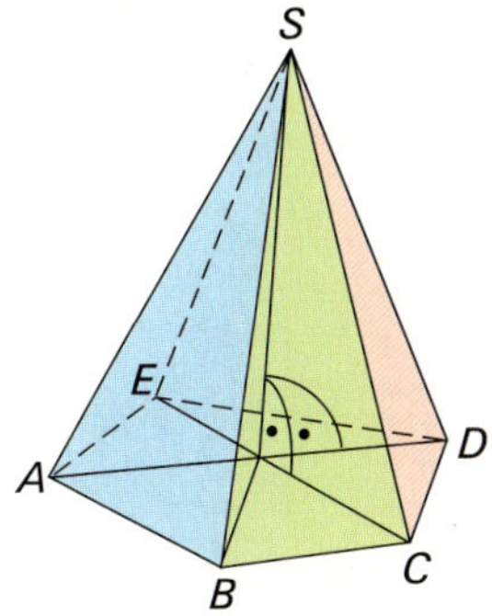

Bild 2

Oberfläche der Pyramide

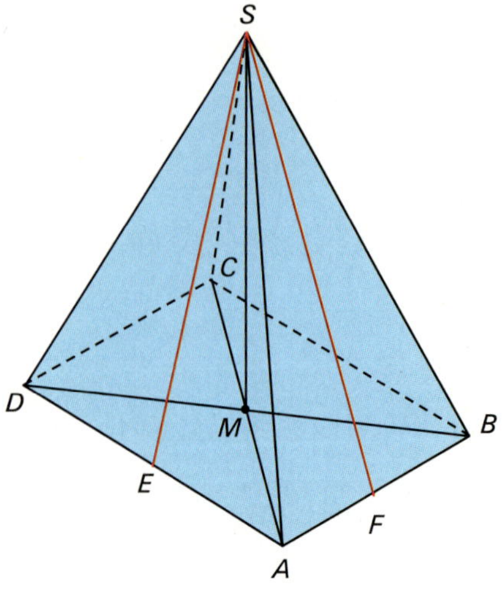

Bild 1

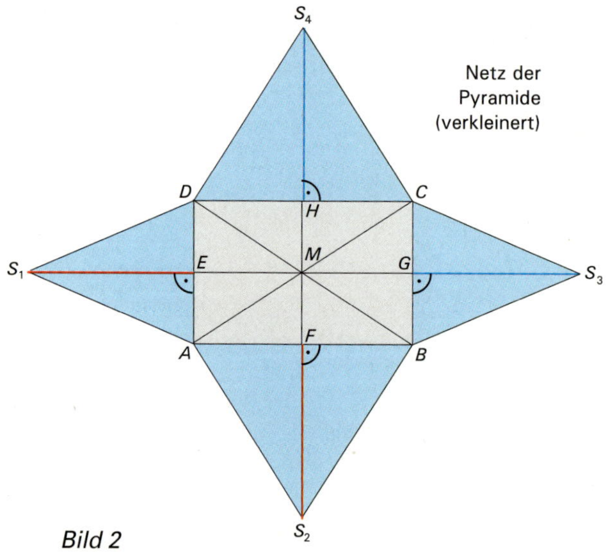

Bild 2

Das Bild 1 zeigt das Raumbild einer geraden Pyramide mit dem Rechteck *ABCD* als Grundfläche. Die Spitze *S* liegt dabei senkrecht über dem Diagonalenschnittpunkt *M* der Grundfläche. Schneidet man die Pyramide an den Seitenkanten auf und klappt die Seitenflächen wie in Bild 2 in die Ebene, so erhält man das **Netz der Pyramide**. Die Seitenflächen bilden zusammen die **Mantelfläche** (kurz: Mantel). Nimmt man die Grundfläche hinzu, so hat man die **Oberfläche der Pyramide**.

Beispiel

Wir berechnen Volumen und Oberfläche der Pyramide von Bild 1 für $\overline{AB} = \overline{CD} = 8$ cm, $\overline{AD} = \overline{BC} = 6$ cm und $\overline{MS} = 12$ cm.

$$V_{\text{Pyramide } ABCDS} = \frac{1}{3} \cdot \overline{AB} \cdot \overline{BC} \cdot \overline{MS} = \frac{1}{3} \cdot 8 \cdot 6 \cdot 12 \text{ cm}^3 = 192 \text{ cm}^3$$

Dem Netz der Pyramide (vgl. Bild 2) können wir entnehmen, dass die Oberfläche sich aus einem Rechteck und vier Dreiecken zusammensetzt, von denen jeweils zwei kongruent sind.

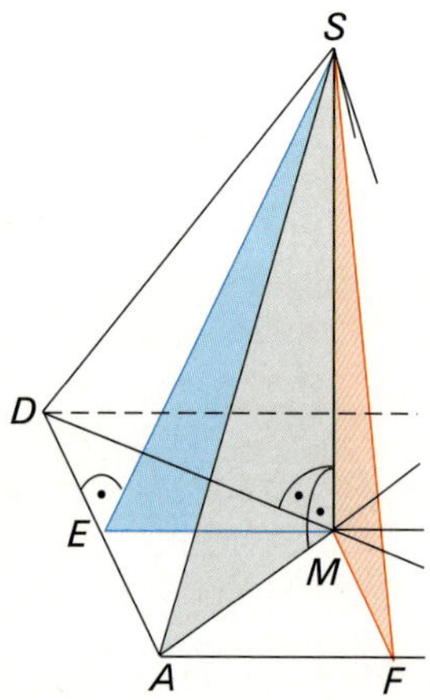

Bild 3

❶ Bestätige durch Rechnung, dass gilt (Bild 3): $\overline{ES} = \sqrt{160}$ cm und $\overline{FS} = \sqrt{153}$ cm.

Damit ist:

$$A_O = A_{\text{Viereck } ABCD} + 2 \cdot A_{\triangle DAS} + 2 \cdot A_{\triangle ABS}$$
$$A_O = \left(8 \cdot 6 + 2 \cdot \frac{1}{2} \cdot 6 \cdot \sqrt{160} + 2 \cdot \frac{1}{2} \cdot 8 \cdot \sqrt{153}\right) \text{ cm}^2$$
$$A_O = 222{,}85 \text{ cm}^2$$

❷ Berechne die Maße der Neigungswinkel *SFM*, *MAS* und *MES* (vgl. Bild 3). Runde auf eine Stelle nach dem Komma.

Aufgaben

1 Berechne die fehlenden Maße der Pyramiden auf zwei Stellen nach dem Komma gerundet.

	a)	b)	c)	d)	e)	f)	g)
Grundfläche in cm²	17	48,3	[19]	103,75	[22]	8,64	47,5
Höhe in cm	12,8	7,9	25,5	[6]	18	12,6	[12]
Volumen in cm³	[17]	[20]	1328,125	518,75	983,04	[20]	432,25

2.1 Bei einer Pyramide *ABCDS* mit quadratischer Grundfläche (Seitenlänge 9,5 cm) liegt die Spitze *S* senkrecht über dem Eckpunkt *C*; die Höhe ist 12,8 cm. Berechne das Volumen, die Oberfläche und das Maß des Neigungswinkels der Kante [*AS*] gegen die Grundfläche auf eine Stelle nach dem Komma gerundet.

2.2 Bei einer Pyramide mit rechteckiger Grundfläche verhalten sich die Längen der Seiten der Grundfläche wie 3 : 2; das Volumen ist 224 cm^3. Berechne die Oberfläche, wenn die Spitze *S* 7 cm über dem Diagonalenschnittpunkt liegt.

3.0 Eine Pyramide hat als Grundfläche ein reguläres Sechseck. Die Spitze *S* ist senkrecht über dem Mittelpunkt des Umkreises der Grundfläche.

3.1 Begründe, dass alle Seitenkanten gleich lang sind.

3.2 Berechne das Volumen, wenn die Seitenkanten 6 cm lang sind und eine Seite der Grundfläche 3 cm misst. Runde auf eine Stelle nach dem Komma.

3.3 Zeichne das Netz der Pyramide und berechne die Oberfläche auf zwei Stellen nach dem Komma gerundet.

4 Ein Turm hat eine Pyramide mit quadratischer Grundfläche als Abschluss. Eine Grundkante misst 8,3 m. Wie viele Quadratmeter Kupferblech benötigt man für die Verkleidung der Turmspitze, wenn der von der Spitze umschlossene Raum ein Volumen von 275,56 m^3 hat?

Bild 1

5.0 Verbindet man den Schnittpunkt *S* der Diagonalen der Deckfläche eines Würfels mit den vier Eckpunkten der Grundfläche, so erhält man die Pyramide *ABCDS*.

5.1 Zeichne das Schrägbild des Würfels mit der Pyramide.
Für die Zeichnung: Kantenlänge des Würfels 6 cm, $\omega = 30°$, $q = 0{,}5$.

5.2 Berechne das Volumen der Pyramide in Abhängigkeit von der Kantenlänge *a* des Würfels.

5.3 Berechne die Oberfläche der Pyramide in Abhängigkeit von der Kantenlänge *a* des Würfels.

5.4 Um wie viel Prozent ist das Volumen bzw. die Oberfläche der Pyramide kleiner als das Volumen bzw. die Oberfläche des Würfels? (Runde die Ergebnisse auf eine Stelle nach dem Komma.)

6 Löse die Aufgabe 5.3 und 5.4 für ein gerades Prisma mit quadratischer Grundfläche (Länge der Grundkanten 8 cm) und einer Höhe von 12 cm Länge.

Wir falten eine Pyramide

Aus einem quadratischen Blatt Papier mit einer Seitenlänge von 20 cm lässt sich das Netz einer quadratischen Pyramide erzeugen. Dazu wird das Blatt wie in Bild 1 in zwei flächengleiche Teile gefaltet, sodass die überstehenden Ecken gleichschenklig-rechtwinklige Dreiecke bilden. Faltet man dann die entstandeneFigur an ihrer Symmetrieachse und die daraus entstehende Figur nochmals an deren Symmetrieachse, so erhält man drei weitere Faltkanten wie Bild 2 zeigt. Faltet man schließlich die vier noch überstehenden Dreiecke um, so kann man eine Pyramide wie in Bild 3 erzeugen.
Runde bei den folgenden Rechnungen auf zwei Stellen nach dem Komma.

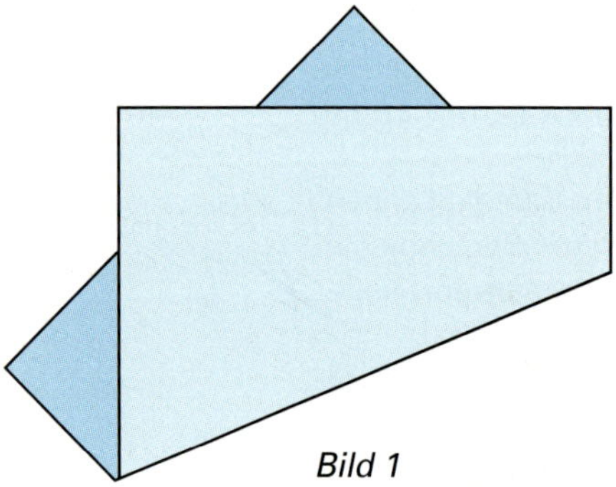

Bild 1

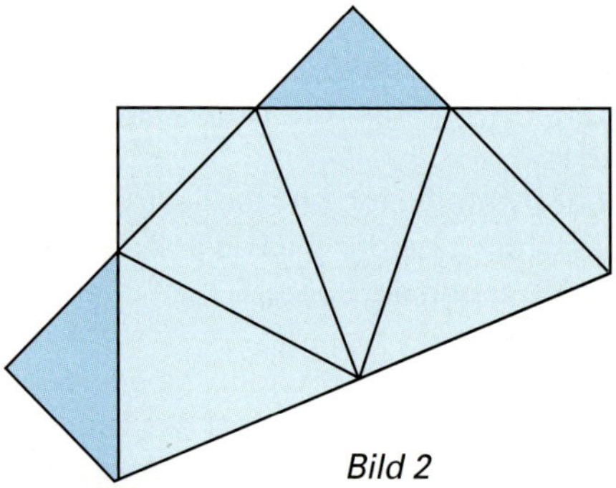

Bild 2

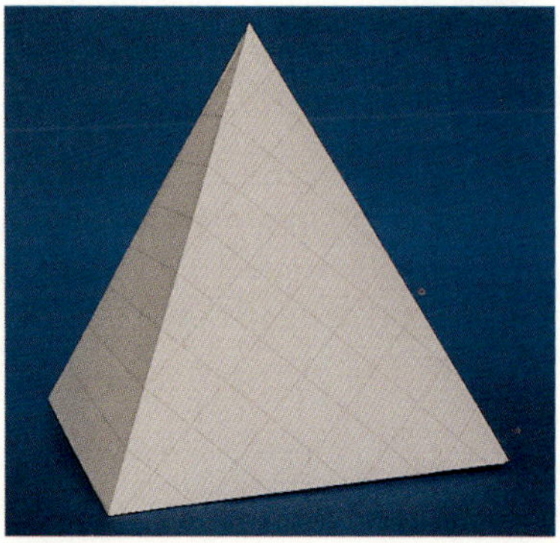

Bild 3

❶ Begründe, dass die vier überstehenden Dreiecke zusammen gerade die Grundfläche der quadratischen Pyramide ergeben.

❷ Berechne die Längen der Pyramidenkanten.

❸ Wie viel Prozent vom Flächeninhalt des ursprünglichen Blattes beträgt die Oberfläche der Pyramide?

❹ Berechne die Länge der Pyramidenhöhe und das Volumen der Pyramide.

❺ Welchen Winkel bilden zwei gegenüberliegende Seitenkanten an der Spitze der Pyramide?

❻ Wie groß ist der Neigungswinkel der Seitenflächen gegen die Grundfläche?

Aufgaben

7.0 Ein Zelt hat die in Bild 1 angegebenen Maße.

7.1 Berechne den Rauminhalt des Zelts.

7.2 Wie viele Quadratmeter Stoff sind zur Herstellung der Seitenwände des Zelts insgesamt notwendig?

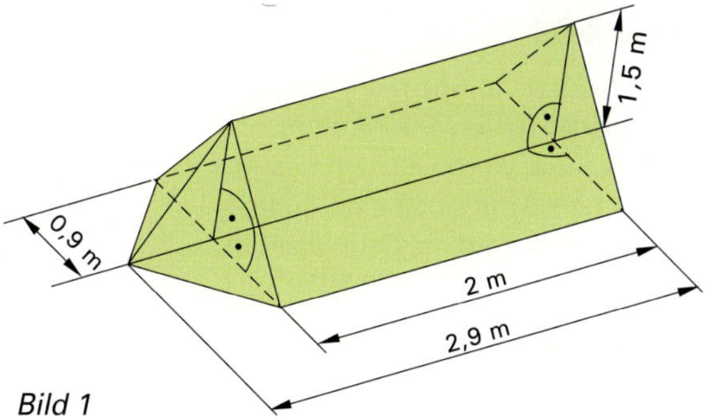

Bild 1

Bei allen Aufgaben gilt: Ergebnisse auf zwei Stellen nach dem Komma runden.

7.3 Um wie viel Prozent ändern sich die Ergebnisse der Aufgaben 7.1 und 7.2, wenn alle Maße um 10 cm vergrößert (verkleinert) werden?

8.0 Aus Bild 2 ist der Plan eines Dachstuhls für ein Walmdach mit der Länge 13,80 m und der Breite 9,60 m ersichtlich. Der Neigungswinkel der trapezförmigen Dachflächen beträgt 32°.

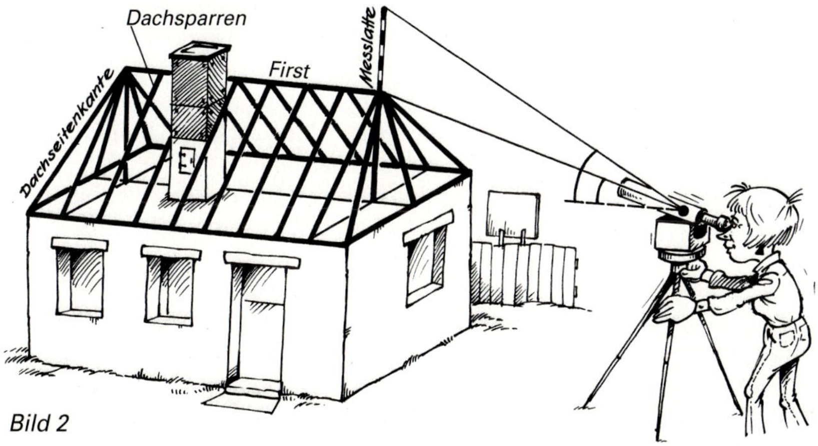

Bild 2

8.1 Ermittle die Dachhöhe sowie die Längen der Dachsparren für die trapezförmigen Dachflächen.

8.2 Berechne den Neigungswinkel α des Walms und den Neigungswinkel β der Dachseitenkanten, wenn die Firstlänge 6,40 m beträgt (vgl. Bild 3).

8.3 Wie viel Kubikmeter Raum umschließt das Dach?

8.4 Wie viel Quadratmeter Dachplatten benötigt man zum Eindecken des Daches, wenn der Kamin eine quadratische Grundfläche mit der Seitenlänge 1,20 m hat?

8.5 Die Baupolizei überprüft, ob die Gebäudehöhe h den zulässigen Wert von 9,50 m nicht überschreitet. Dazu werden die beiden Endpunkte einer auf dem Dachfirst aufgestellten Messlatte von 1,80 m Länge unter den Höhenwinkeln $\varphi_1 = 28°$ und $\varphi_2 = 33°$ anvisiert. Der dazu verwendete Theodolit befindet sich dabei 1,50 m über dem Erdboden. Berechne h.

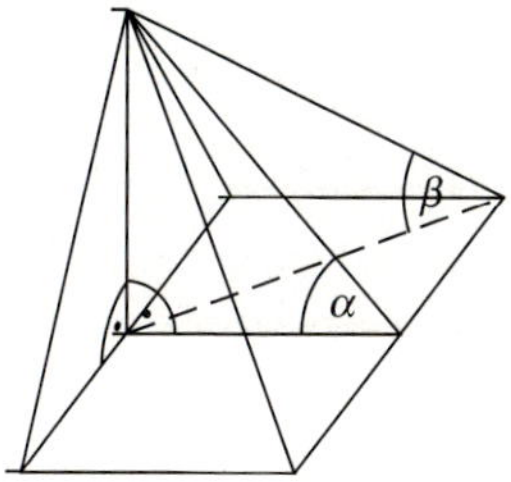

Bild 3: Walm

Aufgaben

Bild 1

9.0 Die Cheopspyramide hatte ursprünglich eine Höhe von 148,17 m, die Grundkanten waren 232,74 m lang. Heute hat sie nur noch eine Höhe von 146,60 m und die Grundkanten haben die Länge von 230,30 m.

9.1 Berechne das Volumen der ursprünglichen Pyramide auf zwei Stellen nach dem Komma gerundet.

9.2 Um wie viel Prozent ist die heutige Pyramide kleiner?

9.3 Berechne den Oberflächeninhalt der heutigen Cheopspyramide. (Runde auf zwei Stellen nach dem Komma.)

9.4 Welchen Neigungswinkel gegen die Grundfläche hatten (haben) die Seitenkanten früher (heute)?

Bild 2

10.0 Eine 12 cm hohe Pyramide hat als Grundfläche ein Quadrat mit 8 cm Seitenlänge. Die Spitze *S* liegt dabei senkrecht über dem Diagonalenschnittpunkt der Grundfläche. Eine zur Grundfläche parallele Ebene schneidet eine 4 cm hohe Pyramide ab.

10.1 Berechne Volumen und Oberfläche der abgeschnittenen Spitze.
Lösungshinweis: Die Länge der Grundkante der abgeschnittenen Spitze kann mithilfe des Vierstreckensatzes berechnet werden.

10.2 Der Restkörper heißt Pyramidenstumpf. Welches Volumen und welche Oberfläche besitzt er? (Runde auf zwei Stellen nach dem Komma.)

11.0 Eine schiefe Pyramide *ABCDS* hat ein Quadrat *ABCD* mit der Seitenlänge 7 cm als Grundfläche. Die Spitze *S* liegt 10 cm über dem Mittelpunkt *F* der Seite [*AD*].

11.1 Zeichne ein Schrägbild der Pyramide für $q = 0{,}5$ und $\omega = 60°$. Die Seite [*CD*] soll dabei auf der Schrägbildachse liegen.

11.2 Berechne das Maß des Neigungswinkels der Seitenkanten [*BS*] bzw. [*AS*] gegen die Grundfläche auf eine Stelle nach dem Komma gerundet.

11.3 Berechne das Volumen und die Oberfläche der Pyramide auf zwei Stellen nach dem Komma gerundet.

11.4 Welches Maß hat der Winkel *BSC*?

11.5 Berechne das Maß des Winkels, den die Seitenkanten [*AS*] und [*CS*] miteinander einschließen. Runde auf eine Stelle nach dem Komma.

11.6 Wie viel Prozent der ursprünglichen Pyramide *ABCDS* werden durch eine Ebene parallel zur Grundfläche in halber Höhe abgeschnitten?

12 Löse die Aufgabe 11 mit einem Rechteck als Grundfläche, bei dem gilt: $\overline{AB} = 8{,}3$ cm und $\overline{AD} = 4{,}8$ cm. (Runde die Ergebnisse jeweils auf zwei Stellen nach dem Komma.)

Volumenberechnung bei den alten Ägyptern

Eine Aufgabe aus dem Papyrus Moskau (benannt nach dem Aufbewahrungsort) gibt eine Vorschrift an, mit der das Volumen eines quadratischen Pyramidenstumpfs ermittelt werden kann. Dabei ist die Seitenlänge der quadratischen Grundfläche 4 LE, der quadratischen Deckfläche 2 LE, die Höhe 6 LE; Grund- und Deckfläche sind zueinander parallel.

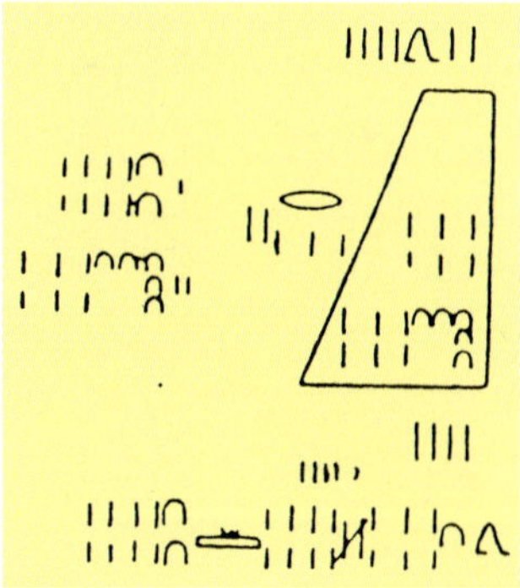

Die nebenstehende Anweisung lautet:
Berechne zuerst die Flächeninhalte von Grund- und Deckfläche (16 bzw. 4) und das Produkt $2 \cdot 4$.

Weiter heißt es dann:
Addiere diese 16 mit dieser 8 und mit dieser 4, das ergibt 28.

Berechne $\frac{1}{3}$ von 6, das ergibt 2.

Nimm 28 zweimal, das ergibt 56. Siehe, er (nämlich der Flächeninhalt) ist 56;
du hast das Richtige gefunden.

Die Rechnung der alten Ägypter lässt sich wie folgt erklären: Wir zerlegen den Pyramidenstumpf in Teilkörper und fügen die erhaltenen Teile zu einfacheren Körpern zusammen.

$V \quad = \quad V_I \quad + \quad V_{II} \quad + \quad V_{III}$

Mit den angegebenen Maßen des Papyrus Moskau gilt:

$$V = (2 \cdot 2 \cdot 6 + 2 \cdot 1 \cdot 2 \cdot 6 + \frac{1}{3} \cdot 2 \cdot 2 \cdot 6)\ \text{VE} = 56\ \text{VE}.$$

Wählt man als Seitenlängen der quadratischen Flächen *a* bzw. *b* und *h* als Höhe, so kann man die Rechenvorschrift der alten Ägypter wie folgt schreiben:

$$V = (a^2 + b^2 + ab) \cdot \frac{h}{3}$$

Aufgaben

13.0 Eine dreiseitige Pyramide, bei der alle Kanten gleich lang sind, heißt **reguläres Tetraeder** (vgl. Bild 1). Dabei liegt die Spitze *S* senkrecht über dem Mittelpunkt des Umkreises der Grundfläche.

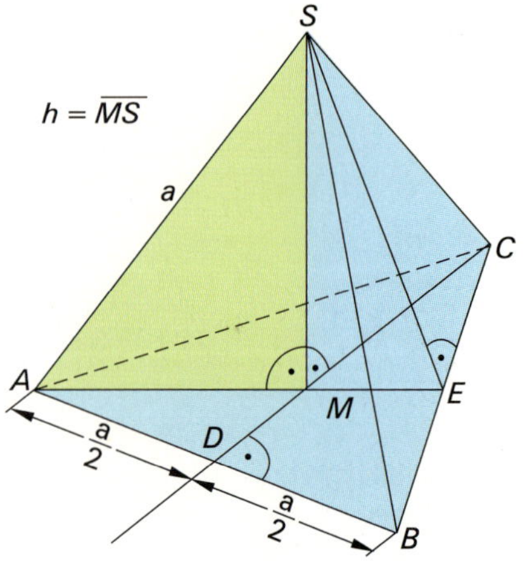

Bild 1

13.1 Gib $\overline{AM} = \frac{2}{3} \cdot \overline{AE}$ in Abhängigkeit von der Kantenlänge *a* an.

13.2 Berechne mithilfe des Stützdreiecks *AMS* die Länge der Höhe *h* in Abhängigkeit von *a*.

13.3 Zeige, dass für das Volumen *V* in Abhängigkeit von a gilt: $V = \frac{\sqrt{2}}{12} \cdot a^3$.

13.4 Berechne das Maß des Neigungswinkels einer Seitenkante (Seitenfläche) gegen die Grundfläche auf eine Stelle nach dem Komma gerundet.

14.0 Ein reguläres Tetraeder hat 20 cm lange Kanten.

14.1 Welche Höhe muss ein dreiseitiges Prisma mit der gleichen Grundfläche haben, wenn beide Körper gleiches Volumen besitzen?

14.2 Um wie viel Prozent ist die Oberfläche des Prismas dann größer als die Oberfläche des regulären Tetraeders?

15.0 Die Diagonalen der Seitenflächen eines Würfels mit 8 cm Kantenlänge sind die Seitenkanten eines regulären Tetraeders.

15.1 Zeichne ein Schrägbild des Würfels für $\omega = 30°$ und $q = 0{,}5$ und zeichne das Tetraeder ein.
Hinweis: Die Diagonale der Grundfläche soll auf der Schrägbildachse liegen.

15.2 Zeichne ein Netz des Tetraeders.

15.3 Welches Volumen und welche Oberfläche hat dieses reguläre Tetraeder?

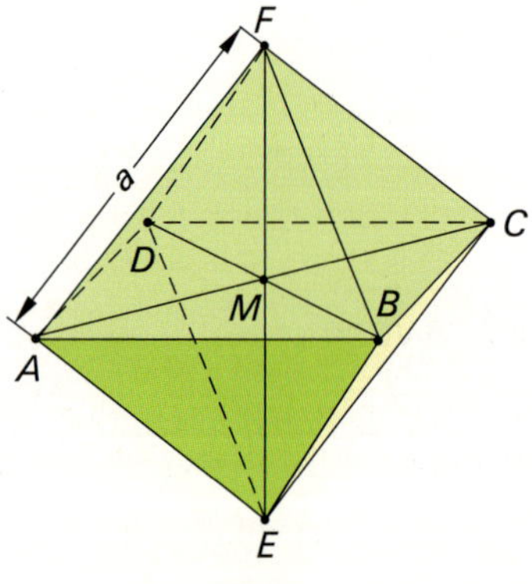

Bild 2

16.0 Zwei Pyramiden mit einem Quadrat als Grundfläche (Seitenlänge *a*) und gleichseitigen Dreiecken als Seitenflächen werden zu einem Doppelkörper wie in Bild 2 zusammengesetzt. Ein solcher Körper heißt **reguläres Oktaeder**.

16.1 Zeige, dass für das Volumen dieses Körpers in Abhängigkeit von der Kantenlänge *a* gilt: $V(a) = \frac{\sqrt{2}}{3} \cdot a^3$.

16.2 Welches Volumen und welcher Oberflächeninhalt ergibt sich für *a* = 12 cm?

16.3 Welches Volumen hat ein reguläres Oktaeder mit der Oberfläche 189,18 cm²?

Aufgaben

17.0 Das Quadrat $ABCD$ mit der Seitenlänge 9 cm ist Grundfläche einer 10 cm hohen Pyramide $ABCDS$. Die Spitze S liegt dabei senkrecht über dem Diagonalenschnittpunkt M.
Verlängert man die Seiten $[AB]$ und $[DC]$ über die Endpunkte hinaus um jeweils x cm und verkürzt gleichzeitig die Höhe um x cm ($0 < x < 10$), so entstehen neue vierseitige Pyramiden $A^*B^*C^*D^*S^*$ mit dem Rechteck $A^*B^*C^*D^*$ als Grundfläche.

17.1 Fertige ein übersichtliches Raumbild der ursprünglichen Pyramide, und zeichne eine Pyramide $A^*B^*C^*D^*S^*$ ein.

17.2 Der Rauminhalt der Pyramiden $A^*B^*C^*D^*S^*$ ist abhängig von x. Zeige, dass für das Volumen $V(x)$ dieser Pyramiden gilt: $V(x) = (270 + 33x - 6x^2)\ \text{cm}^3$.

17.3 Für welche Belegung von x erhält man die Pyramide mit dem größten Volumen?

17.4 Prüfe durch Rechnung nach, ob für $x = 2{,}75$ auch die Seitenfläche $B^*C^*S^*$ der Pyramide einen extremen Flächeninhalt besitzt.

17.5 Für welche Belegungen von x hat die Seitenfläche $B^*C^*S^*$ genau den Inhalt $81{,}58\ \text{cm}^2$?

18.0 Das Quadrat $ABCD$ mit der Seitenlänge a ist Grundfläche einer Pyramide $ABCDS$, wobei S senkrecht über dem Diagonalenschnittpunkt liegt. Für die Höhe der Pyramide gilt $h = 3a$.

18.1 Zeichne für $a = 4$ cm, $\omega = 60°$ und $q = \frac{1}{2}$ das Schrägbild der Pyramide, wobei $[CD]$ auf der Rissachse liegen soll.

18.2 Bestimme die Länge $s(a)$ einer Seitenkante in Abhängigkeit von a.
[Ergebnis: $s(a) = \sqrt{9{,}5} \cdot a$]

18.3 Bestimme rechnerisch die Länge einer Grundkante, sodass die Oberfläche der Pyramide den Flächeninhalt $(2 + \sqrt{148})$ FE hat.

19.0 Das Quadrat $ABCD$ mit 6 cm Seitenlänge ist Grundfläche einer Pyramide $ABCDS$ mit 8 cm Höhe. Die Spitze S liegt senkrecht über D.
Man erhält neue Pyramiden $AB'C'DS'$ dadurch, dass man die Strecke $[AB]$ über B hinaus und die Strecke $[DC]$ über C hinaus um jeweils x cm ($0 < x < 8$) verlängert und gleichzeitig $[DS]$ um x cm verkürzt.

19.1 Fertige eine übersichtliche Skizze der Pyramide $ABCDS$, und zeichne eine neue Pyramide $AB'C'DS'$ farbig ein.

19.2 Stelle das Volumen $V(x)$ der neuen Pyramiden in Abhängigkeit von x dar.
[Ergebnis: $V(x) = (96 + 4x - 2x^2)\ \text{cm}^3$]

19.3 Tabellarisiere $V(x)$ für $x \in [0; 8]$ mit $\triangle x = 1$, und stelle $V(x)$ graphisch dar.
Für die Zeichnung: x-Achse: 1 LE entspricht 1 cm
V-Achse: 1 LE entspricht 10 cm^3

19.4 Entnimm sodann dem Diagramm den Wert für x, für den man die Pyramide mit dem größten Volumen V_{max} erhält, und bestätige den gefundenen Wert rechnerisch.

Aufgaben

20.0 Das gleichschenklige Dreieck ABC mit der Basis $[BC]$ ist Grundfläche einer schiefen Pyramide $ABCS$. Die Spitze S liegt dabei 7 cm senkrecht über der Mitte D der Basis mit der Länge 8 cm; die Schenkel sind 12 cm lang.

20.1 Zeichne ein Schrägbild der Pyramide $ABCS$, wobei $[AD]$ auf der Schrägbildachse liegen soll. Für die Zeichnung: $q = 0{,}5$; $\omega = 45°$.

20.2 Berechne den Flächeninhalt des Dreiecks ABC und das Maß des Winkels an der Spitze.

20.3 Berechne das Maß φ des Winkels DAS und die Länge der Strecke $[AS]$ jeweils auf zwei Stellen nach dem Komma gerundet. [Teilergebnis: $\varphi = 31{,}75°$]

20.4 Die Strecke $[QR]$ ist parallel zu $[BC]$, wobei der Punkt Q auf $[AB]$ und der Punkt R auf $[AC]$ liegt. Der Punkt T ist Mittelpunkt von $[QR]$ und es gilt: $\overline{DT} = 3{,}5$ cm.

Zeichne die Strecke $[QR]$ in das Schrägbild zu 20.1 ein und berechne deren Länge.

[Ergebnis: $\overline{QR} = 5{,}52$ cm]

20.5 Auf der Strecke $[AS]$ liegen Punkte P_n mit $\overline{P_nS} = x$ cm ($x \in \mathbb{R}$, $0 \leqq x < 13{,}30$). Die Punkte P_n bilden zusammen mit den Punkten Q und R Dreiecke P_nQR. Zeichne für $x = 2{,}5$ das Dreieck P_1QR in das Schrägbild zu 18.1 ein und bestimme das Maß ε des Winkels P_1TA auf eine Stelle nach dem Komma gerundet.

20.6 Das Dreieck QDR ist die Grundfläche von Pyramiden $QDRP_n$. Ergänze das Schrägbild durch die Pyramide $QDRP_1$. Zeige, dass für das Volumen $V(x)$ der Pyramiden $QDRP_n$ in Abhängigkeit von x gilt: $V(x) = (-1{,}71\,x + 22{,}54\,)\ \text{cm}^3$.

20.7 Für welche Werte von x beträgt das Volumen der Pyramiden $QDRP_n$ mehr als 20% des Volumens der Pyramide $ABCS$? Runde auf zwei Stellen nach dem Komma.

21.0 In dem Drachenviereck $ABCD$ hat die Diagonale $[AC]$, die auf der Symmetrieachse liegt, die Länge 10 cm und die Diagonale $[BD]$ die Länge 8 cm. Die Diagonalen schneiden sich im Punkt M mit $\overline{AM} = 3$ cm. Das Drachenviereck ist die Grundfläche einer Pyramide $ABCDS$, deren Spitze S senkrecht über dem Eckpunkt A mit $\overline{AS} = 9$ cm liegt.

21.1 Zeichne ein Schrägbild der Pyramide, wobei $[AC]$ auf der Schrägbildachse liegen soll. Berechne sodann das Maß γ des Winkels SCA sowie die Länge der Strecke $[CS]$ auf zwei Stellen nach dem Komma gerundet.

[Teilergebnis: $\gamma = 41{,}99°$]

Für die Zeichnung: $q = 0{,}5$; $\omega = 45°$.

21.2 Die Punkte P_n auf der Seitenkante $[CS]$ sind jeweils zusammen mit den Punkten B und D die Eckpunkte von gleichschenkligen Dreiecken BDP_n. Es gilt: $\overline{CP_n} = x$ cm ($x \in [0; 13{,}45]$). Zeichne das Dreieck BDP_1 mit $\sphericalangle CMP_1 = 70°$ in das Schrägbild ein und berechne den zugehörigen Wert für x auf zwei Stellen nach dem Komma gerundet. [Teilergebnis: $x = 7{,}09$ cm]

21.3 Berechne das Volumen der Pyramide $BDCP_1$ auf zwei Stellen nach dem Komma gerundet.

21.4 Der Flächeninhalt des Dreiecks BDP_2 beträgt 80% des Flächeninhalts der Pyramidengrundfläche $ABCD$. Berechne den zugehörigen Wert für x. (Auf zwei Stellen nach dem Komma runden.)

Aufgaben

22 Die beiden einen Meter langen Werkstücke aus Stahl mit einer Dichte von $\rho = 7{,}85\ \frac{g}{cm^3}$ in den Bildern 1 und 2 sind gerade Prismen. Berechne die fehlenden Maße und die Masse dieser Werkstücke. Runde dabei jeweils auf zwei Stellen nach dem Komma. Alle Maße sind in Zentimetern angegeben.

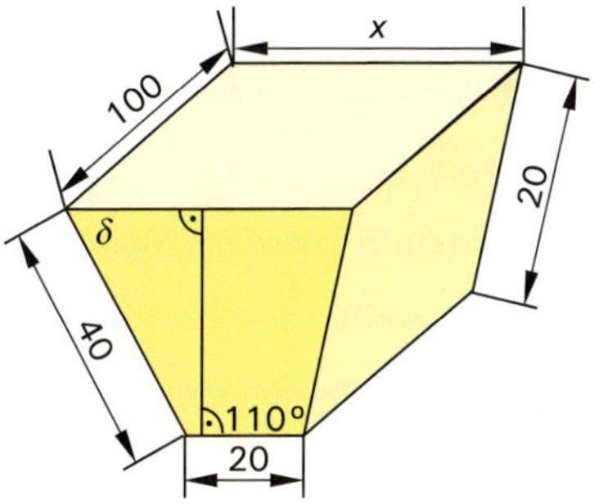

Bild 1

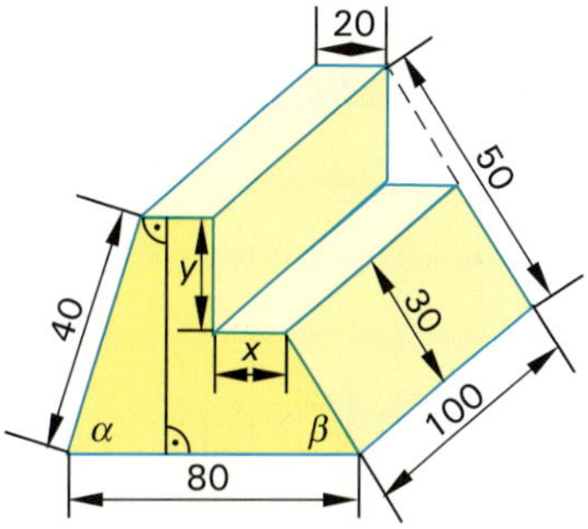

Bild 2

23 Welchen Winkel schließen je zwei Raumdiagonalen eines Quaders mit den Kantenlängen $a = 75$ cm, $b = 26$ cm und $c = 64$ cm beziehungsweise eines Würfels ein? (Runde jeweils auf eine Stelle nach dem Komma.)

24 Die Spitze S der Pyramide $ABCS$ in Bild 3 liegt senkrecht über dem Eckpunkt A. Berechne ihr Volumen und ihre Oberfläche. (Runde dabei auf zwei Stellen nach dem Komma.)

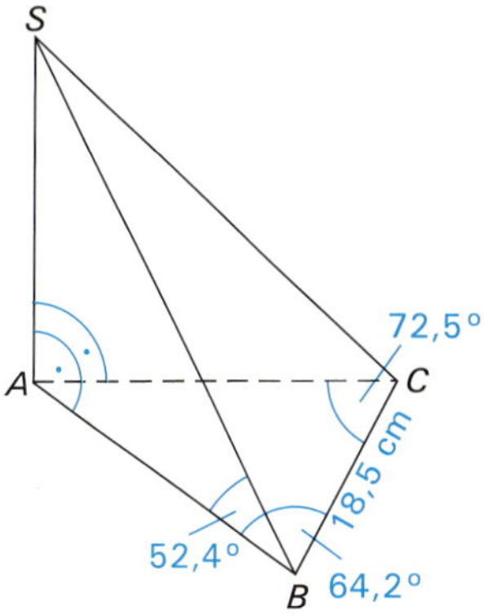

Bild 3

25.0 Die Höhe $[RS]$ der Pyramide $PQRS$ in Bild 4 steht senkrecht auf der Grundfläche PQR. (Bei den nachfolgenden Rechnungen ist stets auf zwei Stellen nach dem Komma zu runden.)

25.1 Berechne das Maß β des Winkels RQP. Zeige dazu, dass $\overline{PR} = \frac{\overline{RS}}{\tan 60°}$ sowie $\overline{QR} = \frac{\overline{RS}}{\tan 40°}$ und somit $\sin\beta = \frac{\sin 50° \cdot \tan 40°}{\tan 60°}$ gilt.

25.2 Bestätige, dass die Summe der Kantenlängen 56,51 cm beträgt, und berechne die Oberfläche und das Volumen der Pyramide $PQRS$.

26.1 Die Pyramide $ABCS$ besitzt das gleichseitige Dreieck ABC mit der Seitenlänge 8 cm als Grundfläche. Für die Seitenkanten gilt: $\overline{AS} = 8$ cm, $\overline{BS} = 10$ cm, $\overline{CS} = 12$ cm. Zeichne die Abwicklung des Pyramidenmantels und berechne die Mantelfläche. (Runde dabei und auch weiterhin auf eine Stelle nach dem Komma.)

26.2 Berechne die Länge s des kürzesten Weges, der von A ausgehend über alle Seitenflächen wieder zurück nach A führt.
Anleitung: Zeichne den kürzesten Weg in die Abwicklung zu 26.1 ein.

26.3 Welchen Winkel schließt der in 26.2 beschriebene Weg mit $[AS]$ ein? In welcher Seitenfläche und wie weit von A entfernt ist der Weg der Spitze S am nächsten?

26.4 Gibt es auch kürzeste Wege von B und C über alle Seitenflächen der Pyramide und wieder zurück nach B und C? Welchen kleinsten Abstand von S erreichen diese Wege jeweils?

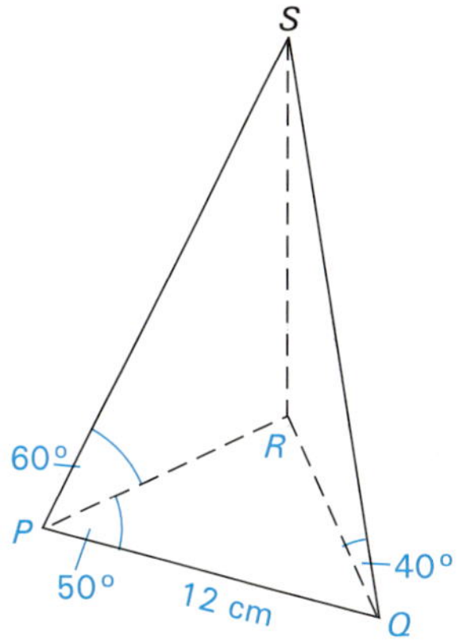

Bild 4

6.3 Volumen und Oberfläche des geraden Kreiszylinders

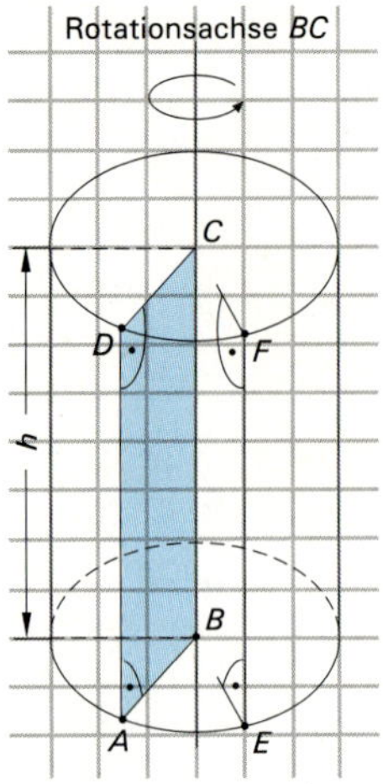

Bild 1

Rotiert ein Rechteck um eine Achse, die eine Rechteckseite enthält, so erzeugt die Rechtecksfläche einen **geraden Kreiszylinder** (kurz: **Zylinder**) (vgl. Bild 1). Die Grund- und die Deckfläche des Zylinders sind also kongruente Kreise. Der Abstand dieser Flächen ist die **Höhe des Zylinders**. Eine Strecke wie z. B. [*AD*] oder [*EF*] wird als **Mantellinie** bezeichnet.

Die Formel für das Volumen eines Zylinders können wir wie bei der Ermittlung der Kreiszahl π durch das Verfahren des Archimedes (vgl. S. 111) herleiten.

Dem Zylinder können gerade Prismen gleicher Höhe mit regelmäßigen Vielecken als Grundflächen ein- und umbeschrieben werden (vgl. Bild 2)

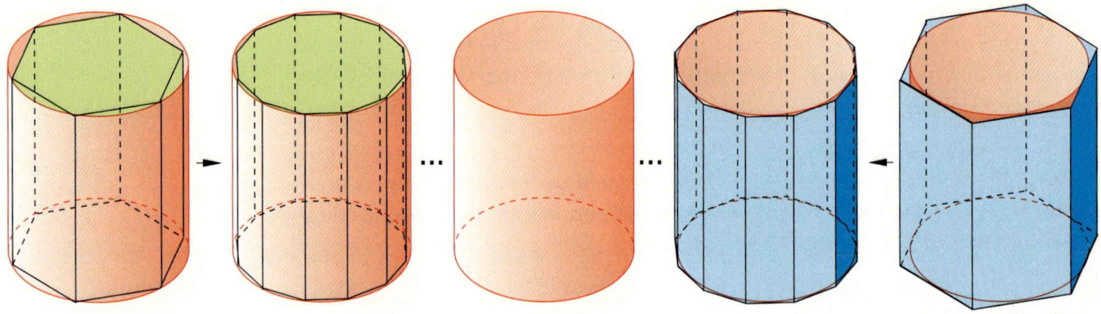

$V_{\text{einbeschr. Prisma}} < V_{\text{Zylinder}} < V_{\text{umbeschr. Prisma}}$

Bild 2

Vergrößert man die Eckenzahl der Grundfläche, so nähert sich die Grundfläche der Prismen der Kreisfläche und damit das Volumen der Prismen dem Volumen des Zylinders.

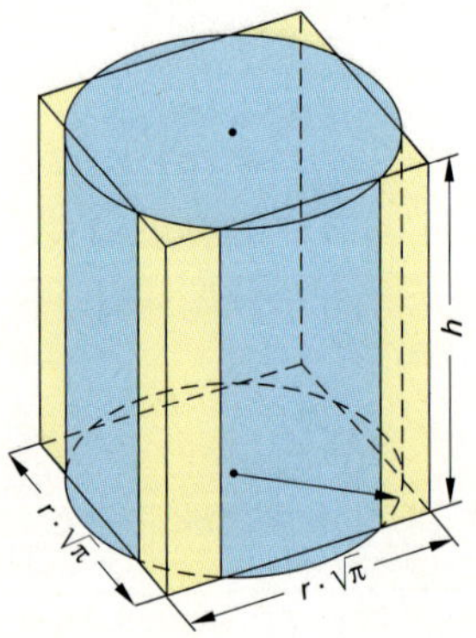

Bild 3

Für das Volumen eines Zylinders mit dem Grundkreisradius *r* und der Höhe *h* gilt:

$$V = \pi \cdot r^2 \cdot h.$$

- Begründe mithilfe von Bild 3, dass ein Prisma mit quadratischer Grundfläche der Seitenlänge $r \cdot \sqrt{\pi}$ das gleiche Volumen besitzt wie ein Zylinder mit *r* als Grundkreisradius und gleicher Höhe.

Grundfläche, Deckfläche und Mantelfläche (kurz: Mantel) bilden zusammen die **Oberfläche des Zylinders**.

Schneiden wir einen Zylinder entlang einer Mantellinie auf, so können wir seinen Mantel wie in Bild 1 in der Zeichenebene abwickeln. Wir erhalten ein Rechteck mit den Seitenlängen h und $2 \cdot \pi \cdot r$.

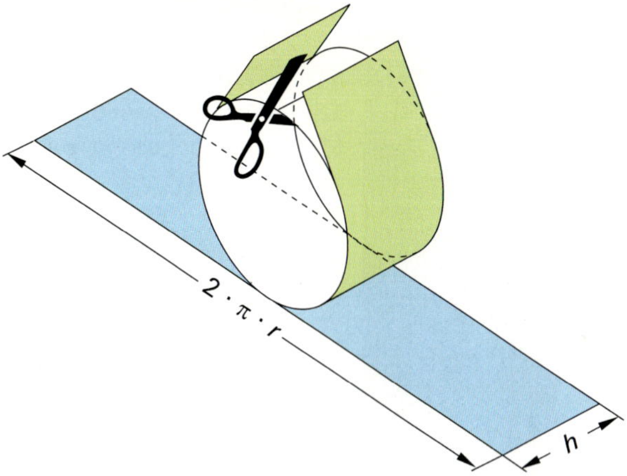

Bild 1

> Für die Mantelfläche eines Zylinders mit dem Grundkreisradius r und der Höhe h gilt:
>
> $$A_M = 2 \cdot \pi \cdot r \cdot h.$$

- Zeige, dass für die Oberfläche des Zylinders dann gilt: $A_O = 2 \cdot \pi \cdot r \cdot (h + r)$.

Aufgaben

1 Berechne die fehlenden Maße der Zylinder. Runde die Ergebnisse jeweils auf zwei Stellen nach dem Komma.

	a)	b)	c)	d)	e)	f)	g)
Grundkreisradius r in cm	2,7	7,5	[8]	5	12,8	2,3	[14]
Höhe h in cm	8	12,9	7	[8]	7,3	[6]	[15]
Volumen V in cm³	?	?	$448 \cdot \pi$	[21]	?	$79{,}35 \cdot \pi$	$516{,}675 \cdot \pi$
Mantel in cm²	?	?	[23]	$170 \cdot \pi$	?	[23]	$124 \cdot \pi$
Oberfläche in cm²	?	?	[32]	[22]	?	?	[24]

2 Ein zylinderförmiges Messgefäß hat den Grundkreisradius 2,5 cm. In welcher Höhe muss eine Markierung für das Volumen 100 cm³ angebracht werden?

3.0 Einem Prisma mit quadratischer Grundfläche (Seitenlänge 7,2 cm) und der Höhe h = 12,8 cm wird ein Zylinder ein- bzw. umbeschrieben.

3.1 Berechne die Volumina der Körper auf zwei Stellen nach dem Komma gerundet.

3.2 In welchem Verhältnis stehen die Mantelflächen der Körper?
Ergänzung: Einem Würfel mit der Kantenlänge 9,7 cm ist ein Zylinder umbeschrieben. Um wie viel Prozent ist der Rauminhalt des Würfels kleiner als das Zylindervolumen? (Runde auf eine Stelle nach dem Komma.)

Bild 2

4 Eine Litfaßsäule (vgl. Bild 2) hat eine Höhe von 3,20 m und einen Durchmesser von 1,60 m. Berechne die Fläche, auf die Plakate geklebt werden können, wenn man Sockel und Deckel vernachlässigt.

Aufgaben

Bild 1

5.0 Zylinderförmige Dosen haben einen Durchmesser von 12 cm und 9 cm Höhe.
5.1 Zeige durch Rechnung, dass ein Liter Flüssigkeit abgefüllt werden kann.
5.2 Wie viel Prozent des Rauminhalts bleiben dabei ungenützt?
5.3 Zeige rechnerisch, dass in eine Dose mit 9,8 cm Durchmesser und 11,3 cm Höhe 850 cm^3 Flüssigkeit abgefüllt werden kann.
5.4 Die Dose von Aufgabe 5.3 wird mit einer 10,5 cm breiten Banderole umklebt. Wie viele Quadratmeter Papier braucht man für 10 000 Banderolen, wenn für den Kleberand 8 mm hinzugerechnet werden müssen?

6.0 Die Beleuchtung eines Gehwegs hat Zylinderform (vgl. Bild 1). Die Gesamthöhe ist 1,05 m; der Durchmesser ist 2,3 dm. Die Glasfläche ist 25 cm hoch.
6.1 Berechne das Volumen des gesamten Körpers auf zwei Stellen nach dem Komma gerundet.
6.2 Wie viel Prozent der gesamten Mantelfläche sind aus Glas? (Runde auf eine Stelle nach dem Komma.)

7.0 Ein Rechteck mit den Seitenlängen $\overline{AB} = 4$ cm und $\overline{BC} = 9$ cm rotiert zuerst um AB als Achse und dann mit BC als Achse.
7.1 Welcher der entstehenden Rotationskörper hat das größere Volumen?
7.2 Prüfe durch Rechnung, welcher der entstehenden Rotationskörper die größere Mantelfläche hat.

8 Ein Mitschüler behauptet: Wenn man bei einem Zylinder mit dem Grundkreisradius r und der Höhe h die Höhe verdoppelt, so hat der neue Zylinder das gleiche Volumen wie der Zylinder mit der Höhe h, den man erhält, wenn man den Radius r des Grundkreises verdoppelt. Was meinst du dazu? Begründe deine Entscheidung.

9 Ein Rohrstück aus Beton hat innen einen Durchmesser von 64 mm und einen Außendurchmesser von 86 mm; die Länge ist 42 cm. Welches Gewicht hat das Rohrstück, wenn 1 dm^3 Beton 22 N wiegt?

10.0 Die Teilstücke einer Abflussrinne haben den in Bild 2 gezeichneten Querschnitt. Jedes Teilstück ist 2,3 m lang.
10.1 Welches Volumen hat ein Teilstück?
10.2 Berechne die Oberfläche eines Teilstücks auf eine Stelle nach dem Komma gerundet.

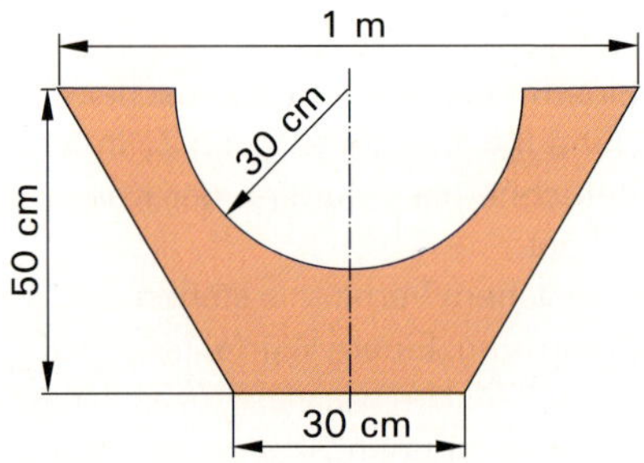

Bild 2

11 Ein DIN-A4-Blatt Papier ist die Abwicklung des Mantels eines Zylinders. Bestimme durch Messen die beiden Seitenlängen und berechne auf zwei Stellen nach dem Komma gerundet, welches Volumen die beiden möglichen Zylinder haben.

Aufgaben

12 Der Flächeninhalt der Grundfläche eines Zylinders beträgt 143,14 cm^2, die Oberfläche misst 1049,68 cm^2. Die Werte sind auf zwei Stellen nach dem Komma gerundet.
Berechne den Radius r, die Höhe h und das Volumen des Zylinders. [18, 9, 25]

13.1 Begründe, dass für einen Zylinder mit dem Grundkreisradius r und der Höhe h folgende Formel für den Oberflächeninhalt A_O gilt: $A_O = 2 \cdot \pi \cdot r\,(r + h)$.

13.2 Bei einem Zylinder ist die Höhe doppelt so groß wie der Radius. Welches Volumen hat er, wenn für den Oberflächeninhalt A_O = 1361,88 cm^2 gilt? (Runde auf zwei Stellen nach dem Komma.)

13.3 Die Oberfläche eines Zylinders hat einen Inhalt von 3769,91 cm^2. Berechne den Radius r des Grundkreises und die Höhe h, wenn die Höhe halb so groß wie der Radius ist. (Runde auf zwei Stellen nach dem Komma.)

14 Die Firma Metalltronic wird von einem Kaffeevertrieb beauftragt, zylinderförmige Dosen für die Abfüllung von Espresso herzustellen. Der Doseninhalt soll 500 cm^3 betragen. Gib drei verschiedene Vorschläge für Höhe und Radius einer Dose an.

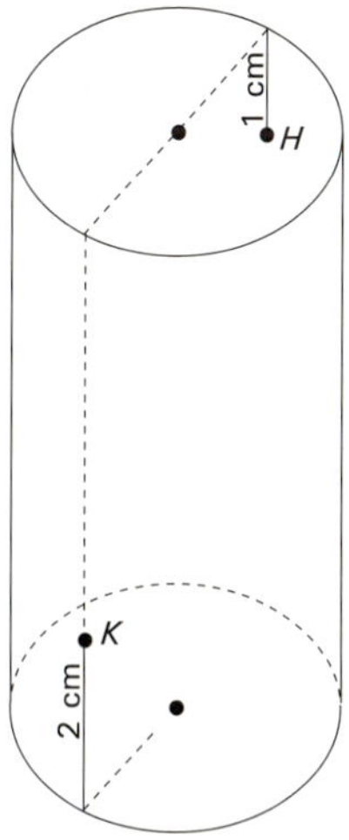

Bild 1

15 Auf der Außenseite eines umgestürzten Glaszylinders mit 6 cm Durchmesser und der Höhe 8 cm sitzt ein Käfer K, der auf kürzestem Weg zum gegenüberliegenden Honigfleck H krabbeln will (vgl. Bild 1). Wie lang ist der kürzeste Weg?

16 Bei einem Kunstwerk ist eine Säule 4,5 m hoch und hat einen Durchmesser von 50 cm. Wie groß ist der Durchmesser bei Säulen gleichen Inhalts von 7,3 m (2,4 m) Höhe. (Runde auf eine Stelle nach dem Komma.)

17.0 Mit dem Bau des *Schiefen Turms von Pisa* (vgl. Bild 2) wurde im Jahre 1174 begonnen. Seitdem hatte sich sein Neigungswinkel auf 5,45° vergrößert. Vereinfacht kann man den Turm als Zylinder betrachten, dem ein zweiter aufgesetzt ist. Berechne im Folgenden die Längen auf Zentimeter genau.

17.1 Am Fuß des Turms beträgt der Außenumfang 48,63 m und der Innendurchmesser 7,37 m. Berechne die Mauerstärke am Fuß des Turms.

17.2 Diejenige Stelle des Turms, die am weitesten überhing, befindet sich in einer Höhe von 47,30 m. Wie weit ragte dieser Punkt vor?

17.3 Begeht man die Krone des Turms, so bewegt man sich zwischen 56,71 m und 55,85 m über dem Erdboden. Berechne den Umfang des Turms an seiner Krone und die eigentliche Bauhöhe des Gebäudes.

Bild 2

18 Seit 239 v. Chr. kennt man den Halleyschen Kometen, der eine Umlaufzeit um die Sonne von 76 Jahren besitzt. Zu seiner Erforschung wurde 1985 die Raumsonde Giotto gestartet. Der Satellit hatte die Form eines Zylinders, wobei Durchmesser und Höhe jeweils 1,86 m waren. Vier Siebtel der Mantelfläche waren mit Solarzellen bestückt. Wie viel Quadratmeter sind das?

Bild 3

Aufgaben

19.0 Ein Quadrat *ABCD* mit 6 cm Seitenlänge rotiert mit *AD* als Achse. Verlängert man die Seiten [*AB*] und [*DC*] um jeweils *x* cm und verkürzt gleichzeitig die Seiten [*AD*] und [*BC*] um jeweils *x* cm, so entstehen neue Zylinder.

19.1 Zeige, dass sich die Mantelfläche A_M der Zylinder wie folgt darstellen lässt: $A_M = 2 \cdot \pi \cdot (36 - x^2)$ cm².

19.2 Gib die Belegung für *x* an, damit A_M einen maximalen Wert annimmt.

19.3 Zeige, dass für das Volumen $V(x)$ der Zylinder gilt: $V(x) = \pi \cdot (216 + 36x - 6x^2 - x^3)$ cm³.

19.4 Tabellarisiere $V(x)$ für $x \in [-6; 6]$ mit $\triangle x = 1$, und stelle diese Abhängigkeit grafisch dar.

19.5 Prüfe anhand des Graphen, ob der Zylinder mit der größten Mantelfläche auch das größte Volumen besitzt. Entnimm dem Graphen V_{max}.

20.0 Rechtecke *ABCD* haben die Seitenlängen $\overline{AB} = x$ cm und $\overline{BC} = (10 - 2x)$ cm. Die Rechtecke rotieren mit *AD* als Achse.

20.1 Bestimme durch Rechnung die Belegung für *x*, für die man das Rechteck mit dem größten Flächeninhalt erhält.

20.2 Zeige, dass für die Mantelfläche A_M dieser Zylinder $A_M = \pi \cdot (-4x^2 + 20x)$ cm² gilt.

20.3 Prüfe rechnerisch, ob das Rechteck mit dem größten Flächeninhalt auch den Zylinder mit der größten Mantelfläche ergibt.

21.0 Ein Zylinder hat den Grundkreisradius $r = 3$ cm und die Höhe $h = 12$ cm. Man erhält neue Zylinder, wenn man den Radius um *x* cm vergrößert und gleichzeitig die Höhe um *x* cm verkleinert.

21.1 Zeichne den Axialschnitt des Zylinders und trage für $x = 1{,}5$ den Axialschnitt eines neuen Zylinders ein.

21.2 Zeige, dass für den Mantelflächeninhalt $A_M = 2\,\pi \cdot (36 + 9x - x^2)$ cm² gilt.

21.3 Für welche Belegung von *x* erhält man den Zylinder mit der größten Mantelfläche? Gib A_{max} an.

21.4 Berechne das Volumen des Zylinders, dessen Axialschnitt ein Quadrat ist.

Bei einem Otto-Motor haben die Verbrennungskammern die Form eines Zylinders. Der Durchmesser wird als Bohrung, der Abstand zwischen der tiefsten und höchsten Stellung des Kolbens wird als Hub bezeichnet (vgl. Bilder 1 und 2).

Bild 1

Bild 2

❶ Welchen Hub hat ein Vierzylindermotor mit 1 224 cm^3 Hubraum, wenn die Bohrung 69,8 mm ist?

❷ Wie viele Zylinder hat ein Motor mit 5 590 cm^3 Hubraum, wenn die Bohrung 102 mm und der Hub 114 mm sind?

Durch die Trans-Alaska-Pipeline wird Erdöl von den Ölfeldern der Prudhoe-Bay zum eisfreien Hafen Valdez im Süden von Alaska gepumpt (vgl. Bilder 3 und 4).

Bild 3

Bild 4

Die Gesamtlänge der Pipeline ist 1 298 km. Die Röhren haben einen äußeren Durchmesser von 48 Zoll, die Wandstärke ist 0,55 Zoll (1 Zoll entspricht 2,54 cm).

❸ Wie viel Liter Öl haben in der Pipeline Platz?

❹ Welchen Flächeninhalt hat der Außenmantel der gesamten Rohrleitung, wenn man die dazwischen liegenden Pumpwerke vernachlässigt?

❺ Überlege, warum die Pipeline oberirdisch und auf Stützen verlegt wurde.

6.4 Volumen und Oberfläche des geraden Kreiskegels

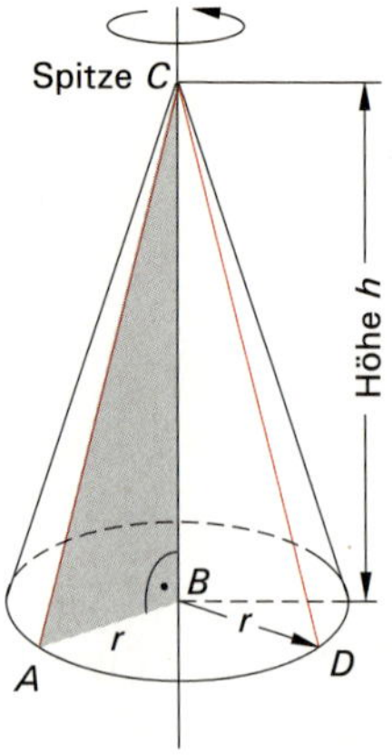

Bild 1

Rotiert ein rechtwinkliges Dreieck um eine Achse, die eine Kathete enthält, so erzeugt die Dreiecksfläche einen **geraden Kreiskegel** (kurz: **Kegel**) (vgl. Bild 1).

Die **Spitze des Kegels** ist dabei senkrecht über dem Mittelpunkt des Kreises, der die Grundfläche ist.

Der Abstand der Spitze von der Grundfläche ist die **Höhe des Kegels**.

Eine Strecke wie z. B. [*AC*] oder [*DC*] wird als **Mantellinie** bezeichnet.

Die Formel für das Volumen eines geraden Kreiskegels können wir wie bei der Ermittlung der Formel für das Volumen eines Zylinders durch das Verfahren des Archimedes (vgl. Seite 124) herleiten.

Wie Bild 2 zeigt, können dem Kegel Pyramiden mit gleicher Höhe und regelmäßigen Vielecken als Grundfläche ein- bzw. umbeschrieben werden.

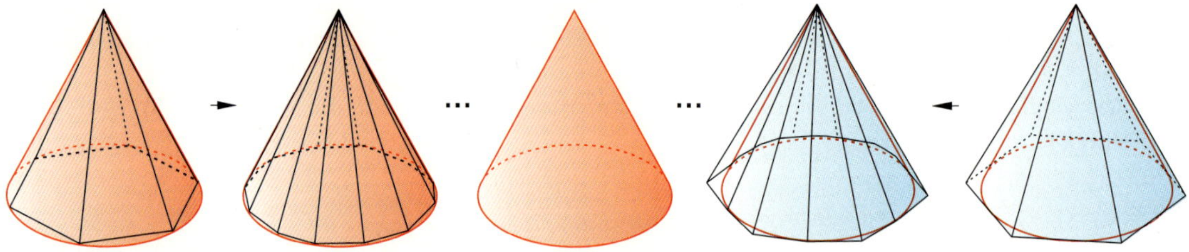

$V_{\text{umbeschriebener Kegel}} < V_{\text{Kegel}} < V_{\text{einbeschriebener Kegel}}$

Bild 2

Vergrößert man die Eckenzahl, so nähert sich die Grundfläche der Pyramiden der Kreisfläche und damit das Volumen der Pyramiden dem Volumen des Kegels.

Für das Volumen eines Kegels mit dem Grundkreisradius *r* und der Höhe *h* gilt:

$$V = \frac{1}{3} \cdot \pi \cdot r^2 \cdot h$$

- Ein rechtwinkliges Dreieck hat die Kathetenlängen $\overline{AC} = 7{,}3$ cm und $\overline{BC} = 4{,}8$ cm.
  - Welches Volumen hat der Kegel, wenn das Dreieck um *AC* rotiert?
  - Welches Volumen hat der Kegel, wenn das Dreieck um *BC* rotiert?
  - Wie lang ist in beiden Fällen die Mantellinie des Kegels?

Schneidet man einen Kegel mit dem Grundkreisradius r und der Höhe h längs einer Mantellinie auf (vgl. Bild 1), so kann man den Mantel des Kegels in der Zeichenebene abwickeln.

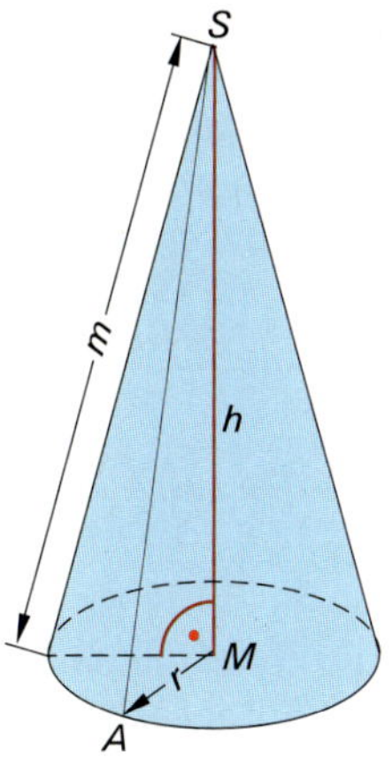

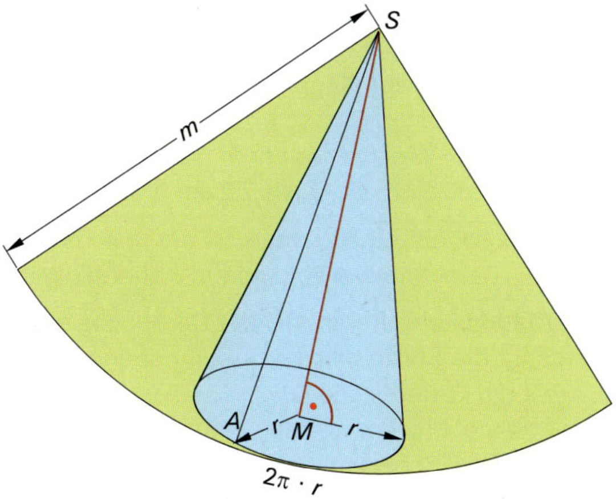

Bild 1

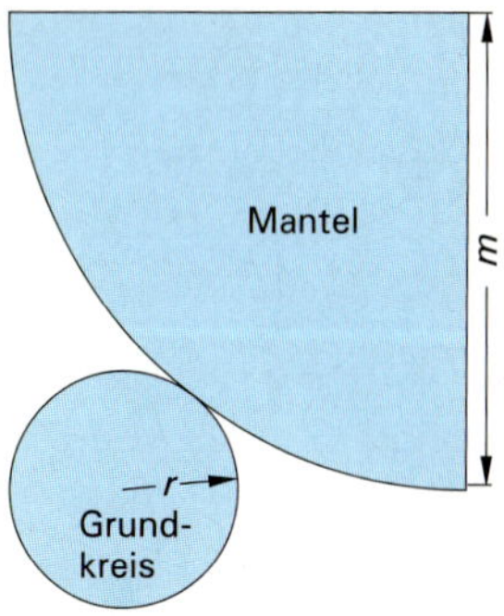

Bild 2

Die Abwicklung ist ein Kreissektor, der als Radius die Länge m der Mantellinie hat. Die Bogenlänge b des Sektors ist gleich dem Umfang $2 \cdot \pi \cdot r$ des Grundkreises. Der Flächeninhalt A des Kreissektors ist also

$$A = \frac{1}{2} \cdot b \cdot m = \frac{1}{2} \cdot 2 \cdot \pi \cdot r \cdot m = \pi \cdot r \cdot m.$$

Für den Flächeninhalt A_M des Mantels eines Kegels mit dem Grundkreisradius r und der Länge m einer Mantellinie gilt: $A_M = \pi \cdot r \cdot m$.

- Zeige, dass sich die Oberfläche A_O eines Kegels, die in Bild 2 dargestellt ist, wie folgt berechnen lässt: $A_O = A_{\text{Mantel}} + A_{\text{Grundkreis}}$.

Oberfläche eines Kegels: $A_O = \pi \cdot r\,(m + r)$

Aufgaben

1 Berechne die fehlenden Maße der Kegel auf zwei Stellen nach dem Komma gerundet.

	a)	b)	c)	d)	e)	f)
Grundkreisradius r in cm	7,5	12,4	[12]	8	[21]	?
Höhe h in cm	17,8	[16]	[10]	[9]	9,5	?
Länge der Mantellinie in cm	[15]	$\sqrt{216{,}17}$	9,5	[17]	12,8	7,3
Mantelfläche in cm²	[16]	[27]	45,6π	[24]	[26]	40,15π
Oberfläche in cm²	[21]	[20]	[18]	[24]	[24]	?
Volumen in cm³	[19]	[16]	[25]	384π	[13]	?

Aufgaben

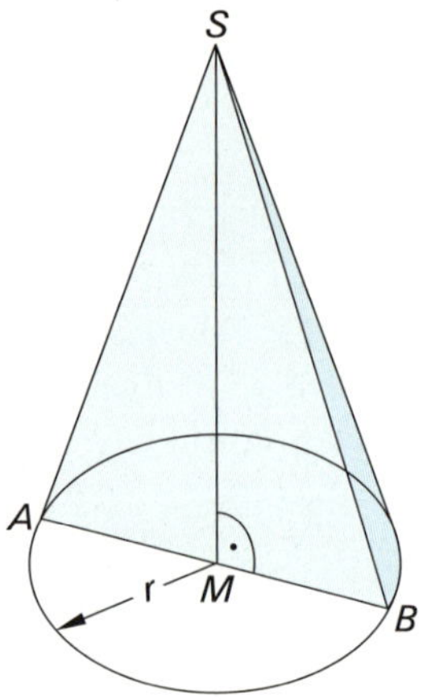

Bild 1

2 Gegeben ist ein Quader, dessen Kanten die Maße 2,75 cm, 7,3 cm und 12,5 cm besitzen. Hat ein Kegel mit dem Grundkreisradius 4 cm und 15 cm Höhe gleiches Volumen? Berechne gegebenenfalls den prozentualen Unterschied.

3 Schneidet man den Kegel wie in Bild 1 durch, sodass die Strecke [*MS*] der Schnittebene angehört, so erhält man als Axialschnitt ein gleichschenkliges Dreieck *ABS*. Welches Volumen hat ein Kegel, wenn bei dem gleichschenkligen Dreieck dann die Basis 7,2 cm und ein Schenkel 5,6 cm lang sind?

4 Der Axialschnitt eines Kegels ist ein gleichseitiges Dreieck mit der Seitenlänge *a*. Berechne das Volumen in Abhängigkeit von *a*.

5.0 Der Diagonalenschnittpunkt der Deckfläche eines Würfels mit 8 cm Kantenlänge ist die Spitze eines einbeschriebenen Kegels, dessen Grundkreis der Inkreis der Grundfläche ist.

5.1 Um wie viel Prozent ist das Volumen des Kegels kleiner als der Rauminhalt des Würfels? Schätze zuerst und berechne sodann den Wert auf zwei Stellen nach dem Komma.

5.2 Um wie viel Prozent ist die Oberfläche des Kegels geringer als die Oberfläche des Würfels?

Beispiel

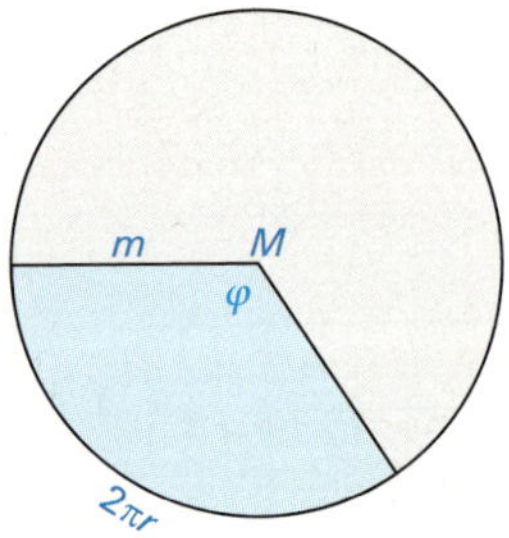

Bild 2

Ein 12 cm hoher Kegel hat einen Grundkreisradius von 5 cm. Wir berechnen die Länge *m* der Mantellinie, die Oberfläche und das Maß φ des Mittelpunktswinkels der Abwicklung des Mantels.

Lösung

Länge *m* einer Mantellinie:

$$m^2 = h^2 + r^2; \qquad m = \sqrt{12^2 + 5^2}\text{ cm}; \qquad m = 13\text{ cm}$$

Oberfläche:

$$A_O = \pi \cdot r \cdot (m + r); \qquad A_O = [\pi \cdot 5 \cdot (13 + 5)]\text{ cm}^2; \qquad A_O = 282{,}74\text{ cm}^2$$

Maß des Mittelpunktswinkels:

$$\frac{2 \cdot \pi \cdot r}{2 \cdot \pi \cdot m} = \frac{\varphi}{360°}; \qquad \varphi = \frac{360° \cdot 5}{13}; \qquad \varphi = 138{,}46°$$

6.1 Ein Viertelkreis mit dem Radius 12 cm ist die Mantelfläche eines Kegels. Berechne das Volumen auf zwei Stellen nach dem Komma gerundet.

6.2 Ein Kreissektor mit einem Mittelpunktswinkel von 120° und einem Radius von 6 cm ist die Mantelfläche eines Kegels. Berechne das Volumen dieses Kegels auf zwei Stellen nach dem Komma gerundet.

7.0 Ein gleichseitiges Dreieck (Seitenlänge 6,5 cm) rotiert um eine Symmetrieachse.

7.1 Wie groß sind das Volumen und die Oberfläche des entstehenden Kegels auf zwei Stellen nach dem Komma gerundet?

7.2 Welchen Mittelpunktswinkel hat der Kreissektor, wenn man den Mantel in der Ebene abwickelt?

Aufgaben

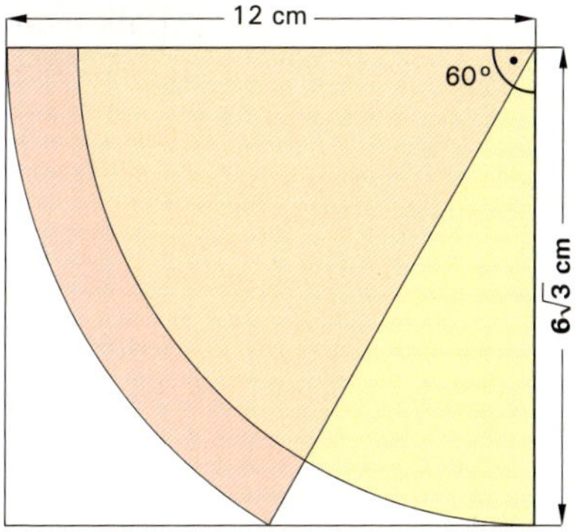

Bild 1

8.0 Zum Basteln und Rechnen: Aus einem rechteckigen Bogen Papier mit den Seitenlängen 12 cm und $6\sqrt{3}$ cm lassen sich die Abwicklungen der Mantelflächen zweier Kegel ausschneiden (vgl. Bild 1).

8.1 Welcher der beiden möglichen Kegel hat das größere Volumen?

8.2 Wie viel Prozent beträgt in jedem der beiden Fälle der entstehende Abfall?

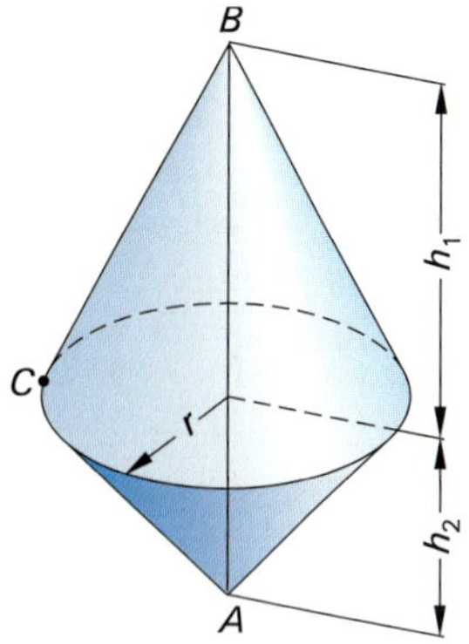

Bild 2

9.0 Ein Dreieck ABC mit $\overline{AB} = 12$ cm, $\overline{AC} = 6$ cm und $h_c = 5$ cm rotiert um die Achse AB. Der entstehende Rotationskörper setzt sich aus zwei Kegeln zusammen. Derartige Rotationskörper nennt man **Doppelkegel** (vgl. Bild 2).

9.1 Zeichne einen Axialschnitt des Doppelkegels.

9.2 Berechne das Volumen und die Oberfläche des Rotationskörpers (auf zwei Stellen nach dem Komma runden).

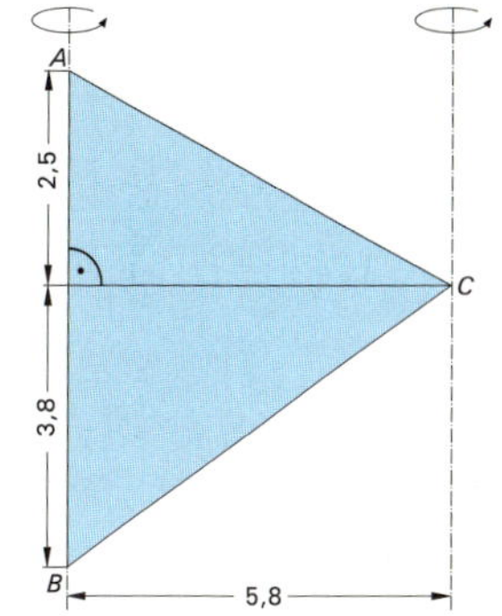

Bild 3

10 Die Schülerin E. Legant behauptet: Wenn das Dreieck ABC (vgl. Bild 3) um AB als Achse rotiert, so hat der entstehende Rotationskörper gleiches Volumen wie der Rotationskörper, den man bei der Drehung um eine zu AB parallele Achse durch C erhält. Prüfe dies durch Rechnung nach.

11 Der Körper von Bild 4 hat die in Bild 5 gezeichnete Schnittdarstellung. Berechne das Volumen mit den angegebenen Maßen (Maßangaben in mm).

Bild 4

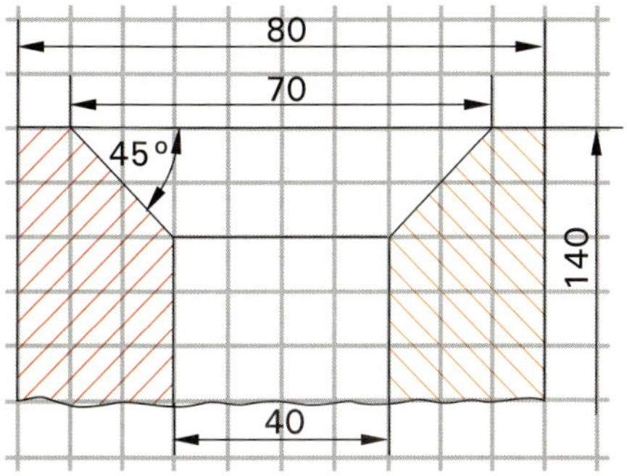

Bild 5

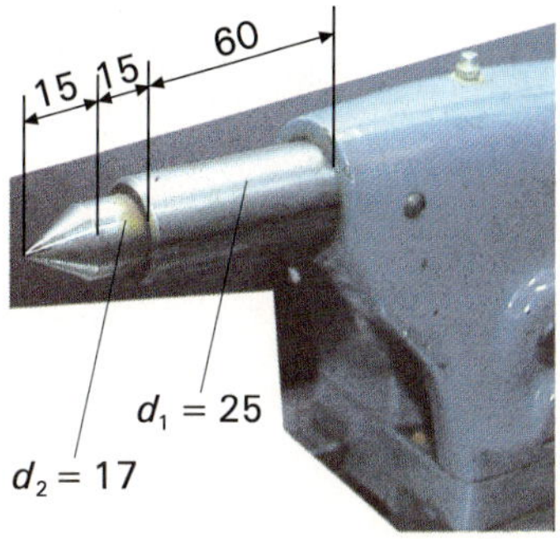

Bild 6

12 Die Spitze des „Reitstocks" einer Drehbank hat die in Bild 6 eingetragenen Maße. Berechne sein Volumen (Maßangaben in mm).

Aufgaben

13.0 Man erhält neue Kegel, wenn man bei einem 8 cm hohen Kegel mit einer 12 cm langen Mantellinie diese um x cm verlängert und gleichzeitig die Höhe um x cm verkürzt ($0 < x < 8$).

13.1 Zeichne für $x = 2$ einen Axialschnitt der beiden Kegel.

13.2 Stelle das Volumen $V(x)$ der Kegel in Abhängigkeit von x dar.

$\left[\text{Ergebnis: } V(x) = \frac{40 \cdot \pi}{3}(-x^2 + 6x + 16)\ \text{cm}^3\right]$

13.3 Bestimme durch Rechnung die Belegung von x, für die man V_{max} erhält.

13.4 Berechne das Volumen und die Mantelfläche des Kegels mit dem maximalen Rauminhalt.

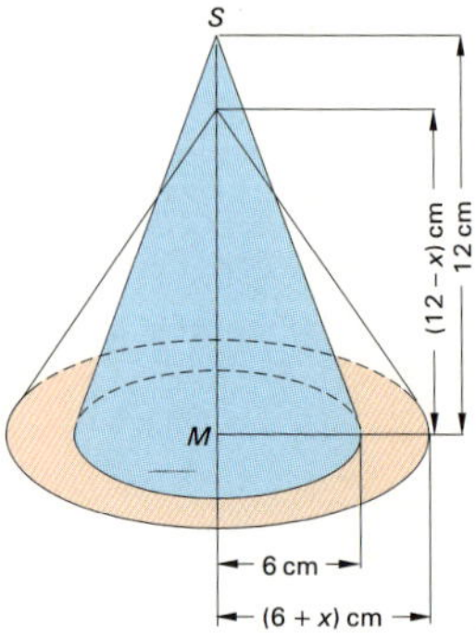

Bild 1

14.0 Wenn man bei einem 12 cm hohen Kegel mit dem Grundkreisradius 6 cm die Höhe um x cm verkürzt ($0 < x < 12$) und gleichzeitig den Grundkreisradius um x cm verlängert, so erhält man neue Kegel.

14.1 Stelle das Volumen $V(x)$ der Kegel in Abhängigkeit von x dar.

$\left[V(x) = \frac{\pi}{3}(-x^3 + 108x + 432)\ \text{cm}^3\right]$

14.2 Tabellarisiere $V(x)$ für $x \in [0; 12)$ mit $\triangle x = 1$ und zeichne für die ermittelten Werte ein Diagramm.
Für die Zeichnung:
x-Achse: 1 LE entspricht 1 cm
V-Achse: 1 LE entspricht 100 cm^3

14.3 Entnimm der Zeichnung die Belegung x_0, für die man V_{max} erhält.

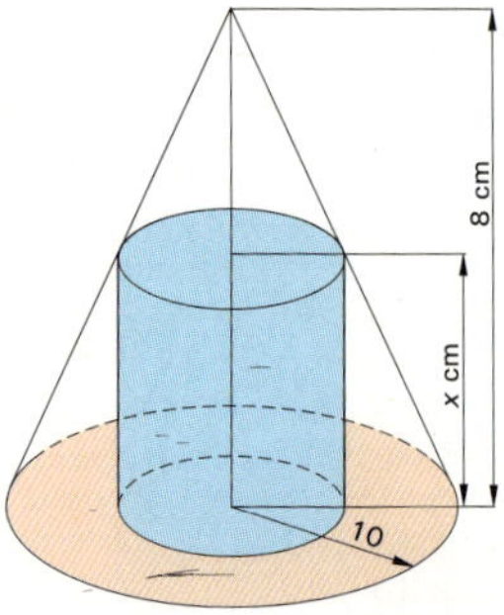

Bild 2

15.0 Einem Kegel mit dem Grundkreisradius 10 cm und der Höhe 8 cm werden Zylinder mit der Höhe x cm einbeschrieben (vgl. Bild 2).

15.1 Bestimme den Radius $r(x)$ des Grundkreises der Zylinder in Abhängigkeit von x.
[Ergebnis: $r(x) = (-\frac{5}{4}x + 10)$ cm]

15.2 Bestimme durch Rechnung die Belegung von x, für die man den einbeschriebenen Zylinder mit der größten Mantelfläche erhält.

16.0 Einem Kegel mit dem Grundkreisradius r und der Höhe h werden gerade Prismen einbeschrieben. Die Grundflächen der Prismen sind Quadrate mit der Seitenlänge x, deren Diagonalschnittpunkt gleichzeitig Mittelpunkt des Grundkreises ist.

16.1 Zeichne einen geeigneten Axialschnitt eines Kegels mit einbeschriebenem Quader.

16.2 Berechne die Höhe y der Quader in Abhängigkeit von x, r und h.

$\left[\text{Ergebnis: } y = h - \frac{hx\sqrt{2}}{2r}\right]$

16.3 Mit welcher Länge x erhält man für $h = 10$ cm und $r = 5$ cm den einbeschriebenen Würfel? Berechne dessen Kantenlänge und sein Volumen.

16.4 Zeichne ohne Verwendung des Ergebnisses der Aufgabe 16.3 die Eckpunkte des Würfels in den Axialschnitt von Aufgabe 16.1 ein.

Aufgaben

17 Die Grundfläche eines 12 cm hohen geraden Vierkantprismas ist das Viereck *ABCD* mit $\overline{AC} = 7$ cm, $\beta = 90°$, $\delta = 90°$, $\sphericalangle ACB = 32°$ und $\sphericalangle DCA = 25°$. Von den Eckpunkten der Deckfläche *EFGH* liegt *E* über *A*, *F* über *B*, *G* über *C* und *H* über *D*.
Berechne das Volumen des Prismas und den Flächeninhalt des Rechtecks *DBFH* sowie die Mantelfläche des dem Prisma umbeschriebenen Zylinders. (Auf zwei Stellen nach dem Komma runden.)

18.0 Ein Kreis mit einem Radius von 6 cm ist Grundfläche eines geraden Kreiskegels. Die Mantellinien des Kegels schließen mit der Grundfläche einen Winkel von 60° ein.

18.1 Berechne Volumen und Oberfläche des Kegels. (Auf eine Stelle nach dem Komma runden.)

18.2 Dem gegebenen Kegel ist ein gerader Kreiskegel einbeschrieben, dessen Spitze mit dem Grundkreismittelpunkt des gegebenen Kegels zusammenfällt. Im Axialschnitt schließen die Mantellinien des einbeschriebenen Kegels einen Winkel von 30° ein. Berechne die Mantelfläche und das Volumen des einbeschriebenen Kegels. (Auf eine Stelle nach dem Komma runden.)

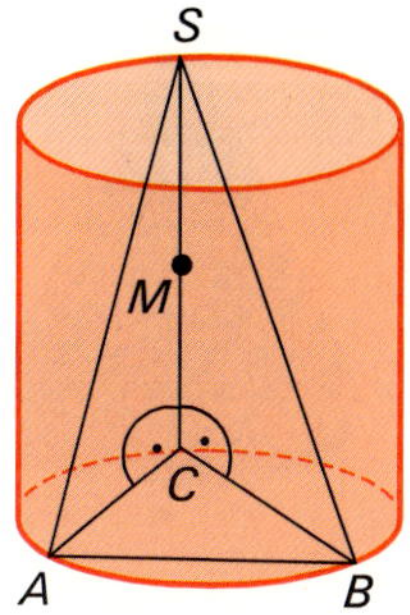

Bild 1

19.1 Die Spitze *S* der dreiseitigen Pyramide *ABCS* in Bild 1 liegt senkrecht über dem Eckpunkt *C* der Grundfläche *ABC*. Die Seitenkante [*CS*] ist 12 cm lang und schließt mit der Seitenkante [*AS*] einen Winkel von 40° und mit [*BS*] einen Winkel von 30° ein. Der Winkel zwischen den Seitenkanten [*AS*] und [*BS*] misst 35°. Berechne Volumen und Oberfläche der Pyramide. (Runde dabei und bei allen folgenden Rechnungen auf eine Stelle nach dem Komma.)

19.2 *M* ist der Mittelpunkt der Seitenkante [*CS*]. Wie lang ist der kürzeste Weg von *A* nach *M*, der über die Seitenflächen *ABS* und *BCS* führt?
[Ergebnis: Weg über die Seitenflächen *ABS* und *BCS*: $\overline{AM} = 14{,}2$ cm]

19.3 Die Grundfläche mit dem Mittelpunkt *P* des der Pyramide *ABCS* umbeschriebenen geraden Kreiszylinders hat einen Radius von 5,2 cm (vgl. Bild 1). Wie lang ist der kürzeste Weg auf dem Zylindermantel, der entgegen dem Uhrzeigersinn von *A* nach *M* verläuft und wie viel Prozent ist dieser länger als der in 19.2 ermittelte Weg?
[Teilergebnis: $\sphericalangle APB = 122{,}1°$]

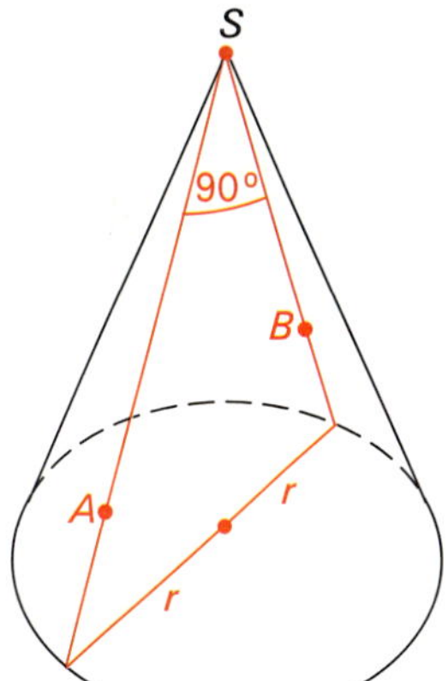

Bild 2

20 Auf dem Mantel eines geraden Kreiskegels mit dem Grundkreisradius $r = 8$ cm und der Höhe $h = 8$ cm liegen die Punkte *A* und *B*. Der Punkt *A* ist 9 cm und der Punkt *B* 5 cm von der Kegelspitze *S* entfernt. Die Mantellinien, die durch *A* und *B* verlaufen, schließen den Öffnungswinkel (vgl. Bild 2) des Kegels von 90° ein. Wie lang ist der kürzeste Weg auf dem Kegelmantel von *A* nach *B*?

Bild 1

Wir ersetzen Kegel und Kugel durch Stufenkörper aus n Scheiben und berechnen mit einem Tabellenkalkulationsprogamm die Volumina.

Ermittlung des Kegelvolumens

1000 Scheiben gleicher Höhe, wie in Bild 2, ergeben annähernd einen Kegel.

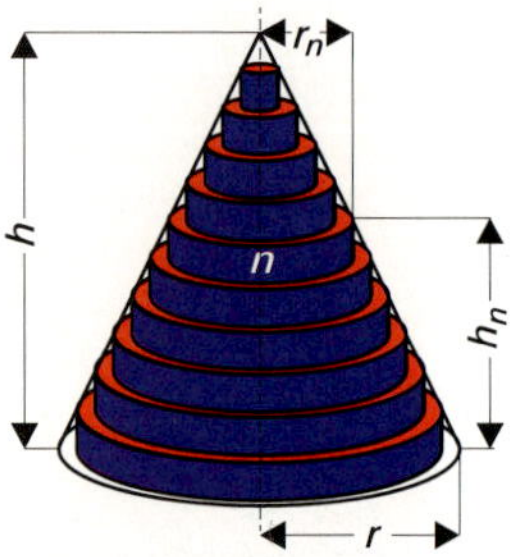

Bild 2

❶ Ermittle den Radius r_n der Scheiben in Abhängigkeit von h_n.

[Teilergebnis: $\frac{r_n}{h - h_n} = \frac{r}{h}$]

❷ Erstelle nachfolgende Tabelle

	A	B	C	D	E
1	Bestimmung des Kegelvolumens				
2	Höhe h des Kegels:		10,000		
3	Radius r des Grundkreises:		2,000		
4	Nummer n der Scheibe	Höhe h_n	Radius r_n der Scheibe	Volumen V_n der Scheibe	
5	1	0,010	1,99800200	0,12528747	
6	2	0,020	1,99600400	0,12503702	
7	3	0,030	1,99400599	0,12478682	
8	4	0,040	1,99200799	0,12453687	
1003	999	9,980	0,00399600	0,00000050	
1004	1000	9,990	0,00199800	0,00000013	
1005					
1006		Summe (V_{Kegel}):		41,82515387	
1007					

Bild 3

❸ Ermittle das Volumen des Stufenkörpers für verschiedene Kegelhöhen h bei konstantem Grundkreisradius r und zeige, dass $V \sim h$ gilt.

❹ Ermittle das Volumen des Stufenkörpers für verschiedene Radien r bei konstanter Höhe h und zeige, dass $V \sim r^2$ gilt.

Es gilt also $V \sim r^2 \cdot h$ und $V = k \cdot r^2 \cdot h$.

Bild 4

❺ Zeige, dass sich der Proportionalitätsfaktor k für immer größere Werte n dem Wert $\frac{\pi}{3}$ nähert und damit $V_{Kegel} = \frac{\pi}{3} \cdot r^2 \cdot h$ gilt.

❻ Bestätige entsprechend: $V_{Kugel} = \frac{4 \cdot \pi}{3} \cdot r^3$.

6.5 Volumen und Oberfläche der Kugel

Rotiert ein Halbkreis wie in Bild 1 um eine Achse, die den Durchmesser $[AB]$ enthält, so entsteht eine **Kugel**. Der Mittelpunkt M von $[AB]$ ist der Kugelmittelpunkt.
Die vom Kreisbogen $\overset{\frown}{AB}$ überstrichene Fläche bei der Rotation ist die **Oberfläche der Kugel**.

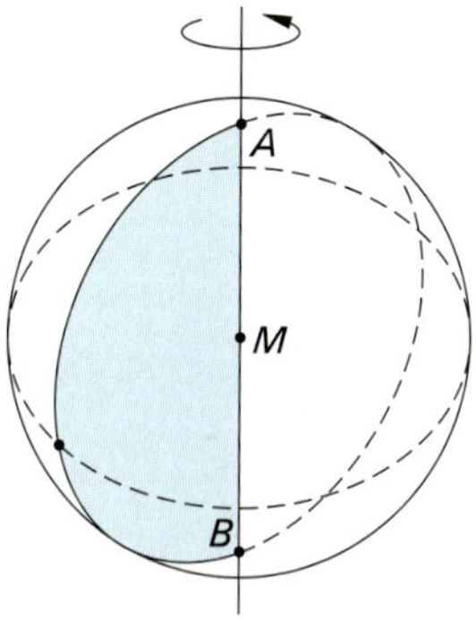

Bild 1

❶ Begründe, dass jeder Punkt der Oberfläche der Kugel vom Kugelmittelpunkt gleiche Entfernung besitzt.

❷ Schneidet eine Ebene eine Kugel, so ist die Schnittfigur ein Kreis.

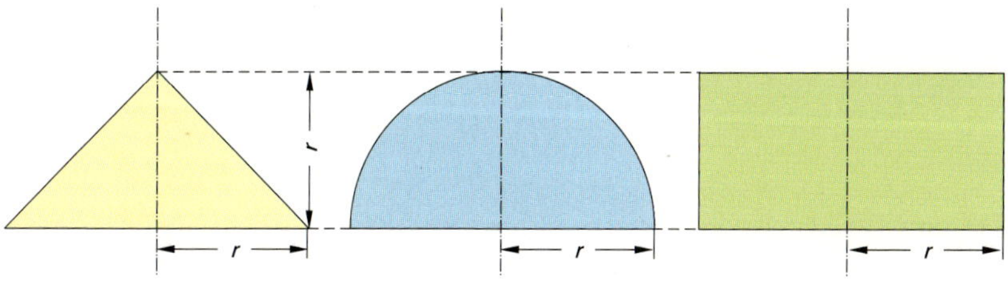

Bild 2

Vergleicht man den Axialschnitt einer Halbkugel mit dem Radius r mit dem Axialschnitt eines Kegels bzw. Zylinders mit gleichem Grundkreisradius und gleicher Höhe (vgl. Bild 2), so erhält man die Abschätzung, dass offensichtlich

$$V_{\text{Kegel}} < V_{\text{Halbkugel}} < V_{\text{Zylinder}}, \text{ also } \frac{1}{3} \cdot \pi \cdot r^3 < V_{\text{Halbkugel}} < \pi \cdot r^3 \text{ ist.}$$

Taucht man wie in Bild 3 dargestellt eine Kugel (Radius r) in einen mit Flüssigkeit gefüllten Zylinder mit r als Grundkreisradius und der Höhe $2r$, so werden zwei Drittel der Flüssigkeit verdrängt.

Bild 3

Dies legt die Vermutung nahe, dass $V_{\text{Kugel}} = \frac{2}{3} \cdot 2 \cdot \pi \cdot r^3 = \frac{4}{3} \cdot \pi \cdot r^3$ gilt.

Das Volumen einer Halbkugel (vgl. Bild 2) wäre also genauso groß wie die Differenz der Volumina von Zylinder und Kegel.

Volumen der Kugel

Wenn wir eine Halbkugel mit einem Körper vergleichen, bei dem aus dem Zylinder ein Kegel ausgebohrt wurde, so können wir die Vermutung von Seite 137 leicht beweisen.
Jede zur Grundfläche parallele Ebene im Abstand h schneidet die beiden Körper in einem Kreis bzw. einem Kreisring (vgl. Bild 1).

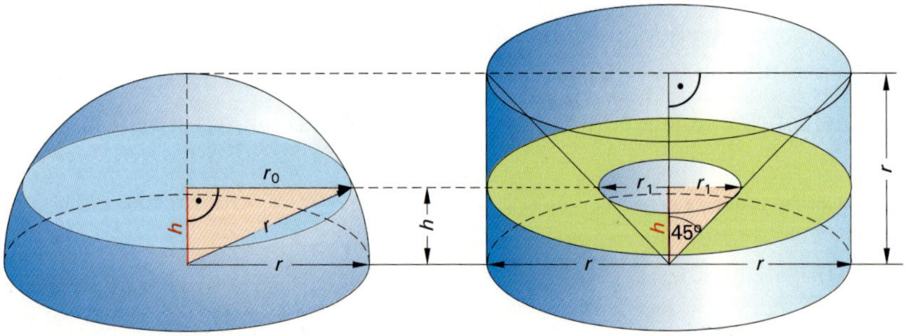

Bild 1

Für den Kreis bzw. den Kreisring gilt (vgl. Bild 1):

	$A_{Kreis} = \pi \cdot r_0^2$	$A_{Kreisring} = \pi r^2 - \pi r_1^2 = \pi(r^2 - r_1^2)$
mit	$r_0^2 = r^2 - h^2$ (Satz des Pyth.)	$r_1^2 = h^2$ (wegen $r_1 = h$)
	$A_{Kreis} = \pi \cdot (r^2 - h^2)$	$A_{Kreisring} = \pi \cdot (r^2 - h^2)$

(=)

Unabhängig von der Höhe h schneidet jede zur Grundfläche parallele Ebene die Halbkugel und den Restkörper in gleich großen Schnittflächen.

Nach dem Satz des Cavalieri gilt:

$$V_{Halbkugel} = V_{Restkörper}, \quad \text{also} \quad V_{Halbkugel} = \frac{2}{3} \cdot \pi \cdot r^3.$$

Eine Kugel mit dem Radius r hat das Volumen $V = \frac{4}{3} \cdot \pi \cdot r^3$.

❶ Berechne mit dem Taschenrechner das Volumen der Kugel auf zwei Stellen nach dem Komma gerundet, wenn r = 2,8 cm (7,3 cm; 0,28 m; 12,08 m; 570 mm; 3,14 cm) ist.

❷ Prüfe durch Rechnung, ob ein Würfel mit 600 cm² Oberfläche ein größeres Volumen hat als eine Kugel mit r = 6,8 cm.

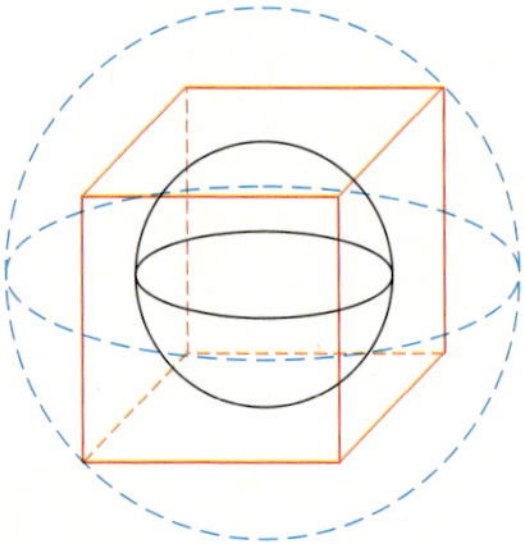

Bild 2

❸ Einem Würfel mit der Kantenlänge a (vgl. Bild 2) ist eine Kugel ein- bzw. umbeschrieben. Um wie viel Prozent unterscheiden sich die Volumina der Kugeln?

❹ Eine Kugel hat ein Volumen von 8 181,23 cm³. Ermittle einen Näherungswert für den Kugelradius.

Oberfläche der Kugel

Einer Kugel kann man Pyramiden einbeschreiben, die ohne Lücken aneinanderstoßen und alle den Kugelmittelpunkt als Spitze besitzen (vgl. Bild 1). Die Pyramiden haben zusammen ein Volumen V^*, das stets kleiner als das Volumen V der Kugel ist.

Bild 1

Macht man die Grundflächen der Pyramiden genügend klein, so nähert sich die Summe ihrer Flächeninhalte A_n dem Inhalt A_O der Kugeloberfläche. Die Höhen h_n nähern sich dabei dem Radius r, das Volumen V^* dem Kugelvolumen:

$$V^* = \frac{1}{3} A_1 \cdot h_1 + \frac{1}{3} A_2 \cdot h_2 + \frac{1}{3} A_3 \cdot h_3 \ldots$$

Mithilfe des Kugelvolumens erhalten wir $\frac{4}{3} \cdot \pi \cdot r^3 = \frac{1}{3} \cdot A_O \cdot r$, und $A_O = 4 \cdot \pi \cdot r^2$

Für den Inhalt A_O der Oberfläche einer Kugel mit dem Radius r gilt:
$$A_O = 4 \cdot \pi \cdot r^2.$$

- Die Oberfläche einer Kugel lässt sich nicht in der Ebene abwickeln. Welche überraschende Bedeutung hat die Formel in der Ebene?

Aufgaben

1 Berechne die fehlenden Maße auf zwei Stellen nach dem Komma gerundet.

	a)	b)	c)	d)	e)	f)	g)
Kugelradius in cm	12,3	4,2	0,8	[11]	[3]	[10]	[5]
Oberfläche in cm²	?	?	?	2 058,87	18,096	132,73	?
Volumen in cm³	?	?	?	[35]	[13]	[24]	523,6

2 Die Maßzahlen von Volumen und Oberfläche einer Kugel sind gleich. Berechne den Radius der Kugel.

3 Vergrößert man den Radius einer Kugel um 3 cm, so hat die neue Kugel eine um 288 cm² größere Oberfläche. Berechne die Radien und die Volumina der beiden Kugeln.

4 Einem Würfel mit der Kantenlänge 6,5 cm ist eine Kugel umbeschrieben. Um wie viel Prozent ist die Kugeloberfläche größer als die Oberfläche des Würfels? Runde jeweils auf eine Stelle nach dem Komma.

Aufgaben

5.0 In einem Würfel mit der Kantenlänge a liegen acht gleich große Kugeln mit dem Durchmesser $0{,}5a$.

5.1 Wie viel Prozent des Würfelvolumens bleiben noch übrig?

5.2 Um wie viel Prozent ist die Summe der Oberflächen der Kugeln größer als die Würfeloberfläche? Runde auf zwei Stellen nach dem Komma.

Bild 1

6 Ein Basketball hat einen Durchmesser von 24,2 cm, ein Tennisball von 6,4 cm. Um wie viel Prozent hat der Basketball ein größeres Volumen als der Tennisball?

7 Der Umfang eines Fußballs darf zwischen 68 cm und 71 cm liegen. Zwischen welchen Grenzen (auf zwei Stellen nach dem Komma gerundet) liegen dann Volumen und Oberfläche?

8 Um wie viel Prozent vergrößert sich das Volumen (die Oberfläche) einer Kugel, wenn man den Radius verdoppelt (verdreifacht)?

9 Ein Mitschüler behauptet, dass er eine Kugel mit 10 cm Radius, die aus purem Gold ist (1 dm^3 wiegt 189 N), leicht nach Hause tragen kann. Stimmt das?

10.1 Der große griechische Mathematiker Archimedes hat das Verhältnis der Volumina von Zylinder, Kegel und Kugel zueinander berechnet. Von ihm stammt der Satz:
Der Zylinder, der die gleiche Grundfläche besitzt wie einer der größten Kreise der Kugel und dessen Höhe gleich dem Durchmesser der Kugel ist, ist sowohl seinem Inhalt als auch seiner Oberfläche nach $1\,^1/_2$-mal so groß wie die Kugel.
Überprüfe durch Rechnung diese Aussage.

10.2 In Bild 2 ist in einem Mosaik der Tod des Archimedes dargestellt.

Bild 2

Erkunde in einem Nachschlagewerk oder im Internet die Umstände, unter denen Archimedes ums Leben gekommen ist.

Aufgaben

Bild 1

11.0 Anlässlich der Weltausstellung 1958 in Brüssel wurde das *Atomium* gebaut (Bild 1).

11.1 Was versinnbildlicht dieses Bauwerk? Schlage in einem Lexikon nach bzw. suche im Internet.

11.2 Eine Kugel des Bauwerks hat einen Durchmesser von 18,2 m. Berechne das Volumen einer Kugel auf zwei Stellen nach dem Komma gerundet.

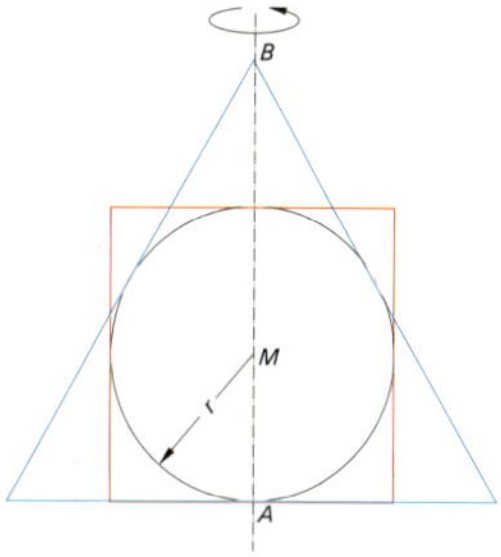

Bild 2

12.0 Ein Kreis $k(M; r)$ ist gleichzeitig Inkreis eines gleichseitigen Dreiecks und eines Quadrats (vgl. Bild 2).

12.1 Berechne die Rauminhalte der bei der Rotation der drei Flächen um AB als Achse entstehenden Körper in Abhängigkeit von r.

12.2 In welchem Verhältnis stehen die Oberflächen der Körper?

13 Berechne das Volumen der Umkugel und Inkugel eines regulären Tetraeders (regulären Oktaeders) in Abhängigkeit von der Kantenlänge a.

14.1 Gewöhnlich betrachtet man die Erde als Kugel mit einem Äquatorumfang von ca. 40 076 km. Die Oberfläche ist nur zu 29,2 % von Land bedeckt. Wie viel Quadratkilometer sind dies? Runde jeweils auf ganze Zahlen.

14.2 Wie viele Quadratkilometer bedeckt dann Wasser die Erdoberfläche?

15 Die in Bild 3 gezeichneten Flächen rotieren um die angegebene Achse. Berechne mit den eingetragenen Maßen (in mm) Volumen und Oberfläche der Rotationskörper auf zwei Stellen nach dem Komma gerundet.

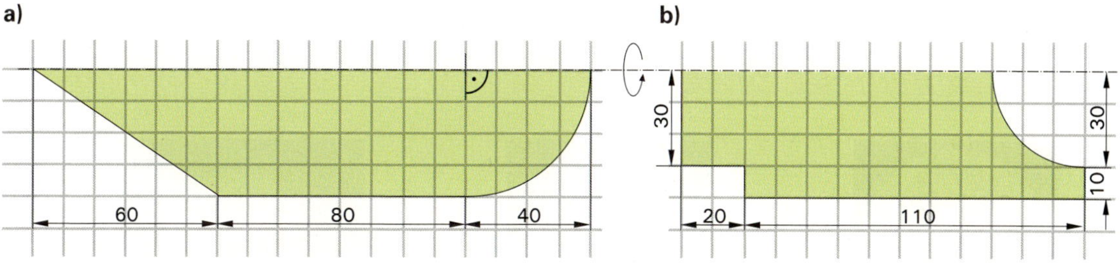

Bild 3

16 Ein Würfel hat eine Kantenlänge von 20,5 cm, ein Zylinder einen Grundkreisradius von 12 cm und eine Höhe von 20 cm und eine Kugel einen Radius von 13 cm. Berechne Volumen und Oberfläche der Körper auf zwei Stellen nach dem Komma gerundet und vergleiche.

17 Der Axialschnitt eines kegelförmigen Trinkgefäßes (z. B. Sektglas) hat einen Öffnungswinkel von 36°. Das Glas ist 7 cm hoch mit einem Getränk gefüllt. Zur Kühlung wird eine Eiskugel mit 2 cm Durchmesser dazugegeben. Um wie viel Zentimeter steigt dann der Flüssigkeitsspiegel? Runde auf eine Stelle nach dem Komma.

Viele Vorgänge in der Biologie oder Chemie beruhen auf der Tatsache, dass ein Körper, wenn er in viele Teile zerlegt wird, sein Gesamtvolumen beibehält, die Gesamtoberfläche aber sehr viel größer wird.

Die menschliche Lunge enthält ca. 400 Millionen Lungenbläschen, die für den Austausch Sauerstoff – Kohlendioxid von entscheidender Bedeutung sind. Jedes Lungenbläschen hat einen Durchmesser von etwa 0,2 mm.

❶ Wie groß ist die gesamte Oberfläche der Lungenbläschen in einem Körper?

❷ Welche Oberfläche hätte eine Kugel mit gleichem Volumen?

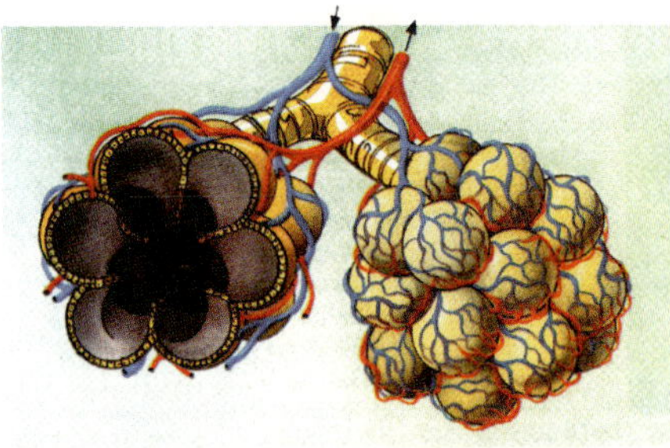

Bild 1

Ein Erwachsener hat etwa sechs Liter Blut. Ein Kubikmillimeter (mm^3) Blut enthält ca. 5 Millionen roter Blutkörperchen, die für den Sauerstofftransport notwendig sind. Die roten Blutkörperchen haben die Form eines Zylinders mit einem Durchmesser $d = 8$ µm und der Höhe $h = 2$ µm ($1\ \mu m = 1 \cdot 10^{-6}$ m).

❸ Wie groß ist die Oberfläche aller Blutkörperchen zusammen?

❹ Welche Oberfläche hätte eine Kugel mit gleichem Volumen?

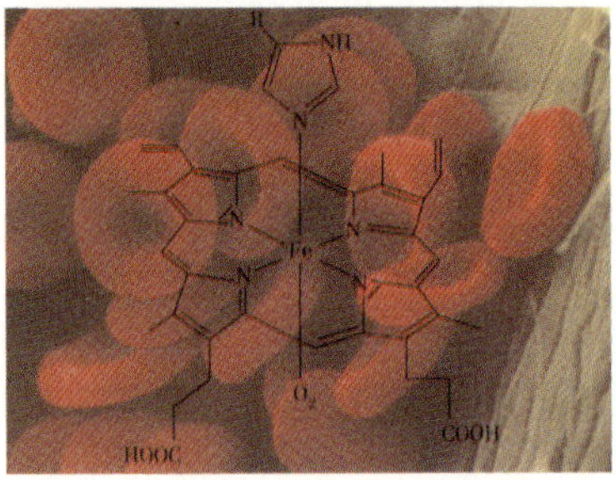

Bild 2

Bild 3: Erde

Bild 4: Mond

Bild 5: Saturn

Viele Himmelskörper haben angenähert die Form einer Kugel.

❺ Welches Volumen und welche Oberfläche hat der „blaue Planet" Erde, wenn der Äquatorradius 6 370 km beträgt?

❻ Um wie viel Prozent sind Volumen bzw. Oberfläche des Mondes ($r = 1{,}7 \cdot 10^3$ km) kleiner als die entsprechenden Werte der Erde?

❼ Wie oft würde theoretisch der Mond in den Planteten Saturn mit einem Äquatorradius von 60 400 km passen?

7 Übungen mit dem Taschenrechner

Die folgenden Beispiele und Aufgaben sind insbesondere mit graphikfähigen Taschenrechnern zu lösen. Die Rechner verschiedener Hersteller erfordern unterschiedliche Tastenfolgen. Wenn dein Rechner andere als die angegebenen Anweisungen benötigt, so schlage diese im Handbuch zu deinem Taschenrechner nach oder frage deine Lehrerin bzw. deinen Lehrer.

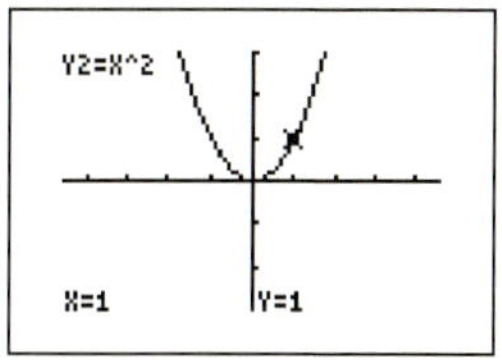

Bild 1

Quadratische Funktionen (vgl. Seite 8 ff.)

Graphen zu Funktionen mit $y = ax^2$

Beispiel

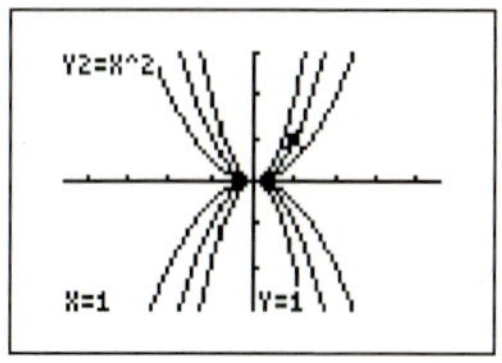

Bild 2

Bild 1 zeigt die Normalparabel zur Funktion mit $y = x^2$.

❶ Gib den Funktionsterm x^2 in den [Y=]-Editor ein und erzeuge den Graphen. Entspricht die Form der Parabel der aus Bild 1?

Wie du schon weißt, sind die x-Achse und die y-Achse deines Rechners nicht automatisch gleich skaliert, d. h. die Länge der Einheitsstrecken ist auf beiden Achsen verschieden. Mit [ZOOM] `5:Zsquare` erhältst du gleiche Einheitsstrecken.

❷ Zeichne zusätzlich zur Parabel mit $y = x^2$ die Parabeln mit $y = ax^2$ für $a \in \{0{,}5;\ 2;\ -1;\ -0{,}5;\ -2\}$ ein (vgl. Bild 2).

❸ Beschreibe den Einfluss der Formvariablen a.

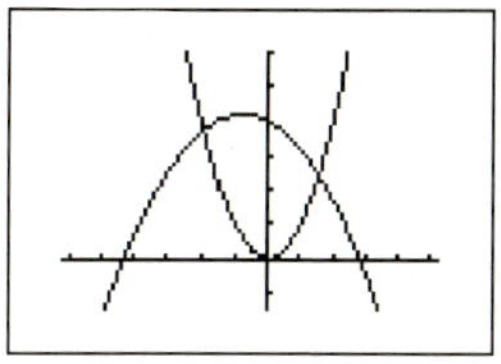
Bild 3

Graphen zu Funktionen mit $y = ax^2 + bx + c$.

Beispiel

❹ Gib den Funktionsterm $-\frac{1}{3}x^2 - \frac{1}{2}x + 4$ in den [Y=]-Editor ein und zeichne den Graphen in ein passendes Fenster mit gleich skalierten Koordinatenachsen. Bild 3 zeigt den Graphen und die Normalparabel mit $S(0|0)$.

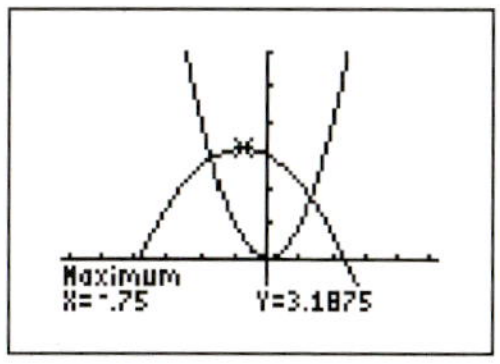

Bild 4

❺ **Scheitelbestimmung**

Mit [2nd] [TRACE] `3:minimum` bzw. `4:maximum` kannst du schnell den Scheitel bestimmen. Zuerst setzt du mit den Cursortasten [▲] [▼] den Cursor auf den zu untersuchenden Graphen. Bei `LeftBound?` setzt du den Cursor links, bei `RightBound?` rechts vom Scheitel. Bei `Guess?` drückst du [ENTER] (vgl. Bild 4).

Wenn du den Graphen zeichnen sollst, erstellst du zuerst mit [2nd] [GRAPH] eine Wertetabelle (vgl. Bild 5). Mit [2nd] [WINDOW] kannst du den Startwert und die Schrittweite einstellen.

Du kannst Koordinaten $(x|y)$ mit [TRACE] auch direkt dem Graphen entnehmen.

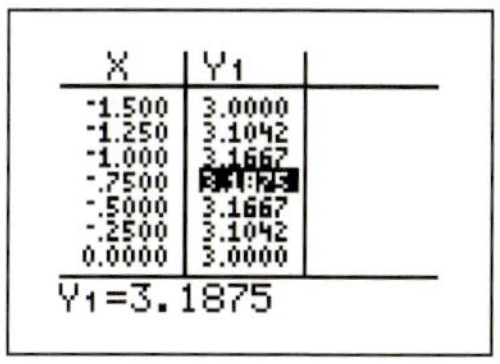

Bild 5

❻ Begründe, dass der in Bild 5 markierte Wert die y-Koordinate des Scheitels der Parabel ist.

Beispiel Ein mathematisches Modell

Bei konstanten Bedingungen (Fahrzeug, Fahrbahn, Reifen ...) wurden für einen Pkw folgende Bremswege in Abhängigkeit von der Geschwindigkeit gemessen.

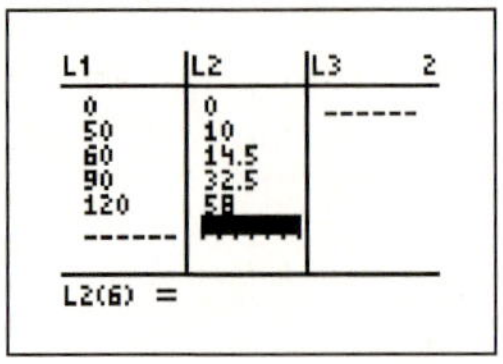

Bild 1

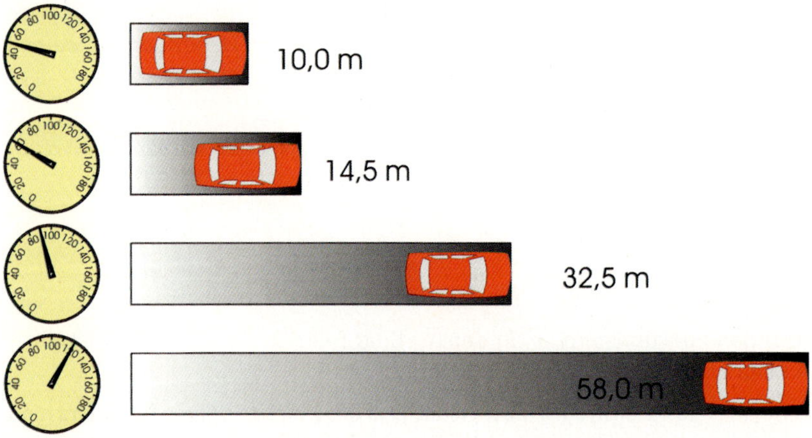

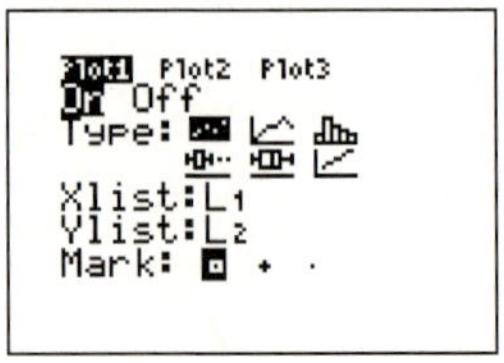

Bild 2

– Welchen Bremsweg hat das Fahrzeug bei einer Geschwindigkeit von 100 $\frac{\text{km}}{\text{h}}$?

– Bei welcher Geschwindigkeit beträgt der Bremsweg 50 m?

Um Fragen wie diese beantworten zu können, entwickeln wir ein mathematisches Modell des Bremsvorgangs.

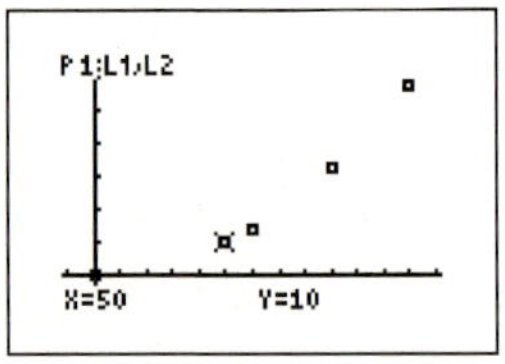

Bild 3

Zuerst beschreiben wir den Bremsvorgang mithilfe eines Diagramms. Dazu geben wir die Messwerte mit [STAT] `EDIT` in Listen ein. Die Maßzahlen x für die Geschwindigkeit $x\,\frac{\text{km}}{\text{h}}$ geben wir in Liste 1 und die Maßzahlen y für den Bremsweg y m in die Liste 2 ein (vgl. Bild 1). Mit [2nd] [Y=] (vgl. Bild 2) und Eingabe von [ZOOM] `9: ZoomStat` übertragen wir die Messwerte in ein Koordinatensystem (vgl. Bild 3).

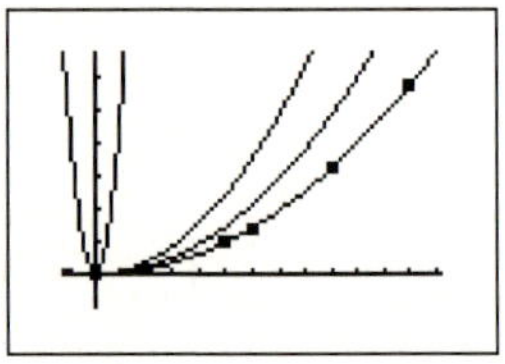
Bild 4

❶ Auf welchem Graphen liegen die Punkte? Versuche einen passenden Graphen einzuzeichnen. Bild 4 zeigt einige Versuche.

Der gesuchte Graph heißt Regressionskurve. Du kannst seine Funktionsgleichung mit [STAT] `CALC 5:Quadreg` mit dem Rechner bestimmen (vgl. Bild 5).

Bild 5

❷ Wie lautet für die gegebenen Bedingungen (Fahrzeug, Fahrbahn, Reifen ...) der Zusammenhang zwischen Geschwindigkeit und Bremsweg? Gib eine gute Näherung der Funktionsgleichung in der Form $y = a \cdot x^2$ an.

❸ Wie groß ist der Bremsweg bei 100 $\frac{\text{km}}{\text{h}}$?

❸ Schätze zuerst und ermittle dann die Bremswege bei einer Geschwindigkeit von 150 $\frac{\text{km}}{\text{h}}$ und 200 $\frac{\text{km}}{\text{h}}$.

❺ Schätze zuerst die Geschwindigkeiten und ermittle sie dann für die Länge des Bremsweges von 20 m und 50 m (vgl. Bild 1).

Im Straßenverkehr kommt es auf den Anhalteweg an. Dies ist der Weg, den das Fahrzeug vom Erkennen der Gefahr bis zum Stillstand zurücklegt. Der Anhalteweg ist die Summe aus Reaktionsweg und Bremsweg. Dabei ist der Reaktionsweg der Weg, den das Fahrzeug (bei unverminderter Geschwindigkeit) während der Reaktionszeit vom Erkennen der Gefahr bis zum Betätigen der Bremse zurücklegt.

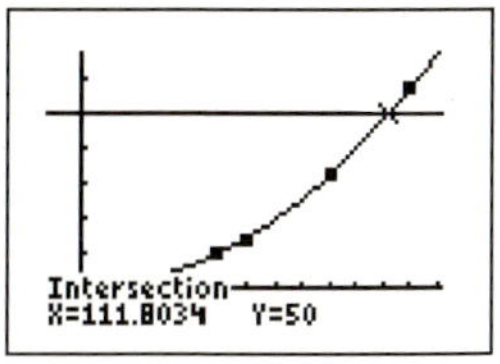

Bild 1

❻ Nimm für die Reaktionszeit eine Sekunde und ermittle dann die Funktionsgleichung, die den Anhalteweg y m in Abhängigkeit von der Geschwindigkeit $x \frac{\text{km}}{\text{h}}$ beschreibt (vgl. Bild 2).

❼ Um wie viel Meter ist der Anhalteweg bei einer Geschwindigkeit von $100 \frac{\text{km}}{\text{h}}$ größer als der Bremsweg?

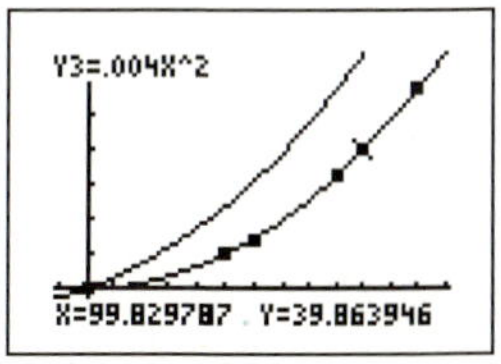

Bild 2

Quadratische Gleichungen (vgl. Seite 26 ff.)

Um quadratische Gleichungen der Form $ax^2 + bx + c = 0$ zu lösen, betrachten wir den Term $ax^2 + bx + c$ als Funktionsterm. Wir erhalten so die Funktion mit der Gleichung $y = ax^2 + bx + c$ und bestimmen dann die Nullstellen dieser Funktion.

Beispiel

Es sollen die Lösungen der Gleichung $x^2 - 10x + 16 = 0$ ermittelt werden.

Gib den Funktionsterm $x^2 - 10x + 16$ in den [Y=]-Editor ein und erzeuge den Graphen (vgl. Bild 3). An der Lage der Parabel erkennst du sofort, dass die Gleichung zwei Lösungen hat.

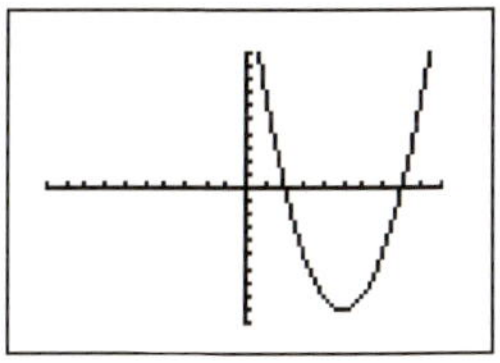

Bild 3

Mit [2nd] [TRACE] `2:zero` bestimmst du die Koordinaten der Schnittpunkte mit der x-Achse. Bei `LeftBound?` setzt du den Cursor links, bei `RightBound?` rechts vom Schnittpunkt. Bei `Guess?` setzt du ihn in die Nähe des Schnittpunkts (Bild 4) und drückst dann [ENTER].

❽ Gib die Lösungsmenge der Gleichung $x^2 - 10x + 16 = 0$ an.

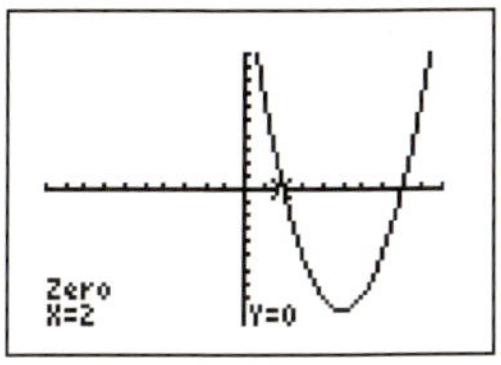

Bild 4

❾ Löse die Gleichungen

a) $2x^2 + 5x - 8 = 0$ **b)** $-\frac{1}{3}x^2 + 8x - 43 = 0$ **c)** $3x^2 = 4x - 8$

d) $x^2 + \sqrt{3}x - 12\sqrt{3} = 0$ **e)** $4x^2 = 110x + 756{,}25$ **f)** $3x^2 - 3{,}5x = 2{,}5$

Funktionen der indirekten Proportionalität (vgl. Seite 44 ff.)

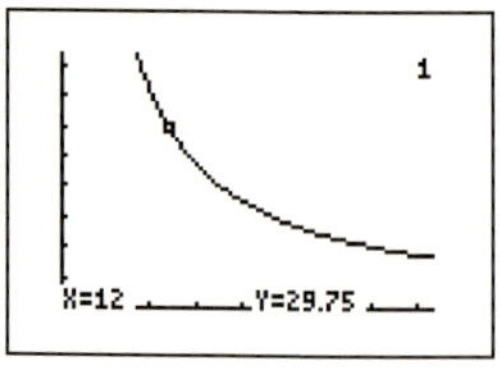

Bild 2

Beispiel

Der Ausleger eines Baukrans (vgl. Bild 1) kann nicht beliebig belastet werden. Es gilt das Hebelgesetz in der Form
Kraft · Hebelarm = konstant.

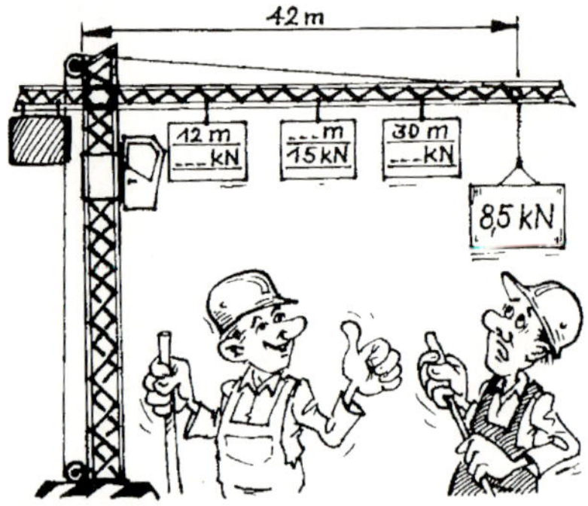

Bild 1

❶ Zeichne für den Baukran in Bild 1 ein Diagramm, aus dem der Kranführer die maximale Gewichtskraft der Last in Abhängigkeit von der Länge des Hebelarms ablesen kann (vgl. Bild 2).

❷ Entnimm dem Diagramm die fehlenden Werte.

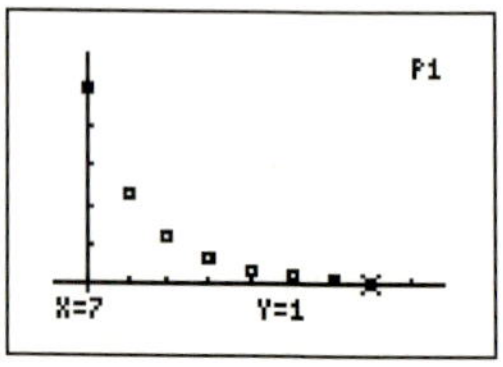

Bild 3

Exponentialfunktionen (vgl. Seite 44 ff.)

Beispiel Aufgabe 7 auf Seite 51

Dieses Experiment kannst du statt mit Münzen auch mit einseitig beschrifteten Schokolinsen durchführen. Bild 3 zeigt die Auswertung eines Experiments, bei dem mit 100 Schokolinsen gestartet wurde. Die Regressionskurve in Bild 4 wurde mit [STAT] `CALC A:ExpReg` als $y = 91{,}922 \cdot 0{,}525^x$ ermittelt.

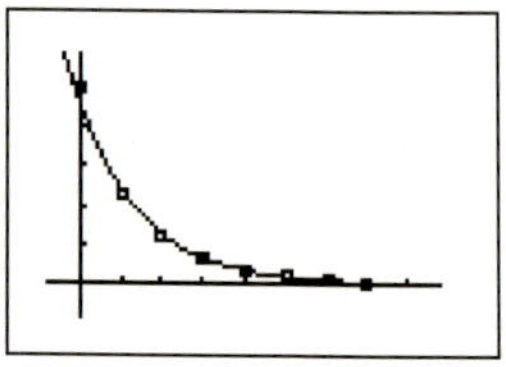

Bild 4

❸ Führe ein entsprechendes Experiment durch. Starte mit möglichst vielen Schokolinsen und übertrage deine Werte in Tabellen. Zeichne dann ein Diagramm und ermittle die Gleichung der Regressionskurve als Beschreibung des Experiments.

❹ Welche Funktionsgleichung erwartest du für die Regressionsfunktion? Begründe deine Annahme. Warum liefert der Rechner nur annähernd diese Funktionsgleichung?

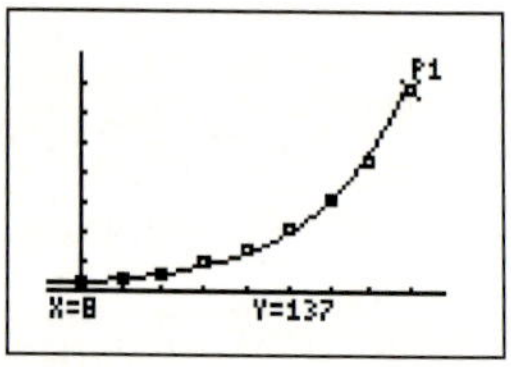

Bild 5

❺ Führe ein solches Experiment für einen Wachstumsprozess durch. Beginne mit vier Schokolinsen. Würfle, zähle die Schokolinsen mit oben liegender Beschriftung und gib dann die gleiche Anzahl Schokolinsen dazu. Nun notierst du die Anzahl aller Schokolinsen und würfelst erneut ... Bild 5 zeigt die Auswertung einer solchen Versuchsdurchführung.

❻ Der Graph in Bild 2 sieht auf den ersten Blick ähnlich aus wie der Graph in Bild 4. Gib an, wie sich Graphen zu Funktionen der indirekten Proportionalität von denen zu Exponentialfunktonen unterscheiden.

Bestimmung von Näherungswerten für π (vgl. Seite 54)

Die auf Seite 54 beschriebene Methode zur Bestimmung von π kannst du mithilfe einer Tabelle leicht durchführen.

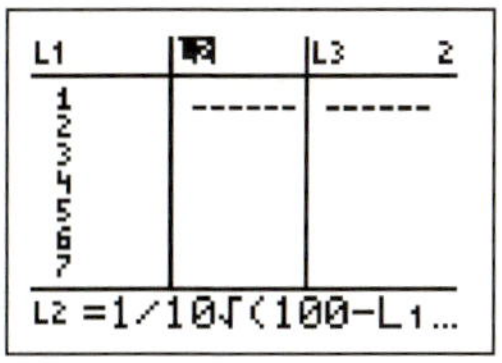

Bild 1

Beispiel

Wähle $r = 1$ und $n = 10$ wie in Bild 1 auf Seite 54.

❶ Schreibe 1; 2 ; 3 bis 9 in die Liste L1.

❷ Berechne in der Liste L2 die Maßzahlen für y_1 bis y_9.

Es gilt also $L2 = \frac{1}{10}\sqrt{100 - L1^2}$ (vgl. Bild 1). Den Eintrag für die ganze Liste L2 nimmst du vor, indem du in der ersten Zeile L2 markierst und dann den Term eingibst. Den Namen L1 gibst du mit [2nd] [1] ein.

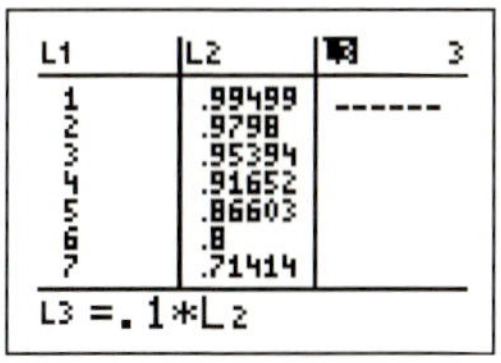

Bild 2

❸ Schreibe in die Liste L3 die Maßzahlen für die Flächeninhalte der einzelnen Streifen. Dazu multiplizierst du y_1 bis y_9 jeweils mit 0,1. Du gibst also $L3 = 0{,}1 \cdot L2$ ein (vgl. Bild 2).

❹ Summiere die Maßzahlen für die Flächeninhalte der einzelnen Streifen in der Liste L4, also die Werte der Liste L3 (vgl. Bild 3). Den Befehl `cumSum(` gibst du folgendermaßen ein: [2nd] [STAT] `OPS 6:cumSum`.

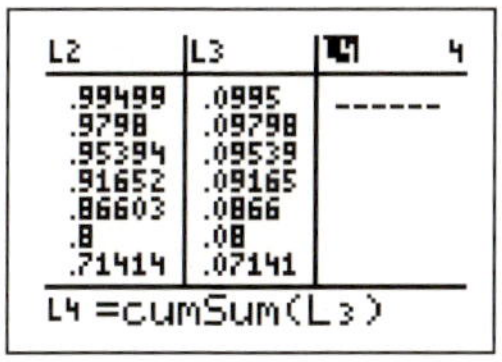

Bild 3

❺ Multipliziere in der Liste L5 die in L4 enthaltenen Werte jeweils noch mit 4 um den Flächeninhalt des ganzen Kreises anzunähern (vgl Bild 4). In der letzten Zeile der Liste L5 steht dann die Summe der Flächeninhalte aller einbeschriebenen Rechtecksstreifen des Kreises (vgl. Bild 5). Es gilt also $2{,}9045 < \pi$.

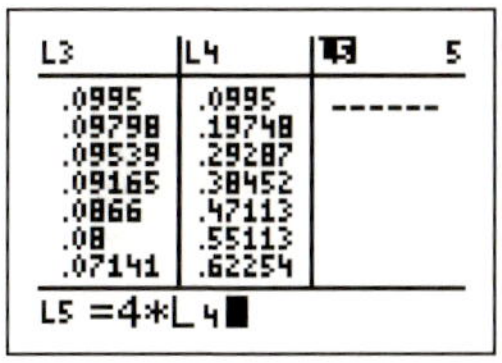

Bild 4

Wie wir auf Seite 54 gesehen haben, ist beim Viertelkreis die Summe der Flächenmaßzahlen der umbeschriebenen Rechtecke für $n = 10$ um $\frac{1}{10} \cdot 1$ größer als die der einbeschriebenen. Für den ganzen Kreis ist sie somit um 0,4 größer. Also gilt:

$$2{,}9045 < \pi < 3{,}3045.$$

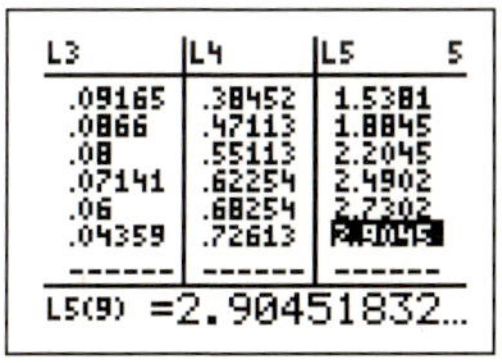

Bild 5

Trigonometrie (vgl. Seite 62 ff.)

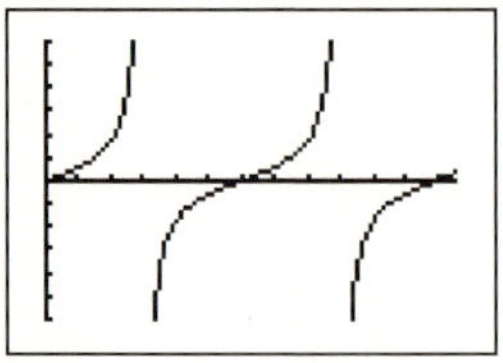

Bild 1

Beispiel Graphen von Funktionen mit $y = \tan\alpha$, $y = \sin\alpha$ und $y = \cos\alpha$.

❶ Bild 1 zeigt den Graphen zur Funktion mit $y = \tan x$ für $0° \leqq x \leqq 360°$; ($x \neq 90°$; $x \neq 270°$). Ermittle mithilfe von TRACE die Tangenswerte für 89,99° und 90,01° bzw. 279,99° und 270,01° und beschreibe den Verlauf des Graphen in der Umgebung von 90° bzw. 270°.
Bild 2 zeigt den Graphen der Funktion mit $y = \sin x$ für $0° \leqq x \leqq 360°$; $x \in \mathbb{R}$.

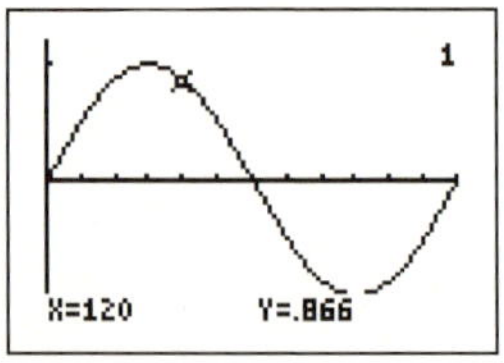

Bild 2

❷ Zeichne den Graphen der Funktion mit $y = \sin x$ und ermittle mithilfe von TRACE, für welche Winkel der Sinuswert positiv und für welche er negativ ist.

❸ Für welchen Winkel ist der Sinuswert maximal, für welchen ist er minimal?

❹ Ermittle wie in Bild 3, für welche Winkelmaße $\sin x = 0{,}5$ gilt.

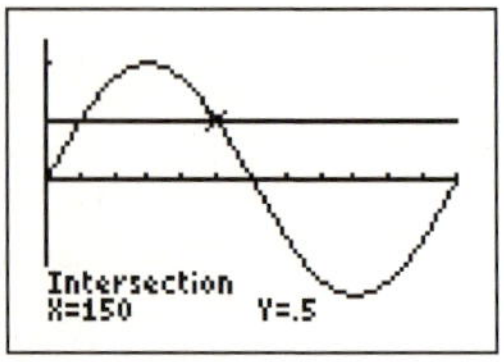

Bild 3

❺ Zeichne den Graphen zur Funktion mit $y = \cos x$ für $0° \leqq x \leqq 360°$; $x \in \mathbb{R}$ und löse die Aufgaben ❷ bis ❹ entsprechend.

❻ Bild 4 zeigt die Graphen der Funktionen mit $y = \sin x$ und $y = \cos x$ in einem Koordinatensystem. Für welche Winkelmaße sind die Sinus- und Kosinuswerte gleich?

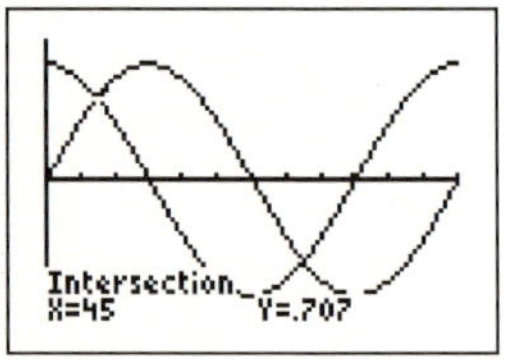

Bild 4

Beispiel Berechnungen mit dem **Sinussatz**.

Gegeben ist das Dreieck *ABC* mit $a = 7$ cm, $c = 5$ cm und $\alpha = 60°$. Bild 5 zeigt die Berechnung des Winkelmaßes γ und der Seitenlänge b:

$$\sin\gamma = \frac{5\text{ cm}\cdot\sin 60°}{7\text{ cm}};\ \gamma = 38{,}21°;\ b = \frac{7\text{ cm}\cdot\sin(180° - (38{,}21° + 60°))}{\sin 60°};\ b = 8\text{ cm}.$$

❼ Berechne auf gleiche Weise die fehlenden Maße im Dreieck *ABC* mit $a = 5$ cm, $c = 4{,}5$ cm und $\alpha = 45°$.

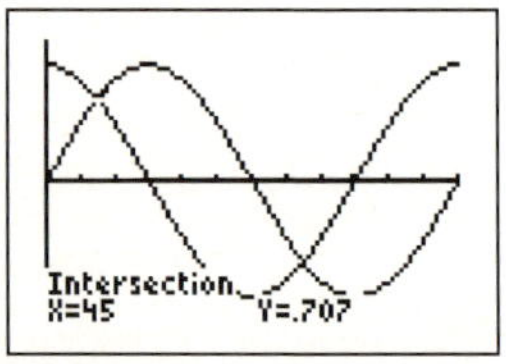

Bild 4

Beispiel Berechnungen mit dem **Kosinussatz**.

Gegeben ist das Dreieck *ABC* mit $a = 7$ cm, $b = 8$ cm und $c = 6$ cm. Bild 6 zeigt die Berechnung des Winkelmaßes α:

$$\cos\alpha = \frac{(8\text{ cm})^2 + (5\text{ cm})^2 - (7\text{ cm})^2}{2\cdot 8\text{ cm}\cdot 5\text{ cm}};$$

$\alpha = 60°$.

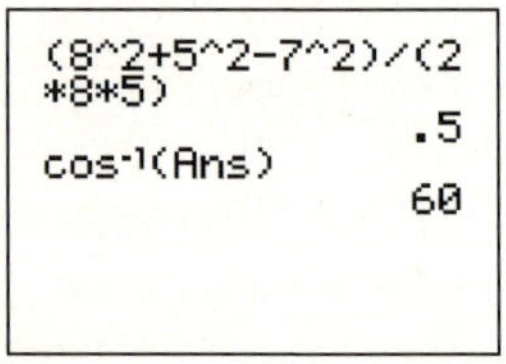

Bild 5

❽ Berechne auf gleiche Weise die fehlenden Maße im Dreieck *ABC* mit $a = 8$ cm, $b = 10$ cm und $c = 6$ cm.

8 Aufgaben zur Wiederholung und zur Vorbereitung auf die Abschlussprüfung

1 Welchen größten Wert T_{max} und welchen kleinsten Wert T_{min} kann der Bruch $\frac{x}{y}$ annehmen, wenn $600 \leqq x \leqq 1400$ und $200 \leqq y \leqq 500$ gilt?

2 Wie viele ganze Zahlen liegen zwischen $\sqrt{15}$ und $\sqrt{120}$?

3 Berechne für $\frac{25}{x} = 10 - x$ und $x \in \mathbb{R} \setminus \{0\}$ die Werte der Terme

$T_1(x) = \frac{25}{x^2} + x^2$, $T_2(x) = \frac{25}{x^2} - x^2$, $T_3(x) = x^3 - \frac{125}{x^3}$, $T_4(x) = \frac{625}{x^4} - x^4$ und

$T_5(x) = x^6 - \frac{15\,625}{x^6}$. Begründe, dass $T_4(x) = T_1(x) \cdot T_2(x)$ gilt.

4 Welche der folgenden drei Gleichungen besitzt für $\mathbb{G} = \mathbb{R}$ kein Lösungselement, ein Lösungselement oder zwei Lösungselemente?

a) $49 = (x + 2)^2$ **b)** $(x + 2)^2 = x(x + 4) + 7$ **c)** $22 + 3(x + 2)^2 = x(3x - 5)$

5 Das Viereck *ABCD* in Bild 1 ist ein Parallelogramm. Überprüfe folgende Behauptungen:

a) $\overline{AF} = 6\,\text{cm}$ **b)** $\overline{EC} = 1{,}5\,\text{cm}$ **c)** $\triangle AFB \sim \triangle AED$ **d)** $A_{\triangle FCE} = 8{,}4\,\text{cm}^2$

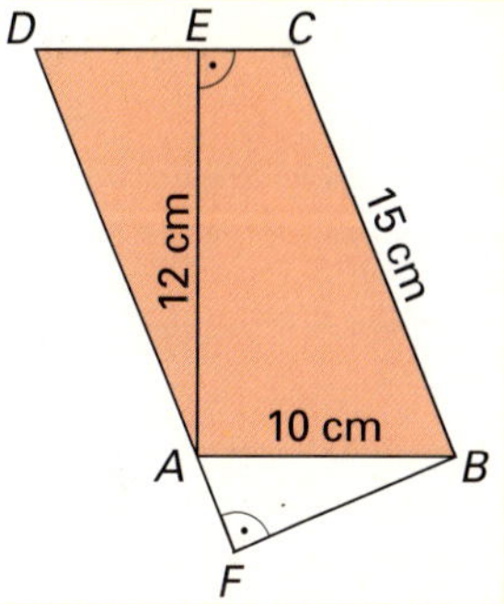

Bild 1

6.0 Die Terme $T_1(x) = \sin x°$, $T_2(x) = \frac{1}{\cos x°}$ und $T_3(x) = 5x^2$ sind gegeben. Es gilt: $0 \leqq x \leqq 180$ und $x \in \mathbb{R}_0^+$.

6.1 Welche Termwerte erhält man für $x \in \{0; 45; 90; 135; 180\}$?

6.2 Gibt es Werte für x, sodass $T_1(x) = T_2(x) = T_3(x) = 4$ und $T_1(x) = T_2(x) = T_3(x) = 0{,}734$ gilt? Runde bei allen Rechnungen auf drei Stellen nach dem Komma.

7 Das Rechteck R_1 mit den Seitenlängen $a_1 = 5$ cm und $b_2 = 8$ cm, das Rechteck R_2 mit den Seitenlängen $a_2 = 16$ cm und $b_2 = 25{,}6$ cm sowie das Rechteck R_3 mit den Seitenlängen $a_3 = 33{,}6$ cm und $b_3 = 21$ cm sind gegeben. Gibt es unter den Rechtecken ähnliche Rechtecke?

8 Ermittle für $x \in \mathbb{R}$ die Lösungen folgender Gleichungen:

a) $5^{x^2 - 9x + 20} = 1$ **b)** $(x^2 - 9x + 20)^{10} = 0$ **c)** $(x^2 - 5x + 5)^7 = 1$

d) $(x^2 - 5x + 5)^3 = -1$ **e)** $(x^2 - 9x + 19)^5 = 1$ **f)** $(x^2 - 9x + 19)^5 = -1$

g) $(x^2 - 5x + 5)^8 = 1$ (Beachte: Es gibt vier Lösungen.)

h) $(x^2 - 5x + 7)^6 = -1$ **i)** $(x^2 - 9x + 40)^0 = -1$

Aufgaben

9 Gibt es Vierecke $A_1B_1C_1D_1$ mit den Seitenlängen $\overline{A_1B_1} = 4$ cm, $\overline{B_1C_1} = 6$ cm, $\overline{D_1C_1} = 8$ cm, $\overline{A_1D_1} = 9$ cm und $\measuredangle C_1B_1A_1 = 50°$ sowie $A_2B_2C_2D_2$ mit den Seitenlängen $\overline{A_2B_2} = 10{,}8$ cm, $\overline{B_2C_2} = 4{,}8$ cm, $\overline{D_2C_2} = 7{,}2$ cm, $\overline{A_2D_2} = 9{,}6$ cm und $\measuredangle D_2C_2B_2 = 50°$? Überprüfe, wenn es die Vierecke gibt, ob es sich um ähnliche Vierecke handelt. Runde bei allen Rechnungen auf zwei Stellen nach dem Komma.

10.0 Um auch konservative Anleger, die bei der Geldanlage eine geldmarktnahe, aber kontinuierliche Wertentwicklung bei moderaten Wertschwankungen anstreben, von seiner Anlagestrategie und Depot-Flexibilität zu überzeugen, wirbt ein privates Geldinstitut mit einem Diagramm, das die Wertentwicklung eines Depots (40 % Geldmarkt, 20 % Immobilien, 40 % Renten) für mehrere 12-Montats-Zeiträume graphisch wiedergibt. Bild 1 zeigt einen Ausschnitt aus diesem Diagramm.

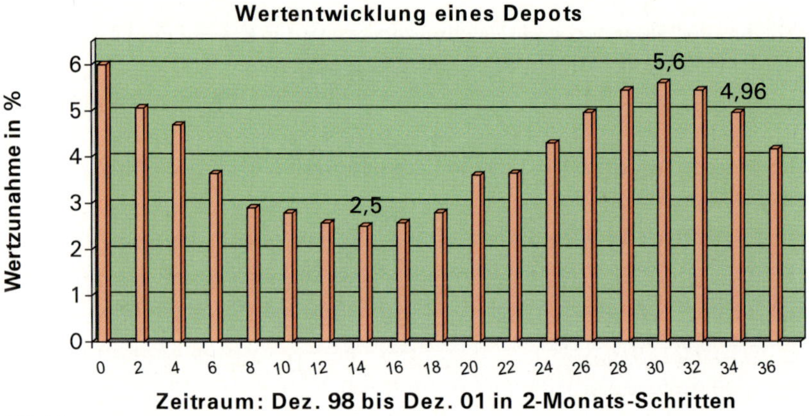

Bild 1

10.1 Wie der Diagrammausschnitt zeigt, folgt die Wertentwicklung vom Dezember 1998 bis Dezember 2001 annähernd zwei Parabelbögen. Ein Minimum mit 2,5 % stellt sich nach 14 Monaten ein und ein Maximum wird mit 5,6 % nach 30 Monaten erreicht. Weiter kann man Bild 1 entnehmen: Am Beginn beträgt der Wertzuwachs 6 % und nach 34 Monaten 4,96 %. Ermittle die Gleichungen der beiden Parabeln, denen die Parabelbögen entsprechen.

[Teilergebnis: $y = \frac{1}{56}(x - 14)^2 + 2{,}5$]

10.2 Offensichtlich weichen die zu 4 Monaten und zu 20 Monaten gehörenden Prozentwerte von den Funktionswerten einer Parabel ab. Welche Werte müssten sich ergeben, wenn sie zur Parabel gehörten?

10.3 Berechne die Wertzunahme nach 36 Monaten, die das Diagramm zeigt.

10.4 Überprüfe durch Rechnung, ob sich die beiden Parabeln schneiden, berühren oder ob sie keinen Punkt gemeinsam haben.

Aufgaben

11 Die Winkel BAD und ASB im Viereck $ABCD$ in Bild 1 messen 90°. Mit $x \in \mathbb{R}^+$ gilt noch: $\overline{BS} = x$ cm, $\overline{SD} = (x - 3{,}5)$ cm, $\overline{AB} = (x + 2)$ cm, $\overline{AD} = (x - 0{,}5)$ cm, $\overline{SC} = (x + 4{,}2)$ cm. Berechne die Länge der Viereckseiten und der Diagonalen, die Maße der Innenwinkel sowie den Flächeninhalt. Runde dabei auf zwei Stellen nach dem Komma.

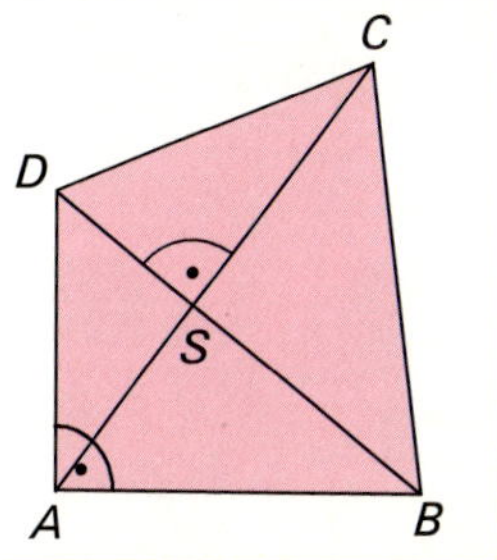

Bild 1

12.0 Ein Chemiekonzern möchte sein neu entwickeltes Feinwaschmittel Lavax auf den Markt bringen. Es soll in drei verschieden großen quaderförmigen Boxen verkauft werden, die zueinander ähnlich sind. Die kleine Box ist 3 cm mal 9 cm mal 12 cm und die große Box 9 cm mal 27 cm mal 36 cm groß.

12.1 Begründe, dass die kleine Box und die große Box ähnlich sind. Wie viele Kleinpackungen enthalten ebenso viel Waschpulver wie eine Großpackung?

12.2 Die Oberfläche der ebenfalls quaderförmigen mittleren Box soll viermal so groß wie die der kleinen Box sein. Welche Maße muss sie haben, wenn sie zur kleinen und zur großen Box ähnlich sein soll? Wievielmal mehr Waschpulver als die Kleinpackung enthält sie?

12.3 Wievielmal größer ist die Oberfläche der großen Box im Vergleich zur mittleren Box und wievielmal mehr Waschpulver als die mittlere Box enthält sie?

12.4 Eine Großpackung Lavax kostet 40 € und eine Kleinpackung 2 €. Wie viel Prozent spart eine Hausfrau, wenn sie Großpackungen kauft?

13 In Bild 2 sind S und E Ecken eines Saales. Es gilt: $[AE] \perp [BE] \perp [ES]$. Zur Bestimmung der Höhe $\overline{ES}$ des Saales werden folgende Größen gemessen: $\overline{AE} = 8$ m; $\sphericalangle BAE = 41°$; $\sphericalangle SBE = 62°$. Zeige, dass man $\overline{ES}$ wie folgt darstellen kann: $\overline{ES} = \frac{8 \cdot \cos 49° \cdot \tan 62°}{\cos 41°}$ m und $\overline{ES} = \frac{8 \cdot \tan 62°}{\cos 41°} \sqrt{1 - \cos^2 41°}$ m.
Wie hoch ist der Saal? Runde auf eine Stelle nach dem Komma.

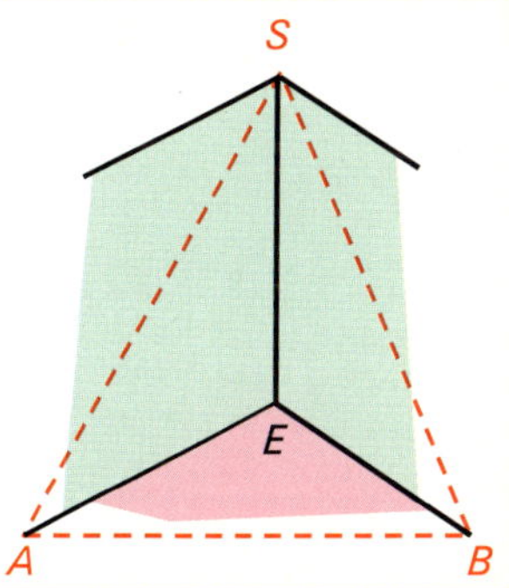

Bild 2

14.0 Mit Schwingung bezeichnet man z. B. die Hin- und Herbewegung eines Uhrpendels oder eines einfachen Fadenpendels, das man erhält wenn man ein Gewichtsstück als Pendelkörper an einem dünnen Faden aufhängt. Die Zeit, die der Pendelkörper für eine Hin- und Herbewegung braucht, heißt Schwingungsdauer. Sie ist bei festen Fadenlängen konstant. In einem Versuch wurde die Schwingungsdauer $t = x$ Sekunden jeweils um eine Sekunde erhöht und die dazu erforderliche Fadenlänge $l = y$ Meter gemessen:

x	1	2	3	4	5	6
y	0,3	1,2	2,7	4,8	7,5	10,8

14.1 Übertrage die Tabelle in dein Heft und zeichne die den Zahlenpaaren $(x|y)$ entsprechenden Punkte in ein Koordinatensystem. Begründe nun graphisch und auch rechnerisch, dass l nicht proportional zu t ist.

14.2 Füge in deiner Tabelle eine weitere Zeile mit den Werten für x^2 hinzu. Gib sodann den Wert für a an, sodass $y = a \cdot x^2$ gilt. Ergänze nun für $x \in \mathbb{R}_0^+$ dein Diagramm mit dem Trägergraphen der gezeichneten Punkte.

Aufgaben

15.0 Im Jahr 1990 hatte MEGACITY 500 000 Einwohner. Seitdem nahm die Einwohnerzahl jährlich um 7 % zu. Wir nehmen an, dass dieses Wachstum die nächsten Jahrzehnte so bleibt.

15.1 Ermittle die Einwohnerzahl nach einem Jahr, nach zwei und nach drei Jahren und zeige, dass die Funktionsgleichung $y = 500\,000 \cdot 1{,}07^x$ das Wachstum der Einwohnerzahl y in x Jahren beschreibt.

15.2 Tabellarisiere für $x \in [0; 35]$ mit $\triangle x = 5$, und zeichne den Graphen in ein Koordinatensystem.
Für die Zeichnung: x-Achse: 5 Jahre $\triangleq$ 1 cm; y-Achse: 1 000 000 EW $\triangleq$ 1 cm

15.3 Entnimm die Lösungen zu den folgenden Fragen dem Graphen, überprüfe die gefundenen Werte mit dem Taschenrechner, und versuche eine möglichst genaue Näherung zu finden.
Nach wie vielen Jahren hat sich die Einwohnerzahl verdoppelt (verdreifacht, vervierfacht)? Nach wie vielen Jahren hat MEGACITY 5 Millionen Einwohner?

16.0 Franz hat 1 500 € und sein Bruder Karl 1 700 € auf dem Sparbuch. Franz legt sein Geld für 12 Jahre an und erhält 7 % Zinsen, Karl legt seine Ersparnisse lediglich für 5 Jahre an und erhält 4 % Zinsen. Die Zinsen werden in beiden Fällen jeweils am Ende eines Jahres zum Kapital addiert und im nächsten Jahr mit verzinst.

16.1 Berechne die Guthaben nach dem ersten Jahr.

16.2 Bestätige, dass für das Anfangskapital $K_0 = y_0$ € und für den Zinssatz p das Kapital $K = y$ €
am Ende des ersten Jahres: $y = y_0\,(1 + \frac{p}{100})$,
am Ende des zweiten Jahres: $y = y_0\,(1 + \frac{p}{100})^2$, und
am Ende des x-ten Jahres: $y = y_0\,(1 + \frac{p}{100})^x$ beträgt.

16.3 Gib jeweils das Kapital der beiden Brüder in Abhängigkeit von der Anzahl x der Jahre an.

16.4 Stelle die Entwicklung eines jeden Kapitals graphisch dar.
Für die Zeichnung:
x-Achse (Jahre): $0 \leqq x \leqq 6$; 1 Jahr $\triangleq$ 1 cm
y-Achse (€): $0 \leqq y \leqq 2\,400$; 200 € $\triangleq$ 1 cm

16.5 Entnimm dem Diagramm, nach wie vielen Jahren das Kapital von Franz größer ist als das Kapital von Karl.

16.6 Wie viele € Zinsen erhalten die Brüder jeweils während der Laufzeit gutgeschrieben?

Aufgaben

17.0 Bettina sieht, dass in ihrem Gartenteich eine ca. 10 cm^2 große Fläche von Algen bedeckt ist. Besorgt stellt sie am nächsten Tag fest, dass sich der Flächeninhalt der „Algendecke" verdoppelt hat. Nach 13 Tagen ist die Hälfte der Teichoberfläche bedeckt.

17.1 Nach wie vielen Tagen ist der Teich ganz bedeckt?

17.2 Ermittle den Flächeninhalt, der nach 3, 4 bzw. 5 Tagen bedeckt ist, und bestätige damit, dass die Gleichung $y = 0{,}001 \cdot 2^x$ den Wachstumsprozess für den Flächeninhalt y m^2 in x Tagen beschreibt.

17.3 Bestimme den Flächeninhalt der Teichoberfläche.

18.0 Vom Automodell „Rasant" werden zur Zeit monatlich 4 000 Stück verkauft. Der Verkaufsleiter der Autofirma verkündet das Ziel, die Verkaufszahlen monatlich um 3 % zu steigern.

18.1 Ermittle durch fortlaufendes Multiplizieren mit dem Taschenrechner, wie viele Autos er nach einem Jahr monatlich verkaufen müsste.

18.2 Zeige mit dem Ergebnis aus 18.1, dass die Gleichung $y = 4\,000 \cdot 1{,}03^x$ den Wachstumsprozess der Anzahl y in x Monaten beschreibt.

18.3 Das Modell „Rasant" soll in 5 Jahren abgelöst werden. Wie viele „Rasant" würden nach den Vorgaben des Managers im letzten Produktionsmonat verkauft?

19.0 Nach Schätzungen der UNESCO von 1992 nimmt die Weltbevölkerung jährlich um 1,7 % zu. 1990 lebten 5,2 Milliarden Menschen auf der Erde.

19.1 Berechne die Weltbevölkerung nach einem Jahr, nach zwei und drei Jahren und zeige, dass die Gleichung $y = 5{,}2 \cdot 1{,}017^x$ diesen Wachstumsprozess für die Bevölkerungszahl y Milliarden Menschen in x Jahren beschreibt.

19.2 Wie viele Menschen leben nach dieser Schätzung zur Zeit?

19.3 Wie viele waren es nach dieser Schätzung im Jahr 2000? Suche (z. B. unter dem Stichwort Weltbevölkerung) im Internet nach der tatsächlichen Bevölkerungszahl im Jahr 2000.

19.4 Nach dieser Schätzung hat sich die Weltbevölkerung bis zum Jahr 2031 verdoppelt. In welchem Jahr wäre sie vervierfacht?

Aufgaben

20.1 Zeichne die Parabel p_1 mit $y = -\frac{1}{2}x^2 + 4x$ für $-0{,}5 \leqq x \leqq 8{,}5$ im Koordinatensystem.

20.2 Die Punkte $A_n(x|0)$, $B_n(2x|y)$ und $C_n\left(x\middle|-\frac{1}{2}x^2 + 4x\right)$ auf p_1 sind Eckpunkte von Rauten $A_nB_nC_nD_n$. Zeichne die Raute $A_1B_1C_1D_1$ für $x = 2$ und die Raute $A_2B_2C_2D_2$ für $x = 5$ in das Koordinatensystem zu 20.1 ein. In welchem Bereich für x gibt es Rauten $A_nB_nC_nD_n$?

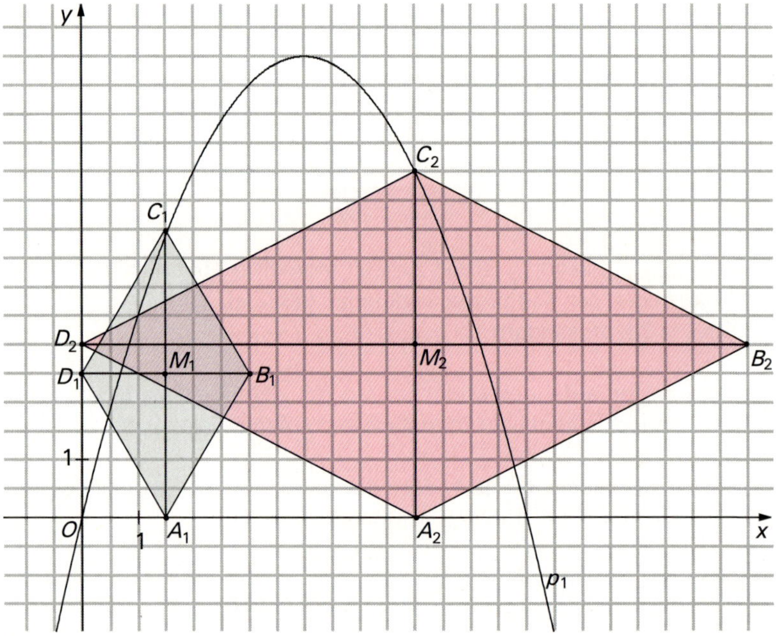

Bild 1

20.3 Ermittle die Koordinaten der Punkte B_n und D_n sowie der Diagonalenschnittpunkte M_n in Abhängigkeit von der Abszisse x der Punkte A_n.

[Teilergebnis: $M_n\left(x\middle|-\frac{1}{4}x^2 + 2x\right)$]

20.4 Zeige rechnerisch, dass die Diagonalenschnittpunkte M_n auf der nach unten geöffneten Parabel p_2 mit dem Stauchungsfaktor $a = -0{,}25$ und dem Scheitelpunkt $S_2(4|4)$ liegen. Zeichne die Parabel p_2 in das Koordinatensystem zu 20.1 ein und berechne die Koordinaten der Schnittpunkte der Parabeln p_1 und p_2.

20.5 Gibt es Rauten, deren Diagonalenlängen sich wie 1 : 2 verhalten? Berechne gegebenenfalls die Koordinaten der zugehörigen Punkte A_n.

20.6 Gib die Steigung m der Seiten $[A_nB_n]$ in Abhängigkeit von x an.

[Ergebnis: $m = -\frac{1}{4}x + 2$]

20.7 Es gibt eine Raute $A_3B_3C_3D_3$ mit $\sphericalangle C_3B_3A_3 = 50°$. Berechne die Koordinaten des zugehörigen Punktes A_3 auf zwei Stellen nach dem Komma gerundet.

20.8 Untersuche rechnerisch, ob es unter den Rauten $A_nB_nC_nD_n$ ein Quadrat gibt.

Aufgaben

21.0 Die Eckpunkte $A_n\left(x \,\middle|\, \frac{1}{4}x^2 - x - 3\right)$ und $D_n(x-1 \mid y)$ von gleichschenkligen Trapezen $A_nB_nC_nD_n$ mit $[A_nB_n] \parallel [D_nC_n]$ liegen auf der Parabel p mit der Gleichung $y = \frac{1}{4}x^2 - x - 3$. Die Abszissen der Punkte B_n sind jeweils um 4 größer, die Abszissen der Punkte D_n um 1 kleiner als die Abszissen x der Punkte A_n.

21.1 Zeichne die Parabel p sowie weitere Trapeze für $x = -2$ und für $x = 0$ ins Koordinatensystem.

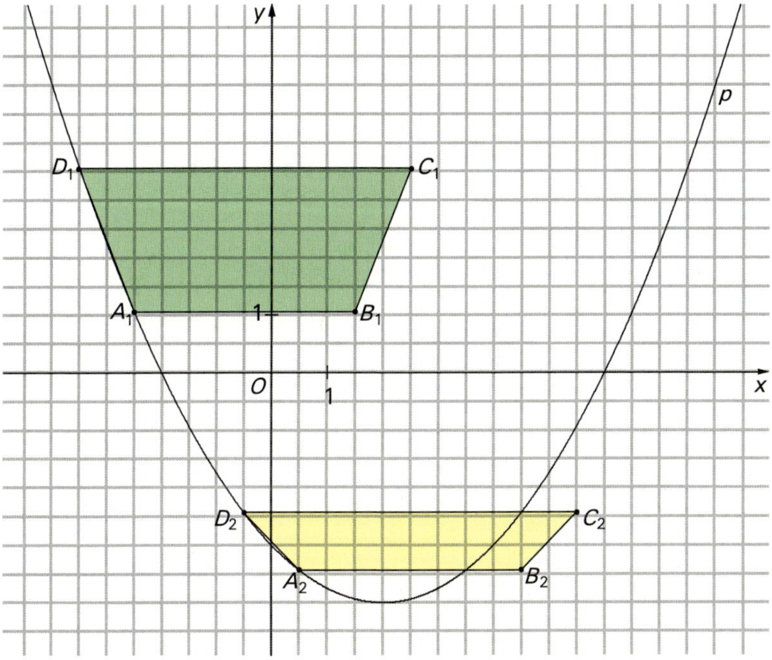

Bild 1

21.2 Bestimme die Koordinaten der Punkte B_n und D_n in Abhängigkeit von der Abszisse x der Punkte A_n. Berechne sodann die Länge $d(x)$ der Seite $[A_nD_n]$ sowie die Höhe $h(x)$ der Trapeze $A_nB_nC_nD_n$ in Abhängigkeit von x. Aus welcher Grundmenge kann man Zahlen für x wählen, sodass es Trapeze $A_nB_nC_nD_n$ gibt?

21.3 Gib den Flächeninhalt $A(x)$ der Trapeze $A_nB_nC_nD_n$ an. Mit welcher Zahl für x erhält man ein Trapez mit 100 FE Flächeninhalt?

21.4 Stelle den Flächeninhalt $A(x)$ graphisch dar.

21.5 Berechne die Innenwinkelmaße des Trapezes für $x = -2$ auf zwei Stellen nach dem Komma gerundet.

21.6 Berechne x auf zwei Stellen nach dem Komma gerundet, sodass das Trapez $A^*B^*C^*D^*$ einen Winkel $D^*C^*B^*$ mit dem Maß $\gamma = 60°$ besitzt.

Aufgaben

22.0 Die Eckpunkte A_n von gleichschenkligen Dreiecken $A_nB_nC_n$ mit $\overline{A_nB_n} = \overline{C_nB_n}$ liegen auf der Geraden g_1 mit $y = -\frac{1}{2}x + 2$, die Eckpunkte C_n auf g_2 mit $y = x + 4$. Dabei haben die Punkte A_n und C_n die gleiche Abszisse x und für die Punkte B_n gilt jeweils $d(B_n;[A_nC_n]) = \overline{A_nC_n}$.

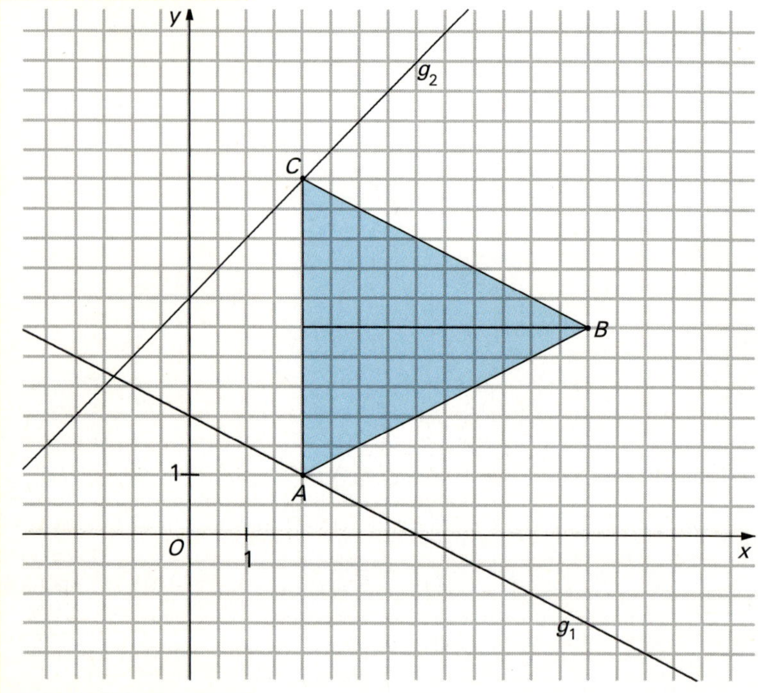

22.1 Zeichne g_1 und g_2 sowie das Dreieck $A_1B_1C_1$ für $x = 1$ und das Dreieck $A_2B_2C_2$ für $x = 3$ in ein Koordinatensystem. Bestimme rechnerisch, mit welchen Zahlen für x es Dreiecke $A_nB_nC_n$ gibt.

22.2 Begründe, dass die Dreiecke $A_nB_nC_n$ ähnlich sind, und berechne das Maß β des Winkels $C_nB_nA_n$ auf zwei Stellen nach dem Komma gerundet.

22.3 Stelle die Länge y LE der Strecken $[A_nB_n]$ in Abhängigkeit von x dar. Welches der folgenden Diagramme zeigt diese Abhängigkeit?
[Teilergebnis: $y = \sqrt{2{,}8125x^2 + 7{,}5x + 5}$]

a)

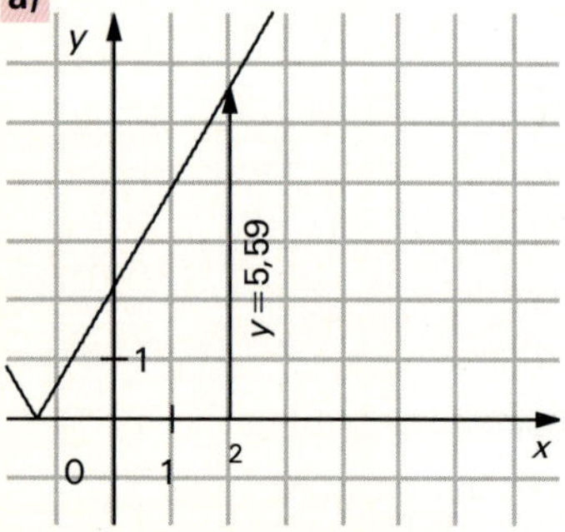

b)

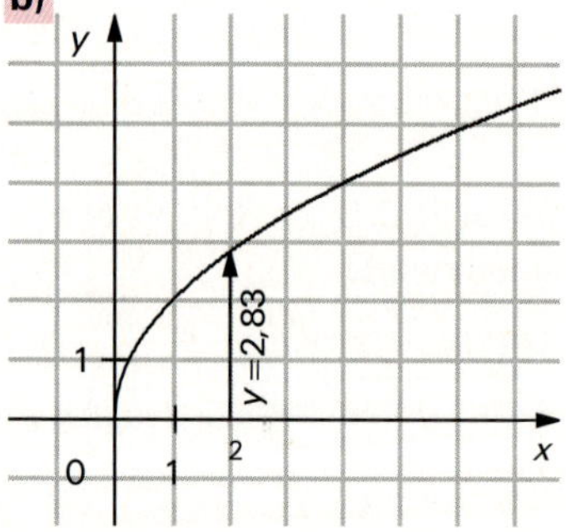

c)

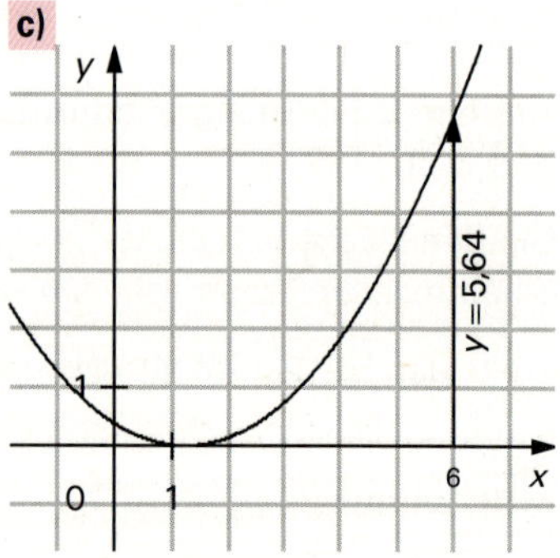

22.4 Berechne x, sodass $y = 8$ gilt. (Auf zwei Stellen nach dem Komma runden.)

Aufgaben

23.0 Die Parabel p hat eine Gleichung der Form $y = ax^2 + bx + c$ mit $\mathbb{G} = \mathbb{R} \times \mathbb{R}$; $a, b, c \in \mathbb{R}$ und $a \neq 0$. Sie hat den Scheitelpunkt $S(3|6)$ und läuft durch den Punkt $T(6|9)$. Die Gerade g hat die Gleichung $y = 0{,}5x + 2$ ($\mathbb{G} = \mathbb{R} \times \mathbb{R}$).

23.1 Ermittle rechnerisch die Gleichung der Parabel p und zeichne p und g in ein Koordinatensystem für $0 \leqq x \leqq 8$.
Für die Zeichnung: Längeneinheit 1 cm; $-1 \leqq x \leqq 10$; $-1 \leqq y \leqq 10$
[Teilergebnis: p mit $y = \frac{1}{3}x^2 - 2x + 9$]

23.2 Die Punkte $A_n(x|0)$ auf der x-Achse und die Punkte $C_n\left(x\middle|\frac{1}{3}x^2 - 2x + 9\right)$ auf der Parabel p haben jeweils dieselbe Abszisse x. Für $x > -5$ sind sie zusammen mit den Punkten B_n auf der Geraden g und Punkten D_n die Eckpunkte von Vierecken $A_nB_nC_nD_n$. Dabei ist die Abszisse x der Punkte B_n stets um 1 größer als die Abszisse der Punkte A_n und es gilt: $\overline{D_nB_n} = 4$ LE und $[D_nB_n] \perp [A_nC_n]$. Zeichne das Viereck $A_1B_1C_1D_1$ für $x = 4$ zusammen mit seinen Diagonalen in das Koordinatensystem zu 23.1 ein und gib die Koordinaten der Punkte B_n in Abhängigkeit von der Abszisse x der Punkte A_n an.
[Teilergebnis: $B_n(x + 1|0{,}5x + 2{,}5)$]

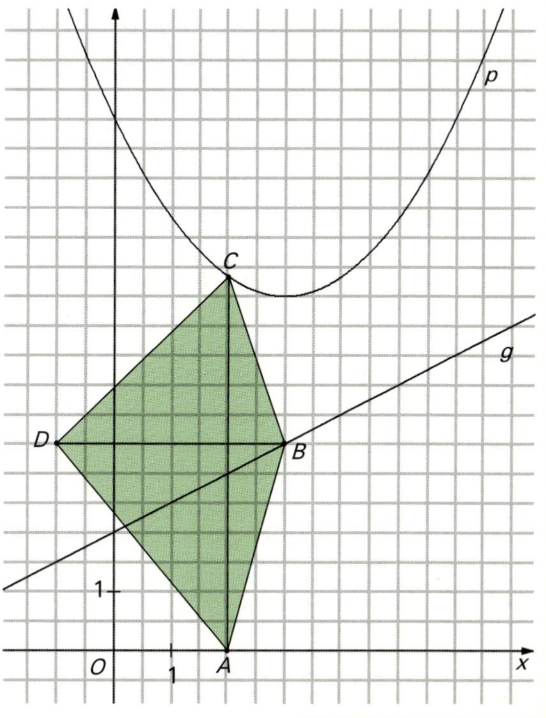

23.3 Überprüfe rechnerisch, ob es unter den Vierecken $A_nB_nC_nD_n$ ein Trapez mit $[D_nC_n] \parallel [A_nB_n]$ gibt.

23.4 Bestimme durch Rechnung den Flächeninhalt $A(x)$ der Vierecke $A_nB_nC_nD_n$ in Abhängigkeit von der Abszisse x der Punkte A_n.
[Ergebnis: $A(x) = \left(\frac{2}{3}x^2 - 4x + 18\right)$ FE]

23.5 Die Vierecke $A_2B_2C_2D_2$ und $A_3B_3C_3D_3$ haben einen um 45 % größeren Flächeninhalt als das Viereck $A_0B_0C_0D_0$ mit dem kleinsten Flächeninhalt A_{min}. Berechne die Koordinaten der Punkte A_2 und A_3 auf zwei Stellen nach dem Komma gerundet.

23.6 Unter den Vierecken $A_nB_nC_nD_n$ gibt es zwei Drachenvierecke $A_4B_4C_4D_4$ und $A_5B_5C_5D_5$. Berechne die x-Koordinaten der Punkte A_4 und A_5 auf zwei Stellen nach dem Komma gerundet.

23.7 Berechne das Maß γ des Winkels $D_1C_1B_1$ im Viereck $A_1B_1C_1D_1$ mit $x = 4$. (Auf zwei Stellen nach dem Komma runden.)

Aufgaben

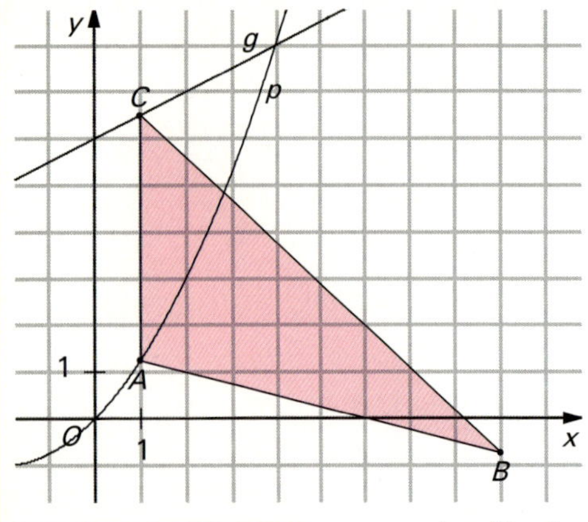

Bild 1

24.0 Gegeben sind die Parabel p mit der Gleichung $y = 0{,}25 \cdot x^2 + x$ und die Gerade g mit der Gleichung $y = 0{,}5 \cdot x + 6$ ($\mathbb{G} = \mathbb{R} \times \mathbb{R}$).

24.1 Zeichne die Parabel p und die Gerade g in ein Koordinatensystem. Für die Zeichnung: Längeneinheit 1 cm; $-4 \leqq x \leqq 12$; $-3 \leqq y \leqq 9$

24.2 Dreiecke $A_nB_nC_n$ sind folgendermaßen festgelegt: Die Punkte $A_n(x|0{,}25 \cdot x^2 + x)$ liegen auf der Parabel p. Die Punkte C_n liegen auf der Geraden g; sie haben die gleiche Abszisse x wie die Punkte A_n. Für die Punkte A_n und B_n gilt stets $\overrightarrow{A_nB_n} = \begin{pmatrix} 8 \\ -2 \end{pmatrix}$. Gib die Koordinaten der Punkte B_n und C_n in Abhängigkeit von der Abszisse x der Punkte A_n an und zeichne das Dreieck $A_1B_1C_1$ für $x = -1$ und das Dreieck $A_2B_2C_2$ für $x = 3$ in das Koordinatensystem zu 24.1 ein. Mit welchen reellen Zahlen für x erhält man Dreiecke $A_nB_nC_n$?
[Teilergebnis: $B_n(x + 8|0{,}25 \cdot x^2 + x - 2)$; $C_n(x|0{,}5 \cdot x + 6)$]

24.3 Berechne das Maß α des Winkels $B_1A_1C_1$ für $x = -1$ auf zwei Stellen nach dem Komma gerundet und begründe, dass die Winkel $B_nA_nC_n$ stets dasselbe Maß haben.

24.4 Berechne die Länge $b(x)$ LE der Strecken $[A_nC_n]$ in Abhängigkeit von der Abszisse x der Punkte A_n. Ermittle sodann den Flächeninhalt $A(x)$ der Dreiecke $A_nB_nC_n$ in Abhängigkeit von der Abszisse x der Punkte A_n.
[Teilergebnis: $b(x) = -0{,}25 \cdot x^2 - 0{,}5 \cdot x + 6$]

24.5 Bestimme rechnerisch die Zahlen für x, mit denen man die Dreiecke $A_3B_3C_3$ und $A_4B_4C_4$ mit einem Flächeninhalt von 16 FE erhält.

24.6 Berechne x, sodass man Dreiecke erhält, deren Flächeninhalt um 20 % kleiner ist als der größtmögliche Flächeninhalt A_{max}. (Auf zwei Stellen nach dem Komma runden.)

24.7 Wegen $\overrightarrow{A_nB_n} = \begin{pmatrix} 8 \\ -2 \end{pmatrix}$ hängt der Flächeninhalt nur von der Maßzahl $b(x)$ der Seitenlängen $\overline{A_nC_n}$ ab. Welches der folgenden Diagramme zeigt die Abhängigkeit $b(x)$?

a)

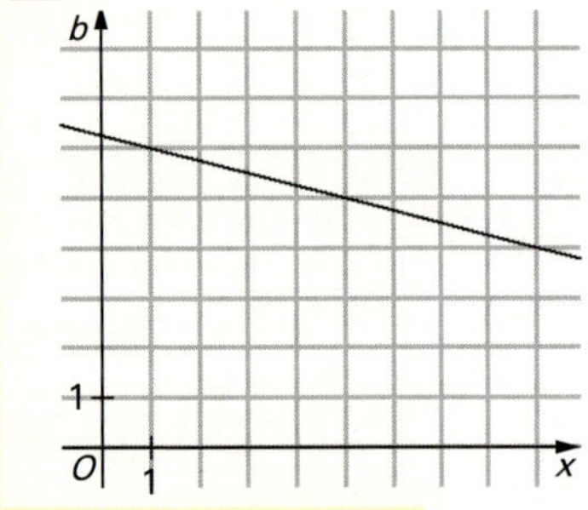

b)

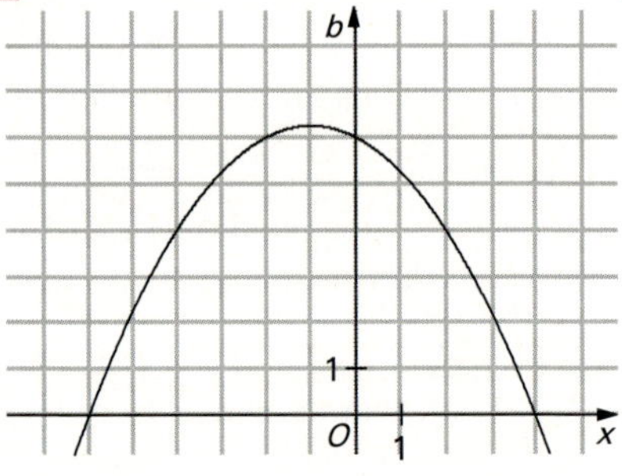

c)

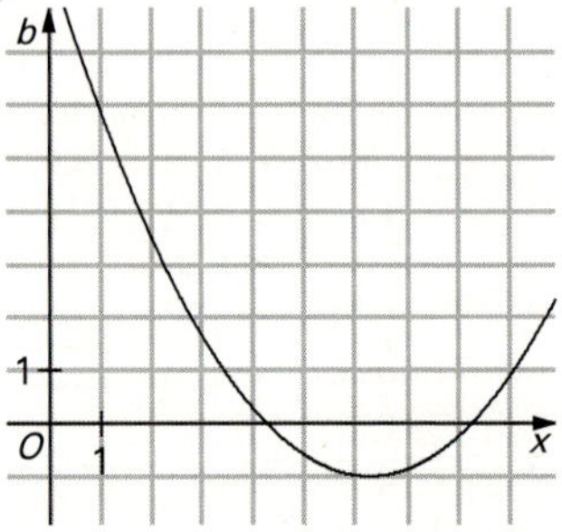

Aufgaben

25.0 Die Parabel p in Bild 1 mit einer Gleichung der Form $y = ax^2 + bx + c$ ($\mathbb{G} = \mathbb{R} \times \mathbb{R}$; $a, b, c \in \mathbb{R}$) hat den Scheitelpunkt $S(6|8)$ und läuft durch den Punkt $T(0|3{,}5)$.

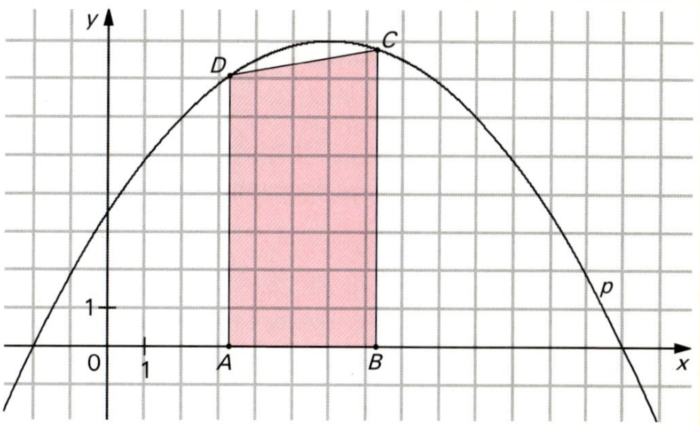

Bild 1

25.1 Bestimme mithilfe der Koordinaten der Punkte S und T die Gleichung der Parabel p.

[Ergebnis: p mit $y = -\frac{1}{8}x^2 + \frac{3}{2}x + \frac{7}{2}$]

25.2 Die Punkte A_n auf der x-Achse und D_n auf der Parabel p haben die gleiche Abszisse x. Die Abszissen der Punkte B_n auf der x-Achse und der Punkte C_n auf der Parabel p sind jeweils um 4 größer als die Abszissen x der Punkte A_n und D_n. Die Punkte A_n, B_n, C_n und D_n sind die Eckpunkte von Trapezen $A_nB_nC_nD_n$.
Zeichne die Parabel p sowie das Trapez $A_1B_1C_1D_1$ für $x = -1$ und das Trapez $A_2B_2C_2D_2$ für $x = 5$ in ein Koordinatensystem.
Für die Zeichnung: Längeneinheit ist 1 cm; $-3 \leqq x \leqq 15$; $-1 \leqq y \leqq 9$
Mit welchen Zahlen für x erhält man Trapeze $A_nB_nC_nD_n$?

25.3 Bestimme den Flächeninhalt $A(x)$ der Trapeze $A_nB_nC_nD_n$ in Abhängigkeit von der Abszisse x der Punkte A_n.
[Ergebnis: $A(x) = (-0{,}5x^2 + 4x + 22)$ FE]

25.4 Zeige, dass das einzige Rechteck unter den Trapezen den größten Flächeninhalt A_{max} hat.

25.5 Es gibt zwei Trapeze, deren Flächeninhalt 45 % des größten Inhalts A_{max} beträgt. Berechne die Abszissen x der zugehörigen Punkte A_n. (Auf zwei Stellen nach dem Komma runden.)

25.6 Im Trapez $A_4B_4C_4D_4$ hat der Winkel $A_4D_4C_4$ das Maß $\delta = 100°$. Berechne die Koordinaten des zugehörigen Punktes D_4 auf zwei Stellen nach dem Komma gerundet.

25.7 Die Steigung m der Strecken $[D_nC_n]$ hängt von der Abszisse x der Punkte D_n ab. Welches der folgenden Diagramme zeigt die Abhängigkeit $m(x)$?

a)

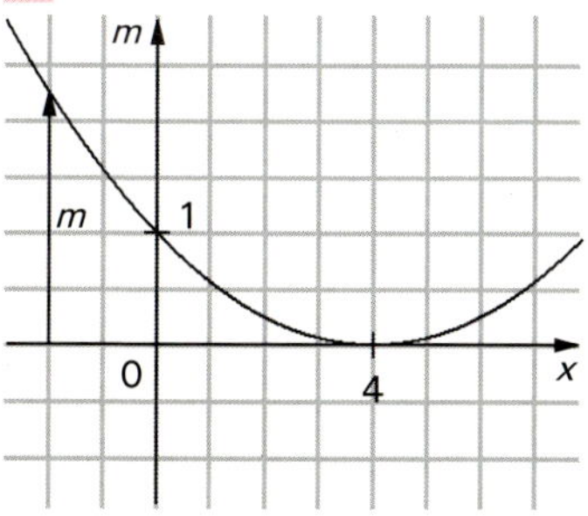

b)

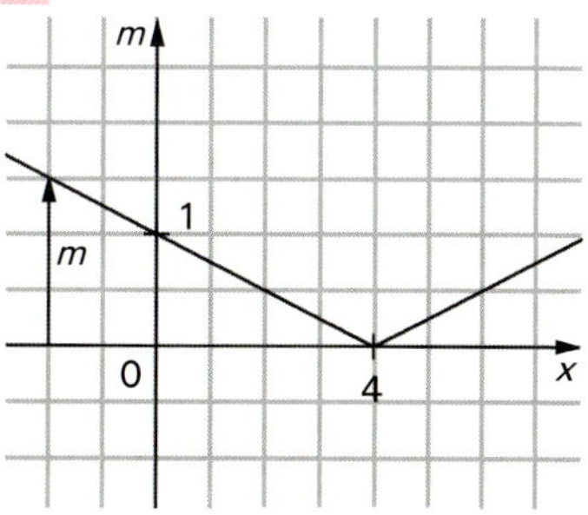

c)

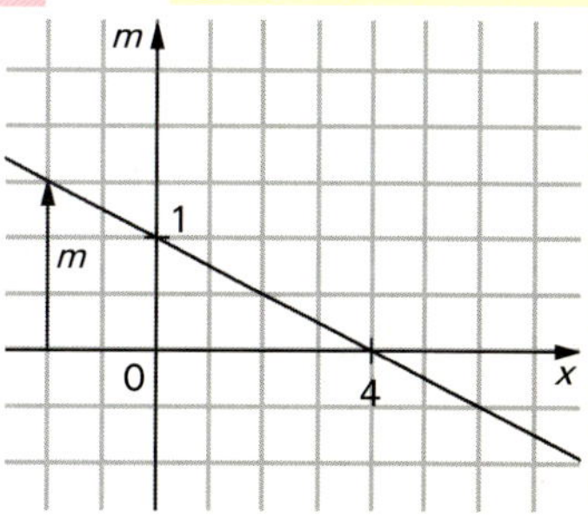

Aufgaben

26.0 Wenn die Firma Sonnenschein ihre einfarbigen T-Shirts aus Baumwolle für 8 € anbietet, kann sie nur eine geringe Anzahl verkaufen. Senkt sie aber den Preis auf 4,50 €, so steigt die Nachfrage sofort an: Sinkende Preise verstärken die Nachfrage. Die Gleichung $y = 10 - 4 \cdot 10^{-7} \cdot x^2$ beschreibt annähernd den Zusammenhang zwischen der verkauften Anzahl x (Nachfrage) von T-Shirts und dem geforderten Preis von y € je T-Shirt.

26.1 Zeichne den zugehörigen Graphen, die sogenannte Nachfragekurve.
Für die Zeichnung:

x-Achse (Anzahl):	$0 \leqq x \leqq 5\,000$;	$1\,000 \mathrel{\hat=} 2$ cm
y-Achse (Preis in € je T-Shirt):	$0 \leqq y \leqq 10$;	$1\,€ \mathrel{\hat=} 1$ cm

26.2 Der höchste Preis von y_{max} €, den Kunden bereit sind für ein T-Shirt zu bezahlen, ist 9,90 €. Entnimm dem Diagramm die Menge x_{min}, die zu diesem Preis verkauft werden kann, und überprüfe das Ergebnis durch Rechnung. Von den T-Shirts können maximal 4 600 verkauft werden, dann ist der Markt gesättigt. Gib den zugehörigen Bereich für x an.
[Teilergebnis: $500 \leqq x \leqq 4\,600$]

26.3 Ist die Nachfrage gering und somit der Verkaufspreis für ein T-Shirt niedrig, so fahren die Hersteller die T-Shirt-Produktion zurück. Im umgekehrten Fall vergrößern sie die Herstellungszahlen für T-Shirts: Die erzielbaren Preise haben Rückwirkung auf das Angebot. Die Gleichung $y = \frac{1}{7} \cdot 10^{-2} \cdot x + 0{,}1$ beschreibt annähernd den Zusammenhang zwischen der am Markt angebotenen T-Shirt-Anzahl x und den erzielten Preisen von y € je T-Shirt. Zeichne den zugehörigen Graphen, die sogenannte Angebotskurve, in das Diagramm zu Aufgabe 26.1 ein.

26.4 Der niedrigste Preis je T-Shirt, zu dem die Firma Sonnenschein ein T-Shirt anbieten kann, liegt bei 2,50 €. Berechne dafür die angebotene Stückzahl x_g. Die Nachfrage ist in diesem Fall größer als das Angebot. Berechne den Nachfrageüberhang.

26.5 Gib die Stückzahl x_A der T-Shirts an, die die Firma Sonnenschein bei einem Preis von 5,50 € produziert. Wie hoch ist die Nachfrage x_N bei diesem Preis? Wie groß ist hier der Angebotsüberhang?

26.6 Aus dem Schnittpunkt von Nachfragekurve und Angebotskurve kann man den sogenannten Gleichgewichtspreis ablesen. Entnimm dem Diagramm zu Aufgabe 26.3 den Gleichgewichtspreis y_G € und die zugehörige Nachfrage x_G. Überprüfe beide durch Rechnung.
[Ergebnisse: $x_G = 3\,500$; $y_G = 5{,}10$]

26.7 Berechne zum Gleichgewichtspreis y_G € von Aufgabe 26.6 den erzielten Umsatz $y_G \cdot x_G$ € und schraffiere im Diagramm zu Aufgabe 26.1 das zugehörige Rechteck.

Aufgaben

27.0 Herr Moser verkauft an seinem Marktstand Frühkartoffeln aus eigenem Anbau. Er hat sie mit 3,75 € je Kilogramm ausgezeichnet. Bis zum Mittag verkauft er nur eine geringe Menge Kartoffeln. Er senkt deshalb den Kilopreis auf 2,30 €. Die Nachfrage steigt sofort. Die Gleichung $y = 4 - \frac{1}{2\,500}x^2$ beschreibt annähernd den Zusammenhang zwischen der nachgefragten Kartoffelmenge von x kg und dem Preis von y € je Kilogramm.

27.1 Zeichne die sogenannte Nachfragekurve.
Für die Zeichnung:

x-Achse (Kartoffelmenge in kg):	$0 \leqq x \leqq 100$;	10 kg $\triangleq$ 1 cm
y-Achse (Preis in € je kg):	$0 \leqq y \leqq 4$;	1 € $\triangleq$ 2 cm

27.2 Der höchste Preis von y_{max} € den Kunden von Herrn Moser bereit sind für ein Kilogramm Kartoffeln zu bezahlen, ist 3,75 €. Entnimm dem Diagramm die Menge x_{min} kg, die Herr Moser zu diesem Preis verkaufen kann, und überprüfe das Ergebnis durch Rechnung. Die größte Kartoffelmenge, die Herr Moser an einem Tag verkaufen kann, beträgt 90 kg, dann ist der Markt gesättigt. Gib den zugehörigen Bereich für x an. [Teilergebnis: $25 \leqq x \leqq 90$]

27.3 Hat der Kartoffelverkauf in einem Jahr durch geringe Käufernachfrage und somit niedrigen Preisen einen schlechten Umsatz gebracht, so verringert Herr Moser die Anbaufläche für Kartoffeln. Im umgekehrten Fall vergrößert er sie: Die erzielbaren Preise haben Rückwirkung auf das Angebot. Die Gleichung $y = 0{,}0385x + 0{,}25$ beschreibt annähernd den Zusammenhang zwischen der am Markt angebotenen Kartoffelmenge von x kg und den erzielten Preisen von y €. Zeichne die Angebotskurve in das Diagramm zu Aufgabe 27.1 ein.

27.4 Der niedrigste Preis, zu dem Herr Moser ein Kilogramm Kartoffeln anbieten kann, liegt bei 1,00 €. Berechne dafür die angebotene Kartoffelmenge x_g Kilogramm. Die Nachfrage x_N kg ist in diesem Fall größer als das Angebot. Berechne den Nachfrageüberhang. Es ist dabei auf zwei Stellen nach dem Komma zu runden.
[Teilergebnisse: $x_g = 19{,}48$; $x_N = 86{,}60$]

27.5 Gib die Kartoffelmenge x_A kg an, die Herr Moser bei einem Preis von 3,00 € anbietet. Wie hoch ist die Nachfrage x_N bei diesem Preis? Wie groß ist hier der Angebotsüberhang?

27.6 Aus dem Schnittpunkt von Nachfragekurve und Angebotskurve kann man den sogenannten Gleichgewichtspreis ablesen. Entnimm dem Diagramm zu Aufgabe 27.1 den Gleichgewichtspreis y_G € und die zugehörige Nachfrage x_G kg. Überprüfe beide Werte durch Rechnung.
[Ergebnisse: $x_G = 60$; $y_G = 2{,}56$]

27.7 Berechne zum Gleichgewichtspreis y_G € von 27.6 den erzielten Umsatz $y_G \cdot x_G$ € und schraffiere im Diagramm zu 27.1 das zugehörige Rechteck.

Aufgaben

28.0 Der Staat erhebt Steuern auf Genussmittel; so belegt er 1 kg Kaffee mit 2,15 € Aufschlag A. Die von den Röstereien an den Staat abzuführende Steuer macht sich bei der Angebotsgleichung bemerkbar. Vor der Versteuerung wird der Zusammenhang des Kaffeepreises von y € je Kilogramm mit der angebotenen Kaffeemenge von x Tonnen annähernd durch die Gleichung $y = \frac{1}{10}(x + 7)$ beschrieben.

28.1 Gib die Angebotsgleichung unter Berücksichtigung der Steuer an und zeichne die zu den beiden Gleichungen zugehörigen Graphen.
Für die Zeichnung:

x-Achse (Kaffeemenge in Tonnen):	$0 \leqq x \leqq 80$;	10 t ≙ 1 cm
y-Achse (Preis in € je Tonne):	$0 \leqq y \leqq 10$;	1 € ≙ 2 cm

28.2 Für Kaffee lautet die Nachfragegleichung: $y = 5 - \frac{1}{1200}x^2$. Zeichne den zugehörigen Graphen in das Diagramm zu 28.1 ein und lies aus der Zeichnung den Gleichgewichtspreis (ohne Berücksichtigung der Steuer) ab. Überprüfe das Ergebnis durch Rechnung. [Teilergebnis: Nachfrage $N = 33{,}60$ t]

28.3 Berechne die Änderung von Gleichgewichtspreis und Kaffeenachfrage durch die Versteuerung. [Teilergebnis: Nachfrage $N = 18{,}61$ €]

28.4 Ermittle die Gesamtsteuer $N \cdot A$, und schraffiere im Diagramm zu Aufgabe 28.1 das zugehörige Rechteck.

28.5 Wie hoch muss die Steuer für 1 kg Kaffee sein, damit der Gleichgewichtspreis 4,90 € beträgt? Ermittle für diesen Fall die Gesamtsteuer.

29.0 Die Firma Diski bot 2002 Back-up-Sets für PCs an. Ein Back-up-Set bestand aus einer abschließbaren Diskettenbox für 100 Disketten 3,5″ und 20 formatierten Disketten (3,5″, HD, 1.44 MB). Vor Aufschlag der Mehrwertsteuer von 15 % wird der Zusammenhang zwischen dem Set-Preis y €. und der angebotenen Anzahl x durch die Gleichung $y = 6 \cdot 10^{-3} \cdot x + 20$ beschrieben.

29.1 Gib die Angebotsgleichung unter Berücksichtigung der Steuer an und zeichne die Angebotskurven ohne und mit Berücksichtigung der Steuer.
Für die Zeichnung:

x-Achse (Set-Anzahl):	$0 \leqq x \leqq 8\,000$;	1 000 Stück ≙ 1 cm
y-Achse (Set-Preis in €):	$0 \leqq y \leqq 60$;	10 € ≙ 1 cm

29.2 Die Gleichung $y = 52{,}70 - 10^{-6} \cdot x^2$ beschreibt annähernd die Nachfrage in Abhängigkeit vom Set-Preis. Zeichne die Nachfragekurve in das Diagramm zu 29.1 ein und lies aus der Zeichnung den Gleichgewichtspreis (ohne Berücksichtigung der Mehrwertsteuer) ab. Überprüfe das Ergebnis durch Rechnung. [Teilergebnis: Nachfrage $N = 3\,000$ Sets]

29.3 Berechne die steuerbedingte Änderung von Gleichgewichtspreis und Nachfrage.

29.4 Ermittle die Mehrwertsteuer S in € für ein Set und damit die Gesamtsteuer $N \cdot S$ und schraffiere im Diagramm zu Aufgabe 29.1 das zugehörige Rechteck.

29.4 Wie hoch muss der Prozentsatz p der Mehrwertsteuer sein, damit der Gleichgewichtspreis von 38 € auf 46,45 € steigt? Ermittle für diesen Fall die Gesamtsteuer.

Aufgaben

30.0 Manche Kreisverwaltungen subventionieren die Anschaffung von Thermokompostern, um die anfallende Müllmenge zu verringern. So werden z. B. beim Kauf eines Thermokomposters mit 1 000 l von der öffentlichen Finanzverwaltung 25,50 € zugezahlt. Diese Subvention verbilligt den Anschaffungspreis und kommt einer Verringerung des Angebotspreises von Y_A € um 25,50 € gleich. Vor der Subventionierung beschreibt die Gleichung $Y_A = 6 \cdot 10^{-3} \cdot x + 60$ annähernd den Zusammenhang zwischen dem Preis Y_A € für einen Thermokomposter und der angebotenen Anzahl x.

30.1 Gib die Angebotsgleichung unter Berücksichtigung der Subventionierung an und zeichne die Angebotskurven ohne und mit Berücksichtigung der Subventionierung.

Für die Zeichnung:

x-Achse (Anzahl):	$0 \leqq x \leqq 10\,000$;	1 000 Stück ≙ 1 cm
y-Achse (Preis in €):	$0 \leqq y \leqq 150$;	10 € ≙ 1 cm

30.2 Die Gleichung $y = 150 - 1{,}5 \cdot 10^{-6} \cdot x^2$ beschreibt die Nachfrage in Abhängigkeit des Preises. Zeichne die Nachfragekurve in das Diagramm zu 30.1 ein und berechne den Gleichgewichtspreis mit und ohne Subventionierung.

30.3 Wie ändert sich die Anzahl der gekauften Thermokomposter infolge der Subventionierung?

30.4 Ermittle die Gesamtsubvention und schraffiere im Diagramm zu Aufgabe 30.1 das zugehörige Rechteck.

30.5 Berechne die Subvention für einen Thermokomposter, sodass der Gleichgewichtspreis von 96 € auf 65,50 € sinkt.

31.0 Der Staat fördert den Bau von Eigenheimen und den Kauf von Eigentumswohnungen. Die Grundförderung beträgt bei einem Neubau insgesamt 40 000 €. Diese Eigenheimförderung senkt den Kaufpreis und kommt einer Verringerung des Angebotspreises von Y_A € um 40 000 € gleich. Vor der Eigenheimförderung beschreibt die Gleichung $Y_A = 10^3 \cdot x + 2{,}6 \cdot 10^5$ annähernd den Zusammenhang zwischen dem Preis Y_A € für ein Fertighaus der Firma Massiv vom Typ „Oberbayern" mit 100 m² Wohnfläche und der angebotenen Anzahl x.

31.1 Gib die Angebotsgleichung unter Berücksichtigung der Grundförderung an und zeichne die Angebotskurven ohne und mit Berücksichtigung der Grundförderung.

Für die Zeichnung:

x-Achse (Anzahl):	$0 \leqq x \leqq 100$;	10 Stück ≙ 1 cm
y-Achse (Preis in €):	$0 \leqq y \leqq 500\,000$;	50 000 € ≙ 1 cm

31.2 Die Gleichung $y = 5 \cdot 10^5 - 50x^2$ beschreibt die Nachfrage in Abhängigkeit vom Preis. Zeichne die Nachfragekurve in das Diagramm zu 31.1 ein und berechne den Gleichgewichtspreis mit und ohne Grundförderung.

31.3 Wie ändert sich die Anzahl der gekauften Fertighäuser infolge der Förderung?

31.4 Berechne die Grundförderung für ein Fertighaus, sodass der Gleichgewichtspreis von 320 000 € auf 275 000 € sinkt.

Aufgaben

32.0 Zwei Orte sollen durch eine Eisenbahnlinie verbunden werden. Die Verbindungsstrecke enthält einen gekrümmten Abschnitt. Beim Bau dieses Abschnittes soll der Krümmungsradius 600 m nicht unterschreiten. Die Länge der Sehne [AB] (vgl. Bild 1) eines durch zwei gleich lange, geradlinige Schienen [AC] und [CB] zu ersetzenden Kreisbogens soll jeweils 160 m betragen.

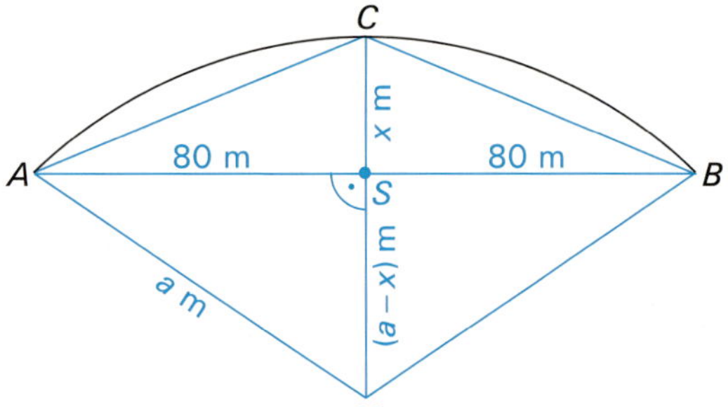

Bild 1

Bei den nachfolgenden Rechnungen ist stets auf zwei Stellen nach dem Komma zu runden.

32.1 Zeige, dass gilt: $a = \frac{x^2 + 6\,400}{2x}$ $(x \in \mathbb{R}^+)$.

32.2 Zeige, dass für $a \geqq 600$ gilt: $x^2 - 1\,200x + 6\,400 \geqq 0$ $x \in \mathbb{R}^+$.

32.3 Begründe, dass der Term $x^2 - 1\,200x + 6\,400$ für $0 < x < 5{,}36$ und für $x > 1\,194{,}64$ positive Werte annimmt.

32.4 Gib das Intervall für $\overline{CS}$ an, wenn $\overline{AM} \geqq 600$ m gilt.

32.5 Berechne den Krümmungsradius für $\overline{CS} = 5$ m.

32.6 Welche Schienenlänge $\overline{AC} = \overline{CB}$ ist für $\overline{CS} = 5$ m zu wählen?

32.7 Berechne das Maß φ des Winkels ACB, den die Schienen [AC] und [CB] für $\overline{CS} = 5$ m einschließen.

32.8 Berechne den Unterschied zwischen der Länge $\overline{AC} + \overline{CB}$ und der Länge des Bogens $\overset{\frown}{BA}$ für $\overline{CS} = 5$ m.

33.0 Es gibt gerade Kreiszylinder mit dem Grundkreisradius a cm und der Höhe b cm, deren Volumenmaßzahl gleich der Maßzahl ihrer Oberfläche ist.

33.1 Stelle für solche Zylinder b in Abhängigkeit von a und ebenso a in Abhängigkeit von b dar.

[Teilergebnis: $b = \frac{2 \cdot a}{a - 2}$]

33.2 Welche Zahlenwerte können a und b annehmen?

33.3 Tabellarisiere b für $2 < a < 15$ in Schritten von $\triangle a = 1$.

33.4 Begründe: Werden für a und b nur natürliche Zahlen zugelassen, so gibt es genau drei Zylinder, deren Volumenmaßzahl gleich der Oberflächenmaßzahl ist. Gib das Volumen und die Oberfläche dieser Zylinder an.

Aufgaben

34.1 Ein Schiff S_1 verlässt den Hafen H und passiert zu einem bestimmten Zeitpunkt den 7 km von H entfernten Messpunkt P (vgl. Bild 1). Zum gleichen Zeitpunkt befindet sich ein Schiff S_2 84 km vom Hafen H entfernt am Messpunkt Q. Die Messstrecken $[PH]$ und $[QH]$ schließen einen Winkel von 60° ein. Berechne die Entfernung $\overline{PQ}$ der beiden Messpunkte und das Maß α des Winkels HQP. Runde hier und bei den nachfolgenden Rechnungen jeweils auf zwei Stellen nach dem Komma.
[Teilergebnis; $\alpha = 4{,}31°$]

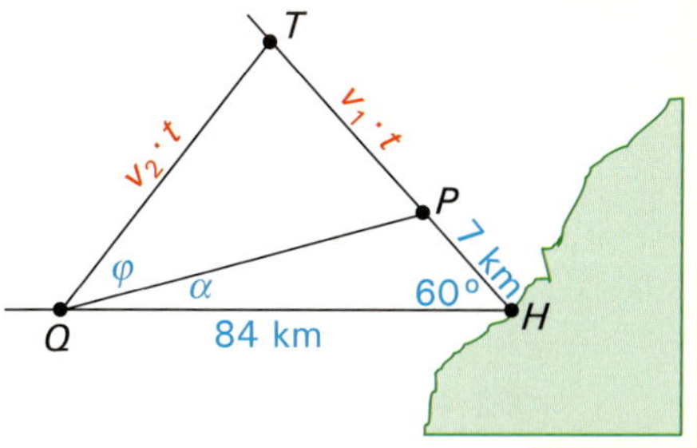

Bild 1

34.2 Das Schiff S_1 fährt nach der Entfernungsmessung am Messpunkt P ohne Richtungsänderung mit 28 $\frac{\text{km}}{\text{h}}$ weiter. Das Schiff S_2 versucht von Q aus mit einer Geschwindigkeit von 56 $\frac{\text{km}}{\text{h}}$ das Schiff S_1 zu erreichen (vgl. Bild 1). Wie lange fährt es bis zum Treffpunkt T und welchen Winkel muss dabei seine Fahrtrichtung mit $[QP]$ einschließen? [Teilergebnis: $\varphi = 26{,}78°$]
Hinweis: $s = v \cdot t$ (s: Weg; v: Geschwindigkeit; t: Zeit)

34.3 Mit welcher Geschwindigkeit müsste das Schiff S_2 fahren und welchen Winkel müsste seine Fahrtrichtung mit $[QP]$ einschließen, wenn es das Schiff S_1 nach zwei Stunden erreichen soll? [Teilergebnis: $v_2 = 37{,}86\ \frac{\text{km}}{\text{h}}$]

34.4 Wenn das Schiff S_2 vom Messpunkt Q aus mit einer Geschwindigkeit von 56 $\frac{\text{km}}{\text{h}}$ auf den Hafen zufährt, ändert sich die Entfernung $\overline{S_1S_2}$ zum Schiff S_1, das mit 28 $\frac{\text{km}}{\text{h}}$ ohne Richtungsänderung auf das offene Meer hinausfährt, ständig. Wie weit sind beide Schiffe eine halbe Stunde nachdem sie zur gleichen Zeit die Messpunkte P bzw. Q passiert haben, voneinander entfernt? (vgl. Bild 2)

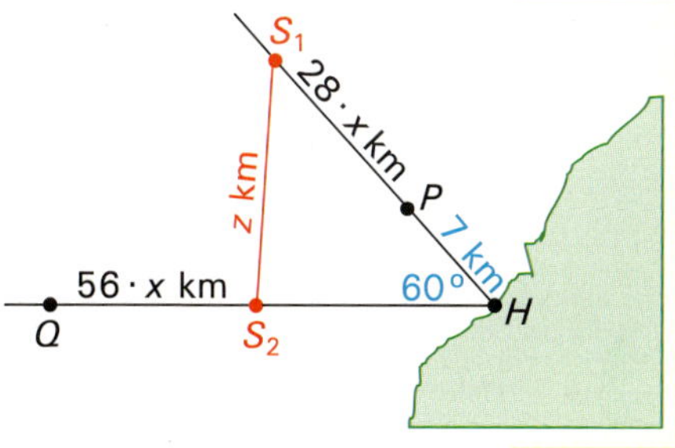

Bild 2

34.5 Die Schiffe S_2 und S_1 (vgl. Bild 2) sind nach x Stunden z Kilometer voneinander entfernt. Zeige, dass man z wie folgt in Abhängigkeit von x darstellen kann:

$$z = \sqrt{5\,488x^2 - 10\,976x + 6\,517}$$

34.6 Wie viele Stunden nach dem Passieren der Messpunkte Q bzw. P ist die Entfernung $\overline{S_1S_2}$ am kleinsten? Wie weit sind dann S_2 und S_1 voneinander entfernt? [Teilergebnis: $z_{min} = 32{,}08$]

Aufgaben

35.0 Ein Kraftwagen wird bei einer Geschwindigkeit von $v = 100\ \frac{\text{km}}{\text{h}}$ abgebremst. Die Bremsverzögerung beträgt dabei $b = 9\ \frac{\text{m}}{\text{s}^2}$. Für den Abbremsvorgang gelten folgende Gleichungen: $s = v \cdot t - \frac{b}{2} \cdot t^2$ und $t_0 = \frac{v}{b}$.
s: zurückgelegter Weg; v: Geschwindigkeit in $\frac{\text{m}}{\text{s}}$; t_0: Bremszeit

35.1 In welcher Zeit legt der Kraftwagen während des Bremsvorgangs 45 m zurück?

35.2 Nach welcher Zeit und nach wie viel Metern kommt der Kraftwagen zum Stehen?

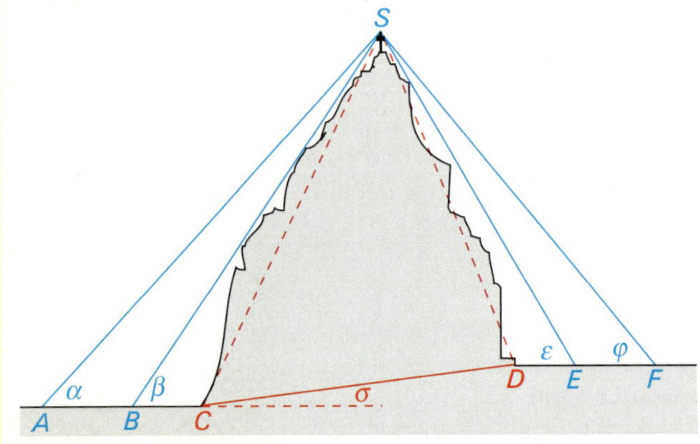

Bild 1

36.0 Durch einen Berg soll ein Tunnel getrieben werden. Die Tunneleinfahrt C liegt tiefer als die Einfahrt D. Zur Bestimmung der Tunnellänge $\overline{CD}$ und des Anstiegswinkels σ der Tunnelröhre werden auf beiden Seiten des Berges horizontale Messstrecken $[AB]$ und $[EF]$ abgesteckt, die mit den Tunneleingängen C und D sowie der Spitze S des Gipfelkreuzes in einer Vertikalebene liegen. Ferner werden die Erhebungswinkel α, β, ε und φ sowie die horizontalen Strecken $[BC]$ und $[DE]$ gemessen (vgl. Bild 1).

Messwerte:
$\overline{AB} = 230{,}80$ m; $\overline{BC} = 86{,}60$ m;
$\alpha = 37{,}88°$; $\beta = 52{,}29°$
$\overline{DE} = 151{,}80$ m; $\overline{EF} = 304{,}50$ m; $\varepsilon = 42{,}34°$; $\varphi = 28{,}58°$
Hinweis: Bei allen Rechnungen ist auf zwei Stellen nach dem Komma zu runden.

36.1 Übertrage die Zeichnung in dein Heft und berechne $\overline{AS}$, $\overline{CS}$ und $\sphericalangle SCB$.
[Teilergebnis: $\sphericalangle SCB = 120{,}15°$]

36.2 Berechne $\overline{FS}$, $\overline{DS}$ und $\sphericalangle EDS$.

36.3 Die Verlängerung der Strecke $[DE]$ schneidet $[CS]$ im Punkt T.
Trage T in deine Zeichnung ein und ermittle das Maß der Winkel SDT, DTS und TSD. [Teilergebnis: $\sphericalangle TSD = 66{,}26°$]

36.4 Berechne die Länge $\overline{CD}$ der Tunnelröhre sowie das Maß des Winkels DCS und damit dann das Maß σ des Anstiegswinkels.

36.5 Um wie viel Meter steigt die Tunnelröhre je 100 m Fahrbahnlänge an?

36.6 $\overline{CD}$ und σ können auch auf anderen Wegen ermittelt werden. Gib noch einen anderen Lösungsweg an.

Aufgaben

37.0 Zum Bau eines Flughafens wird ein geeignetes Gelände (vgl. Bild 1) vermessen:

Messwerte:
$\overline{AB} = 650$ m
$\alpha_1 = 31{,}74°$
$\alpha_2 = 59{,}12°$
$\alpha_3 = 100{,}66°$
$\beta_1 = 56{,}20°$
$\beta_2 = 102{,}85°$
$\beta_3 = 132{,}25°$
Hinweis:
Bei den nachfolgenden Rechnungen ist jeweils auf zwei Stellen nach dem Komma zu runden.

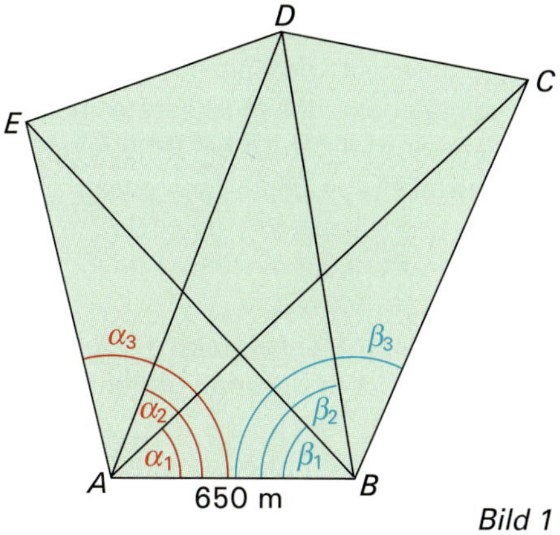

Bild 1

37.1 Berechne zunächst $\overline{AE}$ und $\overline{AD}$ und dann $\overline{ED}$.

37.2 $\overline{ED}$ kann auch mit Hilfe der Streckenlängen $\overline{BE}$ und $\overline{BD}$ berechnet werden. Überprüfe so das Ergebnis von 37.1.
[Teilergebnis: $\overline{BD} = 1\,802{,}36$ m]

37.3 Berechne $\overline{DC}$ zunächst mithilfe der Streckenlängen $\overline{AD}$ und $\overline{AC}$ sowie dann mithilfe der Streckenlängen $\overline{BD}$ und $\overline{BC}$.

37.4 Die Maße der Winkel *DCB, EDC* und *AED* sind mithilfe des Kosinussatzes zu berechnen. [Teilergebnis: $\overline{EC} = 1\,790{,}99$ m]

37.5 Wie viele Hektar beträgt der Flächeninhalt der gesamten Fläche *ABCDE*? Berechne dazu den Flächeninhalt der Dreiecke *ADE, ACD* und *ABC*.
Hinweis: 1 a (Ar) = 100 m^2; 1 ha (Hektar) = 100 a = 10^4 m^2

37.6 Zeichne die Fläche *ABCDE* im Maßstab 1 : 20 000 (1 cm ≙ 200 m) in dein Heft. Trage sodann die Abstände der Punkte *A, B* und *D* von der Diagonalen [*EC*] ein und miss sie. Die Fläche *ABCDE* wird so in drei Dreiecke und ein Trapez eingeteilt. Entnimm der Zeichnung die erforderlichen Maße und berechne damit den gesamten Flächeninhalt.

37.7 Die Parallele zu [*EC*] durch den Punkt *D* schneidet die Verlängerung der Strecke [*AE*] im Punkt *F*. Begründe, dass die Dreiecke *ECD* und *ECF* flächengleich sind.

37.8 Das Viereck *ABCF* hat den gleichen Flächeninhalt wie das Fünfeck *ABCDE*. Berechne die Seitenlänge $\overline{FC}$. [Ergebnis: $\overline{FC} = 2\,232{,}68$ m]

37.9 Die Parallele zur Diagonalen [*BD*] durch den Punkt *C* schneidet die Verlängerung der Strecke [*AB*] im Punkt *G*. Berechne die Länge der Seite [*DG*]. Um wie viel Prozent ist der Umfang des Vierecks *ABCF* größer als der des Vierecks *AGDE*?

Aufgaben

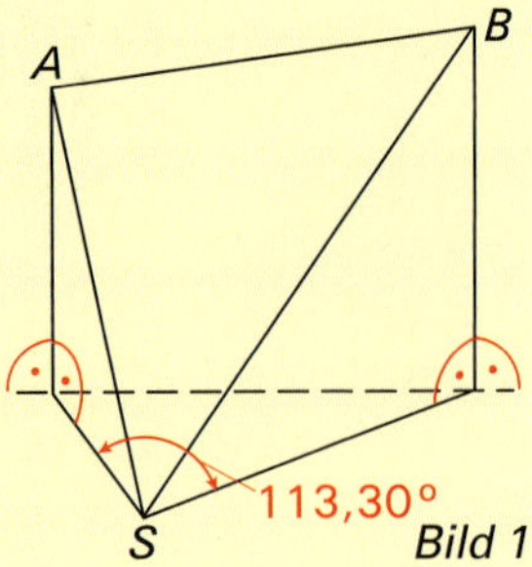

Bild 1

38.0 Beim Bau einer Seilbahn muss ein enges Tal überquert werden, Das Tragseil soll von der Spitze A der Stütze auf der einen Seite des Tales zur Spitze B der Stütze auf der anderen Seite geführt werden. Die Vermessung der Stützen ergibt, dass sich die Spitze A 386,50 m und die Spitze B 445,80 m über der Horizontalebene des Messgerätes befindet Von einem Punkt S der Horizontalebene aus wird zu A ein Erhebungswinkel von 72,04° und zu B ein Erhebungswinkel von 56,26° gemessen. Die senkrechten Projektionen der Verbindungsstrecken $[SA]$ und $[SB]$ in die Horizontalebene schließen einen Winkel von 113,30° ein. (vgl. Bild 1)

38.1 Unter welchem Winkel steigt die Verbindungslinie von A und B an? (Auf zwei Stellen nach dem Komma runden.)

38.2 Wie weit sind A und B voneinander entfernt? (Auf zwei Stellen nach dem Komma runden.)

39.0 Für einen Körper, der senkrecht nach oben geworfen wird, gilt (ohne Berücksichtigung des Luftwiderstandes) folgende Gleichung:

$$s = v_0 \cdot t - \frac{g}{2} \cdot t^2 \qquad (t \geqq 0)$$

s: Weg in Metern, v_0: Anfangsgeschwindigkeit in $\frac{\text{m}}{\text{s}}$;
t: Zeit in Sekunden; g: Erdbeschleunigung ($g = 9{,}81\ \frac{\text{m}}{\text{s}^2}$)
Hinweis: Bei den nachfolgenden Rechnungen ist jeweils auf zwei Stellen nach dem Komma zu runden.

39.1 Wie lange braucht ein Stein, der senkrecht nach oben geschleudert wird, bis er eine Höhe von 150 m erreicht, wenn seine Anfangsgeschwindigkeit 60 $\frac{\text{m}}{\text{s}}$ beträgt? Warum erreicht er diese Höhe zweimal?

39.2 Zeige, dass $s = v_0 \cdot t - \frac{g}{2} \cdot t^2$ durch quadratische Ergänzung auf die Form $s = \frac{v_0^2}{2g} - \frac{g}{2} \cdot \left(t - \frac{v_0}{g}\right)^2$ gebracht werden kann.

39.3 Ermittle mit Hilfe des umgeformten Terms in 39.2 die größte Höhe, die der Stein mit der Anfangsgeschwindigkeit 60 $\frac{\text{m}}{\text{s}}$ erreichen kann. Nach wie viel Sekunden erreicht er diese Höhe?

39.4 Welche Anfangsgeschwindigkeit braucht der Stein, wenn er eine maximale Höhe von 400 m erreichen soll? Wie groß ist dann die Steigzeit?

Aufgaben

40.0 Einer Kugel mit 6 cm Radius wird ein gerader Kreiskegel einbeschrieben, dessen Mantellinien mit der Grundfläche einen Neigungswinkel von 50° einschließen.

40.1 Zeichne einen Axialschnitt der Kugel mit dem einbeschriebenen Kegel.

40.2 Berechne den Grundkreisradius r^* und die Höhe des einbeschriebenen Kegels sowie dessen Volumen (auf zwei Stellen nach dem Komma runden).

40.3 Um wie viel Prozent ist die Kugeloberfläche größer als die Oberfläche des Kegels?

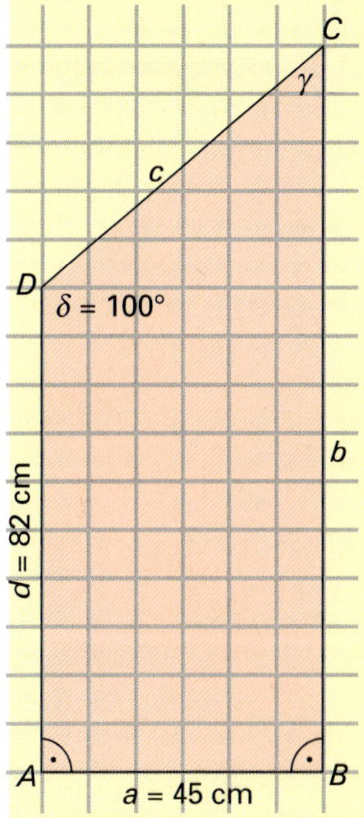

Bild 1

41.0 Aus einem trapezförmigen Blechstück (vgl. Bild 1) mit den Maßen $a = 45$ cm, $d = 82$ cm und $\delta = 110°$ sollen zwei rechtwinklige Dreiecke ausgeschnitten werden, die zusammen einen möglichst großen Flächeninhalt besitzen. Der erste Schnitt erfolgt längs einer Diagonalen.

41.1 Begründe durch Rechnung, längs welcher Diagonalen man das Blechstück zerschneiden muss. (Auf zwei Stellen nach dem Komma runden.)

41.2 Wie viel Prozent der Trapezfläche sind Abfall?

42.1 Das Dreieck ABC mit $A(2|1)$, $B(9|2)$ und $C(7|7)$ ist gegeben. Zeichne das Dreieck in ein Koordinatensystem und konstruiere über den Seiten $[AB]$, $[BC]$ und $[AC]$ die gleichseitigen Dreiecke $AC'B$, $BA'C$ und ACB'. Miss sodann die Streckenlängen $\overline{AA'}$, $\overline{BB'}$ und $\overline{CC'}$ ab.
Für die Zeichnung: Längeneinheit 1 cm; $-1{,}5 \leqq x \leqq 12{,}5$; $-5{,}5 \leqq y \leqq 10$

42.2 Berechne die Seitenlängen und Winkelmaße des Dreiecks ABC und begründe dann rechnerisch, dass $\overline{AA'} = \overline{BB'} = \overline{CC'}$ gilt. (Auf zwei Stellen nach dem Komma runden.)

42.3 Die Verbindungsstrecken $[AA']$ $[BB']$ und $[CC']$ schneiden sich im Punkt P. Zeige durch Rechnung, dass $\sphericalangle BPA' = \sphericalangle A'PC = \sphericalangle CPB'$ $\sphericalangle B'PA = \sphericalangle APC' = \sphericalangle C'PB = 60°$ gilt. (Auf zwei Stellen nach dem Komma runden.)

42.4 Miss die Entfernungen des Punktes P von A, B und C und zeige durch Rechnung, dass $\overline{AA'} = \overline{PA} + \overline{PB} + \overline{PC}$ gilt. (Auf zwei Stellen nach dem Komma runden.)

42.5 Bestätige durch Messung und Rechnung, dass $\overline{QA} + \overline{QB} + \overline{QC} > \overline{PA} + \overline{PB} + \overline{PC}$ für $Q(5|3)$ gilt. (Auf zwei Stellen nach dem Komma runden.)

Aufgaben

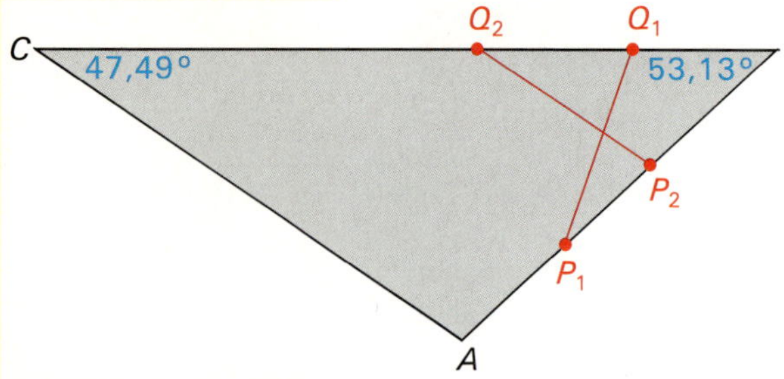

Bild 1

43.1 Von den U-Bahnstrecken [AB], [BC] und [AC] in Bild I kennt man folgende Maße:
$\overline{CB} = 640$ m; $\sphericalangle CBA = 53{,}13°$;
$\sphericalangle ACB = 47{,}49°$
Berechne die Längen der Strecken [AB] und [AC]. Runde dabei und bei den folgenden Rechnungen jeweils auf zwei Stellen nach dem Komma.
[Teilergebnis: $\overline{AB} = 480{,}00$ m]

43.2 Von der Tunnelröhre [AB] soll zur Tunnelröhre [CB] ein Sicherheitstunnel gegraben werden. Dieser soll so kurz wie möglich sein. Der Tunneleingang soll von A oder B ebenso weit entfernt sein wie der Tunnelausgang von B oder C. In Bild 1 sind die beiden Möglichkeiten [P_1Q_1] und [P_2Q_2] eingezeichnet. Ermittle durch Rechnung, welcher der Sicherheitstunnel [P_1Q_1] oder [P_2Q_2] am kürzesten ist und ermittle die Entfernungen $\overline{AP_1}$ und $\overline{BQ_1}$ sowie $\overline{P_2B}$ und $\overline{CQ_2}$.
[Teilergebnis: $\overline{P_1Q_1} = \sqrt{3{,}2 \cdot x^2 - 1\,536x + 230\,400}$ m mit $\overline{AP_1} = \overline{BQ_1} = x$ m]

43.3 Berechne das Maß des Winkels, den der kürzeste Verbindungstunnel mit [AB] einschließt.

44.0 Auf dem Mantel eines geraden Kreiskegels mit dem Grundkreisradius $r = 6$ cm und der Höhe $h = 8$ cm liegen die Punkte A und B. Der Punkt A ist 10 cm und der Punkt B ist 5 cm von der Kegelspitze S entfernt. Die Mantellinien, die durch A und B verlaufen, schließen den Öffnungswinkel des Kegels ein.

44.1 Wie lang ist der kürzeste Weg auf dem Kegelmantel, der von A über B wieder nach A führt? Fertige ein Papiermodell.

44.2 Wie nahe führt der kürzeste Weg von A über B nach A an der Spitze S vorbei und wie weit ist die S am nächsten liegende Stelle D von A entfernt?

45.0 Eine Pyramide $ABCS$ hat das rechtwinklig-gleichschenklige Dreieck ABC mit der 10 cm langen Hypotenuse [AC] als Grundfläche. Die Spitze S der Pyramide liegt 6 cm senkrecht über dem Mittelpunkt M der Hypotenuse [AC].
Hinweis: Runde bei allen Rechnungen auf eine Stelle nach dem Komma.

45.1 Zeichne ein Schrägbild ($q = \frac{1}{2}$; $\omega = 30°$) der Pyramide, sodass [MB] auf der Schrägbildachse liegt.

45.2 Berechne das Maß β des Neigungswinkels SBM der Seitenkante [SB] gegenüber der Grundfläche.

45.3 Auf der Seitenkante [BS] bewegt sich ein Punkt D von B nach S. Trage D für $\overline{DB} = 3{,}5$ cm in das Schrägbild ein und verbinde D mit A und C.

45.4 Die Dreiecke ACD schließen mit der Grundfläche den Winkel BMD mit dem Maß φ ein. Berechne φ für das Dreieck ACD mit $\overline{DB} = 3{,}5$ cm.

Aufgaben

46 Ein Gefäß (vgl. Bild 1) hat die Form einer Halbkugel mit einem Radius von 20 cm. Bis zu welcher Höhe h darf das Gefäß mit Wasser gefüllt werden, wenn das Wasser bei einer Neigung von $\varphi = 20°$ gerade noch nicht ausfließen soll? (Auf eine Stelle nach dem Komma runden.)

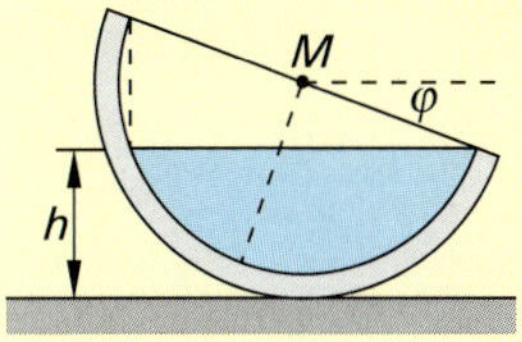

Bild 1

47 Die Seitenflächen einer geraden quadratischen Pyramide $ABCDS$, deren Grundkanten $a = 8$ cm lang sind, schließen mit der Grundfläche einen Winkel von $\alpha = 74°$ ein. Eine durch die Grundkante $[BC]$ verlaufende Ebene ist gegenüber der Grundfläche um 58° geneigt und schneidet die Pyramide. Berechne den Flächeninhalt der Schnittfläche. Runde dabei auf zwei Stellen nach dem Komma.

48.0 Ein Trawler einer Fischfangflotte steuert den Kurs 311,8° bei einer Geschwindigkeit von 10,2 Knoten, das sind 10,2 sm je Stunde. Vom Schiffsort A aus peilt man einen Leuchtturm unter 37,4°. Nach 1,5 Stunden wird vom Schiffsort B aus derselbe Leuchtturm in Richtung 79,8° gepeilt.
Anmerkung: Eine Seemeile, abgekürzt 1 sm, ist 1,852 km lang und entspricht 1 Bogenminute auf dem Meridian.

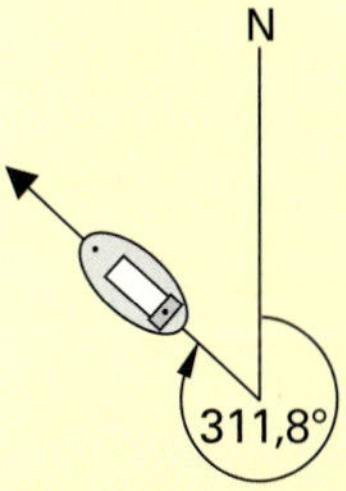

48.1 Löse die Aufgabe durch eine maßstäbliche Zeichnung.

48.2 Wie weit ist der Trawler am Ort A und am Ort B jeweils vom Leuchtturm entfernt und welchen Abstand hat der Leuchtturm vom Schiffskurs? (Auf eine Stelle nach dem Komma runden.)

49.0 Ein Flugzeug startet in Berlin-Tempelhof zu einem Flug nach Wien, das 517,5 km in Richtung 154,8° entfernt liegt. Das Flugzeug hat eine Eigengeschwindigkeit von 480 km je Stunde. Auf der gesamten Flugstrecke herrscht Südostwind mit einer Stärke von 45 km je Stunde.

49.1 Welchen Kurs über Grund muss das Flugzeug halten?

49.2 Welche Reisegeschwindigkeit hat das Flugzeug?
Lösungshinweis: Die Geschwindigkeiten werden vektoriell addiert.

50.0 Ein Frachtschiff steuert vor Helgoland den Kurs 16,58°. Es peilt zunächst am Schiffsort A das Feuer von Helgoland (H) in Richtung 111,15° und nach einer Fahrt von 11,6 sm vom Schiffsort B aus das Feuer von Pellworm (P) in 98,62°, das von Helgoland 32,4 sm in Richtung 52,08° entfernt liegt. Mit diesen Messwerten soll ermittelt werden, in welchen Entfernungen von den Feuern die Peilungen durchgeführt wurden. (Bei allen Rechnungen auf zwei Stellen nach dem Komma runden.)

50.1 Fertige eine Skizze des Vierecks $AHPB$ und verlängere die Seiten $[AH]$ und $[PB]$ bis zum Schnittpunkt S.

50.2 Berechne die Winkel PHS und SPH. Berechne sodann $\overline{SH}$ und $\overline{SP}$.

50.3 Berechne die Winkel BAS und SBA. Berechne sodann $\overline{SA}$ und $\overline{SB}$ sowie die gesuchten Entfernungen $\overline{AH}$ und $\overline{BP}$.

Aufgaben

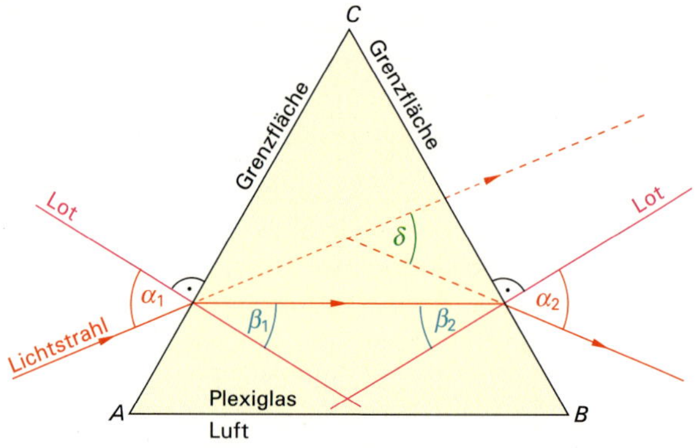

Bild 1

51.0 Bild 1 zeigt den Verlauf eines Lichtstrahls durch ein Prisma aus Plexiglas. Dabei erfährt das Licht an den Grenzflächen zwischen Luft und Plexiglas wegen der Lichtbrechung jeweils eine Richtungsänderung. Für die Winkelmaße α in Luft und β in Plexiglas gilt das Brechungsgesetz: $\frac{\sin\alpha}{\sin\beta} = n$. Dabei werden die Winkel jeweils zwischen dem Lichtstrahl und dem Lot auf die Grenzflache gemessen. Die Brechzahl n hängt von den beiden Medien ab. Runde im Folgenden alle Ergebnisse auf eine Stelle nach dem Komma.

51.1 Berechne die Brechzahl n für Luft/Plexiglas, wenn $\alpha = 45{,}0°$ und $\beta = 28{,}1°$ gilt. [Ergebnis: $n = 1{,}5$]

51.2 Erstelle eine Wertetabelle für α und β mit $\alpha \in [0°; 90°]$ und $\triangle\alpha = 10°$.

51.3 Das gleichseitige Dreieck ABC mit der Seitenlänge 10 cm stellt den Schnitt durch ein Prisma aus Plexiglas dar. Ein Lichtstrahl trifft im Mittelpunkt M der Strecke $[AC]$ unter dem Winkel $\alpha_1 = 40°$ auf das Prisma. Zeichne das Dreieck ABC und trage den Verlauf des Lichtstrahls ein, indem du die Winkelmaße β_1, β_2 und α_2 berechnest.
[Teilergebnis: $\beta_2 = 34{,}6°$]

51.4 Berechne das Winkelmaß δ der Ablenkung, die der Lichtstrahl insgesamt erfährt.

51.5 Wie lang ist der Weg des Lichtes im Prisma und wie viel Zentimeter vom Punkt B entfernt verlässt der Lichtstrahl das Prisma?

51.6 Der Tabelle aus 51.2 kann man entnehmen, dass sich bei streifendem Lichteinfall ($\alpha = 90°$) der Grenzwinkel $\beta_G = 41{,}8°$ ergibt. Da Lichtwege umkehrbar sind, findet beim Auftreffen des Lichtes auf die Innenseite des Prismas unter einem größeren Winkel als β_G keine Brechung des Lichtes mehr statt. Der Lichtstrahl wird dann an der Grenzfläche nach dem Reflexionsgesetz reflektiert (Totalreflexion).
Zeichne den Verlauf eines Lichtstrahles durch das Prisma, der im Mittelpunkt S der Strecke $[AM]$ senkrecht auf die Grenzfläche trifft, und berechne den zugehörigen Ablenkungswinkel.

Aufgaben

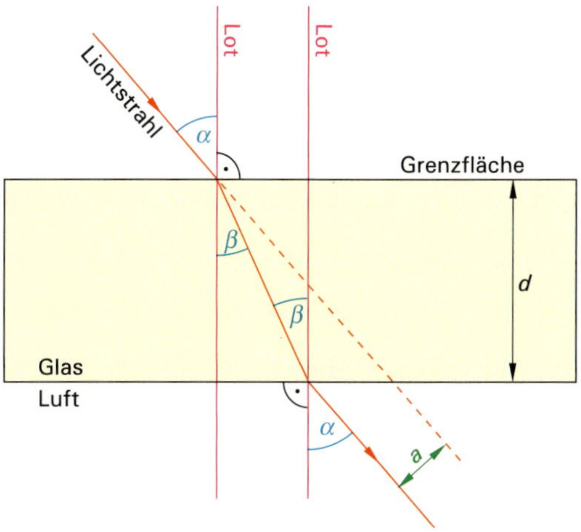

Bild 1

52.0 Beim Durchgang durch eine planparallele Glasplatte der Dicke $d = 30$ mm erfährt das Licht keine Richtungsänderung wie beim Prisma, sondern eine Parallelverschiebung um die Streckenlänge a (vgl. Bild 1). Runde im Folgenden jeweils auf zwei Stellen nach dem Komma und rechne mit der Brechzahl $n = 1{,}61$ für Luft/Flintglas. Brechungsgesetz: $\frac{\sin\alpha}{\sin\beta} = n$

52.1 Berechne das Winkelmaß β für $\alpha = 50°$ und fertige eine Zeichnung. [Teilergebnis: $\beta = 28{,}41°$]

52.2 Berechne die Länge l des Lichtweges in der Glasplatte für $\alpha = 50°$. [Ergebnis: $l = 34{,}11$ mm]

52.3 Berechne die Verschiebung a für $\alpha = 50°$.

53.0 Das Abstellgleis $[AB]$ eines Rangierbahnhofes soll ohne Knick durch zwei kreisbogenförmige Geleise mit der geradlinig verlaufenden Bahnlinie CD wie in Bild 2 verbunden werden. Runde im Folgenden alle Streckenlängen und Winkelmaße auf zwei Stellen nach dem Komma.

53.1 Zeichne die Strecke $[AB]$ mit $A(7|5)$ und $B(12|5)$ sowie die Gerade CD mit $C(0|10)$ und $D(7{,}5|0)$ in ein Koordinatensystem.
Für die Zeichnung: Längeneinheit 1 cm;
$-1 \leqq x \leqq 13$; $-1 \leqq y \leqq 13$

53.2 Konstruiere die beiden Krümmungsmittelpunkte M_1 und M_2 sowie die dazugehörigen Kreisbögen.
Hinweis: Zeichne zunächst den Schnittpunkt S der Geraden AB mit der Geraden CD und beachte dann, dass die beiden Tangentenabschnitte von einem Punkt an einen Kreis gleich lang sind.

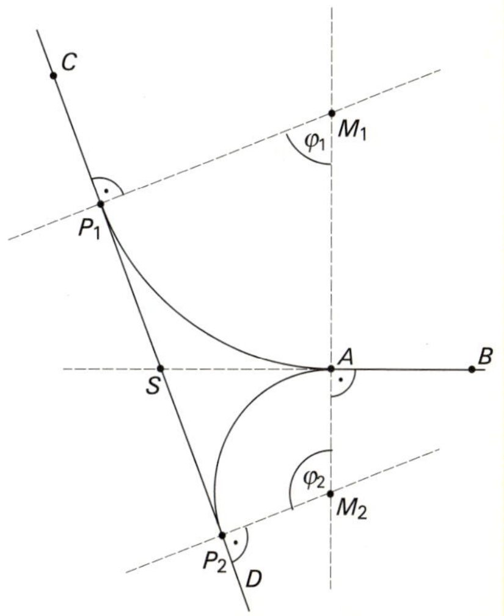

Bild 2

Aufgaben

53.3 Bestätige, dass die Gerade *CD* die Gleichung $y = -\frac{4}{3}x + 10$ hat und berechne sodann die Koordinaten der Abzweigungspunkte P_1 und P_2.
[Ergebnis: $P_1(1{,}8|7{,}6)$; $P_2(5{,}7|2{,}4)$]

53.4 Ermittle die Koordinaten der beiden Krümmungsmittelpunkte M_1 und M_2.
[Ergebnis: $M_1(7|11{,}5)$; $M_2(7|3{,}375)$]

53.5 Berechne die Maße der Mittelpunktswinkel φ_1 und φ_2 der beiden Kreisbögen und dann die Bogenlängen.
[Teilergebnis: $\varphi_1 = 53{,}13°$]

53.6 Welchen Inhalt hat das von den drei Geleisen begrenzte Flächenstück?

54.0 Die beiden geradlinig verlaufenden Bahnstrecken *g* und *h* kreuzen sich im Punkt *S* unter einem Winkel von 100°. Durch ein kreisbogenförmiges Gleis sollen die Bahnstrecken wie in Bild 1 knickfrei miteinander verbunden werden. Der Abzweigungspunkt *G* auf *g* ist 700 m vom Punkt *S* entfernt. Runde im Folgenden alle Längen auf Meter.

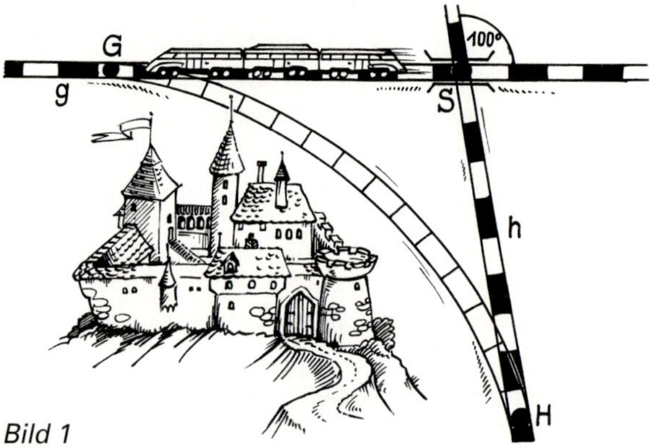

Bild 1

54.1 Fertige eine Zeichnung im Maßstab 1:10 000 und konstruiere den Krümmungsmittelpunkt *M* sowie den Kreisbogen $\overset{\frown}{HG}$.

54.2 Berechne den Krümmungsradius *r* und die Länge *b* des Kreisbogens $\overset{\frown}{HG}$.
[Teilergebnis: $r = 834$ m]

54.3 Berechne den Flächeninhalt des Flächenstücks, das von den drei Gleisen eingeschlossen ist.

54.4 Berechne die kürzeste Entfernung des Punktes *S* von dem bogenförmigen Gleisstück.

54.5 Da der Krümmungsmittelpunkt *M* im Gelände nicht zugänglich ist, werden auf dem Bogen $\overset{\frown}{HG}$ drei Vermessungspunkte *A*, *B* und *C* festgelegt, die den Bogen in vier gleiche Teile teilen. *A* liegt neben *G* und *C* neben *H*. Zeichne die Punkte *A*, *B* und *C* ein und berechne die Entfernung zweier benachbarter Vermessungspunkte. (Teilergebnis: $\overline{AB} = 290$ m]

54.6 Welchen Winkel schließt die Sehne [*GA*] mit der Sehne [*GH*] ein? Berechne den Abstand des Punktes *A* von der Sehne [*GH*].

54.7 Wie weit ist der Vermessungspunkt *A* vom Punkt *S* entfernt?

Aufgaben

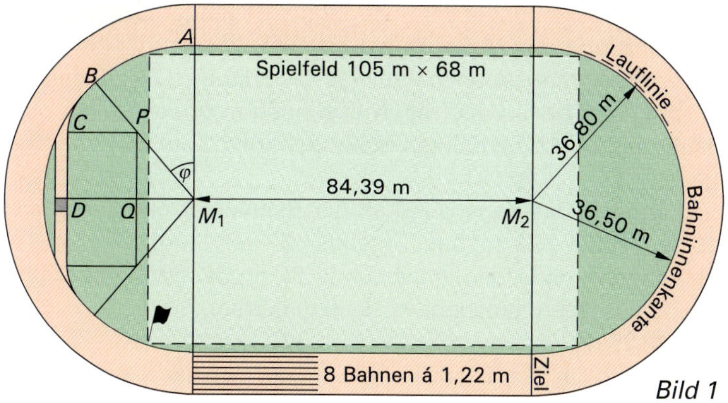

Bild 1

55.0 Bei der 4 × 100 m-Staffel laufen die Teilnehmer in Einzelbahnen. Deshalb benötigen die Läufer der 2. bis 8. Bahn einen Vorsprung, die so genannte Kurvenvorgabe. Der Wechsel der Läufer muss jeweils in einem Bereich stattfinden, der 10 m vor und 10 m hinter der Markierung für die einzelnen 100 m-Abschnitte liegt. Zur Ermittlung der Lage dieser Marken bedient man sich der zu den Kreisbögen gehörigen Mittelpunktswinkel. Runde im Folgenden die Längen auf Zentimeter genau und die Winkelmaße auf zwei Stellen nach dem Komma. Entnimm die benötigten Maße dem Bild 1.

55.1 Die gedachte Lauflinie für die 1. Bahn hat von der Bahninnenkante einen Abstand von 30 cm. Bestätige durch Rechnung, dass diese Lauflinie genau 400 m lang ist.

55.2 An den 300 m-Marken findet der erste Wechsel statt. Berechne den zugehörigen Mittelpunktswinkel β_1 für die 1. Bahn.
[Ergebnis: $\beta_1 = 155{,}70°$]

55.3 Wo befinden sich die 200 m-Marke und die 100 m-Marke der 1. Bahn?

55.4 Für die 2. bis 8. Bahn rechnet man jeweils mit einer gedachten Lauflinie, die 20 cm von der inneren Bahn entfernt ist. Berechne die Länge der Kurvenvorgabe für die 5. Bahn und gib das Maß des zu dieser Markierung gehörenden Mittelpunktswinkels α_5 an. [Teilergebnis: $\alpha_5 = 41{,}38°$]

55.5 An der Innen- und Außenseite der Bahn werden zu jeder Bahnmarkierung Zeichen angebracht. Berechne zur Markierung aus Aufgabe 55.4 die zugehörige Bogenlänge b an der Innenseite und die entsprechende Sehnenlänge s an der Außenseite der Bahn (vgl. Bild 2).

55.6 Bestätige durch Rechnung, dass der erste Wechsel auf der 6. Bahn bereits auf der Gegengeraden stattfindet.
[Teilergebnis: Kurvenvorgabe $v_6 = 37{,}70$ m]

55.7 Bei Laufwettbewerben muss nach innen ein 100 cm breiter hindernisfreier Raum verbleiben. Überprüfe durch Rechnung, ob die Eckfahnen des Fußballfeldes dann entfernt werden müssen.

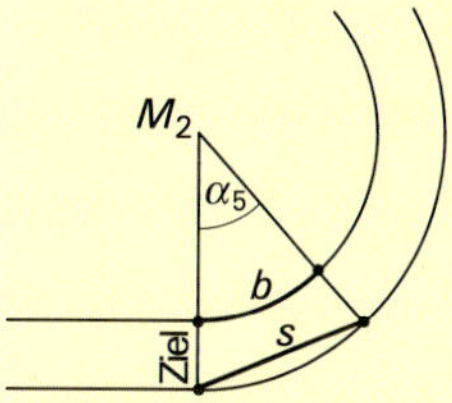

Bild 2

Aufgaben

56.0 Beim 3 000 m-Hindernislauf findet der Start auf der Gegengeraden statt. Das erste Teilstück führt über die Normalkurve bis zum Ziel, dann werden nur noch die verkürzten Hindernisrunden durchlaufen. Runde im Folgenden alle Längen auf Zentimeter genau und die Winkelmaße auf zwei Stellen nach dem Komma. Entnimm alle benötigten Maße dem Bild 1 auf der vorhergehenden Seite.

56.1 Berechne die Länge b_1 des Bogens $\overset{\frown}{AB}$ an der Bahninnenkante, wenn der Winkel AM_1B das Maß $\varphi = 42{,}55°$ hat. [Ergebnis: $b_1 = 27{,}11$ m]

56.2 Berechne die Länge b_2 des Übergangsbogens $\overset{\frown}{BC}$ an der Bahninnenkante, wenn der Radius des Übergangsbogens 16,00 m beträgt. [Ergebnis: $b_2 = 13{,}25$ m]

56.3 Berechne die Länge h der Hindernisgeraden, auf der sich der Wassergraben befindet. [Ergebnis: $h = 30{,}20$ m]

56.4 Berechne die Länge einer verkürzten Hindernisrunde, wenn man mit einer gedachten Lauflinie rechnet, die von der Bahninnenkante überall 30 cm entfernt ist. Wo befindet sich die Linie, die den Start des 3 000 m-Hindernislaufs markiert?

56.5 Um einen Durchgang zur 4,00 m breiten Hindernisgeraden zu schaffen, ist es bei der Durchführung eines Hindernislaufs nötig, Kurventeile der Bahninnenkante zu demontieren. Berechne die Länge der zu entfernenden Kantenteile.

56.6 Berechne den Flächeninhalt des Segmentes, das sich zwischen der Hindernisgeraden und der Normalkurve befindet.

57.0 Im Skilager wird bei einer Lufttemperatur von 0 °C heißer Tee aus einem Thermosgefäß ausgeschenkt. Den Abkühlvorgang in der Tasse beschreibt annähernd die Funktionsgleichung $y = 80 \cdot a^x$ mit $\mathbb{G} = \mathbb{R}_0^+ \times \mathbb{R}_0^+$ und $a \in \mathbb{R}^+$. Damit erhält man die Temperatur y °C des Tees nach einer Zeit von x Minuten. Runde im Folgenden die Ergebnisse auf eine Stelle nach dem Komma.

57.1 Wie groß war die Temperatur des Tees beim Ausschenken?

57.2 Berechne a, wenn der Tee nach zwei Minuten nur noch eine Temperatur von 51,2 °C hat.

57.3 Zeichne den Graphen zur Funktion mit der Gleichung $y = 80 \cdot 0{,}8^x$ für $x \in [0;\, 12]$ mit $\triangle x = 1$ in ein Koordinatensystem.
Für die Zeichnung:
x-Achse (min): $-1 \leqq x \leqq 13$; 1 min $\triangleq$ 1 cm
y-Achse (°C): $-10 \leqq y \leqq 90$; 10 °C $\triangleq$ 1 cm

57.4 Lies aus dem Graphen die Temperatur des Tees nach 4,5 Minuten ab und bestätige dein Ergebnis durch Rechnung.

57.5 Ursula will ihren Tee erst nach 15 Minuten trinken. Berechne die Temperatur des Tees.

57.6 Henry pflegt seinen Tee bei einer Temperatur von 35 °C zu nehmen. Wie lange muss er warten? (Zeichnerische Lösung)

Aufgaben

58.1 Martina schaut von einer Klippe auf die Ostsee. Zeige, dass für die Sichtweite s gilt: $s = \sqrt{2rh + h^2}$ (vgl. Bild 1). Begründe, dass h^2 gegenüber $2rh$ vernachlässigbar ist. Wie weit kann Martina auf die Ostsee hinausschauen? Rechne mit: Augenhöhe 1,70 m, Höhe der Klippe 30 m, Erdradius 6 370 km.

58.2 Martina möchte 10mal so weit schauen können. Nach kurzem Überlegen sagt sie: „Die Klippe, auf der ich stehe, müsste für diesen Fall 100mal so hoch sein." Überprüfe ihre Überlegung rechnerisch.

58.3 Wie weit ist ein Schiff vom Lotfußpunkt L (vgl. Bild 1) entfernt, wenn Martina die 50 m hohe Mastspitze des Schiffes gerade erkennen kann?

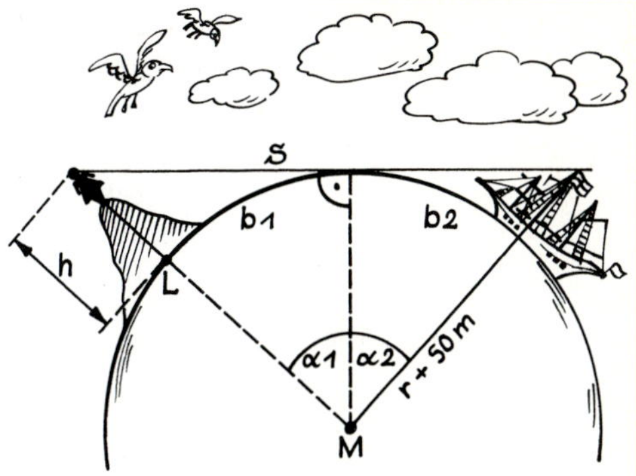

Bild 1

59 Wegen der Kugelgestalt der Erde ist die Oberfläche eines Sees gewölbt. Verbindet man wie in Bild 3 zwei Uferpunkte U_1 und U_2 geradlinig, so versteht man unter der Wölbung des Sees zwischen den beiden Uferpunkten die Länge der Strecke $[RS]$. Überprüfe durch Rechnung, ob die Wölbung

a) des Forggensees bei Füssen zwischen zwei 3 km entfernten Uferpunkten 12 mm, 18 cm oder 36 cm beträgt.

b) des Bodensees zwischen Bregenz und Stein mit einer Breite von 15 km mehr als 50 cm beträgt.

c) des Kaspischen Meeres bei einer Breite von 300 km weniger oder mehr als 1 km beträgt.

Hinweis: Wie üblich sind alle Entfernungen auf der Erdoberfläche gemessen.

Bild 2

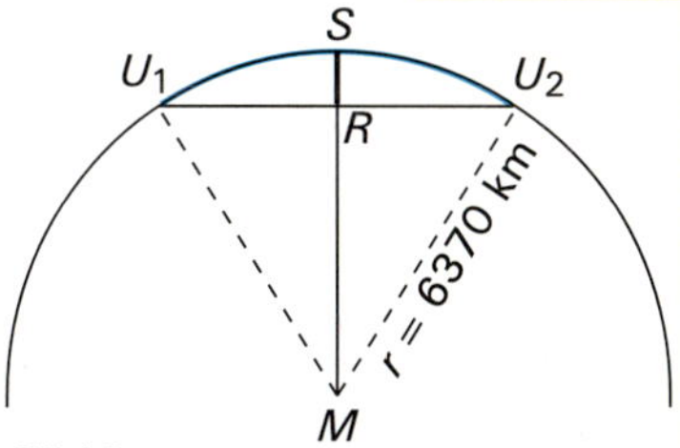

Bild 3

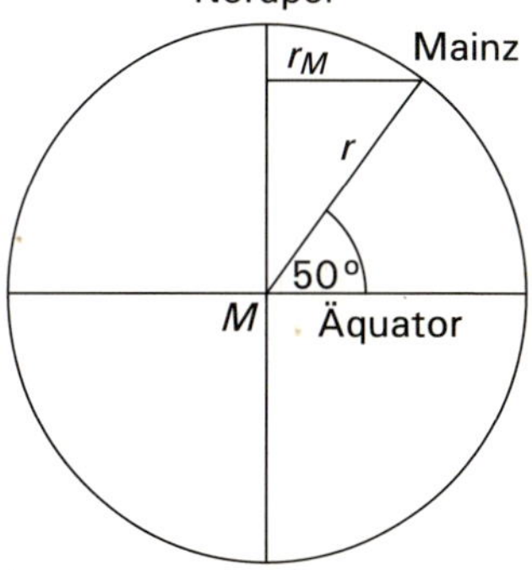

Bild 4

60.1 Mainz liegt auf dem 50. Breitengrad. Berechne Radius r_M und Umfang u des zugehörigen Breitengrades (vgl. Bild 4).

60.2 Mit welcher Geschwindigkeit v bewegt sich Mainz um die Erdachse (Erdradius $r = 6\,370$ km)?

Aufgaben

61.0 Das Quadrat $ABCD$ mit der Seitenlänge a ist die Grundfläche einer geraden Pyramide mit der Höhe $3a$.

61.1 Zeichne für $a = 5\,\text{cm}$, $q = \frac{2}{3}$ und $\omega = 60°$ das Schrägbild der Pyramide. Die Kante $[CD]$ soll dabei auf der Schrägbildachse liegen.

61.2 Bestimme die Länge $s(a)$ einer Seitenkante der Pyramide in Abhängigkeit von a. [Ergebnis: $s(a) = a\sqrt{9{,}5}$]

61.3 Berechne das Maß des Neigungswinkels einer Seitenkante gegen die Grundfläche auf zwei Stellen nach dem Komma gerundet.

61.4 Ermittle durch Rechnung die Abstände des Eckpunktes C von den Seitenkanten $[BS]$ bzw. $[AS]$ in Abhängigkeit von a.

61.5 Welches Maß hat der Winkel, den zwei benachbarte Seitenflächen miteinander einschließen?
Lösungshinweis: Fälle von A bzw. C aus das Lot auf die Strecke $[BS]$. Beide Lotstrecken treffen sich im Punkt P. Der Winkel APC ist dann der gesuchte Neigungswinkel.

61.6 Für welche Belegung von a wird die Oberfläche der Pyramide $(2 + \sqrt{148})$ FE groß?

62.0 Das Rechteck $ABCD$ mit $\overline{AB} = 6\,\text{cm}$ und $\overline{BC} = 4\,\text{cm}$ ist die Grundfläche einer 10 cm hohen Pyramide. Die Spitze S ist dabei senkrecht über dem Mittelpunkt M der Grundkante $[AD]$.

62.1 Zeichne ein Schrägbild der Pyramide mit $q = 0{,}75$ und $\omega = 45°$. Die Kante $[CD]$ soll dabei auf der Schrägbildachse liegen.

62.2 Berechne das Maß α des Winkels, den die Seitenfläche ABS mit der Grundfläche einschließt, sowie das Maß β des Winkels SCM.

62.3 Eine Ebene schneidet die Pyramide in einem gleichschenkligen Trapez $BCFE$ und schließt mit der Grundfläche einen Winkel von 30° ein. Trage in das Schrägbild die Schnittfigur ein und berechne den Flächeninhalt des Trapezes und die Maße der Innenwinkel auf zwei Stellen nach dem Komma gerundet.

62.4 Ermittle rechnerisch die Oberfläche der Pyramide. Runde auf zwei Stellen nach dem Komma.

62.5 Man erhält neue Pyramiden $AB'C'DS'$, indem man die Grundkanten $[AB]$ bzw. $[DC]$ um jeweils x cm verlängert und gleichzeitig die Höhe $[MS]$ um x cm verkürzt. Trage für $x = 1{,}5$ eine neue Pyramide in das Schrägbild ein. Stelle sodann das Volumen der neuen Pyramiden in Abhängigkeit von x dar.
[Ergebnis: $V(x) = \left(80 + \frac{16}{3}x - \frac{4}{3}x^2\right)\text{cm}^3$]

62.6 Für welche Belegung von x erhält man die Pyramide mit dem größten Rauminhalt? Gib V_{max} an.

62.7 Für welche Belegung von x ist das Volumen $V(x)$ $82{,}5\,\text{cm}^3$? Runde auf zwei Stellen nach dem Komma.

Aufgaben

63.0 Eine Pyramide *ABCDS* hat ein Quadrat *ABCD* mit der Seitenlänge a als Grundfläche. Die Spitze *S* ist dabei senkrecht über dem Diagonalenschnittpunkt *M*; ferner gilt: $\overline{MS} = \frac{a}{2}\sqrt{6}$.

63.1 Zeichne ein Schrägbild für $a = 6\,\text{cm}$, $q = 0{,}5$ und $\omega = 60°$. Die Diagonale [*BD*] soll dabei auf der Schrägbildachse liegen.

63.2 Berechne das Maß des Neigungswinkels der Seitenkante [*BS*] gegen die Grundfläche *ABCD*. [Ergebnis: $\alpha = 60°$]

63.3 Zeige rechnerisch, dass für den Neigungswinkel β der Seitenfläche *BCS* gegen die Grundfläche $\beta > 60°$ gilt.

63.4 Eine Ebene schneidet die Grundfläche *ABCD* in [*AC*] und die Seitenkante [*BS*] im Punkt *P*. Begründe, dass die Schnittfiguren *APC* gleichschenklige Dreiecke sind. Trage ein solches Schnittdreieck in das Schrägbild ein.

63.5 Wenn die Ebene mit der Grundfläche einen Winkel von 20° einschließt, erhält man als Schnittfigur das Dreieck AP_0C. Berechne für $a = 6\,\text{cm}$ die Seitenlängen, die Maße der Innenwinkel und den Flächeninhalt des Dreiecks AP_0C, jeweils auf zwei Stellen nach dem Komma gerundet.

63.6 Begründe, dass man für $\sphericalangle PMB = 30°$ das Schnittdreieck mit dem kleinsten Flächeninhalt erhält.

64.0 Einem geraden Kreiskegel, dessen Axialschnitt ein gleichseitiges Dreieck mit 12 cm Seitenlänge ist, werden gerade Kreiszylinder einbeschrieben. Dabei liegen die Grundflächenkreise der Zylinder und des Kegels aufeinander. Für den Grundkreisradius r der einbeschriebenen Zylinder gilt $r = x\,\text{cm}$ mit $x \in\,]0; 6[$.

64.1 Zeichne den Kegel und die zu $x = 2$ und $x = 4{,}5$ gehörenden einbeschriebenen Zylinder im Axialschnitt.

64.2 Zeige, dass für die Höhe h_Z der einbeschriebenen Zylinder in Abhängigkeit von x die Beziehung $h_Z = \sqrt{3} \cdot (6 - x)\,\text{cm}$ gilt.

64.3 Zu welchem Wert für x gehört ein Zylinder, bei dem der Durchmesser des Grundkreises so lang wie die Höhe ist?

64.4 Zeige, dass sich die Mantelfläche M_Z der einbeschriebenen Zylinder wie folgt darstellen lässt: $M_Z = 2\sqrt{3}\,\pi\,(6x - x^2)\,\text{cm}$.

64.5 Mit welchen Werten für x ist die Mantelfläche der Zylinder $10\,\pi\,\sqrt{3}\,\text{cm}^2$ groß?

64.6 Mit welchen Werten für x ist die Mantelfläche der Zylinder $78\,\pi\,\sqrt{3}\,\text{cm}^2$?

64.7 Ermittle algebraisch den Wert für x, so dass der zugehörige Zylinder eine möglichst große Mantelfläche hat. Gib $M_Z(_{max})$ an, und zeichne den Zylinder mit der größten Mantelfläche im Axialschnitt ein.

65 Löse die Aufgabe 64, wenn der Axialschnitt des geraden Kreiskegels ein gleichschenkliges Dreieck mit der Basis 10 cm ist und die Schenkel 13 cm lang sind. Runde die Ergebnisse jeweils auf zwei Stellen nach dem Komma.

Aufgaben

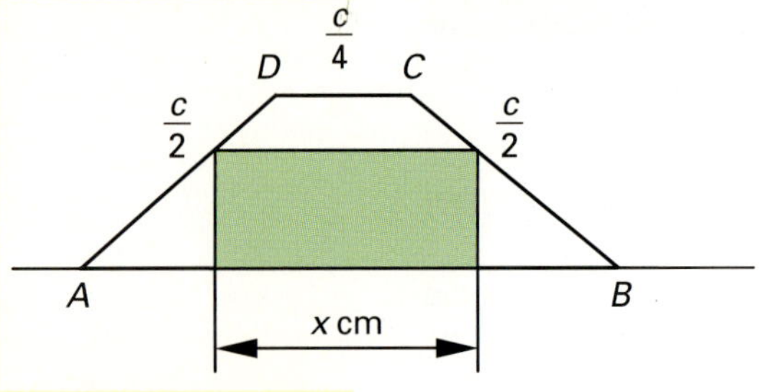

Bild 1

66.0 Bei einem gleichschenkligen Trapez *ABCD* mit den parallelen Seiten [*AB*] und [*CD*] gilt:

$\overline{AB} = c$, $\overline{CD} = \frac{c}{4}$ und $\overline{AD} = \overline{BC} = \frac{c}{2}$

66.1 Zeichne für $c = 8\,\text{cm}$ das Trapez.

66.2 Bestimme durch Rechnung die Maße der Innenwinkel des Trapezes auf zwei Stellen nach dem Komma gerundet.

66.3 Bestimme die Länge der Diagonalen [*BD*] in Abhängigkeit von *c*.

66.4 Dem Trapez sind Rechtecke einbeschrieben (vgl. Bild 1). Ermittle für $c = 8\,\text{cm}$ den Flächeninhalt $A(x)$ der einbeschriebenen Rechtecke in Abhängigkeit von *x*.
[Ergebnis: $A(x) = \frac{\sqrt{7}}{6}(8x - x^2)\ \text{cm}^2$]

66.5 Für welche Belegung von *x* erhält man das Rechteck mit dem größten Flächeninhalt A_{max}? Gib A_{max} an. (Runde auf eine Stelle nach dem Komma.)

66.6 Das Trapez *ABCD* rotiert mit *AB* als Achse. Berechne das Volumen und die Oberfläche des entstehenden Rotationskörpers für $c = 8\,\text{cm}$.

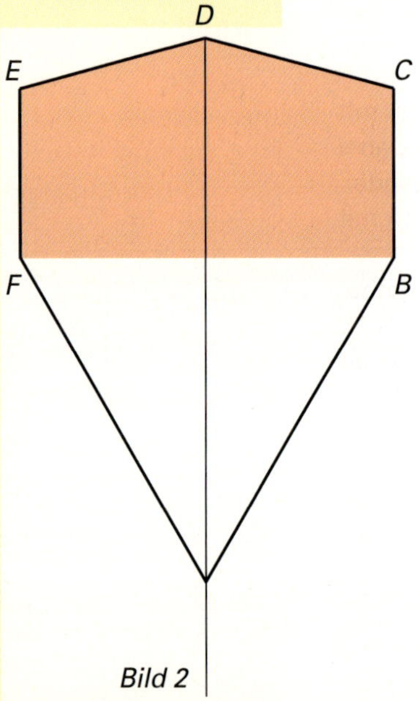

Bild 2

67.0 In der Schifffahrt werden zur Kennzeichnung des Fahrwassers Schwimmkörper aus Stahlblech, so genannte Bojen verwendet. Die nebenstehende Skizze (vgl. Bild 2) zeigt den Axialschnitt *ABCDEF* einer Boje. Sie hat die Form eines Rotationskörpers mit der Rotationsachse *AD*. Es gelten folgende Maße: $\overline{AD} = 3{,}50$ m, $\overline{AB} = \overline{AF} = 2{,}00$ m, $\overline{BC} = \overline{FE} = 1{,}00$ m und $\sphericalangle BAF = 54°$

67.1 Zeichne den Axialschnitt *ABCDEF* der Boje, wobei einer Länge von 1 m in der Zeichnung 3 cm entsprechen sollen. Berechne sodann den Durchmesser $\overline{FB}$ der Boje auf Zentimeter gerundet.
[Teilergebnis: $\overline{FB} = 1{,}82$ m]

67.2 Berechne das Maß φ des Winkels *EDC* sowie das Volumen der Boje in Kubikmeter. (Auf zwei Stellen nach dem Komma runden.)
[Teilergebnis: $\varphi = 103{,}30°$]

67.3 Der obere kegelförmige Teil der Boje mit der Spitze *D* und der zylinderförmige Teil erhalten einen Leuchtanstrich. Berechne den Flächeninhalt der zu streichenden Fläche in Quadratmeter auf zwei Stellen nach dem Komma gerundet.

67.4 Im Inneren der Boje werden 3,20 m lange Streben eingeschweißt, die vom Punkt *A* zum Mantel des oberen Kegels verlaufen. Der Befestigungspunkt *P* einer solchen Strebe [*AP*] liegt auf [*CD*]. Zeichne [*AP*] ein und berechne sodann die Entfernung des Befestigungspunktes *P* von der Kegelspitze *D*. Runde auf zwei Stellen nach dem Komma.

Aufgaben

68.0 Dem Drachenviereck *ABCD* mit den Eckpunkten $A(0|0)$, $B(6|2)$, $C(0|8)$ und $D(-6|2)$ sind Rechtecke $P_nQ_nR_nS_n$ so einbeschrieben, dass P_n auf $[AB]$, R_n auf $[CD]$ und S_n auf $[AD]$ liegen. Je zwei Seiten sollen dabei zu einer Koordinatenachse parallel sein (vgl. Bild 1).

68.1 Zeichne das Drachenviereck in ein Koordinatensystem und trage für $P_1(3|1)$ das zugehörige Rechteck ein.
Für die Zeichnung: Längeneinheit 1 cm; $-7 \leqq x \leqq 7$; $-1 \leqq y \leqq 9$

68.2 Der Flächeninhalt der Rechtecke $P_nQ_nR_nS_n$ hängt von der Lage der Punkte $P_n(x|\frac{1}{3}x)$ auf $[AB]$ ab. Stelle zunächst $\overline{P_nQ_n}$ und dann den Flächeninhalt der Dreiecke in Abhängigkeit von *x* dar. [Ergebnis: $A(x) = \left(-\frac{8}{3}x^2 + 16x\right)$ FE]

68.3 Bestimme rechnerisch die Flächenmaßzahl des Rechtecks mit der größten Fläche.

68.4 Ermittle einen Wert für *x*, sodass der Flächeninhalt des einbeschriebenen Rechtecks 18 FE beträgt. Runde auf zwei Stellen nach dem Komma.

68.5 Berechne die Maße der Innenwinkel des Drachenvierecks *ABCD* auf eine Stelle nach dem Komma gerundet.

68.6 Das Drachenviereck *ABCD* rotiert um die Achse *AC*. Berechne das Volumen und die Oberfläche des dabei entstehenden Rotationskörpers. (Ergebnisse auf zwei Stellen nach dem Komma runden).

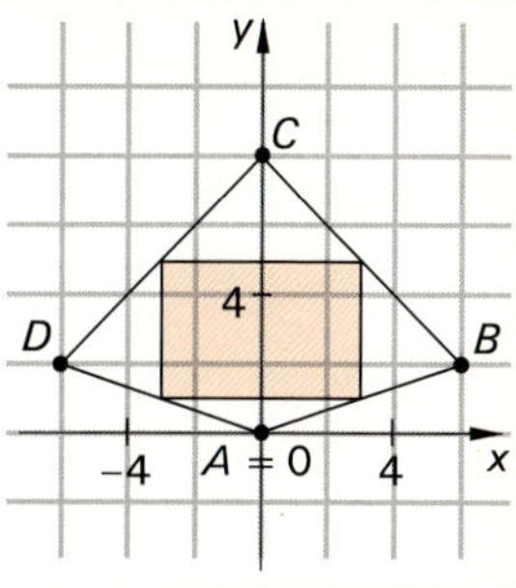

Bild 1

69.0 Ein gerader Kreiskegel hat den Grundkreisradius *r* und die Höhe $\frac{3}{4}r$.

69.1 Berechne die Mantelfläche A_M in Abhängigkeit von *r*. Für welche Belegung von *r* wird die Mantelfläche 20π FE?
[Teilergebnis: $A_M = 1{,}25 \cdot \pi \cdot r^2$]

69.2 Berechne das Maß des Neigungswinkels einer Mantellinie gegen die Grundfläche auf zwei Stellen nach dem Komma gerundet.

69.3 Berechne für $r = 4$ cm das Volumen der Kugel, die dem Kegel umbeschrieben ist. (Ergebnisse auf zwei Stellen nach dem Komma runden.)
Lösungshinweis: Zeichne zuerst einen Axialschnitt des Kegels und der Umkugel.

70.0 Ein spitzwinkliges Dreieck *ABC* mit $\overline{AB} = 6{,}5$ cm, $\overline{BC} = 8{,}3$ cm und $\sphericalangle CBA = 75°$ ist gegeben.

70.1 Konstruiere das Dreieck und berechne die fehlenden Winkelmaße und $\overline{AC}$ auf zwei Stellen nach dem Komma gerundet.

70.2 Das Dreieck rotiert um die Achse *AC*. Berechne das Volumen und die Oberfläche des dabei entstehenden Rotationskörpers. (Ergebnisse auf zwei Stellen nach dem Komma runden.)

70.3 Überprüfe durch Rechnung, ob bei der Rotation um die Achse *AB* der Rotationskörper gleiches Volumen besitzt.

Aufgaben

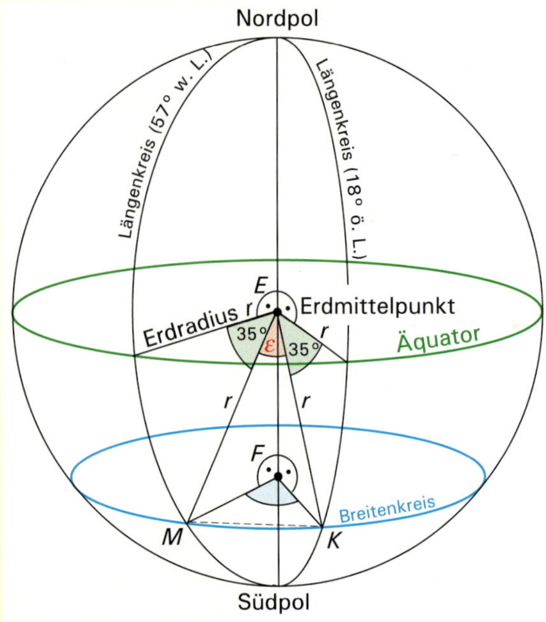

Bild 1

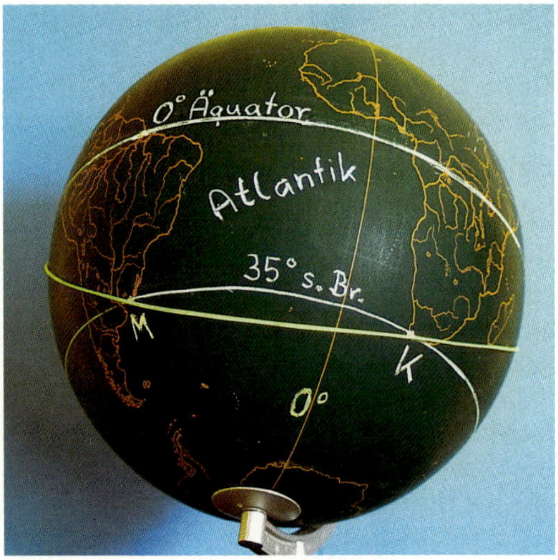

Bild 2

71.0 Die geographische Lage von Kapstadt in Südafrika ist 18° östliche Länge und 35° südliche Breite, die von Montevideo in Südamerika 57° westliche Länge und 35° südliche Breite. Demnach liegen beide Städte auf demselben Breitenkreis (vgl. Bild 1). Rechne im Folgenden mit einem Erdradius von 6 370 km, und runde alle Entfernungen auf Kilometer.

71.1 Wie weit ist es von den beiden Städten zum Äquator bzw. zum Südpol?

71.2 Berechne den Radius des 35. Breitenkreises und seine Länge. Um wie viel Prozent ist der 35. Breitenkreis kürzer als der Äquator?
[Teilergebnis: $r_{35} = 5\,218$ km]

71.3 Ein Schiff steuert von Kapstadt aus mit genau westlichem Kurs über den Atlantik nach Montevideo. Dabei fährt es dauernd auf dem 35. Breitenkreis. Welche Weglänge legt das Schiff dabei zurück?

71.4 Berechne die Länge der Strecke $[KM]$ in Bild 1 und damit das Maß ε des Winkels MEK auf eine Stelle nach dem Komma gerundet.
[Teilergebnis: $\varepsilon = 59{,}8°$]

71.5 Berechne mithilfe des Ergebnisses aus Aufgabe 71.4 die Länge des kürzesten Weges (vgl. Bild 2) von Kapstadt nach Montevideo. Um wie viel Prozent ist diese Reiseroute kürzer?

71.6 Wie hoch über dem Mittelpunkt der Strecke $[KM]$ befindet sich das Schiff, wenn es genau die Hälfte der kürzeren Reiseroute zurückgelegt hat?

71.7 Wie weit sind die beiden Schiffsrouten aus 71.3 und 71.5 maximal voneinander entfernt?

Aufgaben

Bild 1

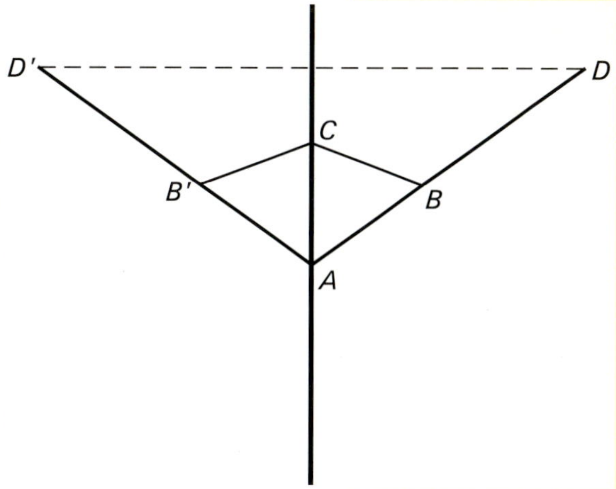

Bild 2

72.0 Bild 1 zeigt eine aufgespannte Wäschespinne. In der Schnittzeichnung (Bild 2) stellen [*AD*] und [*AD'*] gegenüberliegende Stangen dar. Diese sind 170 cm lang. Die Streben [*BC*] und [*B'C*] sind 65 cm lang. *B* ist 70 cm von *A* entfernt. Die Wäscheleine ist, beginnend bei *D*, in elf Lagen gespannt (vgl. Bild 1). Dabei beträgt der Abstand benachbarter Teilstücke der Leine überall 14 cm. Die längsten Teilstücke sind jeweils 210 cm lang.

72.1 Wie viel Quadratmeter Platz muss man mindestens zur Verfügung haben, wenn die Wäschespinne drehbar aufgestellt werden soll?

72.2 Wie groß ist der Winkel zwischen zwei benachbarten Stangen? Runde auf eine Stelle nach dem Komma.

72.3 Welchen Winkel schließen die Stangen mit dem Mittelpfosten ein? Wie weit sind die Punkte *A* und *C* voneinander entfernt?

72.4 Wie lang sind die kürzesten Teilstücke der Wäscheleine? Ermittle die Gesamtlänge der Wäscheleine, ohne die Längen weiterer Teilstücke zu berechnen. Die Dicke der Stangen kann bei der Rechnung vernachlässigt werden.
Lösungshinweis: Die vier farbigen gleichschenkligen Trapeze in Bild 3 lassen sich zu einem Parallelogramm anordnen.

Bild 3

Aufgaben

73.0 Bild 1 stellt den Plan des zentralen Teils einer Parkanlage dar. Der kreisförmige Teich (blau) mit einem Durchmesser von 12 m ist von einem konzentrischen Ring umgeben, der bepflanzt wird. Die Rasenflächen (grün) und Blumenbeete (gelb) werden dabei jeweils durch Kreisbogen begrenzt. Die Anlage wird von einem Weg (braun) umschlossen.

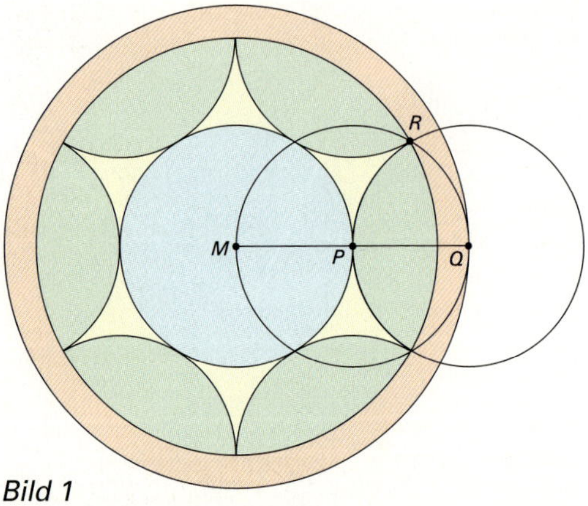

Bild 1

Runde in den folgenden Teilaufgaben jeweils auf zwei Stellen nach dem Komma.

73.1 Wie viel Liter Wasser fasst der Teich, wenn der Wasserstand überall 50 cm beträgt?

73.2 Wie breit ist der ringförmige Weg und wie viel Quadratmeter Pflaster benötigt man für ihn?

73.3 Um wie viel Prozent mehr Pflaster braucht man, wenn man den Weg nach außen auf das Doppelte verbreitert?

73.4 Die sechs Rasenflächen sollen jeweils von niedrigen Gitterzäunen eingefasst werden. Berechne die Gesamtlänge des benötigten Zaunmaterials.
[Ergebnis: $l = 140{,}70$ m]

73.5 Bestätige durch Rechnung, dass man zur beidseitigen Einfassung des Weges genauso viel Zaunmaterial benötigen würde.

73.6 Wie groß ist der gesamte Flächeninhalt aller Rasenflächen?
[Ergebnis: $A = 191{,}36$ m^2]

73.7 Wie viel Prozent der bepflanzten Fläche nehmen die Blumenbeete ein?

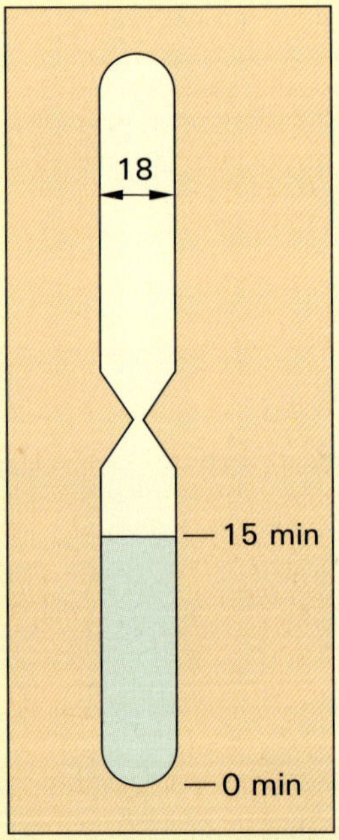

Bild 2

74.0 Bild 2 zeigt den Axialschnitt eines Sanduhrglases mit den Innenmaßen in Millimetern. Der Öffnungswinkel des kegelförmigen Teiles beträgt 70°. Die Engstelle hat den Durchmesser $d = 1$ mm.
Berechne im Folgenden alle Längen auf Millimeter genau.

74.1 Berechne das Volumen V des eingefüllten Sandes, wenn die Füllhöhe $h = 74$ mm beträgt.
[Ergebnis: $V = 18{,}0$ cm^3]

74.2 Wo müssen die Markierungen für 10 Minuten und 5 Minuten angebracht werden?

Aufgaben

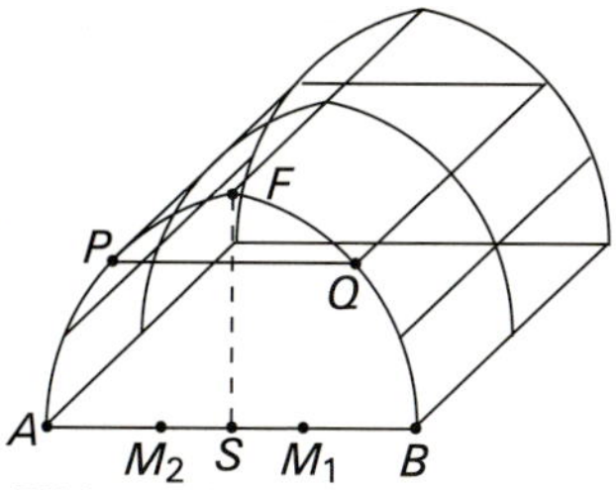

Bild 1

75.0 Die Giebelseite eines Acrylglas-Gewächshauses hat die Form eines Spitzbogens und wird von einer Stahlrohrkonstruktion getragen (vgl. Bild 1). Es ist 320 cm breit, 450 cm lang und hat eine Firsthöhe von 220 cm. Runde im Folgenden alle Längen auf Zentimeter und alle Winkelmaße auf zwei Stellen nach dem Komma.

75.1 Die Krümmungsmittelpunkte M_1 und M_2 der Kreisbögen $\widehat{FA}$ und $\widehat{BF}$ liegen auf der Strecke $[AB]$. Zeichne die Giebelseite im Maßstab 1 : 25 und berechne dann den Abstand der Punkte M_1 und M_2 vom Mittelpunkt S der Strecke $[AB]$. [Zwischenergebnis: Krümmungsradius $r = 231$ cm]

75.2 Berechne die Länge der kreisbogenförmigen Stahlrohre an der Giebelseite. [Zwischenergebnis: $\sphericalangle FM_1A = 72{,}06°$]

75.3 Wie viel Quadratzentimeter beträgt der Flächeninhalt der Giebelseite?

75.4 Wie viel Liter beträgt das Volumen des vom Gewächshaus umschlossenen Raumes?

75.5 Die Querstrebe $[PQ]$ bildet die Oberkante der 190 cm hohen Tür. Berechne die Länge der Strebe.

75.6 Das Gewächshaus wird unter anderem auch mit der Breite 420 cm, der Länge 600 cm und der Firsthöhe 260 cm angeboten. Führe die Aufgaben 75.1 bis 75.5 mit diesen Maßen durch und zeichne die Giebelseite dabei im Maßstab 1 : 50.

76.0 Ein kegelförmiges Glasgefäß hat als Innenmaße einen Radius von 3 cm und eine Höhe von 10 cm. Runde im Folgenden jeweils auf zwei Stellen nach dem Komma.

76.1 Zeichne einen Axialschnitt des Kegels und berechne den Öffnungswinkel ω des Kegels sowie das Fassungsvermögen. [Teilergebnis: $\omega = 33{,}40°$]

76.2 Das Glas wird bis zu einer Höhe von 8 cm mit einer Flüssigkeit gefüllt. Wie viel Prozent des Fassungsvermögens beträgt das Volumen der Flüssigkeit?

76.3 Eine nicht schwimmende Kugel mit dem Radius 2 cm wird in das Glas gegeben. Ergänze die Zeichnung aus 76.1 mit dem Axialschnitt der Kugel und bestätige sodann rechnerisch, dass der Flüssigkeitsspiegel um 1,53 cm ansteigt.

76.4 Wie hoch steht die Flüssigkeit jetzt über der Kugel?

Aufgaben

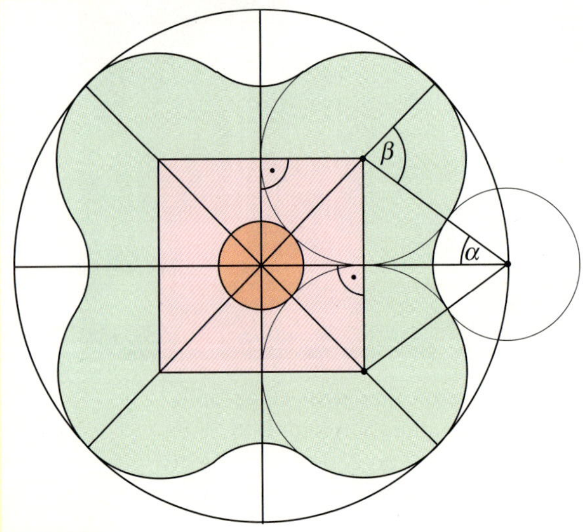

Bild 1

77.0 In einem Park soll eine Sonnenuhr aufgestellt werden. Auf dem quadratischen Steinsockel mit der Seitenlänge 2 m steht eine zylinderförmige Marmorsäule, welche die Sonnenuhr trägt. Bild 1 zeigt den Plan für die Einfassung des Sockels mit einem Blumenbeet, das durch acht Kreisbögen begrenzt ist, die ohne Knick ineinander übergehen.

77.1 Berechne den Durchmesser der Marmorsäule auf Millimeter genau.
[Ergebnis: $d = 0{,}828$ m]

77.2 Berechne die Masse der Marmorsäule in Kilogramm, wenn deren Höhe 1,2 m beträgt (Dichte $\rho = 2{,}8\,\frac{\text{t}}{\text{m}^3}$).

77.3 Bestätige die Winkelmaße $\alpha = 35{,}3°$ und $\beta = 80{,}3°$ in der obigen Zeichnung durch Rechnung.

77.4 Berechne den größten Durchmesser und den kleinsten Durchmesser des Blumenbeetes auf eine Stelle nach dem Komma gerundet.
[Teilergebnis: $d_{\text{max}} = 4{,}8$ m]

77.5 Das Blumenbeet soll mit einem Zaun eingefasst werden. Berechne die Zaunlänge l auf eine Stelle nach dem Komma gerundet.
[Ergebnis: $l = 14{,}7$ m]

77.6 Wie groß ist der Flächeninhalt A des Blumenbeetes?
[Ergebnis: $A = 10{,}0\ \text{m}^2$]

77.7 Um wie viel Prozent ändert sich die Zaunlänge, wenn man ein durch einen Kreis begrenztes Beet mit dem Durchmesser d_{max} anlegt? Um wie viel Prozent wird das Beet größer?

Aufgaben

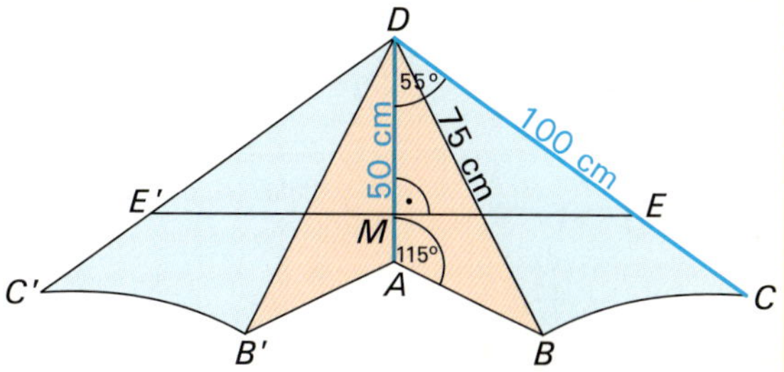

Bild 1

78.0 Bild 1 zeigt den Plan zum Bau eines symmetrischen Lenkdrachens. Die Hauptbauteile sind der Mittelholm [*AD*], die beiden Seitenholme [*CD*] und [*C'D*], die beiden Segelstangen [*BD*] und [*B'D*] sowie der Querholm und die Bespannung. Runde im Folgenden alle Längen auf Millimeter.

78.1 Berechne die Länge $\overline{CC'}$ (vgl. den Bauplan in Bild 1).

78.2 Die Befestigungspunkte *E* und *E´* des Querholms sind 110 cm voneinander entfernt. Wie weit ist *M* vom Punkt *A* entfernt?

78.3 Berechne auf eine Stelle nach dem Komma gerundet das Maß φ des Winkels, den die Seitenholme mit den Segelstangen einschließen.

78.4 Das gerade Stück [*AB*] und der Kreisbogen $\overset{\frown}{CB}$ mit einem Radius von 55 cm bilden eine Hinterkante des Drachens. Diese wird mit einem Saum verstärkt. Wie lang ist der Saum insgesamt?

78.5 Wie groß ist die Segelfläche des Drachens? Runde auf Quadratzentimeter.

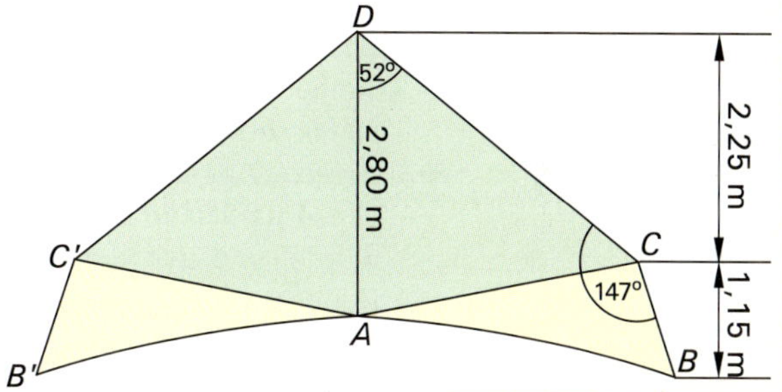

Bild 2

79.0 Bild 2 zeigt das zweifarbige Segel eines Hängegleiters. $\overset{\frown}{BA}$ und $\overset{\frown}{AB'}$ sind Kreisbögen mit einem Radius von 4,20 m. Runde im Folgenden alle Längen auf Zentimeter.

79.1 Berechne die Längen der Holme [*CD*] und [*CB*].

79.2 Berechne die Länge der Strecke [*BB'*].

79.3 Wie lang ist die Naht [*AC*]?

79.4 Wie groß ist die gesamte Segelfläche?

Aufgaben

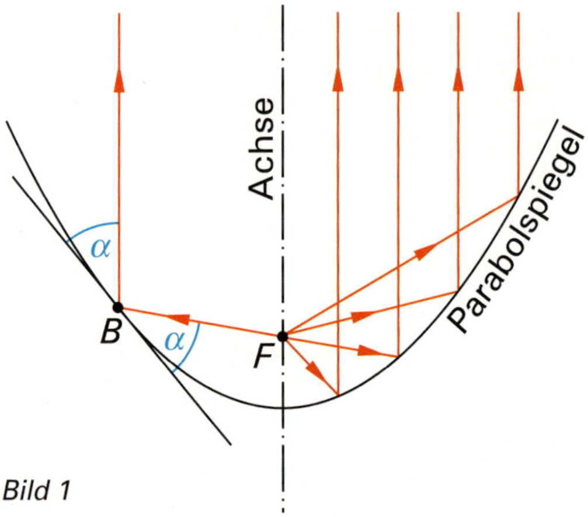

Bild 1

80.0 Der Reflektor eines Scheinwerfers hat im Längsschnitt die Form einer Parabel. Befestigt man im so genannten Brennpunkt der Parabel eine nahezu punktförmige Lichtquelle, so erzeugt der Parabolspiegel ein zur Parabelachse paralleles Lichtbündel. Man kann sich dabei die Reflexion der Lichtstrahlen am gewölbten Spiegel durch eine Reflexion an einem ebenen Spiegel ersetzt denken, der die Parabel im Auftreffpunkt des Lichtstrahls berührt (vgl. Bild 1).
Reflexionsgesetz am ebenen Spiegel: Einfallswinkel = Reflexionswinkel

80.1 Der Parabelbogen p mit der Gleichung $y = 0{,}2x^2$ und $x \in [-6; 6]$ stellt den Schnitt durch einen Parabolspiegel dar. Erstelle eine Wertetabelle mit $\triangle x = 1$ und zeichne p in ein Koordinatensystem.
Platzbedarf: $-7 \leqq x \leqq 7; -2 \leqq y \leqq 8$

80.2 Bestätige rechnerisch, dass die Gerade s mit der Gleichung $y = -2x - 5$ eine Tangente an p ist, und ermittle die Koordinaten des Berührpunktes B.
[Teilergebnis: $B(-5|5)$]

80.3 Berechne das Maß α des Winkels (vgl. Bild 1) zwischen einem zur Parabelachse parallelen Lichtstrahl, der im Punkt B am Parabolspiegel reflektiert wurde, und der Geraden s, die den gedachten ebenen Spiegel darstellt. Runde auf zwei Stellen nach dem Komma.

80.4 Ermittle die Gleichung der Geraden g, die den Verlauf des Lichtstrahls vor der Reflexion beschreibt, und gib die Koordinaten des Brennpunkts F der Parabel an.
[Teilergebnis: $F(0|1{,}25)$]

80.5 Zeichne die beiden Punkte Q und R, in denen der Parabolspiegel Lichtstrahlen rechtwinklig ablenkt, sowie den Verlauf dieser Lichtstrahlen. Gib die Gleichungen der zugehörigen Parabeltangenten an und weise jeweils rechnerisch die Tangenteneigenschaften nach.

80.6 Zeige durch Rechnung, dass der Punkt B aus 80.2 vom Punkt F und der Geraden l mit der Gleichung $y = 0 \cdot x - 1{,}25$ gleich weit entfernt ist. Bestätige sodann diese Eigenschaft für alle Parabelpunkte $P(x|0{,}2x^2)$.

Aufgaben

81.0 In Küstennähe geschieht die Standortbestimmung eines Schiffes oft mithilfe der Kreuzpeilung. Dazu werden vom Schiff aus zwei markante Punkte an Land angepeilt. Dabei werden die Richtungswinkel immer von der Nordrichtung aus rechtsdrehend angegeben. Auf einer Seekarte kann dann der Standort des Schiffes konstruiert und damit der zu steuernde Kurs entnommen werden.

Bild 1

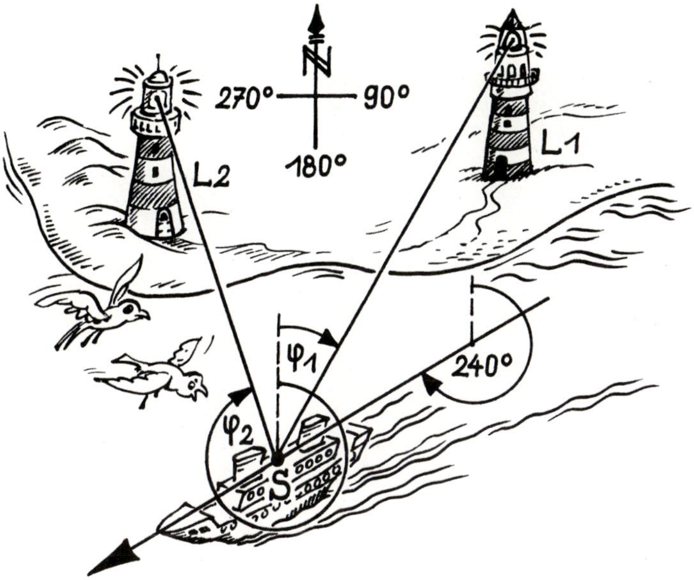

Bild 2

Ein Schiff fährt mit einem Kurs von 240° an den beiden Leuchtfeuern L_1 und L_2 vorbei (vgl. Bild 2). Da der Kurs geändert werden soll, ist es notwendig, den momentanen Standort S zu ermitteln. Dazu misst man zu den beiden Leuchtfeuern die Richtungswinkel $\varphi_1 = 40°$ und $\varphi_2 = 340°$.
Runde im Folgenden jeweils auf eine Stelle nach dem Komma.

81.1 Übertrage die Punkte $L_1(9|5)$ und $L_2(4|7)$ in ein Koordinatensystem und konstruiere den Standort S.
Platzbedarf: $0 \leqq x \leqq 11$; $0 \leqq y \leqq 11$; Längeneinheit 1 cm
[Teilergebnis: $S(6{,}1|1{,}6)$]

81.2 Entnimm der Zeichnung die Entfernungen vom Schiff zu den beiden Leuchtfeuern und bestätige deine Messung durch Rechnung. Berechne dazu zunächst den Richtungswinkel ε zur Strecke $[L_1L_2]$.
1 cm $\triangleq$ 1 Seemeile
[Teilergebnis: $\varepsilon = 291{,}8°$]

81.3 Welchen neuen Kurs muss das Schiff steuern, wenn es mit einem Sicherheitsabstand von drei Seemeilen am Leuchtfeuer L_2 vorbeifahren soll?

81.4 Trage den Weg des Schiffes in die Zeichnung ein und beschreibe ihn mithilfe von Geradengleichungen.
Hinweis: Ermittle die Gleichungen der Geraden SL_1 und SL_2.

Aufgaben

82.0 TV-Satelliten befinden sich in einer so genannten geostationären Umlaufbahn. Diese liegt in der Äquatorialebene der Erde in 36 000 km Höhe über dem Erdboden. Zum Empfang von Fernseh- und Hörfunkprogrammen, die über Satelliten ausgestrahlt werden, benötigt man eine Parabolantenne. Um einen optimalen Empfang zu garantieren, ist bei der Montage der Antenne darauf zu achten, dass der Höhenwinkel richtig eingestellt wird. Dieser hängt vom Standort der Antenne ab und ist für größere Städte aus einer Tabelle in der Montageanleitung ersichtlich.

Bild 1
Nachrichtensatellit vom Typ Intelsat V

Bild 2
Parabolantenne

82.1 Welche geografische Breite β haben die Orte, an denen auf der Nordhalbkugel gerade noch ein Empfang möglich ist (vgl. Bild 3)?
Hinweis: $\varepsilon = 0°$.

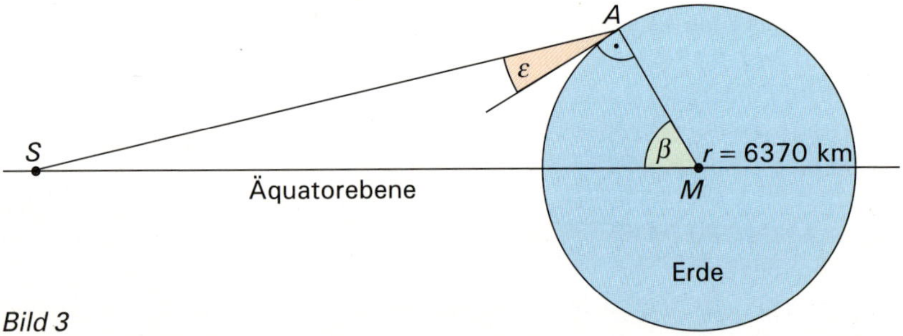

Bild 3

82.2 Berechne jeweils den Höhenwinkel ε für die Orte München (48,1° nördliche Breite), Frankfurt am Main (50,1° n. B.), Berlin (52,5° n. B.) und Hamburg (53,5° n. B.).

82.3 Welchen Öffnungswinkel muss der kegelförmige Sendestrahl des TV-Satelliten mindestens haben, damit die Orte Garmisch-Partenkirchen (47,5° n. B.) und Westerland auf Sylt (54,9° n. B.) im Empfangsbereich des Satelliten liegen?

Ergebnisse der Aufgaben mit ungeraden Aufgabennummern:

1 $T_{max} = 7$; $T_{min} = 1{,}2$ **3** $\frac{25}{x} = 10 - x$; $\mathbb{L} = \{5\}$; $T_1(5) = 26$; $T_2(5) = -24$; $T_3(5) = 124$; $T_4(5) = -624$; $T_5(5) = 15\,624$; wegen $\frac{625}{x^4} - x^4 = \left(\frac{25}{x^2} + x^2\right)\left(\frac{25}{x^2} - x^2\right)$ gilt dann auch $T_4(x) = T_1(x) \cdot T_2(x)$. **5 a)** $\overline{AF} = 6$ cm (w); es gilt: $A_{ABCD} = 10\,\text{cm} \cdot 12\,\text{cm}$ aber auch $A_{ABCD} = 15\,\text{cm} \cdot \overline{FB} \Rightarrow \overline{FB} = 8\,\text{cm}$; $\overline{AF}^2 = (10\,\text{cm})^2 - (8\,\text{cm})^2 \Rightarrow \overline{AF} = 6\,\text{cm}$ **b)** $\overline{EC} = 1{,}5$ cm (f); $\overline{DE}^2 = (15\,\text{cm})^2 - (12\,\text{cm})^2 \Rightarrow \overline{DE} = 9$ cm; $\overline{EC} = 1\,\text{cm}$ **c)** $\triangle AFB \sim \triangle AED$ (w); es gilt: $10\,\text{cm} \cdot 1{,}5 = 15$ cm; $6\,\text{cm} \cdot 1{,}5 = 9\,\text{cm}$; $8\,\text{cm} \cdot 1{,}5 = 12$ cm **d)** $A_{\triangle FCE} = 8{,}4\,\text{cm}^2$ (w); $A_{\triangle FCE} = \frac{1}{2} \cdot 1\,\text{cm} \cdot (12\,\text{cm} + h)$ mit $h = d(F; AB)$; $A_{\triangle AFB} = 24\,\text{cm}^2$; $A_{\triangle AFB} = 5 \cdot h\,\text{cm}^2 \Rightarrow h = 4{,}8\,\text{cm}$; $A_{\triangle FCE} = \frac{1}{2} \cdot 1\,\text{cm} \cdot (4{,}8 + 12)\,\text{cm}$ **7** Wegen $a_2 = 3{,}2 \cdot a_1$; $b_2 = 3{,}2 \cdot b_1$; $a_3 = 1{,}3125 \cdot b_2$; $b_3 = 1{,}3125\, a_2$; $a_3 = 4{,}2\, b_1$; $b_3 = 4{,}2\, a_1$ gilt: $R_1 \sim R_2 \sim R_3$. **9** $\overline{A_1C_1} = 4{,}60$ cm; $\overline{B_2D_2} = 5{,}52$ cm. Da in den Teildreiecken $A_1B_1C_1$, $A_1C_1D_1$, $A_2B_2D_2$ und $D_2B_2C_2$ die Summe der Längen von zwei Seiten stets größer als die Länge der dritten Seite ist, existieren auch die Vierecke $A_1B_1C_1D_1$ und $A_2B_2C_2D_2$. Wegen 5,52 cm : 4,60 cm = 1,2 und 4,8 cm = 1,2 · 4 cm, 7,2 cm = 1,2 · 6 cm, 10,8 cm = 1,2 · 9 cm sowie 9,6 cm = 1,2 · 8 cm sind die Vierecke ähnlich: Viereck $A_1B_1C_1D_1 \sim$ Viereck $A_2B_2C_2D_2$. **11** $x^2 - 8{,}5x + 4 = 0$ $\mathbb{L} = \{8; 0{,}5\}$; $\overline{AB} = 10$ cm; $\overline{BC} = 14{,}59$ cm; $\overline{DC} = 13{,}00$ cm; $\overline{AD} = 7{,}5$ cm; $\overline{AC} = 18{,}2$ cm; $\overline{BD} = 12{,}5$ cm; $\sphericalangle CBA = 93{,}62°$; $\sphericalangle DCB = 53{,}50°$; $\sphericalangle ADC = 122{,}88°$ **13** $\sphericalangle EBA = 49°$; $\tan 62° = \frac{\overline{ES}}{\overline{EB}}$ $\Leftrightarrow \overline{ES} = \overline{EB} \cdot \tan 62°$ (I); $\overline{EB} = \overline{AB} \cdot \cos 49°$ (II); $\cos 41° = \frac{8\,\text{m}}{\overline{AB}} \Leftrightarrow \overline{AB} = \frac{8\,\text{m}}{\cos 41°}$ (III). III in II in I ergibt: $\overline{ES} = \frac{8 \cdot \cos 49° \cdot \tan 62°}{\cos 41°}$ m oder: $\overline{AB} = \frac{8\,\text{m}}{\cos 41°}$ (I); $\overline{EB}^2 + (8\,\text{m})^2 = \overline{AB}^2$ (II); $\tan 62° = \frac{\overline{ES}}{\overline{EB}}$ (III). Aus I und II folgt: $\overline{EB} = \frac{8\,\text{m}}{\cos 41°} \cdot \sqrt{1 - \cos^2 41°}$ m. Eingesetzt in III: $\overline{ES} = \frac{8 \cdot \tan 62°}{\cos 41°}\sqrt{1 - \cos^2 41°}$ m. Der Saal ist 13,1 m hoch. **15.1** Nach einem Jahr: 535 000; nach zwei Jahren: 572 450; nach drei Jahren: 612 522 **15.3** Die Einwohnerzahl hat sich nach 10,24 Jahren (10 Jahre 3 Monate) verdoppelt, nach 16,24 Jahren (16 Jahre 3 Monate) verdreifacht, nach 20,49 Jahren (20 Jahre 6 Monate) vervierfacht. Nach 34,03 Jahren hat sie fünf Millionen erreicht. **17.1** Nach einem weiteren Tag, also nach 14 Tagen. **17.2** Der Flächeninhalt beträgt 16,38 m². **19.3** 6,155 Milliarden **19.4** 2072 **21.2** $B_n(x + 4\,|\,0{,}25x^2 - x - 3)$; $D_n(x - 1\,|\,0{,}25x^2 - 1{,}5x - 1{,}75)$ $d(x) = \sqrt{0{,}25x^2 - 1{,}25x + 2{,}5625}$ LE; $h(x) = (-0{,}5x + 1{,}25)$ LE; $x < 2{,}5$ **21.3** $A(x) = (-2{,}5x + 6{,}25)$ FE; $A = 100$ FE für $x = -37{,}5$ **21.5** $\alpha = \beta = 113{,}96°$; $\gamma = \delta = 66{,}04°$ **21.6** $x = -0{,}96$ **23.1** p: $y = \frac{1}{3} \cdot x^2 - 2x + 9$ **23.2** $B_n(x + 1\,|\,0{,}5x + 2{,}5)$ **23.3** $x = -0{,}24 \vee x = 12{,}25$ **23.4** $A(x) = \left(\frac{2}{3} \cdot x^2 - 4x + 18\right)$ FE **23.5** $A_0(3\,|\,0)$; $A_2(0{,}15\,|\,0)$; $A_3(5{,}85\,|\,0)$ **23.6** $A_4(2{,}21\,|\,0)$; $A_5(6{,}79\,|\,0)$ **23.7** $\gamma = 87{,}18°$

25.1 p: $y = -0{,}125x^2 + 1{,}5x + 3{,}5$ **25.2** $x \in\,]-2; 14[$

25.3 $A(x) = (-0{,}5x^2 + 4x + 22)$ FE **25.4** $A_{max} = 30$ FE für $x = 4$

25.5 $x = -1{,}74 \vee x = 9{,}74$ **25.6** $D_4(3{,}29\,|\,7{,}08)$ **25.7** Diagramm c)

Ergebnisse der Aufgaben mit ungeraden Aufgabennummern:

27.2 $x_{min} = 25$ **27.4** Nachfrageüberhang: 67,12 kg **27.5** $x_A = 71{,}43$; $x_N = 50{,}00$; Angebotsüberhang: 21,43 kg **27.6** $x_G = 60$; $y_G = 2{,}56$ **27.7** Umsatz: 153,60 € **29.1** $y = 6{,}9 \cdot 10^{-3} \cdot x + 23$ **29.2** Gleichgewichtspreis ohne Berücksichtigung der Mehrwertsteuer (o. B. d. M.): Aus der Zeichnung: 43,70 €; durch Rechnung: 40,74 € Nachfrage o. B. d. M.: N = 3 457 Sets **29.3** Nachfrage mit Berücksichtigung der Mehrwertsteuer: N = 3 000 Sets; Gleichgewichtspreis m. B. d. M.: 43,70 €; Änderung der Nachfrage: Abnahme um 457 Sets **29.4** Mehrwertsteuer je Set: S = 5,70 €; Gesamtsteuer: N · S = 17 100 € **29.5** $p = 32{,}7$; Gesamtsteuer: 28 612,50 € **31.1** Angebotsgleichung ohne Grundförderung: $y_A = 10^3 \cdot x + 2{,}6 \cdot 10^5$; Angebotsgleichung mit Grundförderung: $y_A = 10^3 \cdot x + 2{,}2 \cdot 10^5$ **31.2** Nachfrage ohne Grundförderung: 60 Fertighäuser, Gleichgewichtspreis: 320 000 €; Nachfrage mit Grundförderung: 65 Fertighäuser, Gleichgewichtspreis: 285 000 € **31.3** Die Anzahl der verkauften Fertighäuser nimmt um 5 zu. **31.4** Um einen Gleichgewichtspreis von 275 000 € zu erreichen, muss ein Fertighaus mit 52 000 € gefördert werden. **33.1** $a = \frac{2b}{b-2}$; $b = \frac{2a}{a-2}$ **33.2** $b > 2$; $a > 2$ **33.4** Die gesuchten Zahlenpaare erhält man für $3 \leqq a \leqq 6$ bzw. $6 \geqq b \geqq 3$. Für $a > 6$ ist b stets kleiner als 3 und größer als 2; es gibt also außer (3|6), (4|4) und (6|3) kein weiteres Paar natürlicher Zahlen, das die Bedingungen erfüllt. Zylinder zu $(a|b) = (3|6)$: $V = 54\pi\,\text{cm}^3$; $O = 54\pi\,\text{cm}^2$; Zylinder zu $(a|b) = (4|4)$: $V = 54\pi\,\text{cm}^3$; $O = 54\pi\,\text{cm}^2$; Zylinder zu $(a|b) = (6|3)$: $V = 54\pi\,\text{cm}^3$; $O = 54\pi\,\text{cm}^2$. **35.1** Der Bremsweg ist kürzer als 45 m. **35.2** Bremszeit: $t_0 = 3{,}1$ s; Bremsweg: $s = 42{,}9$ m. **37.1** $\overline{AE} = 1\,374{,}47$ m; $\overline{AD} = 2\,047{,}47$ m; $\overline{ED} = 1\,366{,}93$ m **37.2** $\overline{BE} = 1\,625{,}49$ m **37.3** $\overline{AC} = 1\,744{,}50$ m; $\overline{BC} = 1\,239{,}80$ m; $\overline{DC} = 944{,}48$ m **37.4** $\sphericalangle DCB = 110{,}48°$; $\sphericalangle EDC = 99{,}97°$; $\sphericalangle AED = 96{,}64°$ **37.5** $A_{\triangle ADE} = 933\,103{,}56\ \text{m}^2$; $A_{\triangle ACD} = 821\,319{,}91\ \text{m}^2$; $A_{\triangle ABC} = 298\,259{,}41\ \text{m}^2$; $A_{ABCDE} = 205{,}27$ ha **37.6** $d(A) = 6{,}3$ cm; $d(B) = 5{,}5$ cm; $d(D) = 3{,}5$ cm; $A_{ABCDE} = 203{,}47$ ha **37.7** Die Dreiecke ECD und ECF haben die Grundlinie $[EC]$ und die Höhe gemeinsam und sind daher flächengleich. **37.8** $\overline{FC} = 2\,232{,}68$ m **37.9** $\overline{DG} = 1\,771{,}37$ m; 8,49 % **39.1** Der Stein erreicht nach 3,50 Sekunden beim Aufstieg und dann nach 8,74 Sekunden beim Abstieg die Höhe von 150 m.

39.2 $s = v_0 \cdot t - \frac{g}{2} \cdot t^2$; $s = -\frac{g}{2} \cdot \left(t^2 - \frac{2v_0}{g} \cdot t + \frac{v_0^2}{g^2} - \frac{v_0^2}{g^2}\right)$; $s = \frac{v_0^2}{2g} - \frac{g}{2} \cdot \left(t - \frac{v_0}{g}\right)^2$

39.3 $s_{max} = 183{,}49$ m; $t = 6{,}12$ s **39.4** $v_0 = 88{,}59\ \frac{\text{m}}{\text{s}}$; t = 9,03 s **41.1** Die Parallele zu AB durch D schneidet die Diagonale $[AC]$ im Punkt P. Der Fußpunkt des Lotes von C auf die Diagonale $[BD]$ ist Q. $A_{\triangle DPC} = 307{,}19\ \text{cm}^2$; $A_{\triangle DQC} = 172{,}52\ \text{cm}^2$: Das Blechstück muss längs der Diagonalen $[DB]$ zerschnitten werden. **41.2** 4,25 % **43.1** $\overline{AB} = 480{,}00$ m; $\overline{AC}$ 520,92 m **43.2** $(\overline{P_1Q_1})_{min} = 214{,}66$ m; $\overline{AP_1} = \overline{BQ_1} = 240$ m; $(\overline{P_2Q_2})_{min} = 286{,}22$ m; $\overline{CQ_2} = \overline{BP_2} = 320$ m. Der Sicherheitstunnel $[P_1Q_1]$ ist mit 214,66 m am kürzesten. **43.3** $\varphi = 63{,}44°$ **45.2** $\beta = 50{,}2°$ **45.4** $\varphi = 44{,}3°$ **47** $A = 56{,}77\ \text{cm}^2$ **49.1** 153,0° **49.2** 438,6 Kilometer je Stunde **51.1** n = 1,5 **51.3** $\beta_1 = 25{,}4°$; $\beta_2 = 34{,}6°$; $\alpha_2 = 58{,}4°$ **51.4** $\delta = 38{,}4°$ **51.5** Der Weg im Prisma ist 5,3 cm lang. Entfernung des Austrittspunktes von B: 4,5 cm **51.6** Ablenkungswinkel: 60°

Ergebnisse der Aufgaben mit ungeraden Aufgabennummern:

53.2 $\overline{SA} = \overline{SP_1} = \overline{SP_2}$ **53.3** $P_1(1{,}8|7{,}6)$; $P_2(5{,}7|2{,}4)$ **53.5** $M_1(7|11{,}5)$; $M_2(7|3{,}375)$ **53.5** $\varphi_1 = 53{,}13°$; $\varphi_2 = 126{,}87°$; $\widehat{P_1A} = 6{,}03$ LE; $\widehat{P_2A} = 3{,}60$ LE **55.1** $2 \cdot \pi \cdot (36{,}50 \text{ m} + 0{,}30 \text{ m}) = 400$ m **55.2** $\beta_1 = 155{,}70°$ **55.3** Hinsichtlich des Stadionmittelpunkts liegt die 200 m-Marke punktsymmetrisch zur Ziellinie, die 100 m-Marke punktsymmetrisch zur 300 m-Marke. **55.4** Kurvenvorgabe: 30,03 m; $\alpha_5 = 41{,}38°$ **55.5** $b = 26{,}36$ m; $s = 32{,}69$ m **55.6** $\beta_6 = 184{,}34°$, $\beta_6 > 180°$ **55.7** Entfernung der Eckfahnen von der Bahninnenkante: 0,97 m $<$ 1,00 m. Sie müssen entfernt werden. **57.1** 80 °C **57.2** $a = 0{,}8$ **57.4** 29,3 °C **57.5** 2,8 °C **57.6** 3 min 42 s **59 a)** Forggensee: $b = 3\,000$ m; $\overline{RS} = 17{,}7$ cm **b)** Bodensee: $b = 15\,000$ m; $\overline{RS} = 4{,}42$ m **c)** Kaspisches Meer: $b = 300$ km; $\overline{RS} = 1{,}7$ km **61.3** 36,74° **61.4** $1{,}38a$ **61.5** 91,16° **61.6** $0 \text{ FE} < a < \sqrt{2} \text{ FE}$ **63.2** 60° **63.3** 67,80° **63.4** $\overline{AP} = \overline{CP}$ **63.5** 3,73; 15,83 cm²; 41,33°; 97,43° **63.6** Lotstrecke **65.2** $h = 12$ cm; $h'_{(\text{Zylinder})} = 12 \cdot \left(1 - \frac{x}{5}\right)$ cm **65.3** 3,53 **65.4** $M_Z = 4{,}8 \cdot \pi \cdot (5x - x^2)\,\text{cm}^2$ **65.5** 5,64 cm **65.6** $\varnothing$ **65.7** $x = 2{,}5$; $M = 94{,}25\,\text{cm}^2$ **67.2** $\overline{FB} = 1{,}82$ m **67.3** $\varphi = 103{,}30°$; $V = 4{,}77\,\text{m}^3$ **67.4** $A = 9{,}04\,\text{m}^2$ **67.5** $\overline{DP} = 0{,}53$ m **69.1** $M = 1{,}25 \cdot \pi \cdot r^2$; $r = 4$ cm **69.2** 36,87° **69.3** $r_{\text{Kugel}} = 7{,}5$ cm; $V = 1\,767{,}15\,\text{cm}^3$ **71.1** Entfernung vom Äquator: 3 891 km; Entfernung vom Südpol: 6 115 km **71.2** $r_{35} = 5\,218$ km; $u_{35} = 32\,786$ km; 18,08 % **71.3** Weglänge: 6 830 km; **71.4** $\overline{KM} = 6\,353$ km; $\varepsilon = 59{,}8°$ **71.5** 182 km; 2,66 % kürzer **71.6** 848 km **71.7** maximale Entfernung der beiden Schiffsrouten: 712 km **75.1** $\overline{M_1S} = \overline{M_2S} = 71$ cm **75.2** $\widehat{AF} = \widehat{FB} = 291$ cm **75.3** $A = 51\,510\,\text{cm}^2$ **75.4** $V = 23\,175$ *l* **75.5** $\overline{PQ} = 120$ cm **75.6** $\overline{M_1S} = \overline{M_2S} = 56$ cm; $\widehat{AF} = \widehat{FB} = 361$ cm; $A = 81\,592\,\text{cm}^2$; $V = 48\,960$ *l*; $\overline{PQ} = 260$ cm **77.1** $d = 0{,}828$ m **77.2** $m = 1\,809$ kg **77.3** $\alpha = 53{,}3°$; $\beta = 80{,}3°$ **77.4** $d_{\text{max}} = 4{,}8$ m; $d_{\text{min}} = 3{,}4$ m **77.5** $l = 14{,}7$ m **77.6** $A = 10{,}0\,\text{m}^2$ **77.7** 41 % **79.1** $\overline{CD} = 3{,}65$ m; $\overline{CB} = 1{,}22$ m **79.2** $\overline{BB'} = 6{,}56$ m **79.3** $\overline{AC} = 2{,}93$ cm **79.4** $A = 10{,}34\,\text{m}^2$ **81.2** $\varepsilon = 291{,}8°$; $\overline{SL_1} = 4{,}6$ sm; $\overline{SL_2} = 5{,}9$ sm **81.3** 309,4° **81.4** SL_1: $y = 1{,}2x - 5{,}7$; SL_2: $y = -2{,}7x + 18{,}0$; alter Kurs: $y = 0{,}6x - 1{,}9$; neuer Kurs: $y = -0{,}8x + 6{,}6$

Glossar

Satzgruppe der Achsenspiegelung

Abbildungsvorschrift

1. Jede Gerade *a* der Ebene kann Spiegelachse zu genau einer Achsenspiegelung sein, die die Ebene auf sich abbildet.
2. Bei allen Achsenspiegelungen wird jeder Punkt *P* der Ebene umkehrbar eindeutig auf jeweils genau einen Punkt *P'* der Ebene abgebildet.
3. Bei allen Achsenspiegelungen stehen die Verbindungsstrecken von Urpunkten *P* und zugehörigen Bildpunkten *P'* (für $P \notin a$) auf der Spiegelachse senkrecht und werden von ihr halbiert.
4. Bei allen Achsenspiegelungen ist nur die Spiegelachse Fixpunktgerade.
5. Alle Achsenspiegelungen sind längentreu und winkeltreu: Alle Achsenspiegelungen sind Kongruenzabbildungen.
6. Alle Achsenspiegelungen sind geradentreu und kreistreu.

Satzgruppe der Parallelverschiebung

Abbildungsvorschrift

1. Jedes geordnete Punktepaar $(P|P')$ bzw. jeder Pfeil $\overrightarrow{PP'}$ der Ebene legt genau eine Parallelverschiebung fest, die die Ebene auf sich abbildet.
2. Bei allen Parallelverschiebungen wird jeder Punkt *P* der Ebene umkehrbar eindeutig auf jeweils genau einen Punkt *P'* der Ebene abgebildet.
3. Bei allen Parallelverschiebungen sind die Verbindungsstrecken von Urpunkten *P* und entsprechenden Bildpunkten *P'* zueinander parallel, gleich lang und gleich orientiert. Die Pfeilmenge, die sie bilden, heißt Vektor.
4. Bei allen Parallelverschiebungen ist kein Punkt der Ebene Fixpunkt.
5. Alle Parallelverschiebungen sind längentreu und winkeltreu: Alle Parallelverschiebungen sind Kongruenzabbildungen.
6. Alle Parallelverschiebungen sind geradentreu und kreistreu. Jede Gerade wird auf eine parallele Gerade oder auf sich abgebildet.

Satzgruppe der Drehung

Abbildungsvorschrift

1. Jeder Punkt *Z* der Ebene kann Drehzentrum und jeder Winkel mit dem Maß $\varphi \in [-360°; +360°]$ kann Drehwinkel zu genau einer Drehung sein, die die Ebene auf sich abbildet.
2. Bei allen Drehungen wird jeder Punkt *P* der Ebene umkehrbar eindeutig auf jeweils genau einen Punkt *P'* der Ebene abgebildet.
3. Bei allen Drehungen sind die Verbindungsstrecken $[PZ]$ von Urpunkten und Zentrum und $[P'Z]$ von zugehörigen Bildpunkten und Zentrum gleich lang und schließen den Drehwinkel mit dem Maß φ ein.
4. Bei allen Drehungen ist nur das Drehzentrum Fixpunkt.
5. Alle Drehungen sind längentreu und winkeltreu: Alle Drehungen sind Kongruenzabbildungen.
6. Alle Drehungen sind geradentreu und kreistreu.

Satzgruppe der zentrischen Streckung

1. Jeder Punkt *Z* der Ebene kann Streckungszentrum und jede von null verschiedene reelle Zahl *k* kann Streckungsfaktor zu genau einer zentrischen Streckung sein, die die Ebene auf sich abbildet.
2. Bei allen zentrischen Streckungen wird jeder Punkt *P* der Ebene umkehrbar eindeutig auf jeweils genau einen Punkt *P'* der Ebene abgebildet.
3. Bei allen zentrischen Streckungen verläuft die Verbindungsgerade von Urpunkten *P* und zugehörigen Bildpunkten *P'* durch das Streckungszentrum *Z*. Für die Streckenlängen gilt: $\overline{ZP'} = |k| \cdot \overline{ZP}$.
4. Bei allen zentrischen Streckungen ist nur das Streckungszentrum Fixpunkt.
5. Alle zentrischen Streckungen sind verhältnistreu und winkeltreu.
6. Alle zentrischen Streckungen sind geradentreu und kreistreu.

Abbildungsvorschrift

Thaleskreis

Verbindet man einen **Punkt *C* eines Kreises mit den Endpunkten** einer **Mittelsehne [*AB*]** mit $C \neq A$ und $C \neq B$, so ist das **Dreieck** *ABC* (bzw. *ACB*) bei *C* **rechtwinklig**.

Kongruenzsätze

Dreiecke sind kongruent, wenn sie
- in **drei Seiten** übereinstimmen (sss).
- in **zwei Seiten** und dem **eingeschlossenen Winkel** übereinstimmen (sws).
- in **einer Seite** und **zwei entsprechenden Winkeln** übereinstimmen (wsw; sww).
- in **zwei Seiten** und dem **Gegenwinkel der größeren der beiden Seiten** übereinstimmen (sSw).

Ähnlichkeitssätze

Dreiecke sind ähnlich, wenn sie
- im Verhältnis der drei Steiten übereinstimmen.
- im Verhältnis zweier Seiten und dem von diesen Seiten eingeschlossenen Winkel übereinstimmen.
- wenn sie in zwei Winkeln übereinstimmen.
- wenn sie im Verhältnis zweier Seiten und dem Gegenwinkel der größeren der beiden Seiten übereinstimmen.

Äquivalenzumformungen

Die Lösungsmenge einer Gleichung oder Ungleichung ändert sich nicht, wenn man
- auf beiden Seiten die gleiche Zahl addiert oder subtrahiert.
- beide Seiten mit der gleichen positiven Zahl multipliziert oder durch sie dividiert.
- beide Seiten mit der gleichen negativen Zahl multipliziert oder durch sie dividiert und bei einer Ungleichung das Ungleichheitszeichen umkehrt (Inversionsgesetz).

Direkte Proportionalität

Sind alle Zahlenpaare einer Menge $\{(a|b); (c|d); \ldots; (x|y)\}$ **quotientengleich**, das heißt: $\frac{b}{a} = \frac{d}{c} = \ldots = \frac{y}{x} = k$, so bezeichnet man diese als **direkte Proportionalität**. Der Quotienwert k heißt **Proportionalitätsfaktor**.

Indirekte Proportionalität

Sind alle Zahlenpaare einer Menge $\{(a|b); (c|d); \ldots; (x|y)\}$ **produktgleich**, das heißt: $a \cdot b = c \cdot d = \ldots = x \cdot y$, so bezeichnet man diese als **indirekte (umgekehrte) Proportionalität.**

Prozentrechnung

Folgende Bezeichnungen sind üblich:
Von **540** Schülern sind **60 %** Fahrschüler, das sind **324** Schüler.

540: **Grundwert (*G*)** – **60**: **Prozentsatz (*p*)** – **324**: **Prozentwert (*P*)**

Anstelle von Prozentsatz *p* sagt man auch *p* **Prozentpunkte**.

$$\frac{\text{Prozentwert}}{\text{Grundwert}} = \frac{\text{Prozentsatz}}{100} \Leftrightarrow \frac{\text{Prozentwert}}{\text{Prozentsatz}} = \frac{\text{Grundwert}}{100}$$

Berechnung von Prozentwert, Prozentsatz und Grundwert:

Prozentwert:	Prozentsatz:	Grundwert:
$\frac{P}{p} = \frac{G}{100} \Leftrightarrow P = \frac{G \cdot p}{100}$	$\frac{p}{P} = \frac{100}{G} \Leftrightarrow p = \frac{100 \cdot P}{G}$	$\frac{G}{100} = \frac{P}{p} \Leftrightarrow G = \frac{P \cdot 100}{p}$

Zinsrechnung

Erträge aus Spareinlagen werden als **Zinserträge, Zinsen oder Zins (*Z*)** bezeichnet. Der Geldbetrag, der entliehen bzw. geliehen wird, heißt **Kapital (*K*)**. Der Prozentsatz für die Berechnung der Zinserträge bzw. Zinsen heißt **Zinssatz (*p*)**.

$$\frac{\text{Jahreszins}}{\text{Kapital}} = \frac{\text{Zinssatz}}{100}$$

Kaufmännische Zinsformel:

Zinsertrag, Zinsen, Zins: ***Z***; Kapital: ***K***; Zinssatz: ***p***; Laufzeit: Anzahl ***t*** der Tage

$$Z = \frac{K \cdot p \cdot t}{100 \cdot 365}$$

Vierstreckensatz

Werden zwei Geraden eines Geradenbüschels von einem Parallelenpaar geschnitten, so gelten folgende Proportionen:

1. Die Abschnitte einer Geraden verhalten sich wie die entsprechenden Abschnitte auf der anderen Geraden.
2. Die Abschnitte auf den Parallelen verhalten sich wie die Entfernungen entsprechender Endpunkte der parallelen Strecken vom Büschelpunkt.

Kathetensatz

Das **Quadrat** mit einer Kathete eines rechtwinkligen Dreiecks als Seite	**hat den gleichen Flächeninhalt wie**	das **Rechteck** mit der Hypotenuse und dem an die Kathete anstoßenden Hypotenusenabschnitten als Seiten.
a^2	=	$p \cdot c$
b^2	=	$q \cdot c$

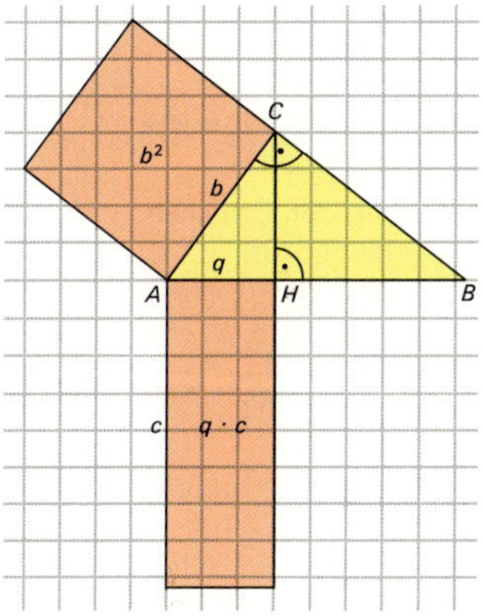

Höhensatz

Die **Quadrate** mit der Höhe eines rechtwinkligen Dreiecks als **Seiten**	**haben den gleichen Flächeninhalt wie**	das **Rechteck** mit den beiden Hypotenusenabschnitten als Seiten.
h^2	=	$p \cdot q$

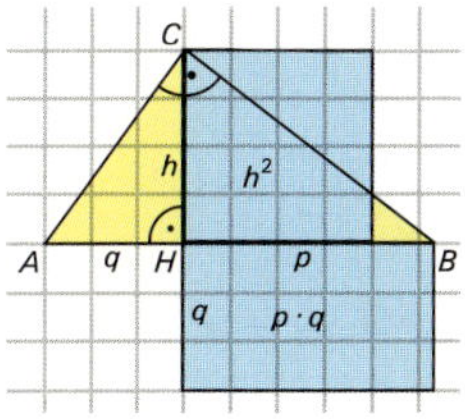

Satz des Pythagoras

Die **Quadrate** mit den Katheten eines rechtwinkligen Dreiecks als Seiten zusammen	**haben den gleichen Flächeninhalt wie**	das **Quadrat** mit der Hypotenuse als Seite.
$a^2 + b^2$	=	c^2

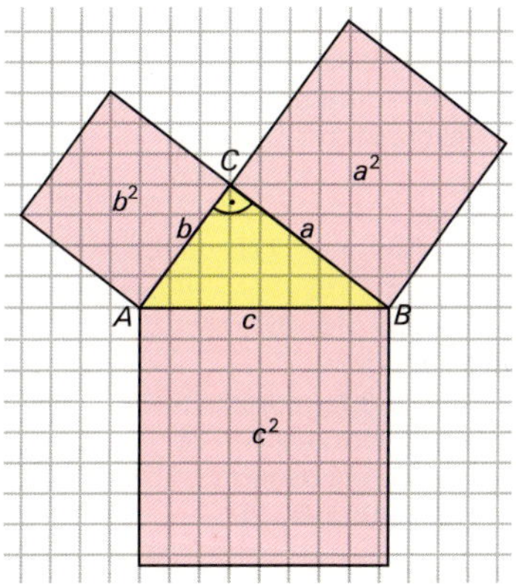

Sachwortverzeichnis